智能制造与装备制造业转型升级丛书

机器智能：人脸工程

肖若秀　王志良　编著

机 械 工 业 出 版 社

人脸工程学的研究内容主要包括人脸识别、表情识别和人脸合成三个部分。本书分别介绍了人脸识别、表情识别和人脸合成研究中用到的相关理论和算法，最后在总结作者所在课题组研究成果的基础上，给出了人脸识别、表情识别和人脸合成系统的设计与实现流程实例。

本书适宜从事计算机、自动化、模式识别、智能科学、人机交互技术的科技人员阅读，也可以作为高等院校相关专业的学生、研究生的教学参考书。

图书在版编目（CIP）数据

机器智能．人脸工程/肖若秀，王志良编著．—2 版．—北京：机械工业出版社，2017．8
（智能制造与装备制造业转型升级丛书）
ISBN 978-7-111-57609-9

Ⅰ．①机…　Ⅱ．①肖…②王…　Ⅲ．①人工智能
Ⅳ．①TP18

中国版本图书馆 CIP 数据核字（2017）第 185728 号

机械工业出版社（北京市百万庄大街 22 号　邮政编码 100037）
策划编辑：罗　莉　责任编辑：罗　莉
责任校对：李锦莉　任秀丽
责任印制：孙　炜
北京京丰印刷厂印刷
2017 年 9 月第 2 版·第 1 次印刷
184mm×260mm·19.5 印张·479 千字
0 001—3 000 册
标准书号：ISBN 978-7-111-57609-9
定价：89.00 元

凡购本书，如有缺页、倒页、脱页，由本社发行部调换

电话服务　　　　　　　　　网络服务
服务咨询热线：010-88361066　机 工 官 网：www.cmpbook.com
读者购书热线：010-68326294　机 工 官 博：weibo.com/cmp1952
　　　　　　　010-88379203　金 书 网：www.golden-book.com
封面无防伪标均为盗版　　教育服务网：www.cmpedu.com

前　言

人脸研究是跨越人文科学与自然科学的新兴交叉研究领域，日益得到人们的重视。随着其研究成果在和谐人机交互、机器人、虚拟现实、身份识别等领域得到应用，希望了解学习人脸研究相关知识的人也越来越多。针对这种需求，作者在多年研究的基础上，整理编写了本书，目的是为对人脸研究感兴趣的学生和研究人员提供一本较全面的入门参考书籍。

人脸工程学是指以人类学、心理学、脑科学、人文科学、认知科学、信息科学、人工智能等学科为理论基础，利用工程的方法和技术（尤其是信息技术）对人脸（包括识别、建模与重构）进行研究的学问。本书详细介绍了人脸工程研究的相关理论和算法，并总结作者所在课题组的研究成果，给出了人脸识别、表情识别和人脸合成等实例系统。

全书共有11章。第1章主要介绍人脸工程学的研究内容、发展情况及应用领域；第2章论述了人类学、文学艺术、心理学与脑科学、动画领域关于人脸的研究；第3章给出了几种常见的面部动作编码系统和面部表情测量系统；第4章阐述了图像处理技术；第5章给出了几种常用的人脸跟踪检测技术；第6章主要介绍几种常用的特征提取算法；第7章叙述了几种常用的模式识别算法；第8章主要介绍常用的人脸合成技术；第9章给出了人脸识别系统的设计范例；第10章介绍了表情识别系统；第11章阐述了人脸合成系统。

本书的出版得到了机械工业出版社的大力支持，在此表示诚挚的感谢。同时感谢国家重点研发计划重点专项（2016YFB1001404）、国家自然科学基金重点项目（6143204）、国防科技创新特区项目（1716312ZT00201401）以及北京科技大学中央高校基本科研业务项目（FRF—TP—16—045A1）的资助。

由于作者的水平有限，书中肯定有不少的缺点和疏漏之处，敬请读者批评指正。

目　　录

第1章　绪　　论

1.1　人脸工程学

1.1.1　人脸工程学的研究内容

人脸是人类情感表达和交流最重要、最直接的载体。通过人脸可以推断出一个人的种族、地域，甚至身份、地位等信息；人们还能通过人脸丰富而负责的细小的变化，得到对方的个性和情绪状态。人脸在人与人的交流中不但能表达友好、敌对、赞成和反对等语气上的信息，甚至可以对话语、语言等语义上的信息进行说明和补充。从古至今，各类艺术创作者一直使用神态各异的人物来表达自己的思想、展现故事的情节。尤其在电影创作中，往往演员的一个眼神就能够将人物的内心展现无遗。正因为人脸在人的情感表达中扮演着重要的角色，人们很早就意识到人脸的重要性。1872年，Carles Darwin 就出版了《人与动物的情绪表达（The Expression of the Emotions in Man and Animals）》一书，开始了对人脸表情的研究。长期以来，科学界从计算机图形学、图像处理、计算机视觉、人类学等多个学科对人脸进行研究。在这些领域中，人脸的识别、获取、生成和模拟一直是难点和热点。人脸的识别、获取、生成和模拟正是人脸工程学研究的主要内容。

人脸工程学研究是指以人类学、心理学、脑科学、人文科学、认知科学、信息科学、人工智能等学科为理论基础，利用工程的方法和技术（尤其是信息技术），对人脸（包括识别、建模与重构及其应用等相关内容）进行研究。人脸工程学的研究内容主要包括人脸识别、表情识别和人脸合成三部分。

1. 人脸识别

广义的人脸识别是指分析待识别的人脸图像，从中提取出有效的信息，并与数据库中的已知人脸信息进行比较，从而得出决策或认证信息的一种技术。其研究内容包括以下五个方面：

（1）人脸检测　从各种不同的背景中检测是否存在人脸，并确定其位置、大小、形状、姿态等信息的过程。它关系到后续识别工作能否正确进行，并保障最终识别结果的可靠性。

（2）人脸表征　确定表示检测出的人脸和数据库中的已知人脸的描述方式。通常的表示方法包括几何特征（如欧氏距离、曲率、角度等）、代数特征（如矩阵特征矢量）和固定特征模板等。

（3）人脸鉴别　即狭义的人脸识别，就是通常所指的将待识别的人脸与数据库中的已知人脸进行比较，得出相关信息。这一过程的核心是选择适当的人脸表示方式和匹配策略，系统地构造与人脸的表征方式密切相关。

（4）表情/姿态分析　即对待识别人脸的表情或姿态信息进行分析，并对其加以归类 。

（5）生理分类　对待识别人脸的物理特征进行分类，得出其年龄、性别、种族等相关信息，或从几幅相关的图像中推导出希望得到的人脸图像，如从父母的脸像推导出孩子的脸像等。

本书中的人脸识别主要是指狭义的人脸识别，指将待识别的人脸与数据库中的已知人脸之间进行匹配的人脸鉴别。

人脸识别的目的是让计算机具有通过人脸的特征来鉴别身份的功能。基于人脸特征的身份识别主要涉及复杂场景中的人脸检测及识别技术，是一种依托于图像理解、模式识别及计算机视觉、统计学和人工智能等高技术的研究方向。

2. 表情识别

表情的研究融合了多个学科、多个领域，计算机人脸表情识别的定义是：利用计算机对人脸的表情信息进行特征提取分析，按照人的认识和思维方式加以归类和理解，利用人类所具有的情感信息方面的先验知识使计算机进行联想、思考及推理，进而从人脸信息中去分析理解人的情绪，如快乐、惊奇、愤怒、恐惧、厌恶、悲伤等。计算机表情识别的主要目的是利用计算机进行人类表情的模拟和分析，进而更好地理解面部表情在艺术、人际交往，特别是非语言交流以及情绪加工中所起的作用。

3. 人脸合成

人脸合成可以分为两类：基于模型的人脸合成和基于图像库的人脸合成。

基于模型的人脸合成研究的内容主要分为两个部分：人脸建模和人脸动画。

人脸建模主要研究人脸模型的静态建模、合成人脸模型的几何外形特征和纹理特征。其中，既包含了如何合成同一个人脸模型在不同的表情和动作状态下形状和纹理特征，也包含了如何合成不同人脸模型的形状和纹理特征。

人脸动画则研究人脸模型的动态过程，研究人脸模型在表情和动作变化过程中，几何外形和纹理的变化，以及如何有效地驱动人脸模型做出复杂的表情和动作。

基于图像库的人脸合成步骤是：从一个事先建立好的真人图像库中根据一定的规则挑选视频片断，然后做相关的图像处理，最后进行拼接，从而达到合成的目的。

1.1.2 人脸工程学研究的意义与应用

总体来说，有三个大方面的应用驱动着计算机人脸研究的进展：其一是安全，包括视频监控、生物识别和认证等，相应的典型研究方向为人脸检测、人脸跟踪、人脸识别等；其二是艺术，可以应用在影视艺术、游戏等行业，应用需求为：如何使用计算机技术生成具有丰富表情的人脸，其对应的典型研究方向为真实感/非真实感，2D/3D 计算机人脸动画；其三为人机交互，主要研究方向为多通道人机接口（注视跟踪与识别）、用户认知建模、注意机制等，应用需求为：使计算机能够理解人的面部动作、行为、情感等，并据此做出反馈。

下面分别从人脸识别、表情识别和人脸合成三方面来具体介绍人脸工程学研究的意义与应用。

1. 人脸识别

研究人脸识别在理论和技术上都具有重要的意义：一是可以推进对人类视觉系统本身的认识；二是可以满足人工智能应用的需要。采用人脸识别技术，建立自动人脸识别系统，用计算机实现对人脸图像的自动识别有着广阔的应用领域和诱人的应用前景。具体来说，人脸识别技术的典型应用有：

（1）身份鉴定（一对多的搜索） 在鉴定模式下，确定一个人的身份。人脸识别技术可以快速地计算出实时采集到的面纹数据与人脸图像数据库中已知人员的面纹数据之间的相似度，给出一个按相似度递减排列的可能的人员列表，或简单地返回鉴定结果（相似度最高的）和相对应的可信度。

（2）身份确认（一对一的比对） 在确认模式下，面纹数据可以存储在智能卡中或数码记录中，人脸识别技术只需要简单地将实时的面纹数据与存储的相比对，如果可信度超过一个指定的阈值，则比对成功，身份得到确认。

（3）监控 应用面像捕捉，人脸识别技术可以在监控范围中跟踪一个人和确定他的位置。

（4）监视 可以在监控范围内发现人脸，而不论其远近和位置，能连续地跟踪他们，并将他们从背景中分离出来，将他们的面像与监控列表进行比对。整个过程完全是无须干预的、连续的和实时的。

（5）面像数据压缩 能将面纹数据压缩到 84 字节，以便用于智能卡、条形码或其他存储空间有限的设备中。

2. 表情识别

人类的语言分为自然语言和形体语言两类。面部表情是形体语言的一部分，既是人们交往的一种手段，也是情绪表达的一种方式。在人类交往过程中，言语与表情经常是相互配合的。同时，表情比言语更能显示情绪的真实性。有时，人们能够运用言语来掩饰和否定其情绪体验，但是表情则往往掩饰不住内心的体验。情绪作为一种内心体验，一旦产生，通常会伴随相应的非言语行为，如面部表情和身体姿势等。一些心理学家研究发现，在人类进行会话交流传递信息时，言语内容占 7%，说话时的语调占 38%，而说话人的表情占 55%，所以说表情在人类交往活动中起到了重要的作用。

面部表情的分析与识别是实现智能化的人机接口必不可少的一个重要方面，是关于人工心理理论和情感计算研究的一个重要组成部分。计算机或机器人如果能够像人类那样具有理解和表达情感的能力，并能够自主适应环境，这将从根本上改变人机关系，使之能够更好地为人类服务。这就是研究人脸表情识别的理论意义。另外，人脸表情识别的研究还具有重要的学术价值。人脸是一类具有复杂细节变化的非刚性自然物体，研究人脸表情将为解决其他类似复杂模式的识别及其相关问题（例如人脸识别），提供重要的启示。同时，人脸表情识别的研究将对推动认知科学、生理学、心理学等相关学科的研究有着非常积极的影响。

在实际中，人脸表情识别有着广泛的应用前景，计算机的人脸表情识别能力对计算机视觉系统、建模和数据库的发展都有重要作用。当前，在人机交互中，结合进视觉、听觉以及更多的通道，如触觉、情感状态、表情等是必然趋势。未来计算机的发展将是以人为中心的，不仅计算机能通过多个通道、多种信息表现形式进行人机对话，而且能综合采用多个通道，使人能通过语言、文字、图像、手势、表情等与计算机以自然、并行、协作的方式进行人机对话，还能通过整合来自多个通道的输入来捕捉用户的交互意图，提高人机交互的自然性和高效性。此外，人脸表情识别也是视频人脸图像检索和低带宽人脸数据传输中的关键技术。当在图像流中检索人的动作以及情感状态的内容时，基于视觉的人脸表情识别是有用的。人脸数据的低带宽传输，可以通过利用对人脸动作的中间层和高层的视觉表示而更高效（例如，传送一个微笑和一些可以决定嘴巴动作的参数），这样在接收端就可以利用这些数据恢复出人脸动作。在人类行为科学的研究方面，人们一直希望能揭开人脸表情的神秘面纱。由于人工进行表情动作编码太费时费力，人们希望能借助计算机来进行自动的人脸表情识别，并利用其结果来发现新的表情，以此作为人类行为研究的一个辅助手段。在语言学中，可辅助唇读；在行为学中，能帮助人们研究和建立交流中的可信度；另外，在其他方面，如面部神经瘫痪诊断、人脸图像合成与动画、智能机器人、智能监控等，表情识别都有着重要的应用价值。

3. 人脸合成

人脸是人类相互交流的渠道，在虚拟的计算机世界中，虚拟的人脸就是人脸表情和语言的载体。近几年来，人脸合成技术作为计算机图形学的一个独特分支越来越受到人们的重视。受电影和录像中高频率地出现虚拟人物、廉价的桌面处理能力和人机交互中需要一种全新的沉浸感的影响，人脸建模技术的研究成为近年来的一个新热点。

人脸建模系统具有广泛的应用。有些用于娱乐方面的，如电影的制作；有些使我们的生活变得更便利；有些则是用于特殊的目的，如电视电话技术。人脸合成的应用领域包括：

（1）人机交互界面　现有的人机界面存在的普遍问题是单一、呆板和专业性强，用户往往要花费很长的时间才能学会使用一个新系统。若能给用户提供熟悉的界面，比如会说话、会思考的人脸的形式出现，而不是面对单调的键盘，那么将会提高设备的可用性。

（2）虚拟现实游戏　一般的游戏中的角色往往离现实很远，使用了快速人脸建模和动画技术的游戏，可以让人们在虚拟场景中用自己的虚拟形象进行体验和交互。

（3）远程视频通信　直接传输视频图像在现有的网络带宽下不仅不现实，而且不必要。很多视频压缩算法借助人脸造型和动画的技术，能够快速地压缩人脸的视频信息，使其适合在网络上传输。

（4）医疗研究　医疗中脸部建模的主要应用是外科手术和心理领域。建立好的人脸模型可预演校正外科手术和牙科诊治的过程。不断发展的人脸建模系统为心理学家进行人脸表情的研究提供了依据。心理学家可以用人脸运动的计算机模型来实现他们的研究，这比以前他们必须使用刺激肌肉来做研究更方便。

（5）辅助教学　使用脸部建模的另一个应用是作为教学的工具。教人正常发音是一项艰辛而又单调的工作，而当学生在说话和听力方面有障碍时，更是如此。相反，学生可以在任意地方，跟着计算机模拟的老师学习，而不必一对一地教学，那将减少很多工作量。另外，将一个学习的过程做成游戏的形式，学生的学习积极性将大大提高，学习过程充满了乐趣，利用计算机，老师可以省去大量重复性的工作，并且一次教学能容纳更多的学生。更重要的是，学生可以随时随地的学习。

（6）公安鉴别　身份鉴别方法的不断提高有助于案件的侦破。通过操作三维人脸模型适配到目击者的描述。这样做的主要优点是三维图形给出犯罪分子更精确的描述，特别是当目击者没有看到嫌疑犯的正面时，该系统的价值更能得到体现。

（7）考古人物复原　在考古研究中，经常会出土大量未知身份的颅骨，通过计算机辅助颅骨面貌复原技术有助于人物身份、种族的判定。如 2001 年，根据出土的老山汉墓墓主人的尸骨，利用颅骨面貌复原技术重建出了老山汉墓主人的生前面貌形象。在 2016 年举行的第 39 届数字考古国际会议上，北京师范大学信息科学与技术学院的周明全教授团队利用 3D 颅面复原技术，向世人展示了 1200 多年前唐高祖李渊第五代孙女李倕复原后的容颜。

（8）电影特效和动画产品　从早期的《玩具总动员》《真实的谎言》《变脸》到最近的《阿凡达》和《变形金刚》等电影，都体现了人脸造型和动画技术的发展。电影制作者利用最先进的技术，把人的特点赋予到其他的动物和物体上，给这些角色带来鲜活的拟人个性。

1.1.3　人脸工程学研究在实用化过程中的挑战

人脸是日常生活中人们最为熟知的对象之一，相对于一般绘制对象，人脸具有如下重要特性：

（1）生理结构复杂　面部的生理结构十分复杂，包括表皮、肌肉、骨骼三层，基本形状由最内层的骨骼决定，肌肉末端附着于骨骼上，肌肉和表皮间由韧带相连。整个头部骨骼通常称为头颅，由楔状骨、上颚骨、次鼻骨、颊骨、颧骨、眼眶骨、鼻犁骨、眉骨、颅骨、下颚骨、筛骨组成。肌肉的缩张驱动表皮组织产生运动，导致面部表现形式的变化，所有面部肌肉运动综合作用就产生了丰富多彩的表情。上述生理解剖学的原理是人脸建模的基础和依据。

（2）形态内容丰富　心理学研究表明，人脸能够产生大约 55000 种不同的表情，其中有多种能够用人类自然语言词汇区别开来。

（3）结构、表情上共性明确　所有人的面部结构和表情变化都有着明确的相似性。生理结构上都由口、眼、鼻、耳、眉等五官组成，头颅结构也完全相似；表情表达上，所有人脸都存在着共性，甚至动态的变化过程也十分相似。

（4）个性因素繁多　人脸存在共性的同时，又有着千差万别的个性。例如，人眼睛虹膜近乎相同的概率是百万分之一，人耳朵形状的差别更大。不同的人种具有不同的肤色、五官特征。表情的细节也各有特点，没有两个人的笑容完全相同。

（5）易受环境影响　摄取的人物的图像、视频随着周围光照环境的不同，差别很大；因为面部的形状不是严格的凸结构，所以有时会出现光照上的遮挡；人们有时会佩戴眼镜。这些都会给计算机处理带来很大困难。

下面分别从人脸识别、表情识别和人脸合成三个方面来具体介绍人脸工程学研究在实用化过程中的挑战。

1. 人脸识别的难点

目前人脸识别的难点主要存在于以下几个方面：

1）光照变化是影响人脸识别性能的最关键因素，对该问题的解决程度关系着人脸识别实用化进程的成败，在人脸图像预处理或者归一化阶段，尽可能地补偿乃至消除其对识别性能的影响。

2）成像角度及成像距离等因素的影响，即人脸的姿态变化，会使垂直于图像平面的两个方向的深度旋转，会造成面部信息的部分缺失。

3）不同年龄的人脸有着较大的差别。身份证是以前照的，在逃犯的照片也是以前的，因此在公安部门的实际应用中，年龄问题是一个最突出的问题。

4）采集人脸图像的设备较多，主要有扫描仪、数码相机、摄像机等。由于成像的机理不同，形成了同类人脸图像的识别率较高，而不同类别间人脸图像的识别率较低的情况。随着人脸识别技术的发展，这一问题也将逐步得到解决。

5）人脸的图像数据量巨大。目前出于计算量的考虑，人脸定位和识别算法研究大多使用尺寸很小的灰度图像。一张 64 ×64 像素的 256 级灰度图像就有 4096 个数据，每个数据有 256 种可能的取值。定位和识别算法一般都很复杂，在人脸库较大的情况下，计算量很大，很多情况下速度令人难以忍受。而灰度数据事实上是丧失了色彩、运动等有用信息的。如果要使用全部的有用信息，计算量就更大了。

另外，人脸识别还涉及图像处理、计算机视觉、模式识别以及神经网络等学科，也和人脸的认识程度紧密相关。这些因素使得人脸识别成为一项极富挑战性的课题。

2. 表情识别的难点

人类用肉眼识别人脸信息时几乎没有什么困难，但对计算机视觉系统来说则非常不容易。用计算机来分析识别面部表情是一个非常复杂的、极富挑战性的问题，它的挑战表现在：

1）人脸是一个塑性变形体而不是刚体，难以对人脸表情进行建模。

2）表情对应于人脸部骨骼和肌肉的运动，其表现是细微多变的，可以缓和也可以激动，所以非常复杂。

3）光照对于人脸图像的影响也很大，同一个人的同一个表情图像，如果光照不同，可能得到完全错误的分类结果。

4）表情识别课题研究涉及多学科的发展，比如图像处理、计算机视觉、模式识别、应用心理学、生命科学、认知科学等，而其中的大部分学科都是刚刚兴起，处于探索阶段，理论和方法仍有待完善；现有的经典的图像处理技术的局限性也是一个不容忽视的问题。

此外，没有统一的表情库，也使得难于对各种识别方法进行比较和判断。目前可供研究的数据中，数据库表情带有很强的人为色彩，而现实生活中人们的表情可能并不夸张，因而实验室中采用的方法将难以应用到实际生活中。

3. 人脸合成的难点

在计算机技术飞速发展的今天，用计算机便捷、逼真地模拟人脸的造型及其运动仍然面临着巨大挑战，这主要有几个方面的原因：

（1）人脸生理结构复杂　人脸面部由表皮、肌肉和骨骼三层结构构成，其基本形状由内层的骨骼决定，肌肉末端附着于骨骼上，表皮与肌肉紧密相连。面部的长相由骨骼和肌肉共同决定，面部的表情变化是骨骼、肌肉以及表皮和皮下层的物理运动综合作用的结果。另外，表皮的颜色和纹理的细微变化都会影响人脸的视觉效果。

（2）人脸的几何结构复杂　人脸不但生理结构复杂，几何结构也很复杂，而且人与人之间的几何结构均不相同。人的头发、嘴巴、耳朵、眼睛的几何结构很难用一个恰当的模型来表示，其几何数据也很难获得，人脸运动时的几何结构变化则更难模拟。人脸的运动包括刚性的人脸姿态变化和非刚性的人脸器官和肌肉运动，这些由人脸的皮下肌肉和人脸皮肤的动力学特性决定的运动很难用模型来表示。

（3）人脸表情丰富　人们通常把人脸大致分成六种表情：高兴、生气、害怕、惊奇、难过和厌恶。而且人的心境往往同时包含多种情绪，因此实际的表情就更要复杂得多。

（4）个性因素　人脸在具有相同的拓扑关系的同时，具有非常明显的个性因素，如种族、形状、颜色以及纹理的不同。除了外观差异外，表情动作的细节也是千差万别。

（5）光照的影响　人脸的皮肤存在着皮下散射和折射，眼睛的光照特性很难获得，人脸的复杂几何以及皱纹、眉毛和脸部细毛使人脸的光照特性非常复杂。目前还没有较好的方法来直接测量人脸的光照特性。

对于基于图像的方法而言，建立一个性能优良的图像库存在较大难度。一方面，为了使得系统能够合成尽可能多的表情和姿态，应该使图像库包含尽可能多的图像样本。但是由于图像本身具有较大的数据量，因此大量的图像的存储需要消耗很多的资源，而且在合成阶段，过多的图像样本会对搜索速度带来负面影响，从而难以达到实时要求；另一方面，图像库中的样本过少，又使得合成备选单元的数量不足，影响最终的合成质量。怎样使数据库在数量和质量之间取得某种折中是一个难题。

1.2 人脸工程学研究历程

计算机对于面部的自动分析和识别可以分为两个方面：一是永久面部特征分析；二是运动面部特征分析或者称瞬间面部特征分析。以下就分别介绍这两种面部分析的起源、发展、研究现状以及应用等。

第一种，永久面部特征分析，主要是针对面部的轮廓、五官、纹理等特征，对应地称为面像识别或人脸自动识别技术，就是利用计算机对于输入的人脸图像或者视频，首先分析其中是否存在人脸，如果存在人脸，则给出人脸的位置和大小，然后从检测到的人脸提取人脸中的有效识别信息，并将其与已知人脸图像库中的人脸进行比对，这是用来辨认身份的一种技术。

第二种，运动面部特征分析，主要就是表情的分析、编码与识别。让未来的计算机会思考、有感情、能说话、可以与人类平等交流一直是人类的美好愿望，通过计算机面部分析，但愿有那么一天，计算机能够理解我们的表情。当一位老人在 ATM 屏幕前眯着眼辨认字体时，字体尺寸立刻加倍。当一名妇女对着购物中心的旅游广告微笑时，会促使设备打印出一张旅游折扣表给她。这些不是幻想，一切都会实现的。现在许多研究机构都看好表情机器识别技术，相信此技术具有很大的科研价值和商业价值。

1.2.1 人脸识别

人脸识别的研究始于 20 世纪 60 年代末，最早的研究见于参考文献[44]，Bledsoe 以人脸特征点的间距、比率等参数为特征，建成了一个半自动的人脸识别系统。而且早期人脸识别研究主要有两大方向：一是提取人脸几何特征的方法，包括人脸部件归一化的点间距离和比率，以及人脸的一些特征点，如眼角、嘴角、鼻尖等部位所构成的二维拓扑结构；二是模板匹配的方法，主要是利用计算模板和图像灰度的自相关性来实现识别功能。Berto 在 1993 年对这两类方法做了较全面的介绍和比较后认为，模板匹配的方法优于几何特征的方法。

目前的人脸识别研究也主要有两个方向：其一是基于整体的研究方法，它考虑了模式的整体属性，包括特征脸（Eigenface）方法、SVD 分解的方法、人脸等密度线分析匹配方法、弹性图匹配（Elastic Graph Matching，EGM）方法、隐马尔可夫模型（Hidden Markov Model，HMM）方法以及神经网络的方法等；其二是基于特征分析的方法，也就是将人脸基准点的相对比率和其他描述人脸脸部特征的形状参数或类别参数等一起构成识别特征向量。这种基于整体脸的识别不仅保留了人脸部件之间的拓扑关系，而且也保留了各部件本身的信息，而基于部件的识别则是通过提取出局部轮廓信息及灰度信息来设计具体识别算法。有文献认为，基于整个人脸的分析要优于基于部件的分析，理由是前者保留了更多的信息，但是这种说法值得商榷，因为基于人脸部件的识别要比基于整体的方法来得直观，它提取并利用了最有用的特征，如关键点的位置以及部件的形状分析等，而对基于整个人脸的识别而言，由于把整个人脸图像作为模式，那么光照、视角以及人脸尺寸会对人脸识别有很大的影响，因此如何能够有效地去掉这些干扰非常关键。虽然如此，但对基于部件分析的人脸识别方法而言也有困难，其难点在于如何建立好的模型来表达识别部件。近年来的一个趋势是，将人脸的整体识别和特征分析的方法结合起来，如 Kin Man Lam 提出的基于分析和整体的方法，Andreas Lanitis 提出的利用可变形模型（Flexible Model）来对人脸进行解释和编码的方法。

计算机人脸识别技术是近 20 年才逐渐发展起来的，20 世纪 90 年代成为科研热点。近年来关于人脸识别的研究取得了很大的进步，国际上发表有关论文的数量大幅增长，仅 1990～1998 年之间，工程索引（Engineering Index，EI）可检索到的相关文献就多达数千篇。美国电气电子工程师学会（Institute of Electrical and Electronics Engineers，IEEE）的 PAMI（模式分析与机器智能）汇刊还于 1997 年 7 月出版了人脸识别专辑，每年的国际会议上关于人脸识别的专题也屡屡可见。特别是，随着近年来深度学习在模式识别等相关领域中获得广泛的应用，研究基于深度学习的人脸识别技术将是未来一段时间内较为热门的研究方向。由于人脸识别实验所采用的人脸数据库通常不大，最常见的人脸数据库仅包括 100 幅左右的人脸图像，如 MIT（麻省理工学院）、Yale（耶鲁大学）、CMU（卡内基梅隆大学）等人脸数据库均为小型库，且由于不同的人脸数据库之间的输入条件各异，因此不同的识别程序之间很难进行比较。为促进人脸识别算法的深入研究和实用化，美国国防部发起了人脸识别技术（Face Recognition Technology，FERET）工程，它包括一个通用人脸数据库和一套通用测试标准。该 FERET 人脸数据库可用于各种人脸识别算法的测试比较。1997 年，FERET 人脸数据库存储了取自 1199 个人的 14126 幅图像，其中同一个人的图像差异，包括不同表情、不同光照、不同头部姿态以及不同时期（相隔 1 个月以上）拍摄差异等。如今 FERET 人脸数据库仍在扩充，并定期对各种人脸识别程序进行性能测试，其分析测试结果对未来的工作起到了一定的指导作用。由于 FERET 人脸数据库中包括军人的图片，不能在美国以外获得，因此其他国家的研究只能采用本地的人脸库，如英国的 Manchester（曼彻斯特）人脸数据库。

1.2.2 表情识别

计算机人脸表情研究开始于 20 世纪 70 年代，Suwa 和 Sugie 等人于 1978 年对表情识别做了一个最初的尝试，他们跟踪一段脸部视频动画，得到每帧图片上 20 个关键点的运动规律，将此运动规律与预先建立的不同表情的关键点运动模型相比较，进行表情分析。当然这还只是初步的尝试，表情分析、编码与识别作为多模式人机交互的重要组成部分而受到关注，而真正发展是在 20 世纪 90 年代。日本的东京大学、京都大学、ATR 研究所（Advanced Telecommunications Research Institute International，国际电气通信基础技术研究所）；美国的麻省理工学院（MIT）媒体实验室、卡内基梅隆大学（CMU）机器人研究所、马里兰（Maryland）大学、佐治亚工学院；欧洲的剑桥大学、曼彻斯特大学等都投入很多人力物力来进行这方面的研究。

在日本，20 世纪 90 年代初，东京大学的 Hiroshi Kobayashi 和 Fumio Hara 利用神经网络方法对基本表情和混合表情进行机器识别，最终将表情分解为惊奇、恐惧、厌恶、愤怒、高兴和悲伤，并将这6个基本表情中的2或3个表情进行合成。他们借助来自眉毛、眼睛、嘴三个区域的60个面部特征点（Facial Characteristic Point，FCP）的坐标来获取面部表情信息，并将其作为神经网络的输入进行训练，训练图像来自用录像带记录的30个对象的172幅具有混合表情的面部图像。最后，将识别结果与人类对表情的识别结果进行了比较，已经得到70%相对较好的识别率。日本ATR媒体整合与通信研究实验室的Kenji Mase提出利用光流来跟踪运动单元，从而进行表情识别。Mase的表情分析思想分从上至下和从下至上两个方向。①从上至下：假设脸部图像被分解成肌肉单元［对应于动作单元（Action Unit，AU）］，把肌肉单元集合成矩形，在矩形中计算光流。这种方法严重依赖于矩形的定位。②从下至上：在矩形区域中计算光流，量化成4个方向，每个窗口提取了一个主要的肌肉收缩的方向。定义并提取一个15维的特征向量用来表征表情序列中光流变化最活跃的点。实验中对高兴、愤怒、厌恶、惊奇四种表情进行了分类，用基于K最近邻的方法，识别率达到了80%。数据来源是作者本人的若干组各种表情图像序列：20种作为样本数据（每种表情5组数据），30组作为测试数据，图像大小为256×240像素。

在美国，同样是20世纪90年代，佐治亚工学院的Irfan A. Essa教授和MIT媒体实验室的Alex Pentland教授[15]，用图像序列作为输入的计算机视觉系统来观察面部的运动单元。视觉观察与感知是通过优化估计光流方法与描绘面部结构的几何、物理肌肉模型相结合得到的。这种建模方法产生了一个随时间变化的面部形状的空间模板和一个独立的肌肉运动群的参数化表征。这些肌肉运动模板可以被用于分析、解释与合成表情。数据库中图像的大小为450×380像素，来源于7个对象的52幅表情序列，产生所“需要”的表情，与真正意义下的情绪并无关系。识别的表情或表情动作是：高兴、惊奇、愤怒、厌恶和抬眉毛，识别率达到了98%。马里兰大学的Yaser Yacoob和Larry Davis，Black和Yacoob的表情识别方法都是基于面部动作编码系统（Facial Action Coding System，FACS）编码的。Yacoob和Davis集中于分析与嘴、眼睛和眉毛边缘的相关运动，把光流的方向场量化成8个方向。同时建立了一个Beginning-Apex-Ending时间模型，规定每种表情的整个过程以中性表情作为开始和结束，并定义了变化中每个阶段的开始与结束的规则。识别方法使用简化的FACS规则来识别六种表情。他们的数据库来自32人的105种各种表情，图像大小为120×160。对各种表情的识别率分别是：高兴为86%，惊奇为94%，厌恶为92%，愤怒为92%，恐惧为86%，悲伤为80%。Mark Rosenblum和Yaser Yacoob等人用径向基函数网络（Racial Basis Function Network，RBFN）结构，学习脸部特征与人类情绪之间的相关性，在最高一级识别情绪，在中间一级决定脸部特征运动，在最低一级恢复运动方向。特征提取中不关注脸部的肌肉运动模型，而是关注特征部件边缘的运动。此系统的识别率达到了88%。

在欧洲，剑桥大学计算机实验室的Rana El Kaliouby和Peter Robinson的研究主要针对：自动识别用户实时的精神状态（包括认知状态）的接口，以及发展表情在人机交互中的潜在用途。首先截取视频流中的头肩序列，接着对图像进行运动单元分析，最后利用HMM分类器分析头部运动和表情。实验测试在207个图像序列中进行，其中包括90个基本表情和107个混合表情，系统对于6种基本表情的识别率达到了86%，而混合表情的识别率为79%。

曼彻斯特大学的图像科学与生物工程系的David Cristinacce和Tim Cootes采用AdaBoost

算法和哈尔小波（Haar Wavelet）变换来提取面部特征，该算法无论对于高分辨率还是低分辨率的图像，都有稳定的人脸定位性能。

在国内，北京科技大学王志良教授首次提出了人工心理的概念，对人的心理活动（包括情感、意志、性格、创造等）进行人工模拟，确立了人工心理理论结构体系（目的、法则、研究内容、研究方法、应用范围），并把这一理论应用于情感机器人、商品选购系统等实际生活中，取得了较好的效果，目前该课题组正在情感建模与计算、表情的分析与合成等方面进行深入探讨。此外，哈尔滨工业大学、中国科学院计算技术研究所、中国科学院自动化研究所也开展了相关的研究。

1.2.3 人脸合成

人脸建模与动画的研究开始于20世纪70年代初，1972年，Parker使用摄影测绘技术得到人脸各种表情的多边形网格模型[18]，对于不同的表情的网格模型进行几何插值来产生人脸动画，这种方法称为关键表情插值法。关键表情插值法需要建立每一种关键表情的网格模型，关键表情可能有很多种，因此使用这种方法很不方便。

1974年，Parker完成了第一个参数化的人脸模型，1982年又对参数化人脸模型进行了改进。参数化模型的基本思想是通过少量控制参数来生成各种不同模型的人脸和人脸的各种表情，这样就可以方便地建立人脸模型、产生人脸动画。理想的参数化模型只需要选择合理的参数值就能够生成任何可能的人脸和任何可能的表情，实际的参数化模型还远远不能达到这个目标。用于人脸建模与动画的参数可以分成两类，即构造参数与表情参数。这两种参数在某种程度上已有重叠的部分，但是在概念上还是有区别的。构造参数，包括下颏宽度、前额形状、鼻梁的长度和宽度、脸颊形状等，用于产生人脸的各种形状。表情参数，包括眼睑张开、眉毛拱起、下巴旋转、眼睛凝视等，用于产生人脸的各种表情。

1980年，Platt提出了第一个基于物理的肌肉控制人脸模型（Physically Base Muscle-controlled Facial Model）。在该模型中，人脸表面皮肤的多边形网格点之间通过模拟弹簧相互连接。这些网格点同时也与人脸模型的底层骨骼结构之间通过模拟肌肉相连。模拟肌肉具有弹性，能够产生收缩力。将肌肉力作用在弹性网格上，可以产生各种表情。使用的肌肉动作是按照Ekman和Friesen提出的面部动作编码系统（FACS）中的动作单元（AU）来设计的。

1985年，Bergeron和Lachapelle的动画影片《Tony de Peltrie》是人脸建模与动画历史上的一个里程碑，该影片是第一个采用人脸表情和语音动画讲述故事的计算机动画片。

1987年，Waters提出了一种新的肌肉模型，该模型包含两类肌肉：一类是固定在骨骼上，另一端连接在皮肤上的、可以拉伸的线性肌；另一类是绕着中心点放大或缩小的括约肌。Waters仍然采用Platt的质点弹簧模型来模拟皮肤和肌肉，但是Waters模型中的肌肉具有独立于底层骨骼结构的方向（向量）性质，这些向量使得模拟的肌肉与特定人脸的拓扑无关。每个肌肉都有一个影响区域，肌肉的影响随着骨骼上的固定点的径向距离的增加而减少，Waters模型的肌肉控制参数也是基于脸部动作编码系统来设计的。脸部运动是骨骼、肌肉、皮下组织和皮肤共同作用的结果，其运动机理非常复杂。与肌肉模型不同，伪肌肉模型不精确模拟人脸的解剖细节，而是通过少量控制参数来模拟人脸的基本动作。

1998年，Magnenat-Thalmann等提出的抽象肌肉动作模型就是一种伪肌肉模型。抽象肌肉动作与脸部动作编码系统的动作单元类似，但是不完全相同，脸部动作编码系统的动作单元可以作为构造抽象肌肉动作的指南。每一个抽象肌肉动作，都是在人脸的特定区域上，模拟一个肌肉或一组密切相关的肌肉。抽象肌肉动作模型可以在底层抽象肌肉的动作级，也可以在高层表情级，设置参数产生脸部动作，表情是通过成组抽象肌肉动作来实现的。

人脸建模与动画历史上的另一个里程碑是 Pixar 公司制作的短动画片《Tin Ioy》，该影片中的小男孩 Billy 采用了与 Waters 模型类似的肌肉模型来产生脸部动画和表情。Billy 的脸上一共使用了 43 个线性肌和 4 个括约肌，参照脸部动作编码系统手册中的插图确定了这些肌肉的位置。下颏和眼睑的运动具有特殊性，这些区域的皮肤在运动时始终保持与下颏骨或眼球接触，表现为旋转或弧形而不是线性运动。为了模拟这种运动，又定义了一种新的肌肉类型——旋转肌，为了方便地产生各种动作和表情，开发了称为宏肌肉的高层控制。一个宏肌肉可以控制若干个底层肌肉。一共为 Billy 开发了 33 个宏肌肉。

采用上述参数化模型、肌肉模型或者伪肌肉模型，要生成高度真实感人脸动画都比较困难。为了生成一小段人脸动画，通常需要设置并协调几十个动画控制参数。通过捕获表演者的脸部运动，并将其转换为动画控制参数，可以减少设置动画控制参数的工作量，并生成高度真实感人脸动画。

1990 年，Williams 首先提出了表演驱动的人脸动画技术。首先通过三维激光扫描构造带有纹理图的三维人脸模型，接着在表演者脸部贴上若干特殊反光标志，拍摄并自动跟踪表演者的脸部运动，驱动人脸模型产生高度真实感人脸动画。

1992 年，Kalra 等提出的有理 Bé zier 自由变形方法也是一种伪肌肉模型。在脸部肌肉的影响区域周围定义一个长方体控制框架，通过移动控制点或改变控制点的权因子可以模拟该肌肉的运动，使得对应的表面区域产生拉升、挤压、扩展、压缩等变形。有理 Bé zier 自由变形产生的效果与自然的肌肉运动非常接近，而移动控制点或改变权因子却比设定肌肉运动要容易。

从 1993 ~ 1995 年，Lee 等进一步改进了基于物理肌肉模型。在原来基于物理的肌肉模型的基础上，增加了皮肤层和颅骨层，将一般人脸模型按照激光扫描数据进行变形，并增加了脖子、眼睛、眼睑、牙齿等辅助器官，综合考虑了组织弹簧力、线性肌肉力、分段线性肌肉力、体积保持力、颅骨约束力等多种力，以及节点的质量、位置、速度、加速度之间的关系，用迭代的方法求解方程。Lee 的肌肉模型到目前为止是效果最好也是最复杂的肌肉模型。

1998 年，Pighin 等进一步改进了 Parker 提出的关键表情插值法。用五台照相机同时拍摄人脸不同角度的视图，在多个视图上手工标注少量的对应点，利用对应点自动恢复每个视图的照相机参数及对应点的三维位置，利用对应点的三维位置对一般人脸模型进行变形，得到特定人的三维人脸的模型，用纹理映射的方法生成更加具有真实感的人脸。对同一个人的不同表情重复上述步骤，可以得到不同表情的三维模型，对不同表情的三维模型进行几何插值，就可以得到中间表情，产生表情过渡的人脸动画。同年，Guenter 等进一步改进了 Williams 提出的表演驱动的人脸动画技术。

1999 年，Noh 等提出的径向基函数变形方法是一种新的伪肌肉模型[32]。Noh 等将脸部变形的最小单元称为几何变形单元（Geometry Deformation Element，GDE)，每个 GDE 包括一个控制点、控制点周围的影响区域、影响区域边缘上的定位点和径向基函数。从控制点出发，位于指定距离内的网格点都在影响区域中，受到控制点移动的影响。有边距离和欧氏距离两种距离度量方法，分别用于人脸不同部位。对于一个 GDE，将控制点和定位点统称为特征点，影响区域中的所有点的位置都可以通过径向基函数（RBF）插值公式来计算，已知特征点的新旧位置，通过求解线性方程组可以求出特征点的系数，从而计算出影响区域中其余网格点的新位置。

2001 年，Breton 等提出了参数化模型与肌肉模型相结合的混合方法，对眼睛模型、眼睑、下颏和脖子采用参数化方法，对眉毛、前额、嘴巴、脸颊采用肌肉模型。

近年来，基于图像的建模技术由于其成本低廉、操作简单，成为一种发展较为迅速的人脸合成技术，它的主要原理是通过采集物体的二维图像数据，根据计算机图形学中相关的算法计算出物体的三维信息，并根据这些三维信息完成目标的三维重构。如 2009 年，Ansari 等利用形变面部网格模型构造出包含纹理、轮廓、颜色、阴影、光照等信息的三维人脸模型。2011 年，Li 等基于自动提取的曲线和形状控制函数生成包含真实皱纹的人脸三维模型，使获得的人脸具有真实感。而随着智能手机的计算能力的不断增强，研究者们还开发了基于移动端的人脸合成应用。如 2014 年，Choi 等开发出一个能够在手机端上运行的应用程序，它可以根据用户提供的一张照片，采用主动外观模型，自动生成一个用户自己的三维化身形象，并合成面部表情。

紧跟国际上的发展，国内也于 20 世纪 90 年代中期开展了这方面的研究。西安电子科技大学的郑飞等人（1998 年）基于图像的建模与绘制技术，提出了正面头像提取轮廓线，并通过体元造型合成人脸三维模型的方法。这种方法的造型速度较传统的造型方法有较大的提高。哈尔滨工业大学的晏洁等人在人脸建模、人脸表情、唇动、纹理映射等方面做出了一些成绩。他们研究了人在发音时的唇动模型以及韵母口型库的生成技术，使每一个汉字的发音都对应着相应的口型。在人脸模型的特定化方面，提出交互式编辑算法，通过模拟人脸皮肤的黏弹特性，允许模拟者在交互方式下，将一般人脸几何模型和预先提供的特定人脸多方向图像之间进行特征校准，进而得到精确反映特定人脸正侧面几何特征的特定人脸三维模型；还提出了曲面磨光以及多方向纹理映射算法，从多个方向的特定人脸图像上选择纹理信息映射到三维模型上，以减少纹理的扭曲变形，从而使合成的结果更加真实和自然。

浙江大学的梅丽等人用半自动方法来达到特征匹配的目的，用手工编辑建立的二维对应网格，得到初始人脸外形；采用鲁棒的最大似然立体匹配算法自动匹配出稠密的对应点，重建出表示人脸的散乱三维数据点团；最后利用这些稠密的三维数据点，去迭代矫正和自适应细分手工编辑的三维初始人脸网格而得到结果模型。该算法无须昂贵的设备，又有较强的真实感效果[38]。在人脸动画方面，他们用多分辨率样条技术产生无缝的人脸纹理镶嵌图，纹理映射后生成高度真实感的、能以任意视线方向观察的特定人脸；进而，通过组合特定人脸的肌肉向量的运动、变形模型，组合出特定人脸的各种表情，该方法能在廉价的 PC 平台上实现，快速、简单，而且具有一定真实感[39]。

北京工业大学尹宝才等人采用自动调整与人机交互相结合的方法实现特定人脸模型匹配。在调整完模型形状之后，应用三个方向的面部图像进行纹理映射，生成不同视点方向的面部图像。应用合成面部图像与输入面部图像最佳匹配的方法进行输入面部图像的头部转动方向估计[40]。通过对面部曲面结构和面部各器官分布结构的分析，建立了面部曲面的几何模型和模拟人脸面部曲面的分片二次直积形 Bezier 参数曲面计算格式应用此模型和算法，依据面部表情和汉语口型特征，实现基本表情和口型的选型[41]。此外，还研究了空间网格的径向基函数（RBF）插值方法[42]。

1.2.4 相关学术资源

人脸研究需要用到大量的人脸图像，人脸数据库是人脸识别算法研究、开发、评测的基础，具有重要的意义。目前国际上常用的人脸数据库有：

1）MIT 人脸数据库：由麻省理工学院媒体实验室创建，包含 16 位志愿者的 2592 张不同姿态、光照和大小的面部图像。

2）CMU PIE 人脸数据库：由美国卡内基梅隆大学创建，PIE 就是 Pose（姿态）、Illumination（光照）和 Expression（表情）的缩写，包括来自 68 个志愿者的 41368 张面部图像，其中包括了每个人的 13 种姿态条件、43 种光照条件和 4 种表情下的照片，这些姿态和光照变化图像也是在严格控制的条件下采集的。现有的多姿态人脸识别的文献基本上都是在 CMU PIE 人脸数据库上测试的。

3）Yale 人脸数据库：由耶鲁大学计算视觉与控制中心创建，包括 15 位志愿者的 165 张图片，包含光照、表情和姿态的变化。此外，耶鲁大学还创建了用于光照和姿态问题的建模与分析的人脸数据库，包括了 10 人的 5850 幅多姿态、多光照的图像。其中的姿态和光照变化的图像都是在严格控制的条件下采集的，主要由于采集人数较少，该人脸数据库的进一步应用受到了比较大的限制。其网址为 http：//cvc. yale. edu/projects/yalefaces/yalefaces. html。

4）FERET 人脸数据库：由美国国防部的 FERET 项目创建的，包含 14051 张多姿态、光照的灰度人脸图像，是人脸识别领域应用最广泛的人脸数据库之一，其中的多数人是西方人，每个人所包含的人脸图像的变化比较单一。

5）AR 人脸数据库：由西班牙巴塞罗那计算机视觉中心建立，包含 116 人的 3288 幅图像。采集环境中的摄像机参数、光照环境、摄像机距离等都是严格控制的。其网址为 http://rv11. ecn. purdue. edu/v1/ARdatabase/ARdatabase. html。

6）ORL 人脸数据库：由剑桥大学 AT&T 实验室创建，包含 40 人的 400 张面部图像，部分志愿者的图像包括了姿态、表情和面部饰物的变化。该人脸数据库在人脸识别研究的早期经常被人们采用，但由于变化模式较少，多数系统的识别率均可以达到 90% 以上，因此进一步利用的价值已经不大。其网址为 http：//www. uk. research. att. con/facedatabase. html。

7）AFLW 人脸数据库：由奥地利格拉茨技术大学计算机图形与视觉研究所创建，是一个在自然光条件下拍摄的不同姿态、视角、种族、年龄、性别的大规模人脸数据库。AFLW 人脸数据库包括约 2. 5 万张人脸图片，其中 59% 为女性，41% 为男性，大部分图片是彩色，只有少部分是灰度图片。数据库中每个人脸上都标注了 21 个特征点，共计约 38 万个特征点。该数据库适用于人脸识别、人脸检测、人脸对齐等方面的研究。其网址为 https：//lrs. icg. tugraz. at/research/aflw。

8）MORPH 人脸数据库：由美国北卡罗来纳大学威尔明顿分校创建，数据库里包含了 12938 人 16 ~ 77 岁共 52099 张人脸图片，每个人拥有若干张人脸图片。图片类型为彩色，分辨率为 120 × 126 像素，主要可用于人脸迁移的研究。其网址为 https：//ebill. uncw. edu/C20231_ustores/web/store_main. jsp？ STOREID = 4。

9）PF01 人脸数据库：由韩国浦项科技大学创建，包含 103 人的 1751 张不同光照、姿态和表情的面部图像，志愿者以韩国人为主。

10）XM2VTS 人脸数据库：由英国萨里大学创建，包含了 295 人在 4 个不同时间段的图像和语音视频片断。在每个时间段，每人被记录了 2 个头部旋转的视频片断和 6 个语音视频片断。

11）BANCA 人脸数据库：该人脸数据库是欧洲 BANCA 计划的一部分，包含了 208 人、每人 12 幅不同时间段的面部图像。

12）CAS-PEAL 中国人脸图像数据库：由中国科学院计算技术研究所-银晨科技面像识别联合实验室负责建立，共采集并整理了 1040 位志愿者的 99450 幅人脸图片。CAS-PEAL 人脸图像数据库中的所有图片分为姿态变化、表情变化、饰物变化、光照变化、背景变化、距离变化、时间跨度变化等 7 种变化模式子库，这 7 种变化模式中又以姿态（Pose）变化、表情（Expression）变化、饰物（Accessory）变化和光照（Lighting）变化 4 种为主（故简称为 PEAL）。各个变化模式子库均可以与姿态变化子库进行组合，以满足研究工作中的不同需求。

国际上，关于人脸或表情识别方面的国际会议有很多，其中影响比较大的有：

1）CVPR：计算机视觉与模式识别国际会议（International Conference on Computer Vision and Pattern Recognition）。一年一度的 CVPR 被公认为计算机视觉和模式识别领域的国际最高级别会议。

2）FGR：人脸与姿态自动识别国际会议（International Conference Automatic Face and Gesture Recognition），1995 年在瑞士的苏黎士举办第一届人脸与姿态自动识别国际研讨会（IWAFGR），1996 年在美国举办了第二届，改为 IEEE 的人脸与姿态自动识别国际会议（FG 或 FGR），之后每两年举办一届，至今已举办了七届，内容越来越丰富而深入，影响越来越广泛。

3）ICPR：模式识别国际会议（International Conference on Pattern Recognition）。ICPR 是模式识别领域最具权威的国际会议，每两年举办一届。2004 年举办的第 17 届模式识别国际会议组织了人脸认证竞赛，是国际上公认的客观评价人脸识别最新技术研究状况的竞赛。

4）ICCV：IEEE 计算机视觉国际会议（IEEE International Conference on Computer Vision），是计算机视觉领域国际最高级别会议。

5）SIGGRAPH：计算机图形和交互技术国际会议（International Conference on Computer graphics and interactive techniques）。

6）ECCV：欧洲计算机视觉会议（European Conference on Computer Vision）。

7）ICMI：多模式接口国际会议（International Conference on Multimodal Interfaces）。

8）ACCV：亚洲计算机视觉会议（Asian Conference on Computer Vision）。

9）VISAPP：计算机视觉理论与应用国际会议（International Conference on Computer Vision Theory and Applications）。

10）ACII：情感计算及智能交互国际会议（International Conference on Affective Computing and Intelligent Interaction），每两年举办一届。

11）ICBA：国际生物特征识别国际会议（International Conference on Biometric Authentication），每两年举办一届。

此外，还有许多 IEEE 的研讨会，比如 IEEE Workshop on Face Processing in Video、IEEE Workshop on Applications of Computer Vision、IEEE Workshop on Computer Vision and Pattern

Recognition for Human Computer Interaction、IEEE Workshop on Real-Time Vision for HCI 等。

随着国内相关研究的开展，我国也成功举办了一些国内会议，如人体生物特征识别进展国际学术会议暨中国生物识别学术会议，从 2000 年开始，每年举办一届。

目前国际上开展相关研究的组织有：

- MIT 媒体实验室：http://www.media.mit.edu/research。
- MIT 人工智能实验室：http://www.csail.mit.edu/index.php。
- CMU 机器人研究所：http://www.ri.cmu.edu/。
- 德国人工智能研究中心：http://www.dfki.de/web。

此外，美国马里兰大学、佐治亚工学院，欧洲的剑桥大学、曼彻斯特大学，日本的东京大学和 ATR 研究所等，都投入了很多人力物力来进行这方面的研究。

国际上从事相关领域研究的专家有：

- William T. Freeman Professor

MIT 人工智能实验室，研究领域为计算机视觉。他的网址是 http://www.ai.mit.edu/people/wtf/。

- Thomas S. Huang（黄煦涛）教授

1963 年在 MIT 获得科学博士学位以后，先后在美国 MIT、Purdue 和 UIUC（美国伊利诺斯大学香槟分校）从事教学与图像处理、模式识别、计算机视觉和人机交互等方面的研究工作，现任美国伊利诺斯大学香槟分校 Beckman 研究院图像实验室主任。他的网址是 http://www.beckman.uiuc.edu/profiles/faculty/t-huang1.html。

- Alex Pentland（Sandy）

目前工作于 MIT 媒体实验室。他的网址是 http://web.media.mit.edu/~sandy/。

- Takeo Kanade

工作于 CMU 机器人研究所，主要研究方向为计算机视觉、虚拟现实、移动机器人等。他的网址是 www.ri.cmu.edu/people/kanade_takeo.html。

- Ying-Li Tian

工作于 IBM 计算机视觉研究小组，研究领域为人类视觉和表情识别。他的网址是 http://www.research.ibm.com/ecvg/people/yingli.html 或 http://www-2.cs.cmu.edu/~yltian/。

- Jeffrey Cohn

匹兹堡大学的心理学教授，同时是 CMU 机器人研究所的兼职教授。他主要基于多学科结合来开展自动分析表情方法的研究，是 CMU 机器人研究所人脸小组的成员。他的网址是 http://www.pitt.edu/~jeffcohn/。

- Kenji Mase

名古屋大学的信息技术中心的教授，主要研究领域为：人机交互智能体、玩具的交互界面、可穿戴/移动/普适计算等。他的网址是 http://mase.itc.nagoya-u.ac.jp/~mase/。

汤晓鸥教授

中国科学院深圳先进技术研究院副院长，香港中文大学信息工程系主任、教授。汤晓鸥教授 1996 年于麻省理工学院获得博士学位，1997 年任香港中文大学教授，2001 年创办多媒体实验室。2004 年，汤晓鸥领导的计算机视觉研究组开发了一个名为 DeepID 的深度学习模型，在 LFW 数据库上获得了 99.15% 的识别率，这也是有史以来首次超过 99% 的 LFW 识别率。他的网址是 http：//mmlab.ie.cuhk.edu.hk/。

1.3 人脸工程学的未来研究方向

1. 人脸识别的未来研究方向

由于人脸识别任务的复杂性，并且人脸是一个非刚体的模型，容易受到光照、年龄、遮挡物的影响，所以任何一种简单的方法都很难得到 100% 的识别率，因此人脸识别的未来研究方向主要集中在以下两个大的方向上：

1）多信息的融合。具体来说，一方面是局部和整体的融合。局部特征的精确定位和提取，尤其是具有判别力的局部特征的确定是一个难以解决的问题，因此发展局部特征的确定和提取的方法并和整脸处理方法相结合，这将是提高识别率的一个方向。另一方面是加强局部图像特征和局部面部特征的结合与联系，这也将对识别率产生积极的影响。再一方面是利用多分类器和多信息（特征）融合，减少总体识别率对单分类器的依赖，同时减小单分类器的复杂度。

2）消除光照和姿态的影响。一方面可以利用统计知识和先验知识，加强对图像类间变化和类内变化的研究，通过图像合成和图像重建技术消除光照和姿态的影响。另一方面就是 3D 人脸模型的重建，利用 3D 模型识别消除光照和姿态的影响，这也是提高人脸识别率的途径和人脸识别的研究方向。

2. 表情识别的未来研究方向

1）由于人脸表情变化表现在图像上会产生多种不同的变化，如五官位置、形状，以及细微的皮肤纹理、阴影等，因此将多种特征混合起来，可以最大限度地利用表情变化产生的信息，更完整地表示表情，混合法将成为特征获取中的一个重点。

2）在目前的人脸表情识别系统中，往往是对比较夸张的表情进行分析和识别。但在实际的生活中，很多表情可能是混合的表情，或者并不是很夸张的表情。对混合表情、表情的强度方面，目前的研究还非常缺乏。已经有研究针对表情的强度方面做了一些尝试，但研究仍然处于初级阶段。

3）人脸表情会受到多种因素的影响，如光照与姿态的变化、脸部阻挡等。针对脸部出现阻挡的情况，有一些初步的研究，但与实际情况还有一定距离。在目前的研究中，针对光照和姿势的变化，一般都采用三维人脸建模的方法来解决。但目前三维人脸建模的技术尚不能达到自动建模的要求，同时精度也受到一定的限制。另外，特征分解是解决这类问题的一种新方法，但这方面的研究刚刚出现，有待进一步发展。

4）近年随着机器学习领域的发展，越来越多的机器学习方法被用于表情的识别和分类，并取得了较好的结果，这也应是未来识别方法的主流。但同时人的表情是有一定的心理学规律可循的，是否可以将心理学和生物学知识与机器学习的方法相结合来提高分类的性能，这是有待研究的问题。

3. 人脸合成的未来的研究方向

1）逼真性：人脸表情是众所周知的，目前三维人脸表情动画普遍存在不自然、不逼真等问题，人脸表情动画的逼真性直接影响着该技术的推广应用。

2）丰富性：人脸表情复杂、多样，研究更有效、更逼真地制作各种人脸表情动画的技术是人脸动画获得成功应用的关键所在。

3）直观性：三维人脸几何结构复杂，且表情的表现涉及解剖学、生物力学等领域，因此控制一个表情的表现难度甚大，研究直观、方便地控制任意人脸表情动画是人脸表情合成动画研究的焦点。

1.4 本书的内容

本书的内容分为三部分。

第1部分，从第1~3章，主要介绍人脸工程学的理论基础，概述了人脸工程学、人文科学、心理学、脑科学及文学艺术中对人脸的研究。

第2部分，从第4~8章，主要介绍了人脸工程学研究中用到的技术与算法，包括图像处理技术、检测跟踪技术、特征提取与识别算法和人脸合成技术。

第3部分，从第9~11章，介绍了几个应用系统实例，包括静态人脸识别原型系统、静态表情识别系统、动态表情识别系统、人脸合成与表情合成系统。

参考文献

[1] 王志良. 人工心理学——关于更接近人脑工作模式的科学［J］. 北京科技大学学报，2000，22（5）：478-483.

[2] 苏从勇. 人脸感知：基于学习的人脸跟踪与合成［D］. 杭州：浙江大学，2005.

[3] Ellis H D. Introduction to aspect of face processing：ten questions in need of answers［C］//Ellis H，JeevesM，Newcombe F. Aspects of Face Processing. Dordrecht：Nijhoff，1986：3-13.

[4] Biederman I，kalocsai P. Neural and psychophysical analysis of object and face recognition［C］//WechslerH，Phillips PJ，Bruce V. Face Recognition：From Theory to Applications. Berlion：Springer-Verlag，1998：3-25.

[5] Hill H，Bruce V. Effects of lighting on matching facial surfaces［J］. Journal of Experimental Psychology：Human Perception and Performance，1996（22）：986-1004.

[6] 高益茂. 三维逼真人脸动画方法研究与实现［D］. 镇江：江苏大学，2005.

[7] Bruce V. Recognition Faces［M］. London：Lawrence Erlbaum Associates，1998.

[8] 高丽萍，郭义民，倪重匡. 一种改进的特征脸方法［J］. 计算机应用与软件，2002，19（8）：44-47.

[9] 严超，苏光大. 人脸特征的定位与提取［J］. 中国图象图形学报，1998，3（5）：375-379.

[10] 周杰，卢春雨，张长水，等. 人脸自动识别方法综述［J］. 电子学报，2000，28（4）：102-106.

[11] 邓刚，曹波，苗军，等. 基于支持向量机眼动模型的活性判别算法［J］. 计算机辅助设计与图形学学报，2003，15（7）：853-857.

[12] Suwa M，Sugie N，Fujimora K. A preliminary note on pattern recognition of human emotional expression［C］//international Joint Conference on Pattern Recognition，1978：408-410.

[13] Kobayashi，Hara. The recognition of basic facial expressions by neural network［C］//International Joint Conference on Neural Network，1991：460-466.

[14] Kenji Mase. Recognition of facial expression from optical flow［J］. IEICE Transaction，1991，E. 74（10）：3474-3483.

[15] Irfan A. Essa, Alex Pentland. A vision system for boserving and extracting facial action parameters [C] //Proceedings of the Computer Vision and Pattern Recognition Conference. IEEE Computer Society, 1994: 76-83.

[16] Yaser Yacoob, Larry Davis. Computing Spatio-Temporal Representations of Human faces [C] //Proceeding of the Computer Vision and Pattern Recognition Conference. IEEE Computer Society, 1994: 70-75.

[17] Mark Rosenblum, Yaser Yacoob, Larry Davis. Human emotion recognition from motion using a radial basis function network architecture [C] //Presented at the IEEE Workshop on Motion of Nonrigid and Articulated Objects. Austin, TX, 1994: 43-49.

[18] Parker F I, Computer generated animation of faces [C] //Proc. ACM annual conference, 1972, 1: 451-457.

[19] Parker F I, A Parametric models for human faces [D]. University of Utah, Salt Lake City, Utah, 1974. UTEC-CSc-75-047.

[20] Parker F I. Parameterized models for facial animation [J]. IEEE Computer Graphics and Applications, 1982, 2 (9): 61-68.

[21] Platt S M, Badler N I. Animating facial expressions [J] //Computer Graphics (Proc. SIGGRAPH'81). 1981, 15 (3): 245-252.

[22] Bergeron P, Lachapelle P. Controlling facial expressions and body movements [C] //Advanced Computer Animation, SIGGRAPH'85 Tutorials, ACM, NewYork, 1985: 61-79.

[23] Waters K. A muscle model for animating three-dimensional facial expression [C] //Computer Graphics (Proc. SIGGRAPH87), 1987, 21 (4): 17-24.

[24] Magnenat-Thalmann N, Primeau N E, Thalmann D. Abstract muscle actions procedures for humanface animation [J]. Visual Computer, 1998, 3 (5): 290-297.

[25] Parker F I, Brad deGraf. State of the Art in Facial Animation [C]. SIGGRAPH90 Course Notes #26, ACM, NewYork, 1990.

[26] Williams L. Performance-driven facial animation [J]. Computer Graphics (Proc. SIGGRAPH'90), 1990, 24 (4): 235-242.

[27] Kalra P, Mangili A, Magnenat-Thalmann N, et al. Simulation of Facial Muscle Actors Based on Rational Free-Form Deformation [J]. Computer G raphics Forum (Proc. EUROGRAPH'92), 1992, 2 (3): 59-69.

[28] 姜大龙. 真实感三维人脸合成方法研究 [D]. 北京：中国科学院计算技术研究所, 2005.

[29] Lee Y C, Terzopoulos D, Waters K. Realistic modeling for facial animation [C] //Proc. SIGGRAPH '95. 1995: 55-62.

[30] Pighin F, Hecker J, Lischinski D, et al. Synthesizing realistic facial expressions from photographs [C] //Proc. SIGGRAPH'98. 1998: 75-84.

[31] Blanz V, Veter T. A morphable model for the synthesis of 3D faces [C] //SIGGRAPH Proceedings. Orlando, FL, USA. 1999: 71-78.

[32] Jun-yong Noh, Douglas Fidaleo, Ulrich Neumann. Animated Deformations with Radial Basis Functions [C] //ACM Virtual Reality and Software Technology (VRST'1999), 1999: 166-174.

[33] Gaspard Breton, Christian Bouville, DaniellePele. FaceEngine: A 3D Facial Animation Engine for Real Time Applications [C] //Proc, 3D Technologies for the World Wide Web (WEB3D'2001). Paderbon, Germany, 2001: 15-22.

[34] 郑飞，陈梅. 基于正面头像的人面三维造型 [J]. 计算机学报，1998, 21 (11): 1047-1052.

[35] 陈廓. 基于区域控制模型的人脸重建技术及应用 [D]. 杭州：浙江大学，2006.

[36] 晏洁. 具有真实感的三维人脸合成方法的研究与实践［D］. 哈尔滨：哈尔滨工业大学，1999.
[37] 叶静. 使用HMM的人脸语音动画合成技术研究［D］. 合肥：中国科学技术大学，2004
[38] 梅丽，鲍虎军，郑文庭，等. 基于实拍图像的人脸真实感重建［J］. 计算机学报，2000，23（9）：996-1002.
[39] 梅丽，鲍虎军，彭群生. 特定人脸的快速定制和肌肉驱动的表情动画［J］. 计算机辅助设计与图形学学报，2001，13（12）：1077-1082.
[40] 尹宝才，高文. 基于模型的头部运动估计和面部图象合成［J］. 计算机研究与发展，1999，36（1）：67-71.
[41] 尹宝才，高文. 利用Bezier曲面的面部表情和口型几何造型［J］. 计算机学报，1998，（S1）：347-350.
[42] Yin Baocai，Gao Wen. Radial Basis Function Interpolation on Space Mesh［C］// Virtual Proceedings of ACM SIGGRAPH'97. 1997：150.
[43] 刘晓旻，谭华春，章毓晋. 人脸表情识别研究的新进展［J］. 中国图象图形学报，2006，11（10）：1359-1368.
[44] Bledsoe W. Man-machine facial recognition，Rep PRI：22［R］. Panoramic Research Inc. Palo Alto，CA，1966.

第2章　人脸工程学研究的学科基础

早在几百年前，人类学、心理学等学科就开始了对人脸的研究，并且取得了一定的成果。人文科学、心理学及脑科学是人脸工程学的基础学科，其关于人脸研究的理论成果是人脸工程学研究的理论基础。本章简单介绍了人类学、心理学、脑科学等学科关于人脸的研究。

2.1　人类学对人脸的研究

2.1.1　达尔文之前的研究

查尔斯·贝尔（Charles Bell）是一位在生理学方面有着很多发现的学者，并因此获得了很大的声誉。他的《表情的剖析与哲学（Anatomy and Philosophy of Expression）》从1806～1844年再版三次。书中生动地描述了各种各样的情绪和图示，并阐明了表情与呼吸之间存在的密切关系：在激烈的呼气运动中，两眼周围的各条肌肉，为了防止血液压迫此处纤细的器官而进行不随意的收缩。但是对于各种不同的情绪下，为什么各种不同的肌肉会进行如此动作？比如，陷入悲哀或忧郁之中的人，为什么眉毛内端向上蹙起，而嘴角却向下拉，贝尔先生没有加以说明，书中也没有明确的说明。

M. 莫罗（M. Moreau）于1807年发表了对于脸部肌肉运动方面的种种见解、观察和论断；但是在哲学方面的解释却没有做什么工作。例如：他解释颦蹙这个脸部动作时说："这种运动是苦苦思索和潜心思考某一问题时的表情中最为明显的一个标志。如果从肌肉的位置来考察，即人在受到真正的压迫而产生激动或者受到过于强烈的刺激时，其面部表情的主要特征是紧缩或者凝集。在情绪方面也是这样，就好像一个人在感情方面为了缩小恐惧或厌恶的印象，也是要进行肌肉的收缩或者说缩紧而使身体迅速复原。"这种解说表明了莫罗试图阐明各种表情的意义和起源。

1862年，达奇恩博士（Dr. Duchenne）的《人相的机制（Mécanisme de la Physionomie Humaine)》运用电学分析法（Means of Electricity）来阐述脸部肌肉的运动，并附有生动的照片作为说明图解。他的观点一方面比较准确地叙述了脸部肌肉，但是另一方面对于表情的肌肉运动，他主要解说了单一的肌肉的收缩，对各肌肉之间密切的联系，比如说为什么情绪对某些肌肉起收缩作用，而对另一些肌肉却不起作用，完全没有进行解释。其中，他对于面部发生的表情运动进行说明："造物主固然不至于专门就肌体的必要处所而用意，但是即使是像激情那样最容易消失的特征，他如果想在人类的面部上稍做标记，那么无论是一个还是多个，也都是得自于神的意志（如果可以这样说）并随心所欲地变动这些肌肉。如果像这样把人类的相貌一次造成，那么为了使其普遍永恒，仅仅将那些常常通过肌肉收缩就能表现人类感情的本能的能力赋予所有人类就足够了。"通过叙述，我们可以知道达奇恩博士没有清楚地意识到进化原理。

1865 年，法国著名解剖学家皮埃尔·格拉特莱特（Pierre Gratiolet）所著的《人相及表情运动（De la Physionomie et des Mouvements d'expression)》出版。这本书中最为值得注意的就是书中所运用的材料都来源于珍贵的观察记录，他总是能用简洁明了的语句表达看似复杂的学说。在书中论述到："凡是感觉、想象以及最高尚并且最抽象的思想，如果与之相关的感情不起作用的话，那么就不会起作用；并且这些感情能够直接地在外部各个组织的所有范围内，以共感的、象征的或者比喻的方式表现出来。这两种现象就是我根据自己所注意到的所有事实中得出的结论。这些外部各个组织中，无论是什么，都恰好和它们各自的直接动作一样，通过各自所具备的独特的动作方式来表现感情。"但是格拉特莱特在书中将遗传习惯和某种程度内的个体习惯轻描淡写一笔带过，对于许多体态和表情不能给予恰当的说明，有的竟然什么解说都没有。同时，他明确地认为，各个物种是分别创造出来的，这一点，他和其他论述表情的学者的观点是一样的。

1867 年，皮德里特博士（Dr. Piderit）出版了《构拟人相学体系（Wissenschaftliches System der Mimik und Physiognomik)》，书中有两句话似乎可以简单地概括全书的内容。他写道："表情的肌肉运动，一半与想象的对象有关，一半与想象上的感官印象有关，在这个命题之中，包含着理解一切表现的肌肉运动的关系。"他还论述到："表情运动，主要表现于脸部无数的可以运动的肌肉，其理由在于：一是运动这些肌肉的神经，从最近的精神器官之处发出；另一个是这些肌肉最有力地支持各种感觉器官。"

1855 年，赫伯特·斯宾塞（Herbert Spencer）所著的《心理学原理（Principles of Psychology)》对感情的解释如下："异常恐惧时，就会嚎叫，拼命逃窜藏匿，心悸亢奋、颤抖，这些表现恰好与恐惧危难时的实地经验所引起的表现相似。感情激烈而如死如狂时，就会导致肌肉组织的一般紧张，如咬牙切齿、摩拳擦掌、瞪大眼睛、鼻翼凸起、咆哮不止，这些表现形态，比起屠杀猎物时所表现的动作稍显微弱。"

除了斯宾塞，所有有关表情的著述者似乎都坚信：物种（自然，人也包括在内）是以各自目前状态的原状而产生的。

关于表情的简单论述，在各种著作中很多，在此不一一列举；对于人类表情的研究，影响最大的就是达尔文，2.1.2 节将介绍他的研究方法和结论。

2.1.2 达尔文对表情的研究

达尔文提出人与动物的表情都是进化的产物。

达尔文在当时研究表情是比较困难的，因为表情运动往往极其轻微，而且性质又极其短暂，其中的差异固然可以明白地被认识，但差异究竟存在于什么地方，却是不可能明白阐述的。比如，亲眼看见某种深度情绪时，目击者的同情心便极强地兴奋起来，以至于忘却了应该进行缜密细致的观察，有时候几乎不能进行缜密的观察。为了尽力获得稳定的基础，并且远离俗见，在确定相貌的特定运动以及身体的表情实际上能够在何种程度上表现某种精神状态时，达尔文发现用下面的这些方法时最为有用。

第一，观察幼儿。如贝尔所说，幼儿通过"非常力"表现许多情绪，但是等到他们长大成年后，我们人类的表情之中就会有某一种"已失去了幼年时期能使表情汹涌而出的纯粹单纯的源泉了。"

第二，应对精神病患者进行研究。因为精神病患者最容易陷入极强的激情之中，并且没有任何约束地表露出来。

第三，像达奇恩博士一样，对一位面部不太敏感的老人的面部上做了实验。在老人的面部肌肉上使用电疗刺激产生各种表情，并将这些表情加以扩大摄影，不加说明地给不同年龄层、不同性别的受过教育的人看，然后向他们询问这位老人是由于何种情绪或感情而导致面部动作。一方面对于其中的几种表情，几乎所有的人都可以认出照片上老人的表情，但另一方面，还有两三张照片，每个人的答案十分不同，这种事实表明，达尔文所确信的人类很容易被自己的想象力所迷惑这一点。因为对于特殊的两三张照片，我们会通过阅读照片的说明来理解相对应的表情，如果没有说明，我们会毫无疑问地被迷惑。

第四，达尔文希望能从那些被称为“极为缜密的观察者”的一流的画家和雕刻家那里获得巨大的帮助。但是他通过许多名作画像和照片，也只有一两例有所收获，因为作为美术作品是以表现美为主要目的，而面部的收缩会破坏美感。

第五，确定一直以来经常没有证据断言的同一表情和体态是否可以普遍流行于所有人类，尤其是那些与欧洲人接触甚少的人种。相貌或身体的同一种运动表示不同人种的同一情绪时，会以多大的准确性推定这种表情是真正的表情，即所说的与生俱来的或是本能的表情。每个人幼年时代所习得的习惯表情或体态，在不同的人种间大约是不同的，就像他们的语言一样。

达尔文在 1867 年初将下列问题印刷分发，并且附上一个要求，即不要凭借记忆而应根据实地观察。它们是：

1）惊愕时是否表现为瞪大眼睛、张大嘴巴、高扬眉毛？

2）羞耻时，如果能通过脸色来发现，是否能使脸变红？尤其是这种红色会延伸到身体下部的何种程度？

3）当愤怒或向对方挑战时，是否竖眉、挺身、伸头、耸肩或握拳？

4）考虑问题或解决疑难时，是否蹙额或皱紧眼睑下皮？

5）意气沮丧时，是否口角下沉、眉内端抬起，是否是由法国人所谓的“悲哀肌”这种肌肉运动所致？这种状态的眉毛，内端稍稍膨胀、微斜，前额中央虽然也会引起横皱，但不像惊异时眉毛高扬而使整个前额都引起皱纹。

6）精神愉快时，是否表现为眼下及眼周围的皮肤稍稍起皱纹、口角稍稍向内凹进，并且双眼熠熠有神？

7）当冷笑或嘲弄他人时，是否上唇角会侧向被嘲讽者的方向，并停在犬齿之上？

8）坚强或顽固时，表情是否表现为口紧闭、额头下浮并微微紧蹙？

9）蔑视他人时，是否嘴唇微微突起、鼻中呼出些许气息？

10）厌恶时是否下唇向下、上唇微抬，同时发出像刚开始时呕吐或口中做唾弃时所具有的呼吸？

11）极度恐怖时，表现方式是否和欧洲人一样？

12）笑到极处时，是否会笑出眼泪？

13）人表现自己无法阻止某事或自己不能做某事时，是否肘向内曲、双手向外张开，并且双眉上扬？

14）小孩子不高兴时，是否脸颊胀鼓、嘴唇翘起？

15）罪过、狡猾、嫉妒等各种表情，我无法分辨时，你能分辨清楚吗？

16）表示肯定时，是否头微低至颔；表示肯定时，是否头左右摇动?

达尔文在调查过程中一再强调：观察从来没有与欧洲人接触过的土著人的表情最重要，但只是就表情这一点概括出来的意见却价值不大，并且凭借记忆得出的结论也非常不可信。对于在何种情绪或精神状态下对相貌进行一定的确实描述，并叙述与之相关而引起的事情，就非常有价值了。

达尔文对于从不同观察者那里得到的 36 个答案（涉及一些完全不同而尚未开化的民族），发现了下面的重要意义：即同一精神状态，全世界的人都是用显著的同一性表现出来，况且事实本身也极有趣味，它可以作为所有人类的身体构造与精神素质之间有密切关系的有力证据。

2.2 文学艺术中对人脸的研究

2.2.1 人脸的美学研究

文学艺术都是人类社会实践反映的产物，人作为社会实践的主体，更应该是文学艺术反映的主题。所以人物在中、西方美术史中始终占有很高的地位，是美术创作的主要对象。无论是雕塑、绘画，无论在中国还是西方，人物作品都有着悠久的历史和丰厚的传统，都有着不少的经典传世之作。其中，可以见到古代的帝王、将相、圣贤、文人，也可见到古人信奉的佛、神，还有现实生活中的人物百态。

要完成一件好的人物作品，人脸的刻画起着至关重要的作用。无论中国画还是西洋画，都要求画者对脸部基本结构有所认识，甚至要具备有关头脸部的解剖知识。下面就介绍一下美术技法中所涉及的人脸的研究。

1. 脸型特征

中国画传统技法常把头形分为“八格”，各用一个汉字代表如“田”“国”“由”“用”“目”“甲”“申”“风”（见图 2-1）。田——脸面扁方；国——形方稍长；由——上额尖，下巴方；用——上额方正，下巴宽大；目——头形狭长；甲——上额方，下巴尖；申——上额窄，下巴尖；风——腮部宽阔。有的人类学家更把头形分为 10 种类型，从各种不同的角度、动势或发型头饰来看，应概括为各种不同的基本形。以上这些方法，都是把头部比较复杂的轮廓，概括为比较简单的几何图形，并分析其长宽比例和形体特征。

2. 五官比例

中国古有“三庭五眼”之说，即长三庭，横五眼，如图 2-2 所示。三庭：发际线到眉毛 = 眉毛到鼻孔 = 鼻孔到下巴的距离；五眼：右外耳孔至右眼外角之长 = 右眼长 = 眼间距离 = 左眼长 = 左外耳孔至左眼外角之长。这种简单的概括，是成人的一般比例关系。儿童与成人不同，年龄越小，眼的位置越偏下，两眼间的距离越大。

上述的比例关系，只是头的正面平视的情况，因此只能是观察一个人五官比例的参考，画者可以根据三庭五眼的基本规律，在共性中找出人与人的形象特征，画出人与人的千差万别。

3. 脸部的解剖结构

（1）骨骼

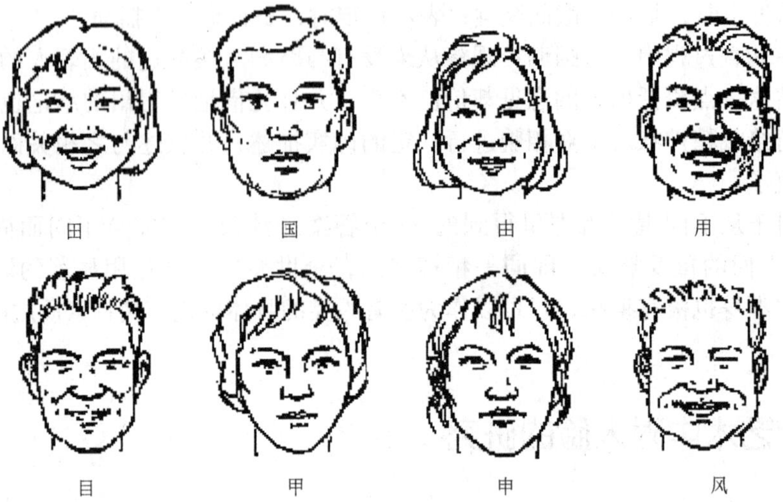

图 2-1　头形“八格”

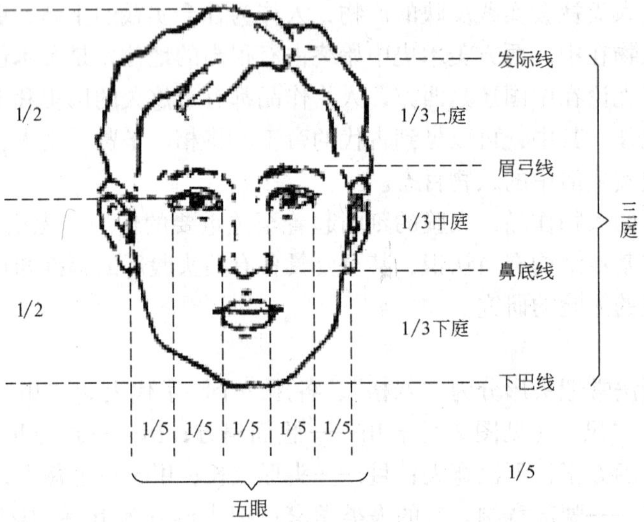

图 2-2　三庭五眼

1）脑颅部骨骼——额骨、顶骨、颞骨、枕骨。

2）颜面部骨骼——鼻骨、颧骨、上颌骨、下颌骨。

（2）脸部肌肉

1）咀嚼肌——咬肌、颞肌，其作用是拉下颌骨向上，作咀嚼动作。此肌虽不属表情肌，但咬肌隆起可表现咬紧牙关、切齿痛恨的神情。

2）表情肌——表情肌薄而扁平，没有肌腹，两端或一端附着于皮肤，收缩时，产生脸部的各种表情。表情肌大部分群集于眼、鼻、口的周围。

3）额肌——收缩则出现惊讶或注意等神情。

4）皱眉肌、降眉肌——将眉内端下降及内收锁紧眉头，则出现“思考”或“愁”的表情。

5）眼轮匝肌、口轮匝肌——其收缩，可使眼、嘴启闭。

6）鼻肌——包括横部与翼部，翼部收缩，可使鼻翼向下，缩小鼻孔。

7）上唇方肌、颧肌——将口角向外上方提，产生鼻唇沟。

8）下唇方肌、三角肌——将口角向下拉，产生口角和下颌之间的皱纹。

9）笑肌——向上收缩，产生笑意的酒窝。

对于画者来说，头像塑造得好与坏，同是否掌握了头部解剖知识有很重要的关系，骨点、肌肉要能熟记，头像大体结构要清楚，还有五官位置都能记住，只有这样才能构图准确。在他们学习绘画的过程中，甚至可以拿一个人物骨架、肌肉解剖模型作为参照物，来对照一下自己作画的对象解剖关系是否准确，骨点、肌肉的转折运动表现是否准确等。

4. 脸部的形体结构研究

分析脸部的形体结构，是帮助正确刻画脸部形象的一个重要手段。当理解了脸部的解剖骨骼与肌肉关系之后，就能更深刻地理解脸部的形体结构。人的颜面区占头长的2/3。颧骨部扁平，眼眶内嵌入球状的眼睛；颧弓处是面部的最阔处，两侧颧弓的宽窄与高低决定了面部的阔度与面颊的形状；上颌骨成圆柱状，上颌骨长则成马脸，短则成圆脸；三角形的下颌部依据马蹄形的下颌骨概括而成，两侧下颌角突出的程度决定了面部是瓜子形还是四方形；下颏的坡度区别，使下巴有削的、直的或是翘的；侧面头部的颧弓是上下两倾斜面的分界线；鼻骨的倾斜和隆起决定了鼻部的坡度与高低。总之，头部骨骼的形态和细节都会在外形上显露出来，从而影响人物的面部形象。

5. 五官的形体结构

为了刻画好脸部形象，除了深入理解头部的基本形体结构外，还必须对面部的五官做深入细致的研究。五官包括：眉、眼、鼻、嘴、耳。

（1）眉　眉起自眶上缘内角而延止外角，内端称眉头，外端称眉梢。眉分上、下两列，下列眉呈放射状，内浓外淡。上列眉覆下列眉之上，走势向下，上列眉自眉头的1/3处开始生长，外端面积大于内端。两列眉相交而成眉尖，后两端疏，中间汇集处浓密，下列眉刚，上列眉柔。眉内侧略直，而外侧成弧形。眉毛位于眶上缘的两边，内端背光，明暗较深；外端朝光，色较浅。眉的形状有多种多样，如柳叶眉、卧蚕眉、八字眉、蛾眉等。

（2）眼　眼（见图2-3）是刻画人物形象极其重要的部位，故称为“心魂的窗子”。眼是由上下眼睑及眼球组成，上下眼睑结合处叫内眦、外眦。上眼睑可覆盖眼球的3/4，比下眼睑的活动范围要大得多，上眼睑较隆起，下眼睑较平坦；眼球分虹膜（俗称眼球）、巩膜（俗称眼白）、瞳孔（深黑色）等部分。眼球为一玻璃体，但不是一个到处都一样的圆球，虹膜部分略为突出，眼皮转动时，由于这个突出部分的作用，上下眼睑也都有一个高点随之转动。眼的形状有

图2-3　眼结构

很多，如凤眼、圆眼、鼠眼、三角眼等。

(3) 鼻　由鼻骨、鼻软骨、鼻翼软骨所构成，如图2-4所示。鼻骨是不动的，鼻软骨却可微动。鼻梁、鼻翼两侧、鼻底这四块大面却分布十分明确；鼻翼下部和鼻孔是由外转向内的微妙的小面所构成，作画时切不可画成简单的两个黑洞。鼻在颜面中部，成三角隆起，它把眼和嘴密切联系起来，是观察和掌握面部结构和比例的中心，鼻的长短直接影响人的脸形的长短。

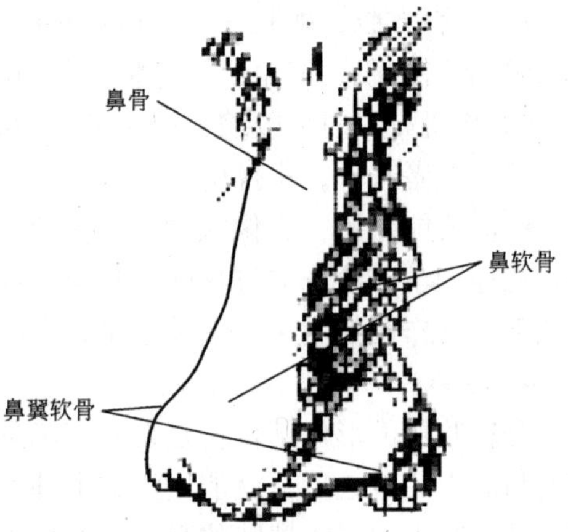

图2-4　鼻结构

(4) 嘴　嘴（见图2-5）分上唇、下唇、嘴缝、嘴角。它的形状是半圆形隆起，上唇以上唇结节为中心，有两个转向两侧的小面，并逐渐缩窄于嘴角；下唇有正面和两个侧面，下唇正下方有一个向前倾斜的小面，它同颏隆凸一起构成颏唇沟；对嘴角窝和唇侧沟的刻画，在表现人物的年龄与表情变化上，起着非常重要的作用。嘴的形状也有很多，如有厚嘴唇、薄嘴唇、樱桃嘴等。

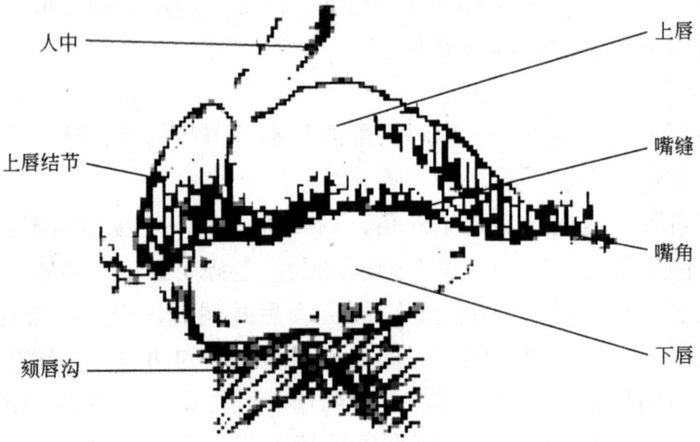

图2-5　嘴结构

(5) 耳　耳朵生在头部的两侧，主要是外耳壳，由软骨支撑，它由耳轮、耳屏、耳垂等部分构成（见图2-6）。耳是斜长在头部两侧，是个不规则而近似平行四边形的凹凸不平的形体。耳的形状也有很多，如圆耳、尖耳、垂耳、扇风耳等。

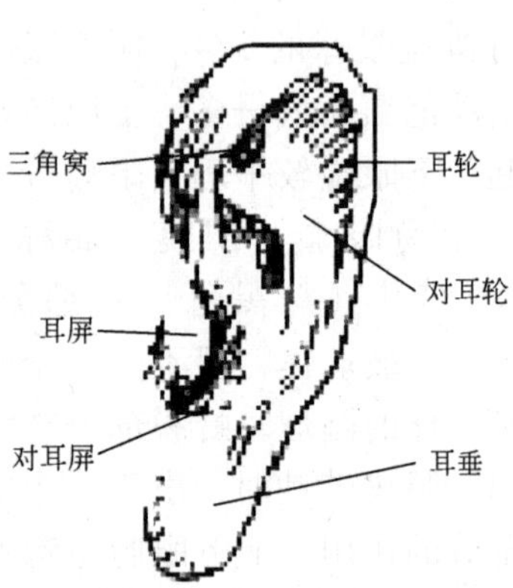

图2-6　耳结构

6. 性格特征

要完成一件好的人像作品，光具备一些基本的知识技法是不够的。人像作品传达美的信息，一要靠生动的形象；二要靠揭示人物的性格、精神气质；三才是要靠完善的表现形式和技巧。头像要求“形神兼备”。神，泛指一个人的精神因素，如神情、神态、神色、神气等，实际上就是人的面部表情所传达的东西。中国自古以来就有“以形写神”“形神兼备”的画论。东晋画家顾恺之曾说过：“以形写神，则神从形生；无形，则神无所依托。然有形无神，系死形相，所谓‘如尸似塑’者也。未能成画。”要避免公式化、概念化的机械式的描摹，否则就会显得那么呆板而没有生气。人物要刻画得好，首先是形神兼备，注重人物内在性格和情绪的刻画，要掌握人物的心理特征。心理特征是指气质、性格、情绪等。最表面的是情绪和表情。在生活中，人们很难保持一种僵硬的脸部表情，通过脸部表情来体现情感是人们常用的较自然的表现方式，其情感表现区域主要包括嘴、脸颊、眼睛、眉毛和前额等。人在表达情感时，只要稍许改变一下面部的局部特征（譬如皱一下眉毛），便能反映出一种心态。

人的性格、气质是复杂多样的。一个性格外向的人，喜怒哀乐常露于形，而一个性格内向的人，却常不露声色。但细细体察，一个人的内心世界和气质总是可以通过外在形体特征表现出来的。例如：某个人圆圆的脸形，两只眼睛总是细眯着，厚厚的嘴唇，显得很稚气、很朴实。另一个人方方的脸形，浓眉大眼，显得开朗活泼。这些都是最打动人的特征。这就要求画者在平时要认真观察人的眉、眼、嘴在情绪变化时的表现，通过面部喜、怒、哀、乐等五官特征来刻画人物表情，尤其是要画好眼、嘴的微妙变化，恰当地达到传神的目的，所以观察不是单纯的生理上的感知，必须以看到对象主要的特点、特征为前提，加以比较、分析。在神情最为自然、生动的时刻来画，就能使画面有生气，画面人物情趣盎然、气韵生动。形神兼备才是人像作品的最高境界。

2.2.2 人脸表情在戏曲和舞台剧中的表现

一提到戏曲，你一定会想象到舞台上勾画五彩脸谱、身着各色戏衣的人物形象。脸谱是中国戏曲艺术的重要组成部分，也是戏曲艺术的重要特征之一。所以人脸的表情特征在戏曲中主要就是以一张脸谱的形式表现出来的。

戏剧家张庚先生说：“脸谱是一种中国戏曲内独有的、在舞台演出中使用的化妆造型艺术。从戏剧的角度来讲，它是性格化的；从美术的角度来看，它是图案式的。”不是每个人物都要勾画脸谱，脸谱的勾画要按照人物角色的分类来进行。戏曲中的角色行当最初是用于表现人物的社会地位、身份和职业，后来逐渐扩展到表现人物的品德、性格、气质等方面。角色行当具有类型化特征，而且对角色的区分带有明显的善恶、褒贬的道德评价在里面，如公正忠孝者为端庄的正貌，奸邪可恶者刻画成丑形。面部化妆和服装是区分人物角色的可视的直接表征，如果说服装主要是表现人物的身份、地位、职业；那么面部化妆，尤其是脸谱化妆更多表现的是人物的性格、气质、品德、情绪、心理等方面。通过脸谱对人物的善恶、褒贬的评价是直接的、一目了然的。如曹操勾白脸表示奸诈，关羽勾红脸表示忠义等。

眼睛、面部是情绪、心理的窗户，因此脸谱是观众的视觉中心，脸谱对唤起观众审美心理的美感起着不可忽视的重要作用。

中国戏曲是一个大“家族”，有很多古老剧种，也有新产生的剧种，据统计，目前全国范围内共有三百多个剧种，其中很多剧种，如京剧、昆剧、秦腔、晋剧、河北梆子、川剧、汉剧、徽剧、粤剧等，都有脸谱。各剧种的脸谱既有相同之处，又有不同之处。戏曲脸谱的艺术特征从整体上概括来讲，主要有装饰性、程式性、象征性等特征。

1. 戏曲脸谱的装饰性特征

古今中外的戏剧演出都追求外部形式的美感，但外部形式的形态、手法、方法等很不相同。西方传统戏剧的人物造型追求的是写实，也就是如实反映现实中的人物造型。

戏曲脸谱是一种变形极大的化妆艺术。脸谱的变形首先要“离形”，“离形”就是不拘于现实生活的自然形态，大胆地进行夸张、装饰。戏曲舞台上各种颜色的脸谱在生活中是没有的，但他又是来自生活的，如生活中形容人脸常用“漆黑的脸”“红红的脸”“脸色焦黄”“面色苍白”等，勾画脸谱的话，就分别用黑、红、黄、白等颜色夸张地进行表现，鲜艳的纯色就与现实中人脸的颜色拉开了距离，这是色彩的“离形”。另一方面，脸谱勾的都是图案化的形，与现实人脸形状拉开了距离，这是形状的“离形”。

脸谱的变形还要“取形”，“取形”就是把现实生活中的某物象的自然形态取来，加以变化，使其图案化、装饰化，具有一定的象征、寓意在里面。“取形”也就是讲究章法，把脸部一些重要部位的色彩、线条，巧妙地组织、归纳到一定的“形”的图案中来。通过“取形”来达到“离形得似”。取形的方法和样式很多，例如眉窝的勾法就有：云纹眉、火焰眉、凤尾眉、螳螂眉、虎尾眉、飞蛾眉、剑眉、宝刀眉、寿字眉等多种。这就改变了眉的自然形态，使其成为图案化的形，具有浓厚的装饰趣味。其他部位如眼窝、嘴岔、脑门等部位也都如此。

脸谱的“离形”“取形”达到图案化、装饰化的美的效果，其目的是为了醒目地传神。“离形得似”“遗貌取神”，这是中国古代美学思想，意思是“神似”要高于“形似”，写形要为传神服务，为了达到神似，可以突破形似。这种美学思想，不仅在绘画上，也在戏曲舞台上得到贯彻。脸谱的传神包含性格化。脸谱的性格化，是要求表现出一种符合这个人物性格的基本神气、基本特征。这是整个脸谱的色彩、纹样的综合效果，再结合戏的情节、演员的表演，装饰性的脸谱才能充分发挥其表现力，才能生动、迷人。

2. 戏曲脸谱的程式性特征

戏曲脸谱的变形大胆而夸张，正所谓“粉墨青红，纵横于面”。但是，这种大胆和夸张，又不是随便涂抹而成的，是有一定的规律和方法的。脸谱艺术非常讲究章法，将点、线、色、形有规律地组织成装饰性的图案造型，由此也就产生了戏曲脸谱的各种各样的格式与规则，也就是形成了一定的程式（“程式”一词在语言学中，本义是法式、规章或格式。《辞源》中说，立一定的准式以为法，谓之程式）。

从脸谱的章法构图看，有各种类型人物的谱式，如整脸、三块瓦、十字门、六分脸等。各种谱式名目，只是对构图相近的脸谱的一种概括性称谓，落实到具体人物的脸上，属于同一谱式的各个脸谱也有不同的勾法。以京剧为例，其基本谱式也就是十来种（不包括各种细致的花色变样），而人们见到的脸谱却有成百上千个之多。把基本谱式作为一种程式，为各类人物的勾法提供了大致样式，从中可演变出无数个脸谱来。

脸谱的局部位置也有类型样式，如眼的形式就有：蝶翅眼、鸟眼、吊客眼、裂眼、直眼窝、喜鹊眼、勾云眼窝、尖眼窝、皱眼窝、老眼等多种样式。又如脑门、眉、鼻窝等部位也有多种样式。

脸谱艺术是一个严谨有序的系列，这个系列除了上述的各种脸谱整体谱式和各部分局部样式外，又包括角色与谱式之间一整套的规则关系，如“一人一谱”“一人多谱”“随戏换谱”“多谱同台”等，还包括脸谱的勾画程序等，这些都显示出戏曲脸谱的程式性特征。

戏曲脸谱的程式性特征，是服从并协调于戏曲艺术的整体风格和美学特质的。戏曲艺术的整体及各个部门都是程式性的，戏曲的文学语言是诗词格律化的，有字数不同的对偶句式和各种长短句式等；戏曲音乐有曲牌联套体和板式变化体两大系统内的各种程式音乐；戏曲表演有唱、念、做、打的各种程式；人物服装和景物道具等也都有各种程式。图案化、装饰化的脸谱程式与上述各种程式有机地综合起来，构成了戏曲艺术严谨和谐、节奏鲜明、气韵生动的艺术品格。

脸谱的程式与表演等其他程式一样，具有约定俗成的性质，常看戏的观众一看到某种程式，就能明白是什么意思，产生丰富的联想，帮助观众理解剧情和人物性格、情绪、心理等，增强演出感染力。

各门中国传统艺术都有很强的程式性，戏曲脸谱的程式与各门传统艺术的程式是相通的，如与书法、中国画的程式就很类似。

3. 戏曲脸谱的象征性特征

象征是一种符号，但不是一般的符号。德国古典哲学家黑格尔说过，象征符号“是一种在外表形状上就已可暗示要表达的那种思想内容的符号”（黑格尔，《美学》，第2卷第11页）。戏曲脸谱就是一种象征性符号。

一般来说，脸谱主要突出人物的性格特征，具有“寓褒贬，别善恶”的艺术功能，从中可以看出，绘制者对人物的道德评价，使观众能目视外表，窥其心胸。这就是戏曲脸谱象征、寓意的特征，具体可以从“形”和“色”两个方面来看。

（1）先从“形”看　脸谱中的“取形”，就是为了象征。脸谱中常取某种自然形态的东西来象征、寓意，有勾画动物形态的（如螳螂、蝙蝠、蝴蝶等），也有把人物的生理形态（如年龄特征、长相特征等）勾画出来的；也有把使用的兵器（戟、钩、葫芦等）勾到脸上的；还有直接把字勾到脸上的等。这些形态都经过了图案化、装饰化了的变形处理，以突出该人物的最大特征。例如：京剧中鲁智深的脸谱里，有一对螳螂眉，这两只争臂相向的螳螂图案，既象征鲁智深的怒眉，又寓意这个梁山好汉豪爽、好斗的精神与路见不平、拔刀相助的性格。杨七郎的脑门上勾一草书“虎”字，原意是象征他是黑虎星下凡，同时也隐喻杨七郎像老虎一样勇猛无比的“虎气”个性。后羿的脸上勾画了九个太阳的形象，以说明他曾用箭射下九个太阳。郑子明年轻时为救人曾被猩猩抓伤脸，故勾成不对称的歪脸。

脸谱中象征符号的“形”，大体上都有相对确定的寓意。但有的脸谱的“形”则是多义的，可让人作出不同联想和解释，如包拯脑门上的白色月牙，一种说法是表示他能“日断阳，夜断阴”，白天在人间（阳间）断案，夜晚下阴间断案；另一种说法，这个白色月牙出现在黑脑门上，表示“青示”，在黑暗的时代，人民仰望他犹如天空的皓月一般。

一个人物的性格气质等特征是相对稳定的，但在不同年龄阶段，或在不同场合情境里，会有不同的情绪、心理、行为方式，所以这就导致了一个人物的脸谱不可能只有一种勾法的原因，如钱金福勾的张飞的笑脸，很适合于《芦花荡》；而尚和玉强调张飞威猛的勾法，更适合演《战马超》。

不同剧种对同一个人物脸谱的处理，有时也是不同的，这是因为各地流传的民间故事、生活习俗和对人物的理解等方面的不同造成的。

（2）再从“色”看　颜色是脸谱艺术的另一重要方面。世界上每个民族都有对颜色的理解和偏好，中国人也有自己的独到理解和偏好。戏曲脸谱的设色与我们民族的文化传统、生活习惯密切相关，脸谱中每种设色都具有特定的象征意义。

红色表示赤胆忠心；紫色表示智勇刚义；黄色表示武将骁勇善战、残暴，表示文士内有心计；绿色表示侠骨义肠、性格暴躁；蓝色表示刚直勇猛、桀骜不驯；黑色表示忠耿正直；白色表示阴险奸诈；粉红色表示年迈气衰的忠勇老者；乌灰色表示老年枭雄；金、银色多用于神、佛、鬼怪，象征虚幻之感。

上述脸谱设色的象征意义是大体的指向，不可作简单、绝对的理解。脸谱设色的象征意义，仍有很大的灵活性。如红色一般表示忠耿，但《法门寺》里的太监刘瑾，勾的却是红脸，这是肤色的夸张，表现其养尊处优、权压朝臣的地位，再加上眉、眼、嘴部勾出的奸诈表情，一看就是一位擅权的太监。

对一个脸谱的认识，应把脸谱的“色”与脸谱的“形”结合起来，还要与服装的颜色和样式结合起来，并且结合具体剧情和具体人物，才能有较为准确的认识。反过来，脸谱又可帮助观众理解人物和剧情。

脸谱的“色”与“形”结合起来，构成脸谱较为确定的象征意义，着重表现人物的性格特征、精神气质、道德品质，完成对人物的善恶褒贬的评价。在脸谱中，象征只有同传神结合起来才有艺术魅力，传神就是要传人物之“神”，人物之“神”就是指人物的性格、气质、品德等本质的东西。

戏曲舞台上，净、丑角人物一出场，其脸谱和服装就会告诉人们这个人物的性格、品德以及身份、地位，使观众在明了的情况下，去专心欣赏演员的表演技艺，有助于观众与演员之间的情感、精神交流深入妙远意趣。总之，脸谱在表现人物性格及身份、烘托与渲染戏剧氛围、间接反映观众观剧心理等方面，起着巨大的作用。同样舞台剧中的化妆和戏曲中的人脸脸谱的表现也是一样的作用，都是为了表达人物特定表情的。以下是几个脸谱，我们可以看看其表达的人物表情和特点，从图 2-7 和图 2-8 所示的两幅脸谱中，即使不是很懂脸谱，我们也可以看出，这两个人的表情是肯定不一样的。

图 2-7　脸谱之一

图 2-8　脸谱之二

2.2.3　人脸在各种美术画法中的表现

我们这里说的美术主要指的是中国画。按照艺术的手法来分，中国画可分为工笔、写意和兼工带写三种形式。工笔就是用画笔工整细致、敷色层层渲染、细节明彻入微，用极其细腻的笔触描绘物象，故称“工笔”。而写意呢？相对“工笔”而言，用豪放简练的笔墨描绘物象的形神，抒发作者的感情。它要有高度的概括能力，要有以少胜多的含蓄意境，落笔要准确，运笔要熟练，要能得心应手，意到笔到。兼工带写的形式则是把工笔和写意这两种方法进行综合的运用。所以在美术画法中，人脸是可以用夸张的形式表现出来的，最主要的是抓住人物的特征，表现此人的特点，神似而不是形似。

对于人物美的认识与表现，一般不留意于人体美，而侧重“神识风采”之美。其最名贵的传统素称为传神或称为写真、写心、肖品，即通过足以显现人物内在本质的外形的描写，真实地展示不同人物的性格、个性与内心世界，同时也揭示其品格，反映其社会属性，并给以或尝试新的审美判断。

为此，中国人物画家主张以神“君形”，紧紧抓住有利于传神的眼神、手势、身姿与重要细节，强调分别主次，有详有略，详于传情的面部、手势，而略于衣冠；详于人物活动及其顾盼呼应，而略于环境描写；或只写人物而不图背景，或背景十分简略仅出示有助于点明环境的道具；或人物头面手足写实，而衣着略带装饰；或背景用程式化手法，而人物精细刻画。某些人物画为突出作者独特感受，亦采取夸张变形的手法。在人物活动与环境景物的关系上，对于抒情性的作品，往往借创造意境氛围烘托人物情态，对于叙事性的作品，在采取横幅或长卷构图中，尤善于以环境景物或室内陈设划分空间，采用主体人物重复出现的方法，把发生在时间过程中的事件，一一铺叙，突破了统一时空的局限。

人物画中使用的笔墨技巧与技法，在工笔设色、白描和小写意作品中，更重视笔法的基干作用，为此创造了十八描。笔法或描法一方面服从于形象的结构质感、量感与神情，另一方面也要传达作者的感情，同时还用以体现作者的个人风格。在写意人物画中，笔墨相互为用，笔中有墨，墨中有笔，一笔落纸，既要状物传神，又要抒情达意，还要显现个人风格，其难易程度远胜于山水花鸟画。被称为行乐图的人物肖像画，一律把人物置于最易展现其气质品格的特定景物中，具有不同于一般肖像画的特点。在色彩使用与诗书画印的结合上，人物画具有一般中国画的特色。

2.3 动画中人脸的表现

2.3.1 人脸动画的应用

随着计算机技术及人机交互技术的飞速发展，计算机如何生动形象地把信息传达给用户，使用户理解和接受也是一个很重要的问题。文字二维图像和简单的语音为主要手段的图形用户界面已经越来越不能满足人们的要求了，而人脸动画技术为人们提供了一种更生动有趣的选择。2000 年 4 月，世界上第一位电脑模拟的“新闻女郎”安娜诺娃（见图 2-9）在互联网上与观众见面，为全球网民提供 24h 新闻报道。她绿发大眼、拥有人类的各种表情，同时拥有略带大西洋中部口音的甜美女性嗓音，人们对她表现出极大的热情。她使网络新闻节目更像传统的电视新闻，让人们觉得更加亲切。

此外，人脸动画技术用于构建虚拟社区、虚拟聊天室等可以大大地改善虚拟场景的逼真度，方便虚拟社区中人们的交流。像劳拉这个虚拟世界头号偶像人物，她凭借《古墓丽影》系列电子游戏而闻名天下，在广大电子游戏爱好者当中大名鼎鼎，在她的网站，你可以看到她天生就是冒险家，美貌出众，智慧超群，武艺高强，孤身一人闯荡江湖，被誉为女性版本的“印第安纳·琼斯”。如此完美的形象，人见人爱，世界各地都有她的崇拜者，他们还为她设立网站，表示永远爱她，很多人因为喜欢她而迷恋盗墓者游戏。随着计算机技术的发展，在现在的三维游戏中，甚至可以利用人脸动画技术将游戏者本身的形象合成到游戏场景中去，使游戏者有身临其境的感觉。

人脸动画技术在教育中的应用前景也十分广阔，现在已经应用到聋人辅助教学系统中，作用尤其明显。聋人可以通过对说话时唇部动作的多次分解演示来反复学习说话，大大减轻了教师的负担。此外，人脸动画技术在医疗研究、医学生理研究、电子商务中的商品介绍，自动选购系统等领域也都有着广泛的应用。

图 2-9　世界上第一位电脑模拟的“新闻女郎”安娜诺娃

其实，人脸动画最显著的应用是影视制作。比如我们大家都熟悉的美国电影《泰坦尼克号》中，女主人公从年轻美貌的姑娘一下变成了满脸皱纹的老妇，就采用了动画制作中的变形技术，这为影片增加了艺术表现力。在《终结者Ⅱ》《玩具总动员》《真实的谎言》《夺面双雄》等很多电影的制作中，都体现了人脸造型和动画技术的魅力。

2.3.2　卡通动画中人脸的表现形式及常用软件

不同的国家、地区以及不同的艺术家都有其不同的艺术风格，动画创作的人物都各有特点。例如，美国的动画大师所创作的人物大多富有力量感，比较写实，甚至连美女也不例外，这与大多数美国人崇拜个人英雄主义是分不开的。而日本的动画大师所创作的人物大多富于亲情感，而且显得要么潇洒飘逸，要么活泼可爱，无论是美丽的少女，还是男子，都是如此。

在我国，由于将动画片的消费层次定位于少年儿童，因此大部分卡通形象主要是一些简单的人物造型，比如《大头儿子和小头爸爸》。

总体上来看，大体可以将人物造型分为三类：简单风格、欧美风格和日本风格。当然这三种风格的划分并不是绝对的，因为随着各国文化之间的交流，各种风格之间也在相互吸收、相互融合。

2.3.3　二维动画中人脸的表现

多数二维动画，采用的都是卡通漫画的表现形式，夸张、变形是人物造型最基本的特点。在《电影艺术词典》中，对动画片又是这样定义的：它以绘画或其他造型艺术形式作为人物造型和环境空间造型的主要表现手段，不追求故事片的逼真性特点，而运用夸张、神似、变形的手法，借助于幻想、想象和象征，反映人们的生活、理想和愿望。从以上这些描述中，我们也可以看出，动画人物的表现是夸张、神似。任家蓁先生在他的《现代卡通画技法与创作》中，提到卡通造型可以从两方面入手：写实与变形，并且提到写实是变形的基础，而变形是在写实上的变形，如图 2-10 所示。

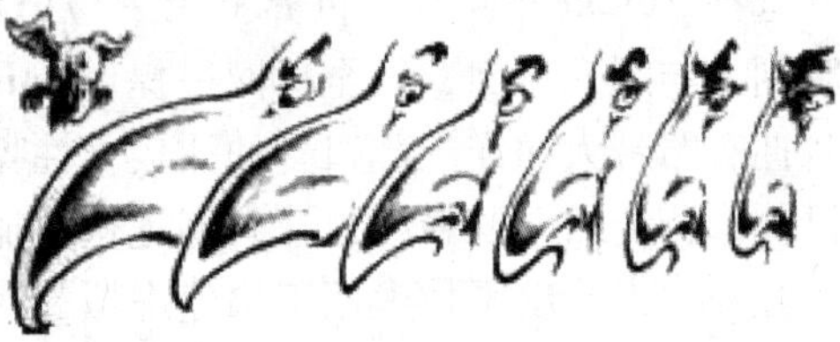

图 2-10　变形

动画中的人脸表现，实际上就是人脸部表情的刻画，通过人物面部表情，可以使观者了解人物内心的感受，丰富的表情富有极大的魅力，能使画面更加生动。由于二维动画，采用的都是卡通漫画的表现形式，所以人脸的表现也具有漫画的特点。漫画里的表情通常已经符号化了，成为世界通用的符号，只要记住一些很夸张的表情就能很容易地表达人物的情感，比如眼的表现。图 2-11 所示一组眼睛表达了人物的各种表情。人的各种嘴型以及表达情感的各种状态，如图 2-12 所示，实际的嘴型有很多种，改变嘴唇的宽度和厚度又可以表露出很多情感。

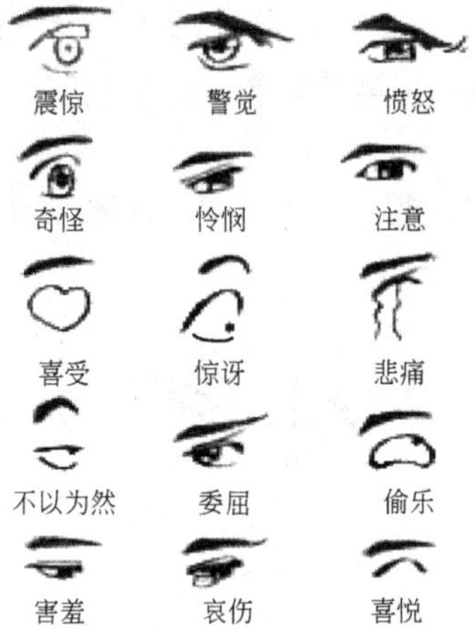

图 2-11　眼的表现

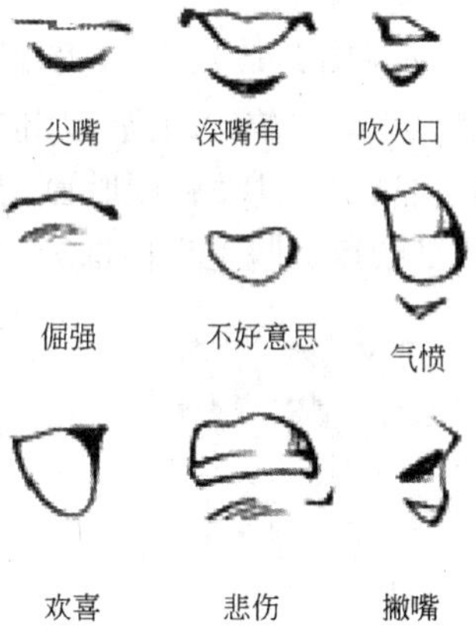

图 2-12　嘴型

在改变眉毛的间距和浓淡后人也可以表露出很多种情感，如图 2-13 所示。

图 2-13　眉毛

下面我们就来看看这些符号在二维人脸动画中如何表现的。

“悲哀”表情（见图 2-14）：这是一个典型的动画人物的脸，在这种情况下，人物情绪的最明显特征是眉毛。眉毛内部的顶端是向上弯曲的。同时她的下眼眶略微向上弯曲，而上眼皮呈更明显的圆形曲线。弯曲下眼眶能表现压迫、悲伤或愤怒的情绪；而在这情况下，眉毛的形状向我们说明人物处于悲伤状态。另外，嘴的形状很小，且嘴角向下弯曲。从整体来看，好像她就要大哭一场了。

“沮丧”（见图 2-15）：他的眼睛比较小，嘴比较大并且向下弯曲得也不是很明显。眉毛的角度以及呈拱形的下眼眶会让你觉得他正在心烦。

“愤怒”（见图 2-16）：眉毛明显地弯下来，嘴巴看起来像在喊叫，两者都表明他处于疯狂状态，不过他的眼珠还是画得非常大。这使他看起来像是在生气，或受到了伤害或者在为他人心烦意乱。

图 2-14　悲哀

图 2-15　沮丧

图 2-16　愤怒

“快乐”（见图 2-17）：大大的眼睛、高扬的眉毛和一张笑的大嘴，通常最能表现欢快和兴奋的心情。双眼中放大的高光和向上弯曲的下眼线。

“惊讶”（见图 2-18）：眼睛画得很大，而瞳孔相对画得小些。当人物极度吃惊时，他/她的眼睛几乎会撑满脸上空白部分，嘴画得很小。

图 2-17　快乐

图 2-18　惊讶

有时人物内心是很复杂的，这时用夸张的表情符号会不太合适，所以平时在生活中还要注意观察人们表情的微妙变化，这样才能更好地表现人物的性格。就像我们常说的演技派演员，要展现他们的功力，常常要看他对复杂内心的把握，在这里也是同样的道理。但漫画的典型化、类型化和夸张的表现手法，往往让人物形象更鲜明，冲突更激烈，故事性、趣味性更强。

2.4　情绪心理学关于表情的研究

表情的心理学研究，主要源自于情绪心理学方面的研究。情绪作为一种情感过程，是心理现象的重要组成部分，如图 2-19 所示。那么究竟什么是情绪与情感呢？心理学认为，情绪与情感是人对客观事物的态度体验及相应的行为反映。由一定的刺激情境引起，如自然景象、社会生活事件及人体的生理变化等刺激情境，被人进行解释或评估，引起不同的态度体验，即情感与情绪。当然情绪与情感也是有区别的：

1）情绪与情感和不同层次的需要相联系。一般说，情绪与人的自然需要能否满足相联系，如饮食需要的满足与否，引起满意或不满意的情绪体验；温、冷适应需要满足与否，引起舒适或不舒适的情绪体验。而情感是人类特有的，与社会需要相联系，是对于受社会关系所制约的态度的反映，如集体感、责任感、友谊感、爱国主义情感等。

2）情绪具有较大的情境性、激动性和暂时性，它随着情境的改变，需要的满足而减弱或消失；而情感具有较大的稳定性、深刻性和持久性。

3）情绪的强度较大，带有明显的冲动性和外部表现，如高兴时手舞足蹈，愤怒时暴跳如雷，情绪一旦产生，往往难以控制。情感常以内心体验的形式存在，比较内隐，如深沉的爱、殷切的期望、痛苦的思虑等，不轻易外露。

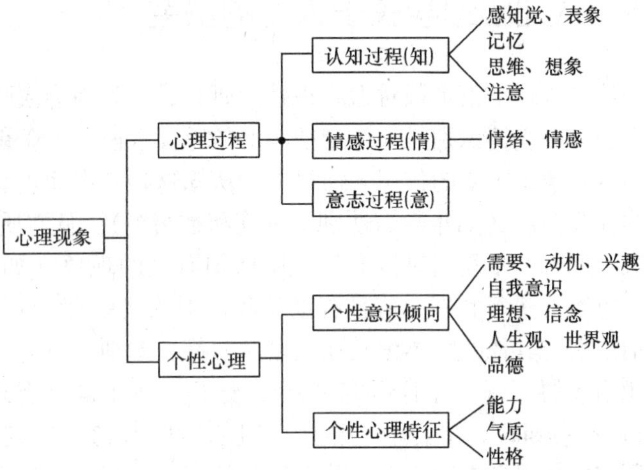

图 2-19　心理现象及其分类

现代心理学认为，人类的基本情绪或情绪的基本形式包括：快乐、愤怒、恐惧、悲哀。快乐是一种追求并达到目的时所产生的满足体验。它是具有正性享乐色调的情绪，具有较高的享乐维和确信维，使人产生超越感、自由感和接纳感。愤怒是由于受到干扰而使人不能达到目标时所产生的体验。当人们意识到某些不合理的或充满恶意的因素存在时，愤怒会骤然发生。恐惧是企图摆脱、逃避某种危险情景时所产生的体验。引起恐惧的重要原因是缺乏处理可怕情景的能力与手段。悲哀是在失去心爱的对象或愿望破灭、理想不能实现时所产生的体验。悲哀情绪体验的程度取决于对象、愿望、理想的重要性与价值。在以上四种基本情绪之上，可以派生出众多的复杂情绪，如厌恶、羞耻、悔恨、嫉妒、喜欢、同情等。

可见，情绪反映的是客观现实中对象和现象与人之间的关系，是一个人由对事物的态度而引起的主观上的内心体验，是主观的意识经验。人在发生情绪时，伴随着肌体的一系列生理变化，这种变化就是表情。因此说表情是情绪的一种外在的表达方式，也是人们交往的一种手段。人们除了言语交往之外，还有非言语交往。在人类交往过程中，言语与表情经常是相互配合的。同是一句话，配以不同的表情，会使人产生完全不同的理解。而且，表情比言语更能显示情绪的真实性。有时人们能够运用言语来掩饰和否定其情绪体验，但是表情则往往掩饰不住内心的体验。因此，一些心理学家在研究人类交往活动中的信息表达时发现，表情起到了重要的作用。具体地说，表情又可以分为三类：面部表情（本章中为了简便起见，在具体研究工作中常用“表情”一词取代“面部表情”）、姿态表情和声调表情。

面部表情是由面部肌肉和腺体变化来表现情绪的，是由眉、眼、鼻、嘴的不同组合构成的。如眉开眼笑、怒目而视、愁眉苦脸、面红耳赤、泪流满面等。面部表情是人类的基本沟通方式，也是情绪表达的基本方式。面部表情有泛文化性，同一种面部表情会被不同文化背景下的人们共同承认和使用，以表达相同的情绪体验。心理学家们经过研究发现，有七种表情是世界上各民族的人都能认出的，它们是快乐、惊讶、生气、厌恶、害怕、悲伤和平静。5 岁的孩子在辨认表情的精确度上便等同于成人了。一般来说，情绪成分越复杂，表情越难辨认。

表情作为情绪的外在表现，它和情绪的对应关系并不是线性的，可以说一种表情常常不代表同样的一种情绪，由于个体本身的不同个性，它们之间应该存在着一种转换的关系，遗憾的是，心理学中这方面的研究依然处于探讨阶段。正是因为如此，对情绪的建模是非常复杂的，大部分表情研究工作都将面部表情作为情绪的直接体现，将具有共同性的七种表情作为人类情绪的直接反映。

2.5 认知心理学关于人脸的研究

认知心理学很重视对人脸识别的研究，首先因为人脸识别是我们所知的鉴别人的最常用的方法，而表情识别是人类交往沟通的重要手段，人脸识别及表情识别能力在我们的日常生活中有着至关重要的作用。通过人脸认知这种基本而重要的社会行为，人们可以获得许多重要的社会信息（如年龄、性别、种族和情绪等）。从本质上研究人脸认知加工的基本规律和特点不但有助于我们对许多与人脸认知有关的现象（如人脸认知的发展、反转效应、跨种族效应等）进行解释，而且有助于我们对人类一般知觉加工模式规律的认识。其次人脸及表情识别与其他的物体识别在很多方面都有差别。目前认知心理学对人脸识别的加工过程已有相当多的了解，并且研究者还发现了一种非常具有理论价值的知觉障碍，即面孔失认（Prosopagnosia）。在实际应用中，人脸认知的研究可以有效地促进机器人视觉研究的发展，其研究的成果还有助于对人脸有缺陷的病人进行外科整形手术，改善由于脑部受伤而引起的人脸认知失调的病人的认知能力，以及在法律事件中对罪犯的指证等。因此，人脸认知研究有着重要、广泛的研究和应用价值。

Bruce 提出了一个人脸识别模型，如图 2-20 所示。该模型由八大部分组成：

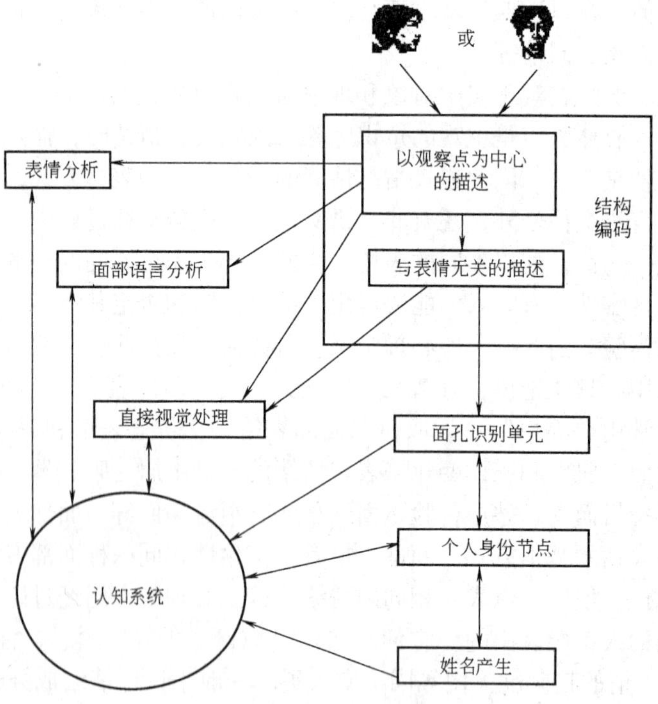

图 2-20　Bruce 的人脸识别模型

（1）结构编码（Structural Encoding）部分　结构编码产生关于面部的表征或描述。结构编码又由两部分组成：一部分是以观察点为中心的描述；另一部分是与表情无关的描述。以观察点为中心的描述将对面部的整体结构和特性进行抽象的描述，其描述结果将送至表情分析和面部语言分析部分作进一步的处理，而那些更加抽象的与表情无关的描述将送到面孔识别单元。

（2）表情分析（Expression Analysis）部分　可从面孔特征推测人的情绪状态。

（3）面部语言分析（Facial Speech Analysis）部分　对说话者嘴唇运动的观察可帮助语言知觉，该部分负责处理对嘴与舌可见运动的描述。

（4）直接视觉处理（Directed Visual Processing）部分　特定面孔信息可被选择性地加工。

（5）面孔识别单元（Face Recognition Unit，FRU）部分　这些单元存储着已知人员的面孔结构性信息。

（6）个人身份节点（Person Identity Node，PIN）部分　这些节点可提供关于个体的信息（如职业和兴趣等）。个人身份节点与面孔识别单元的区别在于：面孔识别单元只能对人的面部进行识别，而个人身份节点不但可以识别人的面部，还可以识别人的表情。

（7）姓名产生（Name Generation）部分　产生相应的人名。

（8）认知系统（Cognitive System）部分　该系统包含附加信息（如演员往往有更吸引人的长相）。

该模型说明，当看到一个人的面孔时，首先进行结构编码，然后将以观察点为中心的描述传递到表情分析和面部语言分析部分，其中嘴与舌的可见运动描述将送到面部语言分析部分，面部表情的客观描述则送到表情分析部分；将与表情无关的描述送到面孔识别单元。面孔识别单元会将信息输入认知系统，认知系统将根据已存储的面部结构编码与刚输入的面部结构编码进行匹配。表情分析和面部语言分析部分都与认知系统相连，并通过认知系统将信息送入个人身份节点，个人身份节点再根据面孔识别单元和认知系统传入的信息对刚输入的面孔进行识别。个人身份节点的识别结果输出到名字产生部分，产生相应的人名。

对熟悉面孔的识别主要取决于结构编码、面孔识别单元、个人身份识别和姓名产生四个部分，而对于不熟悉面孔的加工过程则主要涉及结构编码、表情分析、面部语言分析和直接视觉处理部分。

Bruce 的模型对面孔的各种信息及信息之间的关系给出了统一的解释。该模型的另一个优点是，对熟悉与不熟悉的面孔的加工过程进行了明确的区分。但是，这个模型也存在一些局限性。如这个模型的各部分还需要进一步的细化，各部分之间的关系还需要进一步说明，信息流向也有待进一步研究。另外，模型对认知系统的定义很模糊，对这一部分的细化将会很困难。

后来，Burton 和 Bruce 对模型进行了改进，提出了交互激活和竞争模型，如图 2-21 所示。这个模型采用了连接主义范式，面孔识别单元（FRU）和姓名识别单元（Name Recognition Unit，NRU）分别包含关于面孔和名字的信息，个人身份节点（PIN）是进入语义信息内容的门户，而且

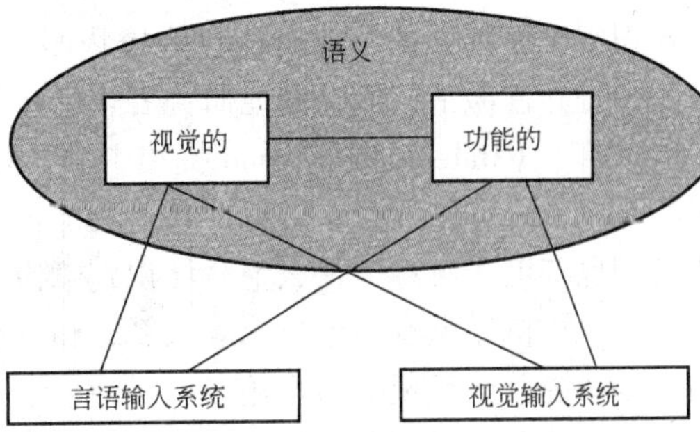

图 2-21　Burton 和 Bruce 的交互激活和竞争模型

这些节点能被关于人名的言语输入以及面孔输入所激活，语义信息单元（Semantic Information Unit，SIU）包含名字以及与个体有关的其他信息。

这一模型已经被用来解释从面孔识别中发现的联想启动效应。该模型与 Bruce 模型的差别是，关于面孔和自传信息的存储问题。在 Burton 和 Bruce 的交互激活和竞争模型中，这两类信息均存储在语义信息单元中，而在 Bruce 的模型中，名字信息只有在自传信息之后被加工。

当识别一副面孔照片时，可以利用两类信息：一是关于个体特征的信息，如眼睛的颜色等，二是关于这些特征的完形或整体安排的信息。很多面孔识别方法都是基于一种特征范式。比如警察经常利用拼图认人法来协助目击证人识别嫌疑人面孔。

据 Young、Hellawell、Hay 的研究报道，在面孔识别中也要考虑面孔特征的完形方面的信息。他们做了个实验，把许多著名人像的上下半部分重新组合构成一些新的面孔。实验中，当上下两半连接较紧密时，在命名上半部人像时出现明显困难。而当两部分连接不紧密时，成绩则好许多。因此可以假定，两半部分靠紧所产生的新的完形使面孔识别受到了干扰。

目前，大多数面孔识别研究均利用照片或其他二维刺激。因此这种研究存在两方面的局限性。第一，对观察者来说，注视一个实际的三维面孔会比一个二维表征获得更丰富的信息。第二，人类面孔通常使富于变化的、通过面孔表情来反映情绪状态和意见等。这些随时间变化的动态信息都不能在照片中体现出来。

认知心理学在研究人脸识别的过程中发现了面孔失认现象。面孔失认患者表现为丧失对熟悉面孔的识别能力，而对其他对象的识别基本完好。对这种现象有两种解释：一种解释认为是因为对某一特定面孔与另一特定面孔进行区分，比区分其他对象（如椅子和桌子）需要更精细的识别；另一种解释是面孔识别涉及一些其他对象识别不需要的特殊加工机制。

面孔识别涉及特殊机制的观点可以用双重分离现象来证明。双重分离是指一些患者面孔识别正常，而对其他对象的识别存在视觉性失认现象，而另一些患者则正好相反，对非面孔对象的识别正常，对面孔识别存在障碍。如果面孔识别真的涉及一些特定加工机制，那么在某种程度上，应该可以猜想面孔识别和其他对象识别分别与大脑的不同区域有关。Farah 和 Aguirre 于 1999 年对相关的正电子发射计算机断层扫描（Positro Emission Tomography，PET）和功能性核磁共振成像（funcntional Magnetic Resonance Imaging，fMRI）研究进行了元分析（Meta Analysis），发现许多证据之间是不一致的。然而，Kanwisher、McDermott 和 Chun 在 1997 年对面孔、拼凑的面孔、房子和手的大脑激活区域进行比较时，获得了非常清楚的关于面孔识别机制的证据。他们在右侧梭状回（Fusiform Gyrus）的某些部分发现了与面孔识别有关的特异性激活，而且其他研究者也已重复了这一现象。

1991 年，Farah 和 McClelland 提出了一个基于连接主义网络的计算机模型。该模型对已发现的双重分离详细进行了解释，还对物体识别所牵涉的关键过程给出了一个简洁解释，同时此模型也有助于解释为什么生命体识别障碍患者多于非生命体识别障碍患者。

这个计算机模型有两个外围输入系统和一个语义系统组成，外围输入系统分别是视觉系统和言语系统，当呈现一个视觉目标时，在视觉系统内将会产生一个独特的兴奋模式。当呈现一个目标的名字时，在言语系统内也将会产生一个独特的兴奋模式。两个系统之间并无任何直接连接。Farah 和 McClelland 认为，视觉和言语两个系统通过一个语义系统发生联系，而且目标命名涉及对从视觉系统进入语义系统，再到言语系统的信息的加工过程。

这个计算机模型的关键特征之一是语义系统被分解为视觉单元（Visual Unit）和功能或语义单元（Functional or Semantic Unit）。并且视觉单元的数量是功能单元的3倍，所有语义系统内的单元都是彼此连接的。视觉单元蕴含识别对象的视觉特征信息，功能单元包含关于对象的用途及对象之间相互影响方式的语义信息。至于为什么语义系统内视觉单元是功能单元的3倍，研究者通过实验给出了答案。向被试对象给出生命体和非生命体的词典定义，要求被试对象判断描述是视觉性的还是功能性的。实验结果表明，3倍以上的描述被认为是视觉性的。尤其要指出的是，对于生命体来说，视觉性描述与功能性描述之间的比率是7.7∶1，而非生命体的比率仅是1.4∶1。

当然，这个模型也有一些缺陷。首先，物体识别所涉及的过程肯定要比该模型所描述的复杂得多。模型对语义系统是怎样被巧妙地组合到视觉和功能子系统中的，没有清楚地论述。存在这样的可能：这种组合是基于类别特性的，不同类别的物体分别存储于大脑的不同区域。Damasio等对这种可能情况进行了研究。实验中，首先要求大脑损伤患者对一些著名面孔、动物和工具进行命名，随后把同样的目标命名任务分配给正常人做测试。PET数据显示，大脑左半球的不同区域分别与面孔、动物和工具的识别有关，而且采用不同被试的两组实验，其结果完全一致。Damasio的实验总结中提到“与人类有关的词汇的提取异常，同左侧颞极（Temporal Pole，TP）有关；与动物有关的词汇的提取异常，同左侧颞下区（Inferotemporal Region，IT）有关；与工具有关的词汇的提取异常，同后外侧颞下区（Posterolateral Inferotemporal Region）有关；图2-22所示显示了这些相关大脑区域。当然，可以肯定地说，大脑中还有其他一些区域也参与物体的识别。此外，该模型还存在一个问题。该模型定义语义系统中视觉和知觉单元是彼此连接的，如此一来，对于严重视觉记忆障碍患者，当只提供目标的名字时，其关于功能信息的记忆也应该很差。事实上，一些严重的视觉记忆障碍患者表现出完整的功能记忆。

Farah提出的一个物体识别的双加工模型可用来理解面孔识别。该模型对整体和局部加工或分析进行了区分。整体分析是指对某一对象的完形或整体结构进行加工；局部分析是指加工集中于某一对象的关键部分。Farah认为，绝大多数的对象识别都涉及整体分析和具备分析过程。只不过，面孔识别主要依赖于整体分析，而文字识别更依赖于局部分析。Farah通过实验找到了支持面孔识别主要依赖于整体分析这一观点的证据。实验设计如下：先向被试对象呈现一些面孔和房子的素描图，然后要求被试对象把某一名字与面孔和房子一一对应起来。随后，向被试对象呈现整个面孔和房子或只呈现面孔和房子的一个单一特征（如嘴巴、窗户），要求被试对象判断一个给出的特征是否属于某一特定个体（其名字之前已经给出）。实验结果如下：当呈现完整面孔时，对面孔特征的识别成绩要比只呈现单一特征好得多。与

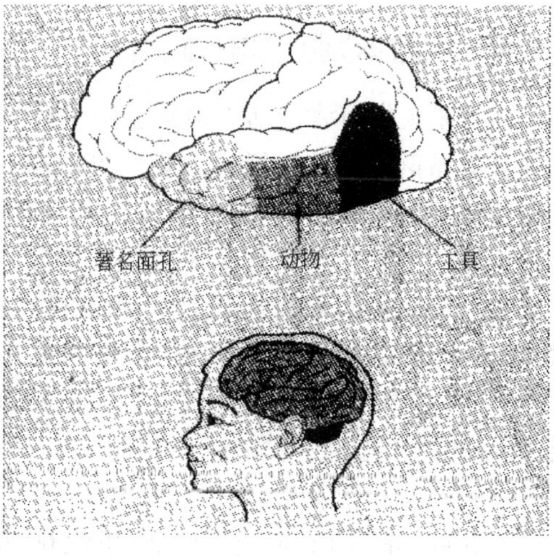

图2-22　脑损伤患者的大脑左半球中，与识别著名面孔、动物和工具有关的脑区

之相反的是，对房屋特征的识别在整体和单一特征条件下均很相似。这一结果支持了整体分析对面孔识别的作用要比对非面孔物体识别的作用重要得多的观点。

Farah 还通过研究面孔倒置效应得到了支持其模型的进一步证据。在这个效应中，识别面孔的能力在刺激以倒置的方式呈现时会显著下降。Farah 通过实验发现，当被试对象为正常人时会出现面孔倒置效应，而面孔失认患者则出现了相反的结果，即面孔倒置促进面孔识别。对这一现象，Farah 是这样解释的：面孔倒置效应发生的原因是，正常个体对正常呈现面孔的完形或整体的加工不能轻易地用于倒置面孔的加工。而面孔失认患者运用整体或完形加工的能力十分有限，所以他们不能表现出面孔倒置效应。

总之，Farah 等人的研究提供了一些证据来说明面孔识别通常所涉及的加工，在某种程度上与非面孔物体识别和文字识别不同。Farah 的双加工模型对上述三类刺激所涉及的加工的异同进行了论述。同上述所有模型一样，双加工模型也不是完美的。Farah 的双加工模型只是从相当一般的层面，做出了一个过于简单化的说明。例如，Farah 认为面孔是被整体识别的，但有些证据表明，确实在大脑左半球系统是用特征分析的方法识别面孔的。此外，Farah 没有区分面孔失认中的知觉性失认和联络性失认，这也引起了一些问题。

综上所述，目前认知心理学对面孔识别的研究已有一些成果。观察者可从面孔获取多种信息，而熟悉面孔和陌生面孔之间也存在重要差别。研究者已经发现了对面孔进行完形加工的证据，但也存在成分加工的证据（特别是加工倒置面孔时）。已有证据表明，面孔失认现象是因为特异性面孔加工机制受损所造成的，而不是精细辨别能力缺乏的原因。而且有证据表明，面孔识别主要涉及整体分析过程，文字识别主要涉及局部分析过程，非面孔物体识别则两者兼有。

2.6 脑科学关于人脸的研究

2.6.1 人脸识别的 ERP 研究

面孔是人们日常生活中最常见的事物，通过面孔认知（Face Recognition and Perception）这种基本而重要的社会行为，我们可以获得人的许多重要的社会信息（如年龄、性别、种族和情绪等）。对面孔认知的研究，不但有助于使我们从本质上了解面孔认知加工的基本规律和特点，对许多与面孔认知有关的现象（如面孔认知的发展、面孔认知的倒置效应、跨文化效应等）进行解释；而且有助于我们对人类一般知觉加工模式规律的认识。近 30 年来，有关面孔认知研究的方法主要有两类：一类是采用传统的实验心理的方法进行研究；另一类是采用 ERP（事件相关脑电位，Event Re lated Brain Potential）、fMRI（功能性核磁共振成像）、PET（正电子发射计算机断层扫描）等脑成像技术进行研究。本节将对面孔认知 ERP 研究及其目前新进展进行探讨。

面孔认知的 ERP 研究始于 20 世纪 60 年代，其研究的重点是想通过 ERP 技术来揭示面孔认知现象的内在规律和机制。1965 年 Sutton 采用对脑电的平均叠加法发现了与心理因素相关的内源性成分的 P300 认知电位后，Allision、Bentin 等人开始通过 ERP 这种研究方法对人的面孔认知机制进行研究，这些研究成果主要有：①当给被试对象呈现各种面孔刺激时，能激发一个负向波（N170），而给被试对象呈现非面孔刺激时则不能；②在后颞叶（Posteri-

or Temporal）的 N170 波幅最大，而且右半球要比左半球的波幅大；③当面孔被倒置呈现时，N170 在时间上会有延迟，但波幅没有明显变化；④当单独呈现眼睛时，激发的 N170 波幅明显大于呈现整个面孔时的波幅。而单独呈现鼻子和嘴时，激发的 N170 波在时间上会有约 50ms 的延迟；⑤面孔内部特征发生扭曲时，引发的 N170 波形与正常面孔相似。根据以上结果，广大研究者认为 N170 波是反映面孔认知过程的重要的神经机制指标。

最近几年来，研究者在以往结果的基础上，又进行了大量的 ERP 研究，主要包括以下几个方面：

1. 有关对面孔认知加工阶段的研究

早在 1986 年，Bruce 和 Young 根据以往研究成果，提出了著名的面孔加工的多阶段认知模型。他们认为，对面孔认知加工应分为两个阶段：第一阶段是对面孔的知觉结构编码，这个阶段会进行面孔特征和空间结构的分析，包括两种编码方式：一种是静态图形编码，比如面孔照片的亮度、质地等；另一种是动态结构编码，主要指的是对面孔空间结构的编码。第二阶段，一条支路把面孔结构表征与存储在面孔识别单元（FRU）里的面孔结构表征进行比较，特征匹配时将激活相应的单元，并且获得有关面孔的语意记忆，完成最终的面孔识别；而另一条支路根据面孔的特征进行性别和表情的加工。

随后，许多研究者采用 ERP 的研究手段进行了大量的实验，对多阶段认知模型进行验证。

2. N170 波

1996 年，Bentin 等人在对正立的面孔、倒置的面孔、扭曲的面孔、孤立的面孔特征以及非面孔刺激引发的 ERP 进行比较的实验中发现，只有刺激的是面孔时，才会在腹侧颞叶后部和脑部电极 T5 及 T6 处引发一个 N170 波，而汽车、手、家具等的刺激均不能产生 N170 波，而且 N170 波不但在正立的面孔中出现，在倒置的面孔或孤立的面孔特征中也能出现。因此他们认为，N170 波反映了在面孔识别中的知觉编码阶段的特征，而不是后期的知觉加工阶段的特征。2000 年，Bentin 等人在对熟悉、不熟悉的面孔引发的 ERP 进行比较的实验中发现，在腹侧颞叶的 N170 波幅和潜伏期并不受面孔熟悉度的影响。这证明 N170 波反映的是面孔早期的预分类结构编码的特征。

Eimer 在 2000 年的研究发现，从面颊和背面方向看，引发的 N170 波同从正面和侧面的相比有明显的削弱，这表明 N170 波并不是仅仅由整个头部知觉所引起的。缺乏内部特征的面孔引发的 N170 波同缺乏外部特征的面孔引发的 N170 波均会出现波幅削弱和潜伏期延迟，这说明除了内在特征，N170 波还对面孔的外部特征也同样敏感。Cauquil 等人在 2000 年采用面孔和非面孔图片为刺激的研究记录了被试对象注意单个眼睛或者闭眼的面孔时的 N170 波。他们的实验结果表明，N170 波对于面孔的潜伏期是 150ms 左右，而对于眼是 174ms。然而不管是眼睛或面孔的刺激，N170 波的潜伏期和振幅均不受目标/非目标的影响。这个发现表明，N170 波代表的面部加工的早期阶段是自动的和不受选择性注意影响的。

3. P350、N400、P600 波

1999 年，Puce 等人通过在皮层内记录 ERP 波的一系列研究在腹侧枕颞叶区域发现了与面孔识别相关的脑电成分。其中，在腹侧枕颞叶皮层处记录到的 N200 波形不会受到面孔熟悉性的影响，并且也没有表现出练习的习惯化效应，这表明 N200 波可能反映了面孔的预分类知觉分析阶段。而相反，在后侧和前腹侧颞叶皮层处记录到的更晚期的 P350 波幅会受到面孔倒置效应的影响，因此他们认为P350波产生于较晚期的面孔加工过程识别阶段。

在2000年，Eimer在实验中给被试对象呈现了熟悉的面孔、不熟悉的面孔、房子的图片，并且要求被试对象对偶然出现的信号——手的图片做出反应，记录被试对象看各种图片时的ERP成分，结果首先证实了Bentin在1996年得到的结果，同时他还发现，熟悉的面孔会在300~500ms之间潜伏期中引发一个N400波，随后在500ms后会出现一个P600波，这一现象在第一次出现熟悉面孔刺激时最明显，因为N400波和P600波对于面孔熟悉性的敏感，Eimer认为它们反映了面孔认知和识别的加工阶段。

综合以上结果可以看出，有关面孔认知加工阶段的ERP研究基本上支持了Bruce和Young的多阶段认知模型，证明对面孔的认知确实存在早期结构编码和晚期面孔认知的不同加工阶段。

4. *有关对面孔认知倒置效应的研究*

面孔倒置效应研究是面孔认知中的一个非常重要的方面。面孔倒置效应的ERP研究主要集中在面孔正立和倒置呈现时，对被试对象产生的N170、N400和P600三种波形进行比较。早在1996年，Bentin在实验中就已经发现，与正立的面孔刺激相比，倒置的面孔引发的N170波的潜伏期会有大约8ms的延迟。此后，Rossion等人在1999年以来的实验中也证实了这一结果，并且发现，对于倒置的其他物体则不会出现此延迟。因此，Rossion等人认为，这个N170波的延迟可能是由于倒置的面孔没有提供充足的结构信息。同样，在2000年，Liu等人采用灰白照片作实验材料，通过实验记录到面孔刺激比非面孔刺激在双侧枕颞叶（Bilateral Occipitotemporal）处引发的N170波具有更大的波幅；而且倒置的面孔与正立的面孔引发的N170波相比较，在波幅上没有显著差异，但是倒置的面孔引发的N170波的潜伏期有13ms的延迟，这一结果也与以往实验的结果基本一致。

2000年，Eimer采用正立、倒置熟悉的面孔和不熟悉的面孔以及房屋图片作为实验材料，探讨了面孔认知中倒置对N400和P600的波形效应。实验表明：与正立的不熟悉面孔相比，正立的熟悉面孔引发了N400和P600波，而倒置的熟悉和不熟悉的面孔通常均不能引发N400和P600波。

总之，对面孔认知倒置效应研究比较一致的结果是，由于倒置的面孔没有提供充足的结构信息，使倒置的面孔引发的N170波的潜伏期出现延迟。

国内外对面孔认知的ERP研究，通过探讨不同条件下对面孔识别的脑成分（波形）特性，验证和丰富了Bruce和Young提出的面孔识别模型，并提供了电生理学的实验证据。对于Bruce和Young在1986年提出的多阶段模型来说，面孔认知的事件相关电位研究结果能基本上支持这个模型，但由于这个模型中，认知系统本身具有模棱两可的不足，因此在今后的研究中，对这个模型的验证还需做进一步的探讨。比如在第二阶段中，对是否存在面孔言语分析和表情分析的平行加工，目前还少有研究，而且表情分析是否一定发生在结构编码时也有待证实。此外，以往的研究结果表明，梭状脑回对面孔的反应是以一种快速、强制的神经模式出现的。但这种模式是从人一出生就形成了的，还是在长期的生活经历中形成的，目前还没有得到实验数据的证实。最后，虽然以往面孔认知的研究中，已经对面孔认知中的结构信息和特征信息的不同作用、倒置效应、跨种族效应、儿童认知发展特点等问题进行了广泛的研究，但目前大多数研究都是通过行为实验，以正确率、反应时间作为实验指标进行的，而采用ERP技术，从脑、生理科学的层次来揭示面孔认知规律的研究相对较少。因此，总体来说，对面孔认知规律的 ERP 研究有助于从更深入的生理层次揭示其规律，值得进一步研究。

2.6.2 表情识别的 ERP 研究

面孔是人类表达、认知情感的重要工具和途径，正确的表达和识别面部表情是人类生存的一项重要的技能。所以人们运用各种手段研究面孔、情绪、大脑及其与其他认知方面的关系，其中事件相关脑电位（ERP）技术就是最近比较流行的一种研究方法。

事件相关脑电位（ERP）直接反映了神经的电活动，具有实时性和无创性的特点，它将刺激事件、心理反应和脑电活动有机地联系起来。它处理的不是自发放电信号，而是脑对特定刺激的特殊反映信号，它与对自发电位研究相比，更多地依赖于对脑内部功能的了解。加之它是与某个确定性的外部事件紧密联系的，因此为提取更多的有价值信息创造了一种特殊的有利条件。ERP 技术可以对不同的视觉刺激进行分类，从而分离不同的情绪状态；在 ERP 测试中，也不一定需要被试对象做出反应，可以用来测量人们不希望表露出的情感态度。ERP 在脑电波与心理因素之间架起了一座桥梁，被誉为“观察脑的高级功能的窗口”。这些特点使 ERP 在人脸和表情的研究中具有独特的地位和重要的意义。

最近的脑化学研究和电生理研究结果，揭示了脑中枢特别是皮下层部位与情绪的联系。在皮层下、边缘系统和下丘脑埋藏电极的实验中，发现了一些部位与积极的或消极的情绪相联系。著名的奥尔兹和米纳尔用动物按压杠杆的实验已经证明，边缘系统是产生情绪体验的中心。情绪生理学的大量工作已经一般地确定：

1）大脑皮层对情绪起调节、抑制作用；

2）边缘系统参与情绪体验的产生；

3）中枢各部位的功能既是定位的，又兼受皮层的整合；

4）外周变化（如肌体、内脏活动的变化）反映与生命过程密切相关的一般唤醒，尚无确定的情绪的特定外周反映模式；

5）内分泌系统与自主神经系统和中枢神经系统之间的联系直接参与情绪活动。

当前，研究者们已形成共识，就是情绪既与外周神经活动相关，也与中枢活动相关，而后者正是 ERP 研究关注的领域，即通过脑电测量来收集有关情绪的电生理证据。ERP 测量的一般程序是这样的：多次呈现情绪刺激，同时记录脑电信号，叠加并平均这些信号，以消除自发电位的影响，由此得到事件相关脑电位，分析情绪刺激与 ERP 电位之间的关系，从而得到有价值的发现。部分研究直接针对情绪本身，试图通过对不同情绪状况下的脑电波的观察，揭示情绪活动的神经机制。情绪 ERP 试验是将一些正常人分成不同的组，给不同组的被试对象呈现不同类别的情绪刺激材料，比较 ERP 的异同，从而得出结论。刺激材料一般从视觉或/和听觉通道呈现。在视觉材料中，情绪性面孔是最为常用的刺激形式。从情绪的类别观点来看，人有喜悦、惊讶、悲伤、愤怒、厌恶及恐惧这六种基本情绪。每种基本情绪的面孔又可以按相等的物理间距分为若干亚型，这些亚型组成的连续体在分类上同属于一种表情。有人已经成功地编制出了标准情绪面孔系列。除了面孔照片，也有研究者使用简单的面部表情简笔画作为刺激材料，并得到与照片实验类似的实验结果。从维度观点来看，至少应该从效价（Valence）和唤醒度（Arousal）这两个维度来考察情绪问题。于是，Lang 等编制出了一套国际情绪图片系统（International Affective Picture System，IAPS），该系统已从效价和唤醒度等方面进行标准化，图片内容包括正性的如获胜、娱乐、运动、旅游等场景，负性的如事故、自然灾害、垃圾、鬼怪等内容，以及日常用品等较为中性的画面。此外，情绪性词汇也是常用的实验材料，可以通过视觉通道呈现。

尽管目前已有众多关于情绪的 ERP 研究，但目前仍未肯定情绪的特异性成分。研究者们只得到一些与情绪相关的 ERP 成分，根据不同实验目的和实验设计得出不同解释。表 2-1 所列是来自部分研究的一些例子。

表 2-1　情绪的 ERP 成分

成　分	解　　释
N170/VPP	表示对面孔信息的结构性分析，反映表情知觉的类别效应
P2	反映精神分裂症病人面部表情加工的早期神经生理学损伤
N200	对新出现的、负性情绪的面孔敏感
N2/P3a	反映表情的类别知觉效应，受偏差刺激和标准刺激所属情绪类别的调节
P300	正性和负性情绪均可引起 P300 的变化，但幅度不同。有人发现，在正常被试对象中，负性刺激能比正性刺激诱发更大的 P300 波幅，提示负性情绪面孔都能调动更多的神经结构参与情绪信息的加工；另外，也有人有相反的发现，即愉悦刺激比非愉悦刺激诱发了更大的皮层正电位。有报道说，在正常被试对象中不同情绪刺激的 P300 潜伏期并无差异，提示情绪刺激评价时间是相对恒定的
N400，LPC	在抑郁症患者中，负性情绪词诱发的波幅比正性情绪时小（期待效应）
EML	有可能被作为反映情绪正负属性的指标
ERN 或 MFN	反映在有速度要求的任务中犯错或遭受损失时的厌恶情绪，动机和享乐倾向都对 ERN 或 MFN 有重要影响

注：VPP—Vertex Parietal Positivity，顶正电压；LPC—Late Positive Component，晚期正成分；EML—Extrication of Mental Load，心理负荷解脱波；ERN—Error-Related Negativity，错误相关负波；MFN—Medial Frontal Negativity，中前皮质否定性或内侧额叶负波。

对 ERP 和脑磁图（MEG）的研究指出，面孔的结构编码出现在 170ms 左右。对情绪的分析和对面部结构的编码是两个平行的过程，面孔特异性 N170 成分不受面部表情的影响。Streit 等用模糊面孔和清晰面孔作为刺激物，除了产生面孔特异成分 N170 和与最基本的视觉认知相对应的 P120，他们还发现当任务中存在需要解码的情绪时，面孔在 240ms 左右产生较高的波幅，这也许反映了一个对面部表情进行解码的特殊的大脑加工过程。然而，Rossion 等在实验中得到了不同的结果，他们给被试对象呈现正常放置和倒置的视觉刺激，包括人类面孔和新奇物体（Greeble），有趣的是 N170 成分在所有的刺激组中被找到，但是只有倒置的面孔延迟并加强 N170（双侧的）。由于在新奇物体刺激中也发现 N170，因此他们认为 N170 不仅仅是面孔的特异成分。

ERP 实验中多次使被试对象受到某种情感刺激，分析对象发出的脑电信号，从而确定不同情感刺激对应的 ERP 成分，例如情绪刺激会诱发 P300（P3）成分，且不一样的情绪诱发 P300（P3）的波幅大小不同，当被试对象看到愉快的面孔 P300（P3）的波幅最小。当呈现一系列面孔图片时，愉快的面孔引起的 P300 波幅最小，愤怒、悲伤及无表情的面孔图片引起的波幅相对较大，P300 的区域显示出与波幅相似的变化，但 P300 潜伏期的变化与前两项有所不同，悲伤的画面使 P300 的潜伏期最长。

一般实验都用静止的图像作为刺激物，但是面部表情是高度活动的信号，为了解静态和动态的面部表情是否存在不同的神经解码过程，Kilts 将情绪信息编码在一个面部活动过程中作为刺激物，对比健康人在面对愤怒、高兴的静态和动态面部表情时的大脑活性。

面部表情与真实的情绪之间是否存在必然的联系，人们是否真正能通过表情正确识别出其他人的情绪也是值得探讨的问题。人们往往由于社会环境的影响，表情与情绪并不统一。人们通过对一系列表情与心理的对应分析指出，在面部表情的研究中，应加入环境因素的影响。在面部表情识别上也有两个对立的观点，有人认为表情是有严格界限的，也有人则认为面部表情认知是更加阶段性的，而且表情被认为是连续的。

参考文献

[1] 阿兰·巴纳德．人类学历史与理论［M］．王建民，等译．北京：华夏出版社，2006.

[2] 孟昭兰．情绪心理学［M］．北京：北京大学出版社，2006.

[3] 漫画技法研究会．卡通漫画技法大全［M］．乌鲁木齐：新疆人民出版社，2006.

[4] 王东明．浅论中国戏曲脸谱［J］．戏剧艺术，1983，(4)：132-142.

[5] 李孟明．试论戏曲脸谱的意象营构与表情体验［J］．南开学报，2001 (2)：79-83.

[6] 刘曾复．京剧脸谱大观［M］．台北：辜公亮文教基金会，1997.

[7] 钟安．工笔人物画的传神写意［J］．南京艺术学院学报：美术及设计版，2001，(3)：53-55.

[8] 王志良．人工心理学——关于更接近人脑工作模式的科学［J］．北京科技大学学报，2000，22 (5)：478-481.

[9] 王志良．人工心理［M］．北京：机械工业出版社，2007.

[10] 杨雄里．脑科学的现代进展［M］．上海：上海科技教育出版社，1998.

[11] 苏珊·格林菲尔德．人脑之谜（科学大师佳作系列）［M］．杨雄里，等译．上海：上海科技出版社，1998.

[12] John B Best. 认知心理学［M］．黄希庭，译．北京：中国轻工业出版社，2000.

[13] Bentin S, Allison T, Puce A, et al. Electrophysiological studies of face perception in humans [J]. Journal of Cognitive Neuroscience, 1996, 8 (6): 551-565.

[14] Allison T, McCarthy G, Nobre A , et al. Human extrastriate visual cortex and the perception of faces words numbers and colors [J]. Cerebral Cortex, 1994, 4 (5): 544-554.

[15] Puce A, Allison T, Bentin S, et al. Temporal cortex activation in humans viewing eye and mouth movements [J]. Journal of Neuroscience, 1998, 18 (6): 2188-2199.

[16] Eimer M. Does the face-specific N170 component reflect the activity of a specialized eye detector [J]. Neurore2 port, 1998, 9 (13): 2945-2948.

[17] Georage N, Evans J, Fiori N, et al. Brain events related to normal and moderately scrambled faces [J]. Cognitive Brain Research, 1996, 4 (2): 65-76.

[18] Bernat E, Bunce S, Shevrin H. Event-related brain potentials differentiate positive and negative mood adjectives during both supraliminal and subliminal visual processing [J]. International Journal of Psychophysiology, 2001, 42 (1): 11-34.

[19] 彭小虎，魏景汉，罗跃嘉，等．面孔识别的脑加工成分——N170 的 ERP 研究［J］．航天医学与医学工程，2002，15 (4)：303-304.

[20] 彭小虎，罗跃嘉，魏景汉，等．面孔识别的认知模型与电生理学证据［J］．心理科学进展，2002，10 (3)．241-247.

［21］ 吴江霖．心理学概论［M］．广州：广东高等教育出版社，2003：186-188.
［22］ 孟昭兰，情绪心理学［M］．北京：北京大学出版社，2005.
［23］ 王甦，汪安圣．认知心理学［M］．北京：北京大学出版社，1992.
［24］ 梁宁建．当代认知心理学［M］．上海：上海教育出版社，2003.
［25］ 艾森克·MW，基恩·MT，认知心理学［M］．4 版．高定国，肖晓云，译．上海：华东师范大学出版社，2003.
［26］ John B Best. 认知心理学［M］．黄希庭，主译．北京：中国轻工业出版社，2006.
［27］ 章明．视觉认知心理学［M］．上海：华东师范大学出版社，1991.
［28］ 王树根，基于认知心理学的模式识别模型框架［J］．武汉大学学报，2002，27（5）：543-547.
［29］ 徐伟丹，李宏汀，葛列众．人脸认知研究综述［J］．人类工效学．2003，9（2）：33-36.

第3章 面部运动的测量技术

面部是人类活动的非常丰富的信息源，面部分析可以显示情绪、调节社会行为、揭示大脑的功能和病理学的相关内容。若想充分利用面部显示来提供信息，首先要能正确、可靠而且有效地测量它们。本章介绍了目前常用的几种面部运动的测量技术，如“面部表情编码技术”和“面部肌肉运动编码系统”等。

3.1 概述

从20世纪70年代初开始，出现了大量关于面部表情和面部动作编码系统的研究。这些研究可分为两大类：一类专门涉及与情绪活动有直接关系的面部动作，如艾克曼（Ekman）、伊扎德（Izard）等人的工作；另一类则涉及了所有可观察到的面部动作，如艾克曼等人的工作，见表3-1。

表3-1 脸部表情的动作特征具体表现

表情	额头、眉毛	眼　睛	脸的下半部
惊奇	1）眉毛抬起，变高变弯 2）眉毛下的皮肤被拉伸 3）皱纹可能横跨额头	1）眼睛睁大，上眼皮抬高，下眼皮下落 2）眼白可能在瞳孔的上边和/或下边露出来	下颌下落，嘴张开，唇和齿分开，但嘴部不紧张，也不拉伸
恐惧	1）眉毛抬起并皱在一起 2）额头的皱纹只集中在中部，而不横跨整个额头	上眼睑抬起，下眼皮拉紧	嘴张，嘴唇或轻微紧张、向后拉，或拉长，同时向后拉
厌恶	眉毛压低，并压低上眼睑	在下眼皮下部出现横纹，脸颊推动其向上，但并不紧张	1）上唇抬起 2）下唇与上唇紧闭，推动上唇向上，嘴角下拉，唇轻微凸起 3）鼻子皱起 4）脸颊抬起
愤怒	1）眉毛皱在一起，压低 2）在眉宇间出现竖直皱纹	1）下眼皮拉紧，抬起或不抬起 2）上眼皮拉紧，眉毛压低 3）眼睛瞪大，可能鼓起	1）唇有两种基本的位置：紧闭，唇角拉直或向下，张开，仿佛要喊 2）鼻孔可能张大
高兴	眉毛参考：稍微下弯	1）下眼睑下边可能有皱纹、可能鼓起，但并不紧张 2）鱼尾纹从外眼角向外扩张	1）唇角向后拉并抬高 2）嘴可能被张大，牙齿可能露出 3）一道皱纹从鼻子一直延伸到嘴角外部 4）脸颊被抬起
悲伤	眉毛内角皱在一起、抬高，带动眉毛下的皮肤	眼内角的上眼皮抬高	1）嘴角下拉 2）嘴角可能颤抖

这些研究导致了面部表情测量技术的问世，在表情研究中，表情测量具有极为重要的意义。与传统的方法相比较，现代面部表情测量技术具有四个突出的优点：

1）这些技术所测量的是面部肌肉运动本身，而不是面部所给予观察者的信息。

2）严格遵循神经解剖学原则。所有这些测量技术的共同特征是，它们均以面部肌肉的神经解剖学特点和肌肉活动所造成的面容变化（Appearance Change）作为测量的基础和目标。

3）较准确而客观，便于使用。

按上述原则确定的测量技术将情绪功能与颜面解剖学结合起来，任何人只要经过有关的训练，就能通过肉眼的观察去识别情绪，而不必使用像肌电图机那样的专门设备。

4）某些测量技术将表情的反应时间和持续时间引进了表情测量，因此它能够测量面部表情的动态过程。

美国心理学家艾克曼在20世纪70年代末先后创立了“面部表情编码技术”（FAST）和“面部动作编码系统”（FACS），伊扎德大约在同时先后提出“最大限度辨别面部肌肉运动编码系统”（Maximally Discriminative Facial Movement Coding System，MAX）和“表情辨别整体判断系统”（System for Identifying Affect Expression by Holistic Judgment，AFFEX）。这两套表情测量系统得到了广泛的肯定和采用，它们具有如下特点：

第一，鉴于要把面部表情测量建立在严格客观化的基础上，必须找到面部运动反应的物质基础。因此确定了所要测量的必须是面部肌肉运动本身，而不是面孔所反映的情绪信息。

第二，为了测量面部肌肉运动本身，必须严格遵循神经肌肉解剖学基础。以艾克曼的工作为例，他把面部分为额-眉区、眼-睑区、鼻颊-口唇区三个部位。按照面部肌肉解剖学，刺激一块块肌肉组织，引起反应活动，用照相和录像作记录。他们把六种情绪：高兴、惊奇、厌恶、愤怒、恐惧、悲伤发生时面孔上每块肌肉的活动照片与每种情绪相匹配，辨认出哪个面容各部分的变化是由哪组肌肉运动引起的，从而确定出每种情绪的面孔肌肉运动组合标准。艾克曼共找出24种单一肌肉活动单位和19种复合肌肉活动单位，通过对这些肌肉活动的详细描述，并用录像记录表示出来。人们经过学习这套技术就能够客观地标定情绪。

艾克曼的面部动作编码系统、伊扎德的表情识别整体判断系统等，是目前心理学中面部表情测量中主要被采用的标准。下面两节将分别介绍面部表情测量技术中应用较广、较有代表性的面部动作编码系统和最大限度识别面部肌肉运动编码系统。

3.2 面部动作编码系统

3.2.1 概述

面部动作编码系统（FACS）是艾克曼等人在总结过去对面部表情评定工作的基础上制定出的一个尽最大可能区分面部运动的综合系统，它是迄今为止最为详尽、最为精细的面部运动测量技术，它能够测量和记录所有可观察到的面部行为。它是最早研究面部表情采用的方法之一。很多的方法都是以它为基础的。美国心理学家 Ekman Paul 和 Friesen 较早地对脸部肌肉群的运动及其对表情的控制作用做了深入研究，于1978年开发了面部动作编码系统（FACS），用来描述面部表情和研究人类的认知行为。

他们根据人脸的解剖学特点，将人脸划分成大约 46 个既相互独立又相互联系的动作单元（AU），并分析了这些动作单元的运动特征及其所控制的主要区域以及与之相关的表情，给出了大量的照片加以说明。这种方法很直观，易于为人理解，但是由于在实施过程中需要专家的大量时间来人工标记录像带上的特征运动点，并且需要 100 多个小时的训练才能得到每段录像带的满意结果。在这种情况下，系统的编码速度、可靠性、精确性和实时性就成为其广泛应用的阻碍。

面部动作编码系统的使用手册内容有单一和复合动作单元列表、针对面容变化的详细描述、供对照用的照片和影片以及具体的使用指导等。

Irfan A Essa 在 FACS 的基础上进行了改进，通过在物理模型上加入自动的肌肉模块，建立 FACS + 系统，这个系统可以用作动态建模和运动估计。在进行表情分析时，通过光流法分析视频流中的脸部数据，最终在二维图像中的表情识别率为 98%。

FACS 对人脸肌肉各部分动作进行了完整的描述。FACS 包含 46 个基本动作单元（AU），结合各个独立的动作单元能够产生大量不同的脸部表情。例如，结合 AU12 + AU13（拉嘴角）、AU25 + AU27（张开嘴）、AU10（升起上唇）和 AU11（鼻唇褶加深）产生了一个幸福的表情，当然还有其他笑的结合方式。这个系统已经被作为许多表情产生方法的基础，特别是在使用肌肉模型或者仿真肌肉的动画方法中。为了产生非常仿真的人脸表情和动画，研究工作者已经提出了许多模仿人脸肌肉变化的模型。利用肌肉向量和由线性肌和括约肌驱动的径向函数，Waters 构造了一个相当成功的人脸网格变形模型。Chadwick 等人使用自由变形的方式在一个多层结构（包含骨头、肌肉、脂肪和皮肤）中改变人脸表皮动作。Nahas 等人的样条表面模型能够产生合成的人脸说话动作变化。Terzopoulos 等人提出的三层可变形网格（皮肤、脂肪组织和肌肉）对人脸细微的解剖结构和动力系统进行了建模。Lee 等人提出了一个简化的两层（真皮层和肌肉）物理肌肉模型，该模型由弹簧连接到头颅结构上。图 3-1 所示显示了 Lee 等人的嵌入在一个一般人脸网格中的肌肉纤维。物理肌肉模型方法的缺点是需要精确的建模和复杂的参数调整。

FACS 是通过自动分析面部活动来描述面部动作的一种新方法。它的提出，主要目的是为了开发一个全面的系统，来辨别所有的可以观察到并能够区别的面部运动。FACS 源自对面部运动的解剖学的分析（见图 3-1），既然每一种面部运动都是肌肉活动的结果，那么如果能得知面部发生可见的变化时，对应的每一块面部肌肉是怎么运动的，自然就可以获得一个全面的面部运动描述系统。利用这个知识，我们也就可以分析基于最小动作单元的面部运动。

在艾克曼等人提出的面部动作编码系统（FACS）中采用 46 个能够独立运动的表情动作单元。FACS 把脸部运动分解为肌肉动作单元（AU）描述面部动作，这些单元与使面部表情改变的肌肉结构紧密相连，在这个系统中还定义了六种最基本的表情：惊奇、恐惧、厌恶、愤怒、高兴、悲伤以及 33 种不同的表情倾向，说明了具有这六种表情的人脸特征与无表情的人脸特征相比有相对独特的肌肉运动规律，后来进一步的研究大多数都是在 FACS 的基础上构建人脸表情模型，所以说这一系统的提出具有里程碑的意义。

可以说，心理学及生物学的发展与计算机识别能力的提高是一种相辅相成的关系：一方面通过对人类心理/神经感知和人脑的研究，可以提高机器的识别能力；另一方面又可以通过机器的识别能力，进一步深入探索人类心理/神经感知和人脑感知的过程。

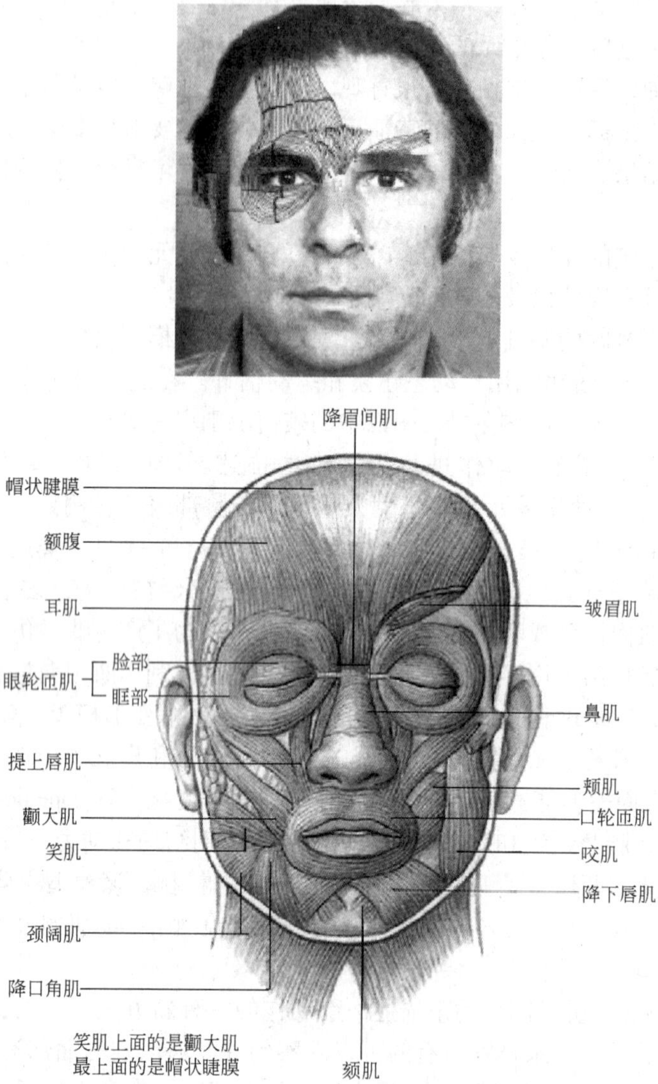

图 3-1　FACS 把脸部运动分解为肌肉运动

FACS 的一个限制是，它只处理那些清晰可见的脸部运动，而忽略了那些不可见的脸部变化（比如部分肌肉的紧张或强直性拉伸）和并不影响脸部动作区分的、过于细微的变化。FACS 同样不包括那些非运动的可见面部变化，比如皮肤颜色的变化，这一点在黑白图像中一般是看不出来的，与此类似的还有：面部出汗、流泪、起疙瘩，以及那些永久性的面部特征。

FACS 的使用者必须学习基于肌肉的面部运动机制，而非仅仅运动结果或静态描述。它强调的是运动的模式、面容变化的本质所在。可见的活动通过皮肤的运动、面部特征的瞬间的形态和位置的变化，皮肤的聚集、膨胀、褶皱等来描述。

研究开发 FACS 的第一步，就是通过研究各种各样解剖学来发现最小的面部单元。研究人员希望找到一系列独立运动的肌肉，并且将肌肉的运动与面容的变化对应起来。然后，他们检查了照片中的每一张人脸，打乱照片的顺序使其不能够被分辨出哪块肌肉运动，目的是为了决定是否所有的肌肉的独立运动都能够被分开。值得注意的是，研究人员将这些测量单位称为动作单元而不是肌肉单元，因为一个动作单元是区分面容变化的一个整体，它既可以是几块肌肉的混合，也可以是从一块肌肉中分离的一部分。

比如，控制眉毛上抬的额部肌肉（Frontalis Muscle）可以被分离为两个动作单元，内侧的肌肉控制内眉角的上抬，外侧的肌肉控制外眉角的上抬。

在实际测量时，以面容活动为单位，称为动作单元（AU）。一个单一的动作单元可以包括一块或几块肌肉组织。这些单元与使面部表情改变的肌肉结构紧密相连。FACS 共列出了 28 种单一动作单元（见表 3-2）和 19 种复合动作单元。可根据各个动作单元之间的主导或次要、竞争或对抗的关系，从而规定这种情形下的测量规则和方法。

表 3-2 FACS 的单一动作单元

编号	FACS 中名称	面部肌肉	实　例
AU1	额眉心上抬	额肌、内侧	
AU2	额眉梢上抬	额肌、外侧	
AU4	额眉低垂	眉间降肌、降眉肌、皱眉肌	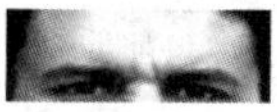
AU5	上眼睑上抬	提眼睑肌	
AU6	面颊上抬	眼环肌	
AU7	眼睑紧凑	眼环肌	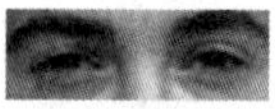
AU9	鼻纵起	提唇肌、提鼻肌	
AU10	升起上唇	提唇肌	
AU11	鼻唇褶加深	嘴小肌	
AU12	口角后拉	口角迁缩肌	
AU13	面颊鼓胀	口角上提肌	
AU14	唇劾微突（酒窝）	笑肌	
AU15	唇角下压	口角降肌	
AU16	下唇下压	下唇降肌	
AU17	下巴上抬	上提肌	

（续）

编号	FACS 中名称	面部肌肉	实　例
AU18	口唇缩拢	上翻唇肌、内翻唇肌	
AU20	口唇前伸	口角收缩肌	
AU22	口唇成筒形	口环肌	
AU23	口唇紧闭	口环肌	
AU24	口唇压紧	口环肌	
AU25	两唇张开	唇压肌、额提肌放松	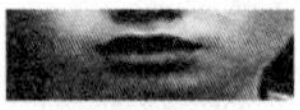
AU26	下勃下垂	咬肌、冀状肌放松	
AU27	口前伸	翼状肌、二腹肌	
AU28	口唇咂肌（允吸）	口环肌	

《面部动作编码系统使用手册》是一个详细的技术手册，说明了如何从肌肉运动的角度对面部行为进行分类，也就是如何把肌肉运动与面部变化相对应。使用手册内容有：单一和复合动作单元列表，它利用文字描述、静态图片、数字视频来阐明每一种面容变化。行为科学家、CG 动画设计者和计算机学家对模式识别的程序实现感兴趣，而其他学者和科研人员则利用 FACS 指导他们的专业研究，重点在于精确地描述面部的表现以及是哪些肌肉引发了这些表现。

3.2.2　FACS 的特点与应用

艾克曼等人提出的最广泛被采用的、视觉可分的 FACS，是人脸上所有导致面部运动的动作单元的枚举。当一些肌肉产生了不只一个动作单元时，这个动作单元与肌肉单元不是一一对应的。然而，用这种“僵化”的运动描述来编码的运动系统是不很令人满意的。FACS 有两个主要弱点：①动作单元是纯粹的局部化的空间模板。真实的运动几乎从来没有完全局部化的；艾克曼本人把这些运动单元描绘成非自然类型的脸部运动；②没有时间描述信息，只是一个启发式信息。FACS 中数据的分析只是单纯地描绘动作单元（AU），或者把 FACS 通过字典规则转化成情绪。对此而言，现在的系统只简单地应用了线性的叠加。FACS 的其他局限是：不能精确描绘眼睛、嘴唇的运动；不能描绘连贯一致性运动。尽管在计算机图形学中使用基于肌肉的模型缓和了一些问题，但此方法还是太简单，不能精确描绘真实的脸部运动。

FACS 是一种基于人工观测的编码系统，旨在区分人脸面部特征的微小变化。通过观察慢动作的人脸行为录像，培训过的观测人员可以根据动作单元，对所有的面部行为进行

FACS 编码。在编码时，把面部可见的变化划分为（ 块区域：眉毛、眼睛、鼻孔及附近皱纹、舌头、面颊、嘴唇、下巴、脖子。对每一块区域的可见变化都有精细区分的编码，它们的组合构成了最后的编码。FACS 的某些特定组合代表了某些特定的表情，在评价表情变化时，对人脸表情与 FACS 特定组合之间的对应关系进行了探索，总结出了一定的规律，具体数据见表 3-3。

表 3-3　人脸表情视频数据库

被拍摄对象		姿态	正面、偏正面、侧面
对象数目	70	情感类表情	8 类、500 段
男	73%	说话类表情	23 类、500 段
女	27%	AU 典型组合	
人种	黄种人	大笑	AU6 + AU12 + AU25
戴眼镜的对象	0.07%	微笑	AU12
图像序列		吃惊	AU1 + AU2 + AU5 + AU27
单张图片	640×480 像素，24 位彩色	厌恶	AU4 + AU7 + AU9 + AU17
视频速率	30 帧/s		或 AU4 + AU7 + AU14
视频长度	1.3～3.4s	眨眼	AU45

3.2.3　FACS 的扩展与改进

值得注意的是，FACS 只是利用解剖学原理对面部各部位进行测量，还不是对情绪的测量；但是艾克曼等人于 1978 年还提出：FACS 中特定动作单元的混合可以表示人类六种最基本的情绪，即愤怒、高兴、悲伤、厌恶、恐惧和惊奇。然而情绪的表示并不是 FACS 的一部分，它是由一个单独的系统进行编码的，比如 1984 年提出的情绪面部动作编码系统（Emotion FACS EMFACS）或 1992 年提出的 FACS 解释词典（FACS Interpretive Dictionary）。该词典中表情模板见表 3-4。

表 3-4　FACS 解释词典中表情模板

表　情	创　造　原　型
愤怒	AU4 + AU5 + AU7 + AU15 + AU24
厌恶	AU9 + AU10 + AU17
恐惧	AU1 + AU2 + AU4 + AU5 + AU7 + AU20 + AU25
高兴	AU6 + AU12 + AU25
悲伤	AU1 + AU4 + AU7 + AU15 + AU17
惊奇	AU1 + AU2 + AU5 + AU25 + AU26

由于 FACS 当中没有包含情绪信息，用数据的分析知识单纯地描绘动作单元，或者把 FACS 通过字典规则转化成情绪。根据表情图像序列的特点，提出了 FACS’（FACS 转换）的表情编码：首先根据人脸面部的结构特征，建立物理 - 肌肉模型；其次，根据人脸面部表情的运动分析，确定表情的主要特征区域；最后，在特征区域内估计面部表情的运动场，从而计算特征流，由表情的图像序列得到特征流序列。

基于 FACS’ 的表情编码也就是把动作单元的运动转化为基于物理结构和肌肉模型的特征流向量序列来对眼部和嘴部特征序列分别进行表情编码，相应的运动皆是基于 FACS 规则的，同时克服了FACS的弱点。从生理学角度上，FACS’的表情编码能够合理而真实地描绘人脸的面部运动、符合人脸面部肌肉的物理特性和生物动力学特征；从心理学角度，能够精确表示人类的情绪在面部上的反映，即表情在计算机视觉领域上是可视化的和计算的。

后来，研究者们进一步揭示了动作单元与肌肉运动之间的关系，提供了表情识别的心理学方面的依据。Irfan A Essa 等人提出了新的面部动作编码系统命名为 FACS +，它基于物理和几何模型，用模板匹配的方法识别表情。针对 FACS 的两个主要弱点：①运动单元是纯粹的局部化的空间模板。②没有时间描述信息，只是一个启发式信息。其中，FACS 不包含情绪信息，数据的分析只是单纯地描绘动作单元（AU），或者把 FACS 通过字典规则转化成情绪。国内的研究中提出了 FACS’，即 FACS 转换的表情编码，把动作单元的运动转化成基于物理和肌肉模型的运动特征流向量序列来对表情编码，相应的运动解释基于 FACS 的规则，同时克服了单纯 FACS 的弱点。

3.3 最大限度辨别面部肌肉运动编码系统

3.3.1 伊扎德与 MAX

前面讲到的面部动作编码系统只是利用解剖学原理对面部各部位进行测量，还不是对情绪的测量。为了对情绪进行解释，伊扎德曾经提出了两个互为补充的测量系统，即最大限度辨别面部肌肉运动编码系统（MAX）和表情辨别整体判断系统（AFFEX）。最大限度辨别面部肌肉运动编码系统是为保证客观性和精确性的微观分析系统，它以面部肌肉运动为单位，是用以测量区域性的面部肌肉运动的精确图式。表情识别整体判断系统是保证有效性的客观分析系统，它提供的是关于面部表情模式的总概貌。

伊扎德是当代美国和国际著名的情绪发展研究专家。他关于婴儿情绪发展的研究及据此提出的情绪分化理论，在当代情绪研究中有很大的影响。伊扎德运用录像技术和两套面部肌肉运动与表情模式测查系统，将新生婴儿的面部表情进行了全面、详细的录像，并进行了精细、深入的分析，提出了人类婴儿在其出生时，就展示出了各种不同的面部表情和情绪，它们是惊奇、痛苦、厌恶、最初步的微笑和兴趣等五种。婴儿在 4 ~6 周时，出现社会性微笑；3 ~4 个月时，出现愤怒、悲伤；5 ~7 个月时，出现惧怕；6 ~8 个月时，出现害羞；半岁 ~1 岁时，出现依恋、分离伤心、对陌生人恐惧；1 岁半左右时，出现羞愧、自豪、骄傲、焦虑、内疚和同情等。

伊扎德从对情绪情境作自我评估的众多数据中进行筛选，确定了四个维量：愉快度、紧张度、激动度和确信度。其中，愉快度表示主观体验的享乐色调；紧张度和激动度均表示情绪的神经生理激活水平，激动度表示兴奋的程度，而紧张度表示个体对情绪情境的突然出现缺乏预料和缺少准备的程度；确信度表示个体胜任、承受感情的程度。伊扎德的四维说根据客观测量，在一定程度上与冯特的三维说相一致。伊扎德按照他所制订的维度评定量表（DRS）和分化情绪量表（DES）可对感情检验进行较准确的评估。

伊扎德的特殊贡献在于，编制了面部肌肉运动和表情模式测查系统（最大限度辨别面部肌肉运动编码系统和表情辨别整体判断系统），给表情识别提供了一个客观依据。他把面部分为三个区域：额眉-鼻根区、眼-鼻-颊区、口唇-下巴区，共列出 29 种肌肉动作单元，编码成号，表情是由面部这三个区域的肌肉运动组合而成的。例如：No. 25 为额眉区-双眉下压、聚拢；No. 33 为眼鼻区-双眼变窄、微眯；No. 54 为口唇区-口长大呈矩形，三个组合起来，从 AFFEX 中辨别为愤怒的表情。

伊扎德的研究较之前人的研究，无论在科学性和可测性上都大大提高了一步，每一种新出现的情绪反应都有一定的具体、客观指标，易于鉴别、判断。

3.3.2 MAX 的主要内容

最大限度辨别面部肌肉运动编码系统将人的面部划分为：①额眉-鼻根区；②眼-鼻-颊区；③口-唇-下巴区三部分，并包括 29 个相对独立的外貌变化的活动单元。这些单位分别编成号码（见表 3-5），通过对三个部分外貌变化的评分及综合，最大限度辨别面部肌肉运动编码系统可以辨别出兴趣、愉快、惊奇、悲伤、愤怒、厌恶、轻蔑、惧怕和生理不适引起的痛苦等多种基本情绪。

表 3-5 最大限度辨别面部肌肉运动编码系统（MAX）面部运动分区记录及编号

a）额眉-鼻根区

编号	眉	额	鼻根
No. 20	上抬弧状或不变	长横纹或增厚	变窄
No. 21	一条眉比另一条眉抬高		
No. 22	上抬、聚拢	短横纹	变窄
No. 23	内角上抬、内角下呈三角形	眉角上部额中心有皱纹	变窄
No. 24	聚拢、眉间呈竖直纹		
No. 25	下压、聚拢	眉间呈竖纹或突起	增宽

b）眼-鼻-颊区

编号	眼	颊
No. 30	上眼睑与眉之间皮肤拉紧、眼睁大而圆，上眼睑不抬高	
No. 31	眼沟展宽，上眼睑上抬	
No. 32	眉下降使眼变窄	
No. 33	双眼斜视或变窄	上抬
No. 36	向下注视、斜视	
No. 37	紧闭	
No. 38		上抬
No. 39	向下注视、头后倒	
No. 42	鼻梁皱起（作为 54 和 59B 的附加线索）	

c）口唇-下巴区

编号	口-唇
No. 50	张开、张凹
No. 51	张开、放松
No. 52	口角后收、微上抬
No. 53	张开、紧张、口角向两侧平展

（续）

编号	口-唇
No. 54	张开、呈矩形
No. 55	张开、紧张
No. 56	口角向下方下拉，下颏将下唇中部上抬
No. 59A = No. 51/No. 66	张开、放松、舌前伸过齿
No. 59B = No. 54/No. 66	张开、呈矩形、舌前伸过齿
No. 61	上唇向一方上抬
No. 63	下唇下降、前伸
No. 64	下唇内卷
No. 65	口唇缩拢
No. 66	舌前伸过齿

最大限度辨别面部肌肉运动编码系统的具体使用分为两步：第一步，评分者三次观看面部表情的录像，每次辨认面部一个部位的肌肉运动，并记下相当区域的面容变化及出现时间（比如额眉区的双眉下压、聚拢）；第二步，将记录下来的面容变化同可观察到的动作单元的组织相对照，辨别出独立的情绪或几种情绪的组合。

最大限度辨别面部肌肉运动编码系统的材料包括一本手册和一套录像。手册包括面部肌肉的详细分类、肌肉组织的位置分布、肌肉活动编号列表和详细描述以及练习使用最大限度辨别面部肌肉运动编码系统的方法、步骤及达到学会与掌握标准的要求。

3.3.3 MAX 与 FACS 的比较

和 FACS 一样，1983 年伊扎德提出的最大限度辨别面部肌肉运动编码系统（MAX），也需要观察录像带提供的面部慢动作而进行面部运动分析。但和 FACS 相比，MAX 不够全面，因为它只包含了那些与情绪相关的面部活动，但并不从解剖学上对不同的面部表示加以区分，比如内眉角上抬或外眉角上抬，而是把它们看成是一种自治的运动。1989 年 Malatesta 等人又添加了一些内容使 MAX 更加全面。与 FACS 不同的是，MAX 明确地提出了面部运动的一些特殊混合，生成了情绪的表示，而 MAX 编码的最终目的就是识别这些最大化的指定的情绪表达。

FACS 和 MAX 都是通过客观的、物理的标准来测量面部活动，而伊扎德等人同样于 1983 年提出的表情辨别整体判断系统（AFFEX）则是基于主观标准来测量面部表情活动。这个系统中的表情编码都被赋予了一个情绪标签（比如“高兴”），也就是说每一种面部表情活动与情绪之间都是一种精确的对应关系。而与 FACS 和 MAX 相同的是，它同样需要观察录像带中的面部运动的慢动作。

当面部活动被贴上“情绪标签（Emotion Labels）”时，就可以用来进行情感表达。值得关注的是，同样的情绪表达可能对应着不尽相同的面部活动。事实上，在 MAX、AFFEX 或 EMFACS 中，也确实存在同样的“情绪标签”对应着不同的面部表现的情况。例如 Oster 等（1992）发现同样的脸部显示，在 MAX 和 FACS 的字典规则中对应着不同的情感表达。

相比较而言，FACS 的有力描述使其除了在情绪科学（Ekman 和 Rosenberg，1997 年；

Parke 和 Waters，1996 年；Rinn，1984 年）中，在非语言行为、病痛研究、神经心理学、计算机图形学等领域比 MAX 有更为广泛的应用。

在我们每天的生活中，无论是客观定义（FACS 的动作单元或 MAX 的动作编码）的还是主观标准定义的情绪表达都是不常见的。更多的情况是面部特征的细小变化产生的情感交流，比如皱眉表示一种负面的态度。所以说，一个只能描述情绪表达的系统是有局限性的。只有 FACS 和很少程度的 MAX，可以产生面部运动的详细描述，而这些描述对于揭示情绪表达的元素是必不可少的。（Carroll 和 Russell，1997 年；Gosselin、Kirouac 和 Dore，1995 年）。FACS 的动作单元描述了可以观察并区分出的、最精细的面部运动，并且 FACS 动作单元的混合可以描述情绪（Ekman 和 Friesen，1978 年；Ekman，1993 年）和区分正、负情绪。

3.4 其他面部表情测量系统

3.4.1 表情识别整体判断系统

Izard 根据眼睛、鼻子等重要线索编制了“表情辨别整体判断系统（AFFEX）”，产生兴趣、高兴、惊奇、伤心、生气、厌恶、轻蔑、害怕和羞愧等九种面部表情让儿童识别。这个系统包括表情持续的时间和反应时间，它为辨认表情提供了一个有效的、全面的情况。

3.4.2 自我评估情绪编码系统

心理学的初步研究结果表明：儿童在大约 30 个月时，出现了第一次成功过后的自豪表情，而在大约 36 个月时出现第一次失败后的害羞表情。在 3 ~5 岁的年龄的儿童，成功或失败的情绪反馈日益增长，与此同时，孩子越大，对于成功或失败的正面或负面的反应越不同。这项工作启发我们，在今后的几年里进行更深入的情绪发展研究，特别是自我评估情绪的发展研究。1986 年 Geppert 提出了一个用来对儿童进行情绪表达分析的观测系统，通过它的不断研究，1997 年一个叫作自我评估情绪编码系统（Self-evaluative Emotions'Coding System，SEECS）应运而生。

3.4.3 面部表情分析工具

由 Thomas Wehrle 开发的面部表情分析工具（Facial Expression Analysis Tool，FEAT)，是一个采用模糊规则相连接的专家系统，通过 FACS 的专门知识，自动测量面部表情。FACS 的专门知识通过一个编译器转换成一个网络结构，因此这个网络可以完成分类任务，并将 FACS 作为编码的语言。此外，这个工具还可以通过学习算法改善分类的表现。

参 考 文 献

[1] 王国江，王志良，杨国亮，等. 人工情感研究综述 [J]. 计算机应用研究，2006，23 (11)：7-11.

[2] 王志良，陈锋军，薛为民. 人脸表情识别方法综述 [J]. 计算机应用与软件，2003，20 (12)：63-66.

[3] Ekman P，Friesen W V. Facial Action Coding System [M]. California：Consulting Psychologists Press，1978.

[4] Mehrabian A. Communication without Words [J]. Psychology Today, 1968, 2 (4): 53-56.

[5] Darwin C. The Expression of the Emotions in Man and Animals [M]. London: John Murray, 1872.

[6] 孟昭兰. 人类情绪 [M]. 上海: 上海人民出版社, 1989.

[7] Suwa M, Sugie N, Fujimora K. A preliminary note on pattern recognition of human emotional expression [C] //International Joint Conference on Pattern Recognition, 1978: 408-410.

[8] Kobayashi, Hara. The recognition of basic facial expressions by neural network [C] //International Joint Conference on Neural Network. 1991: 460-466.

[9] Kobayashi, Hara. Recognition of six basic facial expression and their strength by neural network [C] //Robot and Human Communication. Proceedings. IEEE International Workshop, 1992: 381-386.

[10] Fasel B, Luettin J. Automatic Facial Expression Analysis: A Survey [J]. Pattern Recognition Society, 2003, 36 (1): 259-275.

[11] Murray I, Arnott J. Towards the Simulation of Emotion in Synthetic Speech: A Review of the Literature on Human Vocal Emotion [J]. Journal of Acoustic Society of America, 1993, 93 (2) : 1097-1108.

[12] Burkhardt F, Sendlmeier W. Verification of Acoustical Correlates of Emotional Speech Using Formant-synthesis [C] //Proceedings of the ISCA Workshop Speech and Emotion, 2000.

[13] 刘芳. 基于图像处理的面部特征提取与表情识别方法研究 [D]. 北京: 北京科技大学, 2006.

[14] 朱朝辉, 潘志庚, 等. E-Teatrix 中虚拟人物及情绪系统构造 [C] //第一届中国情感计算及智能交互学术会议论文集, 2003: 242-247.

[15] 金辉, 高文. 人脸面部混合表情识别系统 [J]. 计算机学报, 2000, 23 (6): 602-608.

第4章　图像处理技术

本书按照人脸或表情识别处理流程来介绍人脸工程学研究中用到的算法和技术，包括图像处理、人脸检测跟踪、特征提取、模式识别和人脸合成等方面的算法和技术。本章介绍流程中的第一步——图像处理用到的算法和技术。

4.1　图像处理的基本概念

4.1.1　数字图像的概念

所谓数字图像可以理解为对二维函数 $f(x,y)$ 进行采样和量化（即离散处理）后得到的图像，因此通常用二维矩阵来表示一幅数字图像。数字图像可以由以下三种途径得到：

1）将传统的可见光图像经过数字化处理转换为数字图像，例如将一幅照片通过扫描仪输入到计算机中，扫描的过程实质上就是一个数字化的过程。

2）应用各种光电转换设备直接得到数字图像，例如卫星上搭载的推帚式扫描仪和光机扫描仪可以直接获取地表甚至地下物体的图像，并实时存入存储器中。此外，侧视雷达也可以直接获取数字图像。

3）直接由二维离散数学函数生成数字图像。

4.1.2　数字图像处理的概念

通常所说的数字图像处理（Digital Image Processing）是用计算机进行处理的，因此也称为计算机图像处理（Computer Image Processing）。数字图像处理是指对一个物体的数字表示，即对一个二维矩阵世界一系列的操作，以得到所期望的结果。数字图像处理的实质是对二维矩阵的处理，是将一幅图像变为另一幅经过修改的图像，是将一个二维矩阵变为另一个二维矩阵的过程。总体来说，数字图像处理包括以下几项内容：

1. 点运算

点运算主要是针对图像的像素进行加、减、乘、除等运算。图像的点运算可以有效地改变图像的直方图分布，这对提高图像的分辨率以及图像均衡都是非常有益的。

2. 几何处理

几何处理主要包括图像的坐标转换，图像的移动、缩小、放大、旋转，多个图像的配准以及图像扭曲校正等。几何处理是最常见的图像处理手段，几乎任何图像处理软件都提供了最基本的图像缩放功能。图像的扭曲校正功能可以将变形的图像进行几何校正，从而得出准确的图像。

3. 图像增强

图像增强的作用主要是突出图像中重要的信息，同时减弱或者去除不需要的信息。常用方法有直方图增强和伪彩色增强等。

4. 图像复原

图像复原的主要目的是去除干扰和模糊，从而恢复图像的本来面目，例如去噪声复原处理。

5. 图像形态学处理

图像形态学是数学形态学的延伸，是一门独立的研究学科。利用图像形态学处理技术，可以实现图像的腐蚀、细化和分割等效果。

6. 图像编码

图像编码研究属于信息论中信源编码的范畴，其主要宗旨是利用图像信号的统计特性及人类视觉特性对图像进行高效编码，从而达到压缩图像的目的。

7. 图像重建

图像的重建起源于 CT 技术的发展，是一门新兴的数字图像处理技术，主要是利用采集的数据来重建出图像。图像重建的主要算法有代数法、迭代法、傅里叶反投影法和使用最广泛的卷积反投影法等。

8. 模式识别

模式识别也是数字图像处理的一个新兴的研究方向，当今的模式识别方法通常有三种：统计识别法、句法结构模式识别法和模糊识别法。目前应用广泛的文字识别（OCR）技术就是应用模式识别技术开发出来的。

4.2 图像处理的基本操作

4.2.1 图像的平移、旋转、放缩、镜像变换、转置

1. 图像的平移

图像的平移就是将图像中所有的点都按照指定的平移量水平、垂直移动。如图 4-1 所示，设（x_0，y_0）为原图像上的一点，图像水平平移量为 t_x，垂直平移量是 t_y，则平移后点（x_0，y_0）坐标将变为（x_1，y_1）。

显然（x_0，y_0）和（x_1，y_1）的关系如下：

$$\begin{cases} x_1 = x_0 + t_x \\ y_1 = y_0 + t_y \end{cases} \tag{4-1}$$

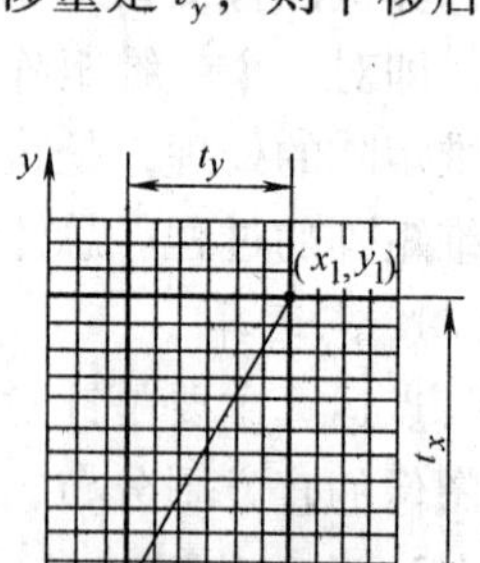

图 4-1 图像平移示意图

用矩阵表示如下：

$$\begin{bmatrix} x_1 \\ y_1 \\ 1 \end{bmatrix} = \begin{bmatrix} 1 & 0 & t_x \\ 0 & 1 & t_y \\ 0 & 0 & 1 \end{bmatrix} \begin{bmatrix} x_0 \\ y_0 \\ 1 \end{bmatrix} \tag{4-2}$$

对矩阵求逆，可以得到逆变换：

$$\begin{bmatrix} x_0 \\ y_0 \\ 1 \end{bmatrix} = \begin{bmatrix} 1 & 0 & -t_x \\ 0 & 1 & -t_y \\ 0 & 0 & 1 \end{bmatrix} \begin{bmatrix} x_1 \\ y_1 \\ 1 \end{bmatrix} \quad 即 \begin{cases} x_0 = x_1 - t_x \\ y_0 = y_1 - t_y \end{cases} \tag{4-3}$$

这样，平移后的图像上的每一点都可以在原图像中找到对应的点。例如，对新图中的

（0，0）像素，代入上面的方程组，可以求出对应原图中的像素（$-t_x$，$-t_y$）。如果 t_x 或 t_y 大于0，则点（$-t_x$，$-t_y$）不在原图中。对于不在原图中的点，可以直接将它的像素值统一设置为0或者255（对于灰度图就是黑色或者白色）。同样，若有点不在原图中，也就是说明原图中有点被移出显示区域。如果不想丢失被移出的部分图像，可以将新生成的图像宽度扩大 $|t_x|$、高度扩大 $|t_y|$。

2. 图像的旋转

一般图像的旋转以图像的中心为原点，旋转一定的角度。旋转后，图像的大小一般会改变。和图像平移一样，既可以把转出显示区域的图像截去，也可以扩大图像范围，以显示所有的图像，如图4-2～图4-4所示。

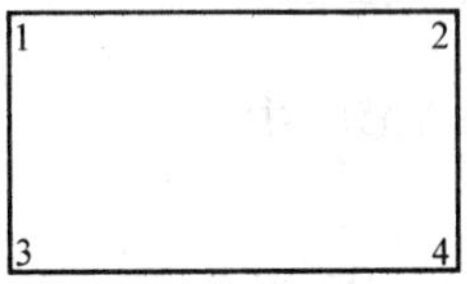

图4-2　旋转前的图像

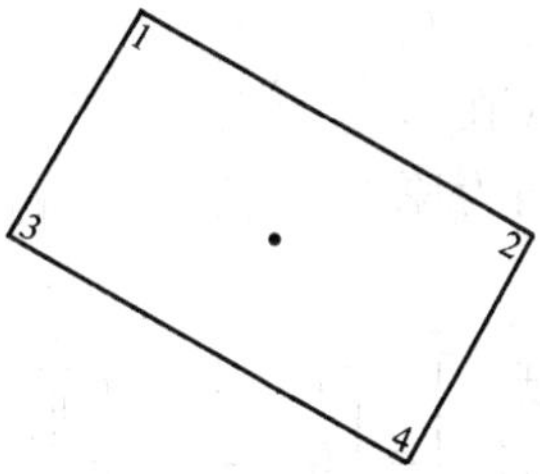

图4-3　旋转 θ 后的图像
（扩大图像）

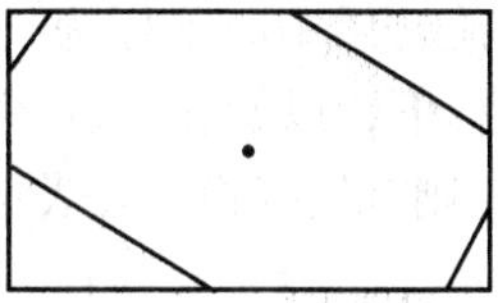

图4-4　旋转 θ 后的图像
（转出部分被截去）

下面来推导一下旋转运算的变换公式。如图4-5所示，点（x_0，y_0）经过旋转 $\theta°$ 后坐标变成（x_1，y_1）。

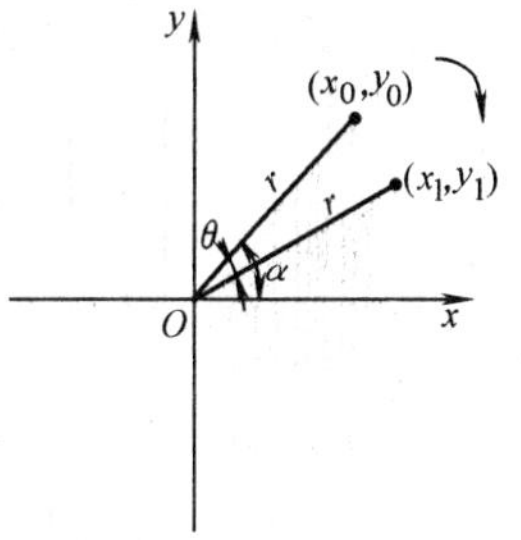

图4-5　旋转前的图像

在旋转前为

$$\begin{cases} x_0 = r\cos\alpha \\ y_0 = r\sin\alpha \end{cases} \tag{4-4}$$

旋转后为

$$\begin{cases} x_1 = r\cos(\alpha-\theta) = r\cos\alpha\cos\theta + r\sin\alpha\sin\theta = x_0\cos\theta + y_0\sin\theta \\ y_1 = r\sin(\alpha-\theta) = r\sin\alpha\cos\theta - r\cos\alpha\sin\theta = -x_0\sin\theta + y_0\cos\theta \end{cases} \tag{4-5}$$

写成矩阵表达式为

$$\begin{bmatrix} x_1 \\ y_1 \\ 1 \end{bmatrix} = \begin{bmatrix} \cos\theta & \sin\theta & 0 \\ -\sin\theta & \cos\theta & 0 \\ 0 & 0 & 1 \end{bmatrix} \begin{bmatrix} x_0 \\ y_0 \\ 1 \end{bmatrix} \tag{4-6}$$

其逆运算如下：

$$\begin{bmatrix} x_0 \\ y_0 \\ 1 \end{bmatrix} = \begin{bmatrix} \cos\theta & -\sin\theta & 0 \\ \sin\theta & \cos\theta & 0 \\ 0 & 0 & 1 \end{bmatrix} \begin{bmatrix} x_1 \\ y_1 \\ 1 \end{bmatrix} \tag{4-7}$$

上述旋转是绕坐标轴原点（0，0）进行的，如果是绕一个指定点（a，b）旋转，则先要将坐标系平移到该点，再进行旋转，然后平移回新的坐标原点。

下面首先推导坐标系平移的转换公式。如图4-6所示，将坐标系Ⅰ平移到坐标系Ⅱ处，其中坐标系Ⅱ的原点在坐标系Ⅰ中坐标为（a，b）。

两种坐标系坐标变换矩阵表达式为

$$\begin{bmatrix} x_{Ⅱ} \\ y_{Ⅱ} \\ 1 \end{bmatrix} = \begin{bmatrix} 1 & 0 & -a \\ 0 & -1 & b \\ 0 & 0 & 1 \end{bmatrix} \begin{bmatrix} x_{Ⅰ} \\ y_{Ⅰ} \\ 1 \end{bmatrix} \quad (4\text{-}8)$$

其逆变换矩阵表达式为

$$\begin{bmatrix} x_{Ⅰ} \\ y_{Ⅰ} \\ 1 \end{bmatrix} = \begin{bmatrix} 1 & 0 & a \\ 0 & -1 & b \\ 0 & 0 & 1 \end{bmatrix} \begin{bmatrix} x_{Ⅱ} \\ y_{Ⅱ} \\ 1 \end{bmatrix} \quad (4\text{-}9)$$

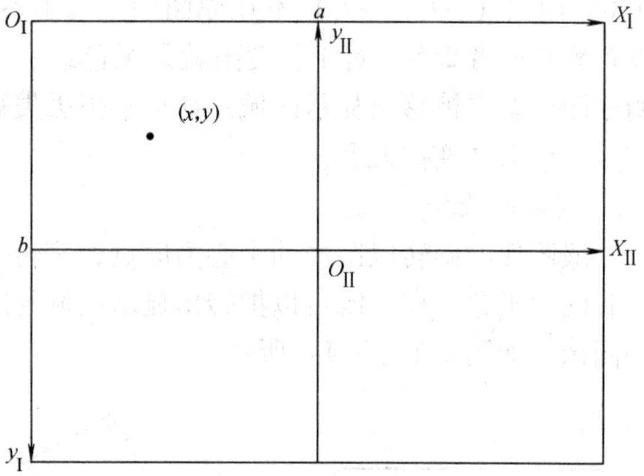

图 4-6　坐标系平移示意图

假设图像为旋转时中心坐标为（a，b），旋转后中心坐标为（c，d）（在新的坐标下，以旋转后新图像左上角为原点），则旋转变换矩阵表达式为

$$\begin{aligned}\begin{bmatrix} x_1 \\ y_1 \\ 1 \end{bmatrix} &= \begin{bmatrix} 1 & 0 & c \\ 0 & -1 & d \\ 0 & 0 & 1 \end{bmatrix} \begin{bmatrix} x'_{1Ⅱ} \\ y'_{1Ⅱ} \\ 1 \end{bmatrix} = \begin{bmatrix} 1 & 0 & c \\ 0 & -1 & d \\ 0 & 0 & 1 \end{bmatrix} \begin{bmatrix} \cos\theta & \sin\theta & 0 \\ -\sin\theta & \cos\theta & 0 \\ 0 & 0 & 1 \end{bmatrix} \begin{bmatrix} x_{1Ⅱ} \\ y_{1Ⅱ} \\ 1 \end{bmatrix} \\ &= \begin{bmatrix} 1 & 0 & c \\ 0 & -1 & d \\ 0 & 0 & 1 \end{bmatrix} \begin{bmatrix} \cos\theta & \sin\theta & 0 \\ -\sin\theta & \cos\theta & 0 \\ 0 & 0 & 1 \end{bmatrix} \begin{bmatrix} 1 & 0 & -a \\ 0 & -1 & b \\ 0 & 0 & 1 \end{bmatrix} \begin{bmatrix} x_0 \\ y_0 \\ 1 \end{bmatrix}\end{aligned} \quad (4\text{-}10)$$

其逆变换矩阵表达式为

$$\begin{bmatrix} x_0 \\ y_0 \\ 1 \end{bmatrix} = \begin{bmatrix} 1 & 0 & a \\ 0 & -1 & b \\ 0 & 0 & 1 \end{bmatrix} \begin{bmatrix} \cos\theta & -\sin\theta & 0 \\ \sin\theta & \cos\theta & 0 \\ 0 & 0 & 1 \end{bmatrix} \begin{bmatrix} 1 & 0 & -c \\ 0 & -1 & d \\ 0 & 0 & 1 \end{bmatrix} \begin{bmatrix} x_1 \\ y_1 \\ 1 \end{bmatrix} \quad (4\text{-}11)$$

即

$$\begin{bmatrix} x_0 \\ y_0 \\ 1 \end{bmatrix} = \begin{bmatrix} \cos\theta & \sin\theta & -c\cos\theta - d\sin\theta + a \\ -\sin\theta & \cos\theta & c\sin\theta - d\cos\theta + b \\ 0 & 0 & 1 \end{bmatrix} \begin{bmatrix} x_1 \\ y_1 \\ 1 \end{bmatrix} \quad (4\text{-}12)$$

因此

$$\begin{cases} x_0 = x_1\cos\theta + y_1\sin\theta - c\cos\theta - d\sin\theta + a \\ y_0 = -x_1\sin\theta + y_1\cos\theta + c\sin\theta - d\cos\theta + b \end{cases} \quad (4\text{-}13)$$

3. 图像的放缩

假设图像 x 轴方向的缩放比率是 f_x，y 轴方向的缩放比率是 f_y，那么原图中点（x_0，y_0）对应于新图中的点（x_1，y_1）的转换矩阵为

$$\begin{bmatrix} x_1 \\ y_1 \\ 1 \end{bmatrix} = \begin{bmatrix} f_x & 0 & 0 \\ 0 & f_y & 0 \\ 0 & 0 & 1 \end{bmatrix} \begin{bmatrix} x_0 \\ y_0 \\ 1 \end{bmatrix} \quad (4\text{-}14)$$

其逆运算如下：

$$\begin{bmatrix} x_0 \\ y_0 \\ 1 \end{bmatrix} = \begin{bmatrix} 1/f_x & 0 & 0 \\ 0 & 1/f_y & 0 \\ 0 & 0 & 1 \end{bmatrix} \begin{bmatrix} x_1 \\ y_1 \\ 1 \end{bmatrix} \text{即} \begin{cases} x_0 = x_1/f_x \\ y_0 = y_1/f_y \end{cases} \tag{4-15}$$

4. 图像的镜像变换

设图像高度为 l_{Height}，宽度为 l_{Width}，原图中（x_0，y_0）经过水平镜像后坐标将变为（$l_{\text{Width}} - x_0$，y_0），其矩阵表达式为

$$\begin{bmatrix} x_1 \\ y_1 \\ 1 \end{bmatrix} = \begin{bmatrix} -1 & 0 & l_{\text{Width}} \\ 0 & 1 & 0 \\ 0 & 0 & 1 \end{bmatrix} \begin{bmatrix} x_0 \\ y_0 \\ 1 \end{bmatrix} \tag{4-16}$$

逆运算矩阵表达式为

$$\begin{bmatrix} x_0 \\ y_0 \\ 1 \end{bmatrix} = \begin{bmatrix} -1 & 0 & l_{\text{Width}} \\ 0 & 1 & 0 \\ 0 & 0 & 1 \end{bmatrix} \begin{bmatrix} x_1 \\ y_1 \\ 1 \end{bmatrix} \text{即} \begin{cases} x_0 = l_{\text{Width}} - x_1 \\ y_0 = y_1 \end{cases} \tag{4-17}$$

同样，（x_0，y_0）经过垂直镜像后坐标将变为（x_0，$l_{\text{Height}} - y_0$），其矩阵表达式为

$$\begin{bmatrix} x_1 \\ y_1 \\ 1 \end{bmatrix} = \begin{bmatrix} 1 & 0 & 0 \\ 0 & -1 & l_{\text{Height}} \\ 0 & 0 & 1 \end{bmatrix} \begin{bmatrix} x_0 \\ y_0 \\ 1 \end{bmatrix} \tag{4-18}$$

逆运算矩阵表达式为

$$\begin{bmatrix} x_0 \\ y_0 \\ 1 \end{bmatrix} = \begin{bmatrix} 1 & 0 & 0 \\ 0 & -1 & l_{\text{Height}} \\ 0 & 0 & 1 \end{bmatrix} \begin{bmatrix} x_1 \\ y_1 \\ 1 \end{bmatrix} \text{即} \begin{cases} x_0 = x_1 \\ y_0 = l_{\text{Height}} - y_1 \end{cases} \tag{4-19}$$

5. 图像的转置

转置是指将 x、y 坐标对换，图 4-7 的转置图像如图 4-8 所示。

图 4-7　转置之前原图像

图 4-8　转置之后的图像

转置的变换矩阵很简单，即

$$[x_0 \quad y_0 \quad 1] = [x_1 \quad y_1 \quad 1] \begin{bmatrix} 0 & 1 & 0 \\ 1 & 0 & 0 \\ 0 & 0 & 1 \end{bmatrix} \tag{4-20}$$

4.2.2 图像的平滑、锐化

在介绍图像平滑（去噪声）和锐化之前，首先介绍一下模板操作。

模板操作是数字图像处理中常用的运算方法，图像的平滑、锐化以及后面将要介绍的细化、边缘检测都要用到模板操作。

对于最简单的局部平滑算法，即非加权领域平均，它均等地对待领域中的每个像素。设图像中某像素灰度值为$f(x,y)$，它的领域S为$N\times N$，点集的总数为M，则平滑后这点的灰度值为

$$\hat{f}_1(x,y)=\frac{1}{M}\sum_{i,j\in S}f(i,j) \tag{4-21}$$

对于这样的操作，可以用模板操作来表示。为了叙述方便，设$N=3$，则可以用如下的表示方法来表示此操作：

$$\frac{1}{9}\begin{bmatrix}1 & 1 & 1\\ 1 & 1\cdot & 1\\ 1 & 1 & 1\end{bmatrix} \tag{4-22}$$

这种表示方法有点像矩阵，称其为模板（Template）。中间的黑点表示该元素为中心元素，即该元素是要进行处理的元素。如果模板是

$$\frac{1}{9}\begin{bmatrix}1\cdot & 1 & 1\\ 1 & 1 & 1\\ 1 & 1 & 1\end{bmatrix} \tag{4-23}$$

则该操作应该描述为：将原图中一个像素的灰度值和它右下邻近的8个像素的灰度值相加，然后将求得的平均值（除以9）作为新图中该像素的灰度值。

如果模板为$\begin{bmatrix}2\cdot\\ 1\end{bmatrix}$，则表示将自身灰度值的2倍加下边的元素灰度值作为新值，而$\begin{bmatrix}2\\ 1\cdot\end{bmatrix}$则表示将自身灰度值加上边元素灰度值的2倍作为新灰度值。

通常模板不允许移出边界，所以处理后的新图像会比原图小。例如：当模板是$\begin{bmatrix}1\cdot & 0\\ 0 & 2\end{bmatrix}$，原图灰度值矩阵是$\begin{bmatrix}1 & 1 & 1 & 1 & 1\\ 2 & 2 & 2 & 2 & 2\\ 3 & 3 & 3 & 3 & 3\\ 4 & 4 & 4 & 4 & 4\end{bmatrix}$时，经过模板操作后的图像为$\begin{bmatrix}5 & 5 & 5 & 5 & -\\ 8 & 8 & 8 & 8 & -\\ 11 & 11 & 11 & 11 & -\\ - & - & - & - & -\end{bmatrix}$，“—”表示边界上无法进行模板操作的点，一般的做法是复制原图的灰度值，不再进行任何其他的处理。

模板操作实现了一种邻域运算（Neighborhood Operation），即某个像素点的结果不仅和本像素灰度有关，而且和领域点的值有关。模板运算在数学中的描述是卷积（或互相关）运算，在这里就不再介绍了，有兴趣的读者可以自行查看相应的数学书籍。

模板运算在图像处理中经常要用到，但是当图像很大时，运算量是非常可观的，也非常

耗时。以模板$\frac{1}{16}\begin{bmatrix}1 & 2 & 1\\2 & 4\cdot & 2\\1 & 2 & 1\end{bmatrix}$运算为例，每个像素完成一次模板操作要用9次乘法、8次加法和1次除法。对于一幅$N\times N$（宽度×高度）的图像，就是要进行$9(N-2)^2$次乘法、$8(N-2)^2$次加法和$(N-2)^2$次除法操作，算法复杂度为$O(N^2)$，这对于大图像来说，是非常可怕的，所以常用的模板并不大，如3×3、4×4。有很多专用的图像处理系统，用硬件来完成模板运算，大大提高了速度。

另外，可以设法将二维模板运算转换成一维模板运算，这对速度的提高也是有益的。例如，上面的例子可以分解成一个水平模板和一个竖直模板，即

$$\frac{1}{16}\begin{bmatrix}1 & 2 & 1\\2 & 4\cdot & 2\\1 & 2 & 1\end{bmatrix}=\frac{1}{4}\begin{bmatrix}1\\2\cdot\\1\end{bmatrix}\times\frac{1}{4}\begin{bmatrix}1 & 2\cdot & 1\end{bmatrix}=\frac{1}{16}\begin{bmatrix}1\\2\cdot\\1\end{bmatrix}\times\begin{bmatrix}1 & 2\cdot & 1\end{bmatrix}\tag{4-24}$$

这样，改进后将要进行的是$6(N-2)(N-1)$次乘法，$4(N-2)(N-1)$次加法和$(N-2)^2$次除法操作，减少了不少次乘法和加法运算。

下面来具体验证一下该分解算法的可行性，设图像为$\begin{bmatrix}1 & 2 & 4 & 2\\3 & 2 & 5 & 3\\4 & 6 & 4 & 5\\5 & 6 & 8 & 6\end{bmatrix}$，直接经过模板$\frac{1}{16}\begin{bmatrix}1 & 2 & 1\\2 & 4\cdot & 2\\1 & 2 & 1\end{bmatrix}$处理后变为$\frac{1}{16}\begin{bmatrix}— & — & — & —\\— & 53 & 61 & —\\— & 77 & 81 & —\\— & — & — & —\end{bmatrix}$。但是如果采用分解后的模板来处理，结果为

$$\frac{1}{16}\begin{bmatrix}1\\2\cdot\\1\end{bmatrix}\times\begin{bmatrix}1 & 2\cdot & 1\end{bmatrix}\times\begin{bmatrix}1 & 2 & 4 & 2\\3 & 2 & 5 & 3\\4 & 6 & 4 & 5\\5 & 6 & 8 & 6\end{bmatrix}=\frac{1}{16}\begin{bmatrix}1\\2\cdot\\1\end{bmatrix}\times\begin{bmatrix}— & 9 & 12 & —\\— & 12 & 15 & —\\— & 20 & 19 & —\\— & 25 & 38 & —\end{bmatrix}=\frac{1}{16}\begin{bmatrix}— & — & — & —\\— & 53 & 61 & —\\— & 77 & 81 & —\\— & — & — & —\end{bmatrix}\tag{4-25}$$

可以发现，两种计算方法得出的结果是完全相同的。

1. 图像的平滑

图像在生成和传输过程中常受到各种噪声的干扰和影响，使图像质量下降。为了抑制噪声以改善图像质量，必须对图像进行平滑处理，这可在空域或频域中进行。在平滑噪声时应尽量不损害图像中边沿和各种细节。

对于滤除图像中的噪声，人们已经提出了很多方法。通常，将数字图像的平滑技术分化为两类：一类是全局处理，即对噪声图像的整体或大的块进行校正，以得到平滑的图像，但对大多数图像而言，人们不知道或不可能用简单的随机过程精确地描述统计模型，而且这些技术计算量也是相当大的；另一类平滑技术是对噪声图像使用局部算子，当对某一像素进行平滑处理时，仅对它的局部小领域的一些像素加以运算，其优点是计算效率高，而且可以对多个像素并行处理，因此可实现实时或准实时处理。

平滑模板的思想是通过一点和周围几个点的运算（通常为平均运算）来去除突然变化的点，从而滤掉一定的噪声，但图像有一定程度的模糊。而减少图像模糊代价是图像平滑研究的主要问题之一。这主要取决于噪声本身的特性。一般情况下，通过选择不同的模板来消除不同的噪声。常用的模板有

$$\frac{1}{4}\begin{bmatrix}0 & 1 & 0\\1 & 1\cdot & 1\\0 & 1 & 0\end{bmatrix}\quad \frac{1}{8}\begin{bmatrix}1 & 1 & 1\\1 & 0\cdot & 1\\1 & 1 & 1\end{bmatrix}\quad \frac{1}{9}\begin{bmatrix}1 & 1 & 1\\1 & 1\cdot & 1\\1 & 1 & 1\end{bmatrix}\quad \frac{1}{10}\begin{bmatrix}1 & 1 & 1\\1 & 2\cdot & 1\\1 & 1 & 1\end{bmatrix}\quad \frac{1}{16}\begin{bmatrix}1 & 2 & 1\\2 & 4\cdot & 2\\1 & 2 & 1\end{bmatrix}$$

其中，最后一个模板又常称为高斯模板，它是通过采样二维高斯函数得到的。

2. 图像的锐化

图像锐化处理的目的是使模糊的图像变得更加清晰起来。通常针对引起图像模糊的原因而进行相应的锐化操作，属于图像复原的内容，在这里只是介绍一般的去模糊算法。

图像的模糊实质上就是图像受到平均或积分运算造成的，因此可以对图像进行逆运算如微分运算来使图像清晰化。从频谱角度来分析，图像模糊的实质是其高频分量被衰减，因而可以通过高通滤波操作来清晰图像。但要注意，能够进行锐化处理的图像必须有较高的信噪比，否则锐化后图像信噪比反而更低，从而使噪声的增加比信号的增加还要多，因此一般是先去除或减轻噪声后再进行锐化处理。

图像锐化一般有两种方法：一种是微分法；另外一种是高通滤波法。后者的工作原理和低通滤波相似，这里就不再详细介绍了。下面主要介绍一下两种常用的微分锐化方法：梯度锐化和拉普拉斯锐化。对于高通滤波法，只给出几种常用的高通滤波器。

（1）梯度锐化　图像的模糊相当于图像被平均或被积分。为实现图像的锐化，必须用它的反运算“微分”，来加强高频分量的作用，从而使图像轮廓清晰。由于模糊图像的特征（如边沿的走向等）各不相同，要进行锐化，应该采用各向同性、具有旋转不变的线性微分算子。

图像处理中最常用的微分方法是求梯度。图像 $f(x,y)$ 所在的梯度是一个向量，定义为

$$\boldsymbol{G}_{\mathrm{rad}}f(x,y)=\begin{bmatrix}\dfrac{\partial f}{\partial x}\\[2mm]\dfrac{\partial f}{\partial y}\end{bmatrix}\tag{4-26}$$

梯度有两个重要性质：

1）梯度的方向在函数 $f(x,y)$ 最大变化率方向上；

2）梯度的幅度用 $GM[f(x,y)]$ 表示，其值为

$$GM[f(x,y)]=\sqrt{\left(\frac{\partial f}{\partial x}\right)^2+\left(\frac{\partial f}{\partial y}\right)^2}\tag{4-27}$$

点 $(x,\ y)$ 梯度的幅度为梯度的模，即

$$GM(x,y)=\{[f(x,y)-f(x+1),y]^2+[f(x,y)-f(x,y+1)]^2\}^{1/2}\tag{4-28}$$

为了运算简便，可以简化为

$$GM(x,y)\approx|f(x,y)-f(x+1),y|+|f(x,y)-f(x,y+1)|\tag{4-29}$$

或利用 Roberts 梯度算子

$$GM(x,y)=\{[f(x,y)-f(x+1,y+1)]^2+[f(x+1,y)-f(x,y+1)]^2\}^{1/2}\tag{4-30}$$

Roberts 算子也可以简化为

$$GM(x,y) = |f(x,y) - f(x+1,y+1)| + |f(x+1,y) - f(x,y+1)| \tag{4-31}$$

梯度算子一旦算出后，就可以根据不同的需要生成不同的梯度增强图像。

此方法的缺点是增强图像仅仅显示灰度变换比较陡峭的边沿轮廓，而灰度变化比较平缓或者比较均匀的地方则呈现黑色。

人们又提出了一些改进的方法，例如：

$$g(x,y) = \begin{cases} GM(x,y) & GM(x,y) \geq T \\ f(x,y) & 其他 \end{cases} \tag{4-32}$$

式中，T 是一个非负的阈值。适当地选取 T，即可使明显的边沿轮廓得到突出，并且不会破坏原来灰度变换比较平缓的背景。

还有一些其他方法，例如将梯度幅度大于阈值的设置为某个指定的灰度或者梯度幅度，梯度幅度小于阈值的像素则设置为某个指定灰度或者梯度幅度等，这里就不一一介绍了，读者可以参考数字图像处理文献。

（2）拉普拉斯锐化　拉普拉斯锐化运算也是偏导数运算的线性组合，而且是一种各向同性（旋转不变性）的线性运算。设 $\nabla^2 f$ 为拉普拉斯算子，则

$$\nabla^2 f = \frac{\partial^2 f}{\partial x^2} + \frac{\partial^2 f}{\partial y^2} \tag{4-33}$$

对于离散数字图像 $f(i,j)$，其一阶偏导数为

$$\begin{cases} \dfrac{\partial f(i,j)}{\partial x} = \Delta_x f(i,j) = f(i,j) - f(i-1,j) \\ \dfrac{\partial f(i,j)}{\partial y} = \Delta_y f(i,j) = f(i,j) - f(i,j-1) \end{cases} \tag{4-34}$$

其二阶偏导数为

$$\begin{cases} \dfrac{\partial^2 f(i,j)}{\partial x^2} = \Delta_x f(i+1,j) - \Delta_x f(i,j) = f(i+1,j) + f(i-1,j) - 2f(i,j) \\ \dfrac{\partial^2 f(i,j)}{\partial^2} = \Delta_y f(i,j+1) - \Delta_y f(i,j) = f(i,j+1) + f(i,j-1) - 2f(i,j) \end{cases} \tag{4-35}$$

所以，拉普拉斯算子 $\nabla^2 f$ 为

$$\begin{aligned} \nabla^2 f = \frac{\partial^2 f}{\partial x^2} + \frac{\partial^2 f}{\partial y^2} &= f(i-1,j) + f(i+1,j) + f(i,j+1) \\ &+ f(i,j-1) - 4f(i,j) \end{aligned} \tag{4-36}$$

对于扩散现象引起的图像模糊，可以用下式来进行锐化：

$$g(i,j) = f(i,j) - k\tau \nabla^2 f(i,j) \tag{4-37}$$

式中，$k\tau$ 是与扩散效应有关的系数。该系数取值要合理，如果 $k\tau$ 过大，图像轮廓边缘会产生过冲；反之如果 $k\tau$ 过小，锐化效果就不明显。

如果令 $k\tau = 1$，则变换公式为

$$g(i,j) = 5f(i,j) - f(i-1,j) - f(i+1,j) - f(i,j+1) - f(i,j-1) \tag{4-38}$$

用模板表示如下：

$$\begin{bmatrix} 0 & -1 & 0 \\ -1 & 5\cdot & -1 \\ 0 & -1 & 0 \end{bmatrix} \tag{4-39}$$

这样拉普拉斯锐化运算完全可以转换成模板运算。其实常用的拉普拉斯锐化模板还有另外一种形式：

$$\begin{bmatrix} -1 & -1 & -1 \\ -1 & 9\cdot & -1 \\ -1 & -1 & -1 \end{bmatrix} \tag{4-40}$$

拉普拉斯算子有两个缺点：一是边沿的方向被丢失；另一个是拉普拉斯算子为二阶差分，双倍加强了图中的噪声影响。优点是各向同性，即旋转不变。

（3）高通滤波器　由于图像中的边缘及急剧变化部分与图像高频分量有关，因此利用高通滤波器衰减图像信号中的低频部分，能相对增强图像高频部分，从而实现图像锐化的目的。常用的高通滤波器有理想高通滤波器、巴特沃夫高通滤波器、指数高通滤波器和梯形高通滤波器。下面将分别给出各种高通滤波器的转移函数。

1）理想高通滤波器　理想二维高通滤波器的传递函数如下：

$$H(\mu,\nu) = \begin{cases} 0 & D(\mu,\nu) \leqslant D_0 \\ 1 & D(\mu,\nu) > D_0 \end{cases} \tag{4-41}$$

式中，D_0 是从频率平面原点算起的截止频率（或截止距离）。$D(\mu,\nu)$ 为

$$D(\mu,\nu) = \sqrt{\mu^2 + \nu^2} \tag{4-42}$$

理想高通滤波器传递函数的径向剖面如图 4-9 所示。

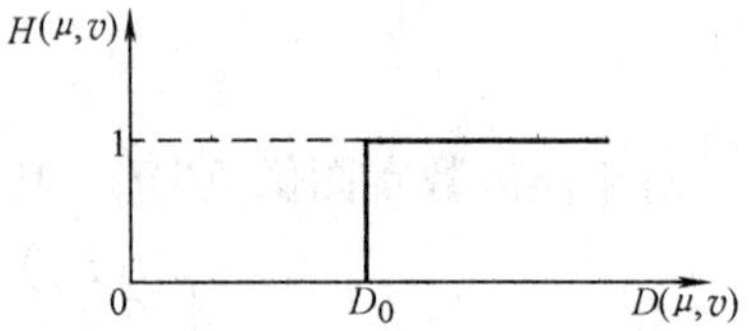

图 4-9　理想高通滤波器传递函数径向剖面

理想高通滤波器和理想低通滤波器相反，它正好将以 D_0 为半径的圆内的频率成分（低频部分）衰减掉，而对圆外的频率成分（高频部分）则可以无损通过。

2）巴特沃夫高通滤波器　截止频率为 D_0 的 n 阶巴特沃夫高通滤波器的传递函数如下所示：

$$H(\mu,\nu) = \frac{1}{1 + \left[\dfrac{D_0}{D(\mu,\nu)}\right]^{2n}} \tag{4-43}$$

式中，$D(\mu,\nu)$ 仍然为 $D(\mu,\nu) = \sqrt{\mu^2 + \nu^2}$。

巴特沃夫高通滤波器传递函数径向剖面如图 4-10 所示。

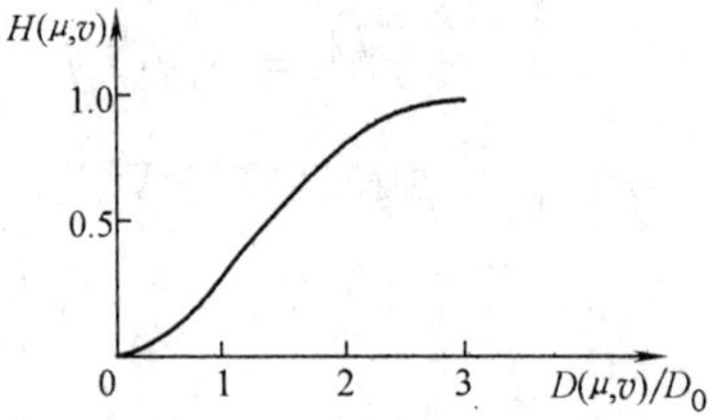

图 4-10　巴特沃夫高通滤波器传递函数径向剖面

和低通滤波器类似，定义 $H(\mu,\nu)$ 下降到其最大值一半处的 $D(\mu,\nu)$ 为截止频率点 D_0。一般情况下，高通滤波器的截止频率选择使 $H(\mu,\nu)$ 下降到其最大值的 $1/\sqrt{2}$ 处，满足该条件的传递函数可以修改为

$$H(\mu,\nu) = \frac{1}{1 + (\sqrt{2}-1)\left[\dfrac{D_0}{D(\mu,\nu)}\right]^{2n}} = \frac{1}{1 + 0.414\left[\dfrac{D_0}{D(\mu,\nu)}\right]^{2n}} \tag{4-44}$$

3）指数高通滤波器　截止频率为 D_0 的指数高通滤波器的传递函数如下所示：

$$H(\mu,\nu) = \mathrm{e}^{-\left[\frac{D_0}{D(\mu,\nu)}\right]^{2n}} \tag{4-45}$$

式中，D_0 为截止频率；$D(\mu,\nu) = \sqrt{\mu^2 + \nu^2}$。参数 n 控制着 $H(\mu,\nu)$ 的增长率。指数高通滤波器的传递函数径向剖面如图 4-11 所示。

当 $D(\mu,\nu) = D_0$ 时，$H(\mu,\nu) = 1/e$，如果仍然把截止频率定在 $H(\mu,\nu)$ 最大值的 $1/\sqrt{2}$处，则传递函数可以修改为如下形式：

$$H(\mu,\nu) = e^{\ln\frac{1}{\sqrt{2}}\left[\frac{D_0}{D(\mu,\nu)}\right]^n} = e^{-0.347\left[\frac{D_0}{D(\mu,\nu)}\right]^n} \quad (4\text{-}46)$$

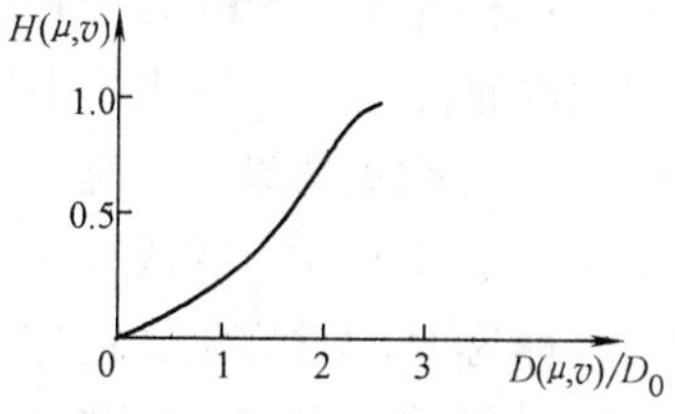

图 4-11　指数高通滤波器传递函数径向剖面

4）梯形高通滤波器　梯形高通滤波器的传递函数可以用下式表示：

$$H(\mu,\nu) = \begin{cases} 0 & D(\mu,\nu) < D_1 \\ \dfrac{D(\mu,\nu) - D_1}{D_0 - D_1} & D_1 \leqslant D(\mu,\nu) \leqslant D_0 \\ 1 & D(\mu,\nu) > D_0 \end{cases} \quad (4\text{-}47)$$

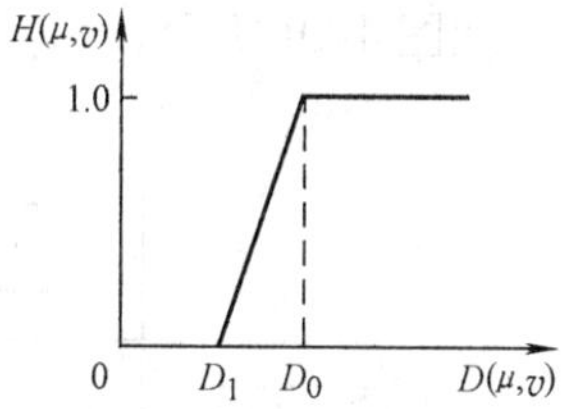

图 4-12　梯度高通滤波器传递函数径向剖面

同样，式中 $D(\mu,\nu) = \sqrt{\mu^2 + \nu^2}$。$D_0$ 和 D_1 为指定值，并且 $D_0 > D_1$，定义截止频率为 D_0，D_1 是任意选的，只要满足 $D_0 > D_1$ 即可。梯形高通滤波器的传递函数径向剖面如图 4-12 所示。

4.2.3　图像的腐蚀、膨胀和细化

1. 基本符号和关系的定义

先来定义一些基本符号和关系。

（1）元素　设有一幅图像 X，若点 a 在 X 的区域以内，则称 a 为 X 的元素，记作 $a \in X$，如图 4-13 所示。

（2）B 包含于 X　设有两幅图像 B、X。对于 B 中所有的元素 a_i，都有 $a_i \in X$，则称 B 包含于（Included in）X，记作 $B \subset X$，如图 4-14 所示。

（3）B 击中 X　设有两幅图像 B、X。若存在这样一个点，它既是 B 的元素，又是 X 的元素，则称 B 击中（Hit）X，记作 $B \uparrow X$，如图 4-15 所示。

（4）B 不击中 X　设有两幅图像 B、X。若不存在任何一个点，它既是 B 的元素，又是 X 的元素，即 B 和 X 的交集是空，则称 B 不击中（Miss）X，记作 $B \cap X = \phi$。其中，$\cap$ 是集合运算中交集的符号；ϕ 表示空集，如图 4-16 所示。

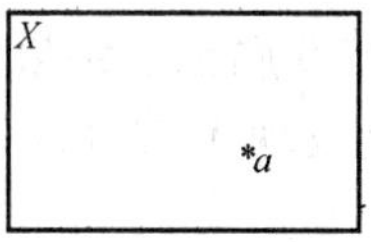

图 4-13　元素

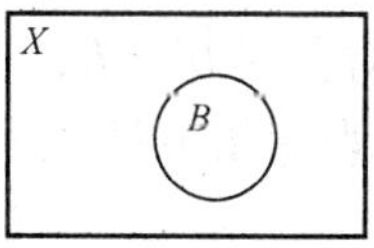

图 4-14　包含

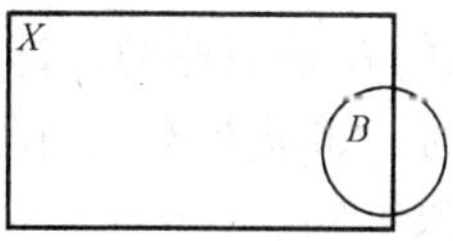

图 4-15　击中

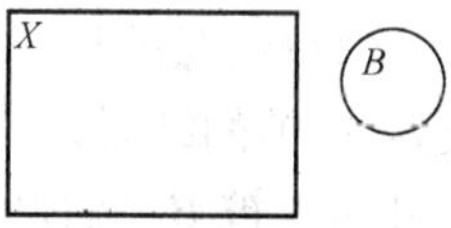

图 4-16　不击中

（5）补集　设有一幅图像 X，所有 X 区域以外的点构成的集合称为 X 的补集，记作 X^c，如图 4-17 所示。显然，如果 $B \cap X = \phi$，则 B 在 X 的补集内，即 $B \subset X^c$。

（6）结构元素　设有两幅图像 B、X。若 X 是被处理的对象，而 B 是用来处理 X 的，则称 B 为结构元素（Structure Element），又被形象地称做刷子。结构元素通常都是一些比较小的图像。

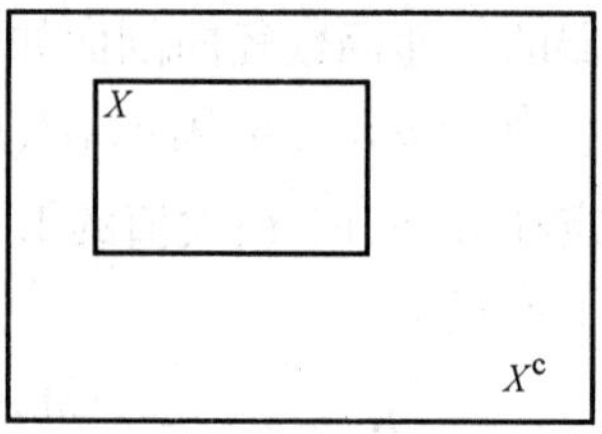

图 4-17　补集的示意图

（7）对称集　设有一幅图像 B，将 B 中所有元素的坐标取反，即令 $(x,\ y)$ 变成 $(-x,\ -y)$，所有这些点构成的新的集合称为 B 的对称集，记作 B^v，如图 4-18 所示。

（8）平移　设有一幅图像 B，有一个点 $a(x_0, y_0)$，将 B 平移 a 后的结果是，把 B 中所有元素的横坐标加 x_0，纵坐标加 y_0，即令 $(x,\ y)$ 变成 $(x+x_0,\ y+y_0)$，所有这些点构成的新的集合称为 B 的平移，记作 B_a，如图 4-19 所示。

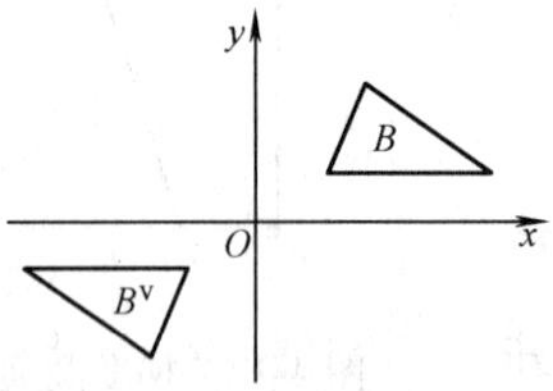

图 4-18　对称集的示意图

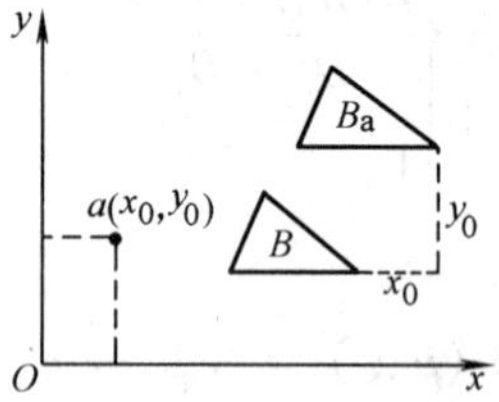

图 4-19　平移的示意图

介绍了这么多基本符号和关系，现在应用这些符号和关系，看一下形态学的基本运算。

2. 形态学的基本运算

（1）腐蚀　把结构元素 B 平移 a 后得到 B_a，若 B_a 包含于 X，记下这个 a 点，所有满足上述条件的 a 点组成的集合称做 X 被 B 腐蚀（Erosion）的结果，用公式表示为 $E(X)=\{a|B_a\subset X\}=X\ominus B$，如图 4-20 所示。

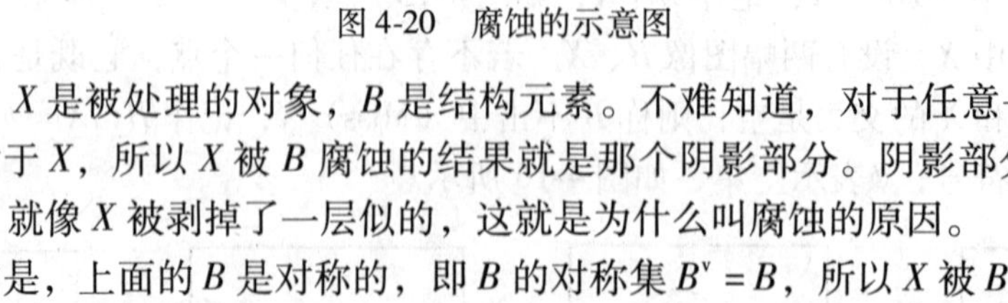

图 4-20　腐蚀的示意图

图 4-20 中，X 是被处理的对象，B 是结构元素。不难知道，对于任意一个在阴影部分的点 a，B_a 包含于 X，所以 X 被 B 腐蚀的结果就是那个阴影部分。阴影部分在 X 的范围之内，且比 X 小，就像 X 被剥掉了一层似的，这就是为什么叫腐蚀的原因。

值得注意的是，上面的 B 是对称的，即 B 的对称集 $B^v=B$，所以 X 被 B 腐蚀的结果和 X 被 B^v 腐蚀的结果是一样的。如果 B 不是对称的，则如图 4-21 所示，就会发现 X 被 B 腐蚀的结果和 X 被 B^v 腐蚀的结果不同。

图 4-20 和图 4-21 都是腐蚀的示意图，现在来看看实际上是怎样进行腐蚀运算的。

如图 4-22 所示，左边是被处理的图像 X（二值图像，针对的是黑点），中间是结构元素 B，那个标有 origin 的点是中心点，即当前处理元素的位置，在介绍模板操作时也有过类似的概念。腐蚀的方法是，拿 B 的中心点和 X 上的点一个一个地对比，如果 B 上的所有点都

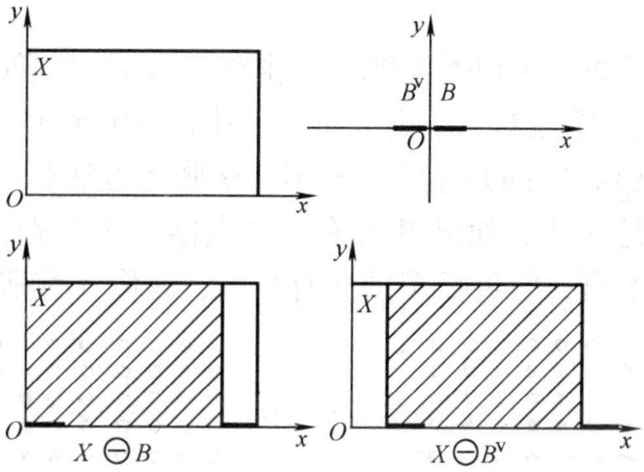

图 4-21　结构元素非对称时，腐蚀的结果不同

在 X 的范围内，则该点保留，否则将该点去掉；右边是腐蚀后的结果。可以看出，它仍在原来 X 的范围内，且比 X 包含的点要少，就像 X 被腐蚀掉了一层。

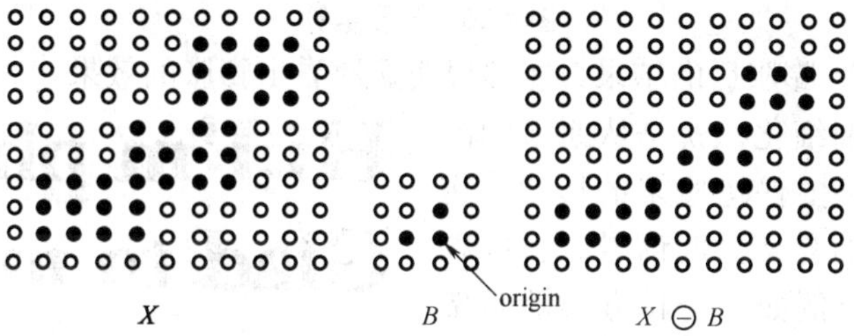

图 4-22　腐蚀运算

图 4-23 为原图，图 4-24 为腐蚀后的结果，能够很明显地看出腐蚀的效果。

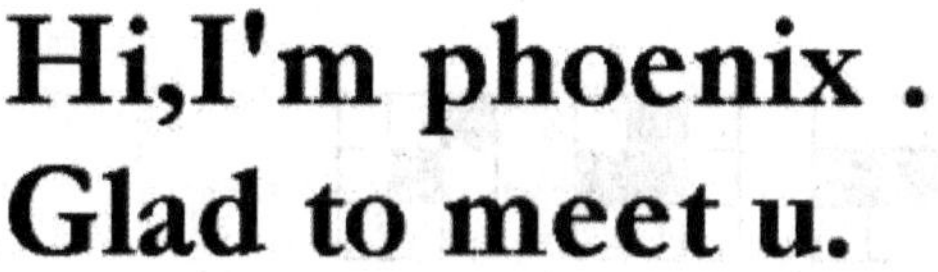

图 4-23　原图

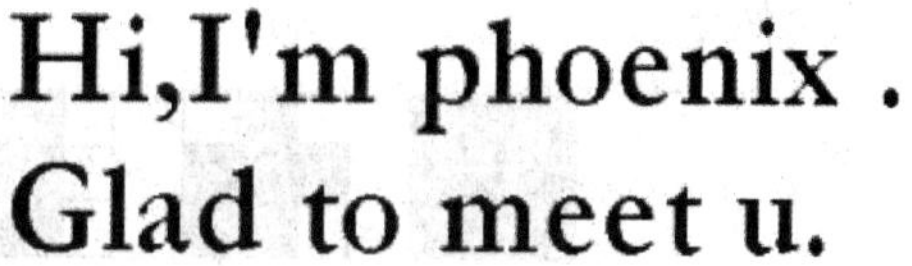

图 4-24　腐蚀后的效果

（2）膨胀　膨胀（Dilation）可以看作是腐蚀的对偶运算，其定义是：把结构元素 B 平移 a 后得到 B_a，若 B_a 击中 X，记下这个 a 点。所有满足上述条件的 a 点组成的集合称作 X 被 B 膨胀的结果。用公式表示为：$D(X) = \{a \mid B_a \uparrow X\} = X \oplus B$。图 4-25 中 X 是被处理的对象，B 是结构元素，不难知道，对于任意一个在阴影部分的点 a，B_a 击中 X，所以 X 被 B 膨胀的结果就是那个阴影部分。阴影部分包括 X 的所有范围，就像 X 膨胀了一圈似的，这

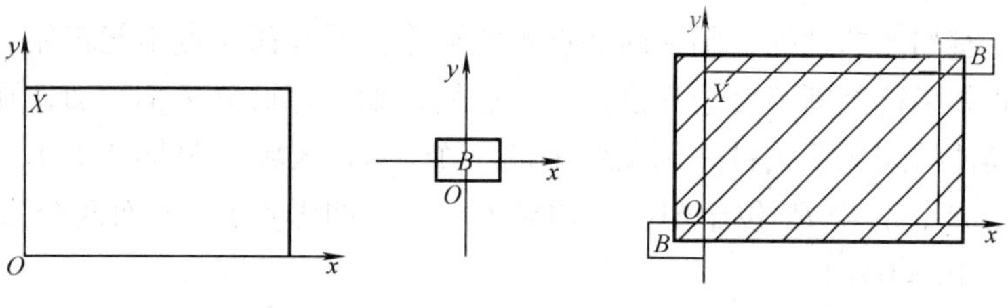

图 4-25　膨胀的示意图

就是为什么叫膨胀的原因。

同样，如果 B 不是对称的，X 被 B 膨胀的结果和 X 被 $B^{\vee}$ 膨胀的结果是不同的。

现在来看看实际上是怎样进行膨胀运算的。如图 4-26 所示，左边是被处理的图像 X（二值图像，针对的是黑点），中间是结构元素 B。膨胀的方法是，拿 B 的中心点和 X 上的点及 X 周围的点一个一个地对比，如果 B 上有一个点落在 X 的范围内，则该点就为黑；右边是膨胀后的结果。可以看出，它包括 X 的所有范围，就像 X 膨胀了一圈似的。

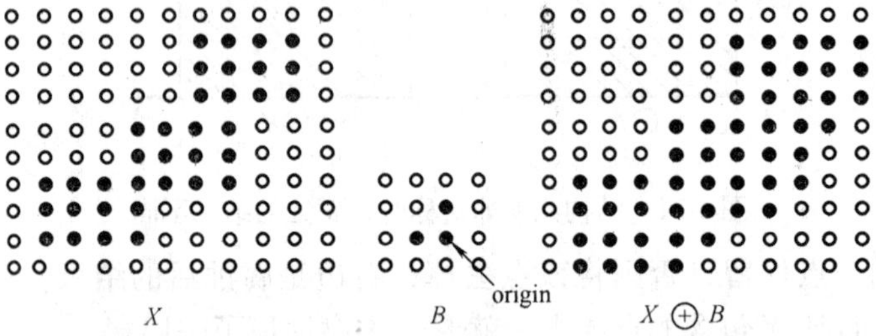

图 4-26　膨胀运算

图 4-27 为图 4-23 膨胀后的结果，能够很明显地看出膨胀的效果。

(3) 细化　所谓细化，就是从原来的图中去掉一些点，但仍要保持原来的形状。实际上，是保持原图的骨架。所谓骨架，可以理解为图像的中轴，例如一个长方形的骨架是它的长方向上的中轴线；正方形的骨架是它的中心点；圆的骨架是它的圆心，直线的骨架是它自身，孤立点的骨架也是自身。那么怎样判断一个点是否能去掉呢？显然，要根据它的八个相邻点的情况来判断，现给出图 4-28 所示几个例子。

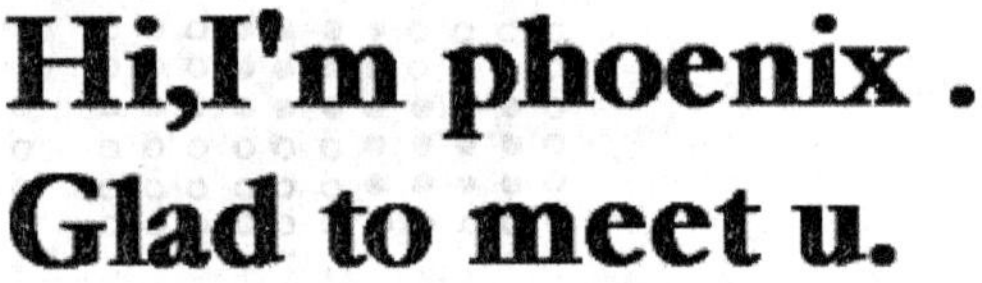

图 4-27　膨胀后的效果

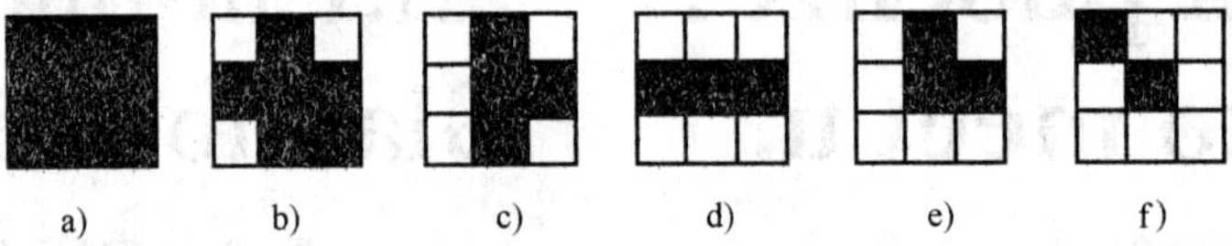

图 4-28　根据某点的八个相邻点的情况来判断该点是否能删除

图 4-28 中，图 a 不能删，因为它是个内部点，我们要求的是骨架，如果连内部点也删了，骨架也会被掏空的；图 b 不能删，和图 a 是同样的道理；图 c 可以删，这样的点不是骨架；图 d 不能删，因为删掉后，原来相连的部分断开了；图 e 可以删，这样的点不是骨架；图 f 不能删，因为它是直线的端点，如果这样的点删了，那么最后整个直线也被删了，就剩不下什么了。

小结一下，有如下的判据：图 a 内部点不能删除；图 b 孤立点不能删除；图 c 直线端点不能删除；图 d 如果待判断点是边界点，去掉它后，如果连通分量不增加，则它可以删除。

给出一个具体的细化算法：一幅图像中的一个 3×3 区域（见图 4-29），对各点标记名称 P_1，P_2，…，P_8，其中 P_1 位于中心。如果 $P_1=1$（即黑点），下面四个条件如果同时满足，则删除 P_1（$P_1=0$）。

- $2 \leqslant NZ(P1) \leqslant 6$；

- $Z0(P1) = 1$；
- $P2 \times P4 \times P8 = 0$ 或者 $Z0(P1) \neq 1$；
- $P2 \times P4 \times P6 = 0$ 或者 $Z0(P4) \neq 1$。

对图像中的每一个点重复这一步骤，直到所有的点都不可删除为止。图 4-29 给出了这一算法的应用示例。

P_3	P_2	P_9
P_4	P_1	P_8
P_5	P_6	P_7

a)

1	1	0
1	P_1	1
0	0	0

0	0	0
1	P_1	0
0	0	0

1	0	1
0	P_1	0
1	1	1

b)

图 4-29　细化示例

a）标记点 P_1 和邻点　b）细化过程

4.2.4　图像的恢复与重建

图像的质量变坏叫做退化。退化的形式有图像模糊、图像干扰等。图像恢复也称图像复原，是图像处理中的一大类技术。

无论是由光学、光电或电子方法获得的图像，都会有不同程度的退化。由于获得图像的方法不同，其退化形式是多种多样的，如传感器噪声、摄像机未聚焦、物体与摄像设备之间的相对移动、随机大气湍流、光学系统的相差、成像光源或射线的散射等，这些因素都会使成像的分辨率和对比度退化。如果对退化的类型、机制和过程都十分清楚，那么就可以利用其反过程把已退化的图像复原。图像复原主要取决于对图像退化过程的先验知识掌握的精确程度。

对图像复原结果的评价也应确定一些准则，这些准则包括最小均方误差准则、加权均方准则、最大熵准则等，这些准则是规定复原后的图像与原图像相比较的质量标准。也就是说，当确定复原后图像的质量标准后，对所期望的结果作出符合某种标准的最佳估计。典型的图像复原是根据图像退化的先验知识建立一个退化模型，以此模型为基础采用各种反退化处理方法（如滤波等）使复原后图像符合某些准则，图像质量得到改善。

图像复原和图像增强的目的都是为了改善图像的质量，其相同之处是，它们都要得到在某种意义上改进的图像，或者说都希望改进输入图像的视觉质量。图像恢复与图像增强不同之处是，图像增强不考虑图像是如何退化的，只通过试探用各种技术来增强图像的视觉效果，以适应人的视觉系统，取得看起来较好的视觉结果。图像复原就完全不同，须知道图像退化的机制和过程等先验知识，据此找出一种相应的反退化处理方法，从而得到原来的图像。图像恢复技术是要将图像退化的过程模型化，并据此采取相反的过程以得到原始的图像。由此可见，图像恢复要根据一定的图像退化模型来进行。例如未聚焦的照片，无论用什么增强方法也不可能得到清晰的原始图像，但是若已知其退化的先验知识是镜头不聚焦，则其反退化处理过程可用一阶贝塞尔函数的反滤波来复原图像。

对图像恢复技术可有多种分类方法。在给定模型的条件下，图像恢复技术可分为无约束和有约束两大类；根据是否需要外来干预，图像恢复技术又可分为自动和交互两大类；另外根据处理所在域，图像恢复技术还可分为领域和空域两大类。许多图像恢复技术借助领域处理的概念，但越来越多的空域处理技术也得到了广泛的应用。

如果从广义的角度上来看图像恢复，它还可包括对在图像采集过程中产生的几何失真（畸变）进行校正，以及根据对物体的多个投影重建图像的技术。前一种情况下，将图像的几何失真看成一种退化，对其校正则看作是一种恢复过程。后一种情况下，将图像的投影看作一种退化过程，而将重建图像作为一种恢复手段。

图 4-30 给出一个简单的通用图像退化模型。在这个模型中，图像退化过程被模型化为一个作用在输入图像 $f(x,y)$ 上的系统 H。它与 1 个加性噪声 $n(x,y)$ 的联合作用导致产生退化图像 $g(x,y)$。根据这个模型恢复图像，就是要在给定 $g(x,y)$ 和代表退化的 H 的基础上得到对 $f(x,y)$ 的某个近似的过程。这里假设已知 $n(x,y)$ 的统计特性。

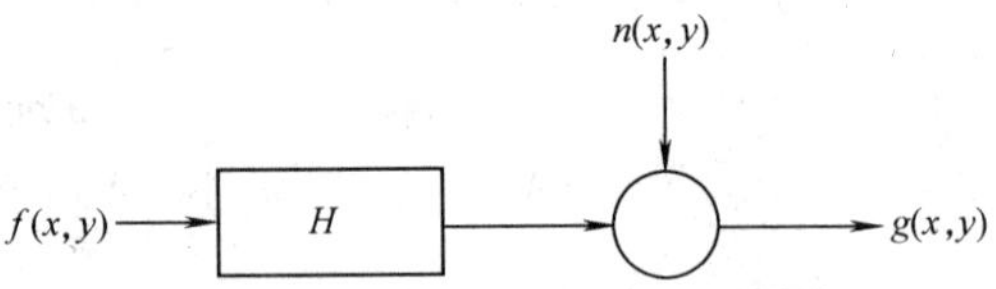

图 4-30　简单的通用图像退化模型

图 4-30 中的输入和输出具有如下关系：

$$g(x,y) = H[f(x,y)] + n(x,y) \quad (4\text{-}48)$$

先假设 $n(x,y)=0$，我们来考虑 H 可有如下四个性质：

（1）线性　如果令 k_1 和 k_2 为常数，$f_1(x,y)$ 和 $f_2(x,y)$ 为 两幅输入图像，则

$$H[k_1f_1(x,y) + k_2f_2(x,y)] = k_1H[f_1(x,y)] + k_2H[f_2(x,y)] \quad (4\text{-}49)$$

（2）相加性　上式中如果 $k_1=k_2=1$，则变成

$$H[f_1(x,y) + f_2(x,y)] = H[f_1(x,y)] + H[f_2(x,y)] \quad (4\text{-}50)$$

线性系统对两个输入图像之和的响应等于它对两个输入图像响应的和。

（3）一致性　如果 $f_2(x,y)=0$，则变成

$$H[k_1f_1(x,y)] = k_1H[f_1(x,y)] \quad (4\text{-}51)$$

线性系统对常数与任意输入乘积的响应等于常数与该输入的响应的乘积。

（4）位置（空间）不变性　如果对任意 $f(x,y)$ 以及 a 和 b，有

$$H[f(x-a,y-b)] = g(x-a,y-b) \quad (4\text{-}52)$$

4.3　图像处理的高级操作

4.3.1　图像的边缘检测

图像的边缘是图像的最基本特征。所谓边缘（或边沿）是指其周围像素灰度有阶跃性变化或屋顶状变化的那些像素的集合。边缘广泛存在于物体与背景之间、物体与物体之间、基元与基元之间。因此，它是图像分割所依赖的重要特征。在本节将介绍图像边缘的检测和提取技术。

物体的边缘是由灰度不连续性所反映的。经典的边缘提取方法是考察图像的每个像素在某个邻域内灰度的变化，利用边缘邻近一阶或二阶方向导数变化规律，用简单的方法检测边缘。这种方法称为边缘检测局部算子法。

边缘可以分为两种：一种称为阶跃性边缘，它两边的像素的灰度值有着显著的不同；另一种称为屋顶状边缘，它位于灰度值从增加到减少的变化转折点。图 4-31 中分别给出了这两种边缘的示意图及相应的一阶方向导数、二阶方向导数的变化规律。对于阶跃性边缘，二

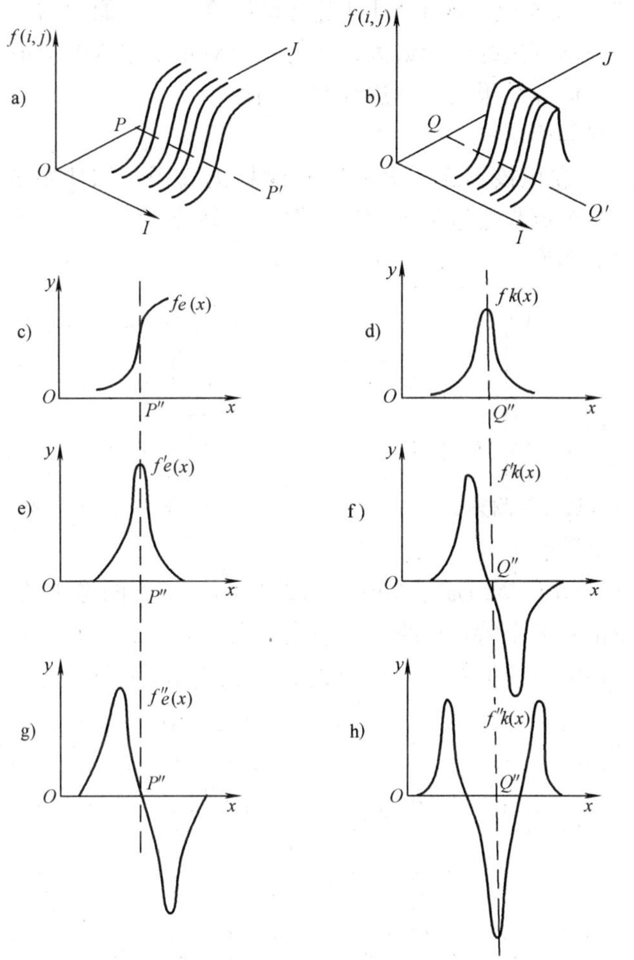

图 4-31　阶跃性边缘和屋顶状边缘处一阶及二阶导数变化规律

阶方向导数在边缘处呈零交叉；而对于屋顶状边缘，二阶方向导数在边缘处取极值。

如果一个像素落在图像中某一个物体的边界上，那么它的邻域将成为一个灰度级的变化带。对于这种变化最有用的两个特征是灰度的变化率和方向，它们分别以梯度向量的幅度和方向来表示。

边缘检测算子检查每个像素的邻域，并对灰度变化率进行量化，也包括方向的确定。大多数使用基于方向导数掩模求卷积的方法。

下面介绍几种常用的边缘检测算子。

1. Robert 边缘检测算子

Robert 边缘检测算子是一种利用局部差分算子寻找边缘的算子。它由下式给出：

$$g(x,y) = \{[\sqrt{f(x,y)} - \sqrt{f(x+1,y+1)}]^2 + [\sqrt{f(x,y)} - \sqrt{f(x+1,y+1)}]^2\}^{1/2} \tag{4-53}$$

式中，$f(x,y)$ 是具有整数像素坐标的输入图像，平方根运算使该处理类似于在人类视觉系统中发生的过程。

2. Sobel 边缘检测算子

图 4-32 所示的两个卷积核形成了 Sobel 边缘检测算子，图像中的每个点都用这两个合作卷积，一个核对通常的垂直边缘响应最大，而另一个对水平边缘响应最大。两个卷积的最大值作为该点的输出位。运算结果是一幅边缘幅度图像。

3. Prewitt 边缘检测算子

图 4-33 所示的两个卷积核形成了 Prewitt 边缘检测算子。和使用 Sobel 边缘检测算子的方法一样，图像中的每个点都用这两个和进行卷积，取最大值作为输出。Prewitt 边缘检测算子也产生一幅边缘幅度图像。

-1	-2	-1
0	0	0
1	2	1

-1	0	1
-2	0	2
-1	0	1

图 4-32　Sobel 边缘检测算子

-1	-1	-1
0	0	0
1	1	1

1	0	-1
1	0	-1
1	0	-1

图 4-33　Prewitt 边缘检测算子

4. Kirsch 边缘检测算子

图 4-34 所示的 8 个卷积核组成了 Kirsch 边缘检测算子。图像中的每个点都用 8 个掩模进行卷积，每个掩模都对某个特定边缘方向作出最大响应，所有 8 个方向中的最大值作为边缘幅度图像的输出。最大响应掩模的序号构成了边缘方向的编码。

+5	+5	+5
-3	0	-3
-3	-3	-3

-3	+5	+5
-3	0	+5
-3	-3	-3

-3	-3	+5
-3	0	+5
-3	-3	+5

-3	-3	-3
-3	0	+5
-3	+5	+5

-3	-3	-3
-3	0	-3
+5	+5	+5

-3	-3	-3
+5	0	-3
+5	+5	-3

+5	-3	-3
+5	0	-3
+5	-3	-3

+5	+5	-3
+5	0	-3
-3	-3	-3

图 4-34　Kirsch 边缘检测算子

5. 高斯-拉普拉斯边缘检测算子

拉普拉斯边缘检测算子是对二维函数进行运算的二阶导数算子。通常使用的拉普拉斯边缘检测算子如图 4-35 所示。

0	-1	0
-1	4	-1
0	-1	0

-1	-1	-1
-1	8	-1
-1	-1	-1

图 4-35　拉普拉斯边缘检测算子

由于拉普拉斯边缘检测算子是一个二阶导数，它将在边缘处产生一个陡峭的零交叉，如图 4-31 所示。

由于噪声点对边沿检测有一定的影响，所以高斯-拉普拉斯边缘检测算子是效果较好的边沿检测器。它把高斯平滑滤波器和拉普拉斯锐化滤波器结合了起来，先平滑掉噪声，再进行边沿检测，所以效果更好。常用的高斯-拉普拉斯边缘检测算子是 5 ×5 的模板：

$$
\begin{bmatrix}
-2 & -4 & -4 & -4 & -2 \\
-4 & 0 & 8 & 0 & -4 \\
-4 & 8 & 24 & 8 & -4 \\
-4 & 0 & 8 & 0 & -4 \\
-2 & -4 & -4 & -4 & -2
\end{bmatrix}
$$

它的脉冲响应和传递函数如图 4-36 所示。

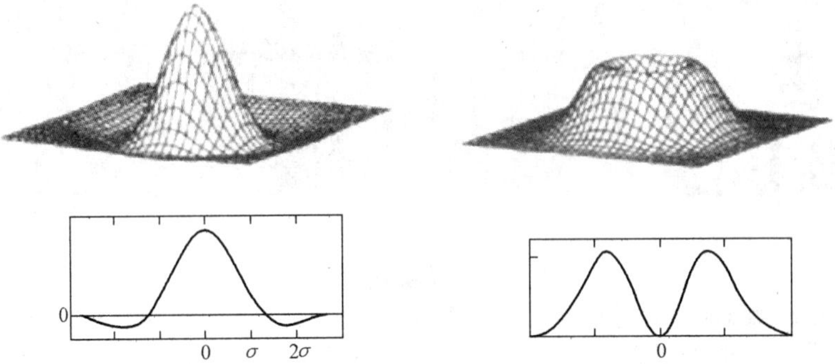

a)　　b)

图 4-36　高斯-拉普拉斯算子

a）脉冲响应　b）传递函数

6. 边缘检测器性能

上述边缘检测算子产生的边缘图像看来很相似，因此它们看起来像一个绘画者从图片中做出的线条画。Robert 边缘检测算子是 2 ×2 算子，对具有陡峭的低噪声图像响应最好。其他三个边缘检测算子都是 3 ×3 算子，对灰度渐变和噪声较多的图像处理得较好。

使用两个掩模板组成的边缘检测器时，通常取两个掩模检测所得的结果中幅度较大的作为输出值。这使得它们对边缘的走向有些敏感，取它们的二次方和的平方根，可以获得性能更一致的与真实的梯度更接近的全方位响应。

边缘检测的几个示例，如图 4-37、图 4-38 所示。

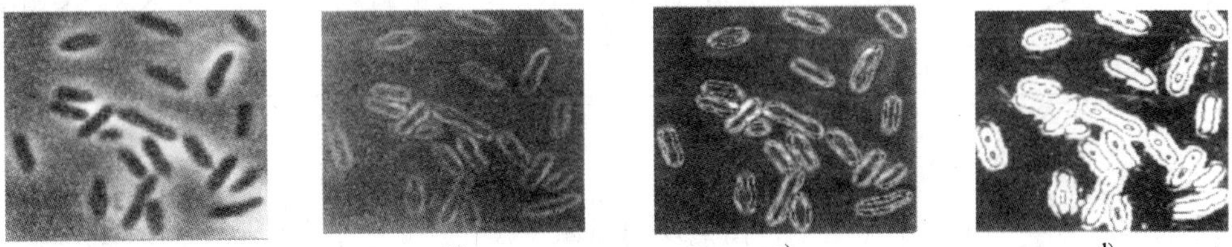

a)　　b)　　c)　　d)

图 4-37　边缘检测示例

a）原始图像：显微镜下看到的细菌　b）用 Robert 边缘检测算子进行处理的结果

c）用 Prewitt 边缘检测算子处理的结果　d）用高斯-拉普拉斯边缘检测算子处理的结果

由于 Prewitt 边缘检测算子并不是各向同性的，所以图 c 中看到的边缘并不是完全连通的，有一定程度的断开；而使用 Robert 和高斯-拉普拉斯边缘检测算子就不存在这样的问题。在图 4-38 中，将看到 Sobel 边缘检测算子也存在类似的问题。解决这个问题的方法是把它扩展成八个方向的 Sobel 和 Prewitt 边缘检测算子，并且可以像使用 Kirsch 边缘检测算子一样获得边缘方向图；或者使用各向同性的 Sobel 边缘检测算子。

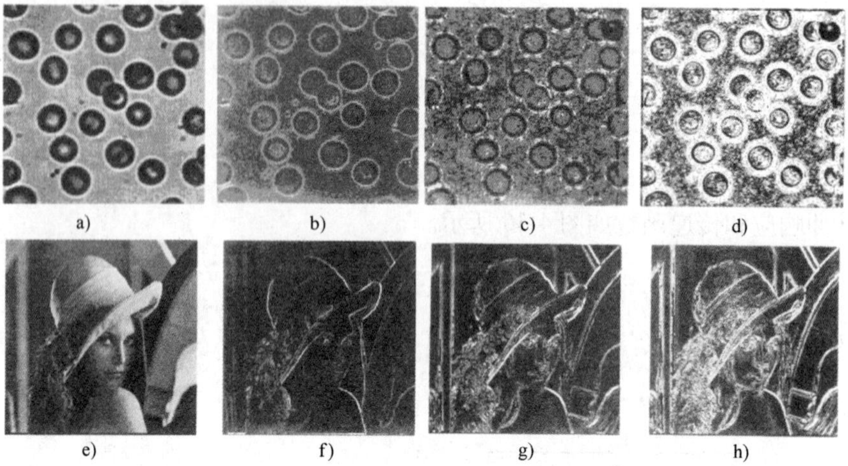

图 4-38　边缘检测示例

a）原始图像：血细胞　b）用 Robert 边缘检测算子进行处理的结果　c）用 Kirsch 边缘检测算子处理的结果　d）用高斯-拉普拉斯边缘检测算子处理的结果　e）原始图像　f）用 Robert 边缘检测算子处理的结果　g）用 Prewitt 边缘检测算子处理的结果　h）用 Sobel 边缘检测算子处理的结果

4.3.2　图像的 Hough 变换

直线 $y = mx + b$ 可用极坐标表示为

$$r = x\cos\theta + y\sin\theta \tag{4-54}$$

式中，(r,θ) 定义了一个从原点到线上最近点的向量（见图 4-39a），这个向量与该直线垂直。

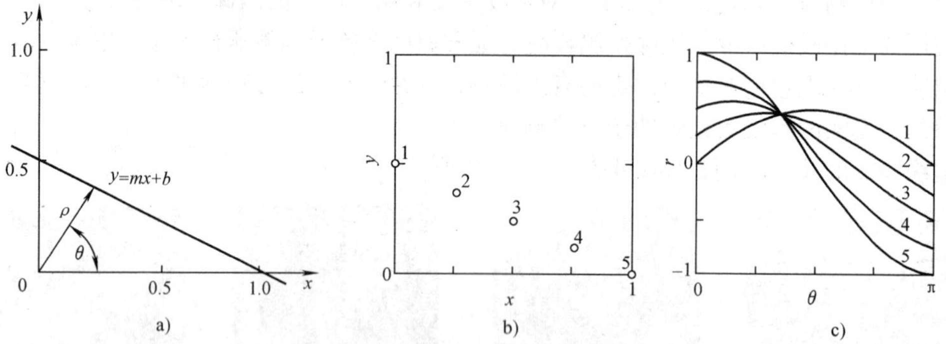

图 4-39　Hough 变换

a）一条直线的极坐标表示　b）x、y 平面　c）r、θ 平面

考虑一个以参数 r 和 θ 定义的二维空间。x、y 平面的任意一直线定义了该空间的一个点。因此，x、y 平面的任意一直线的 Hough 变换是 r、θ 空间的一个点。

现在考虑 x、y 平面的一个特定的点（x_1，y_1）。过该点的直线可以有很多条，每一条都对应了 r、θ 空间中的一个点。然而这些点必须是满足 x_1 和 y_1 作为常量时的等式。因此在参数空间中，与 x、y 空间中所有这些直线对应的点的轨迹是一条正弦曲线，而 x、y 平面上的任一点（见图 4-39b）对应了 r、θ 空间的一条正弦曲线（见图 4-39c）。

如果有一组位于由参数 r_0 和 θ_0 决定的直线上的边缘点，则每个边缘点对应了 r、θ 空间的一条正弦曲线。所有这些曲线必交于点（r_0，θ_0），因为这是它们共享的一条直线的参数。

为了找出这些点所构成的直线段，可以将 r、θ 空间量化成许多小格。根据每一个（x_0，y_0）点代入 θ 的量化值，算出各个 r，所得的值（经量化）落在某个小格内，便使该小格的计数累加器加 1，当全部（x，y）点变换后，对小格进行检验，有大的计数值的小格对应于共线点，其（r，θ）可用作直线拟合参数。有小的计数值的各小格一般反映非共线点，应丢弃不用。

可以看出，如果 r 和 θ 量化得过粗，则参数空间的凝聚效果较差，找不出直线的准确的 r 和 θ 值；反过来，如果 r、θ 量化得过细，那么计算量将增大，需要兼顾这两个方面，取合适的量化值。

若图像中各点是边沿元，而且梯度方向已求出，在寻找有无直线边沿时，可在其梯度方向内把 θ 精细量化，其他 θ 角则粗量化，这样在不增加总的量化小格数的情况下，可以提高检测直线边沿的方向角的精度。

对于圆，可写出其方程为

$$(x-a)^2+(y-b)^2=R^2 \tag{4-55}$$

这时参数空间增加到三维，由 a、b、R 组成。如果仍然像找直线那样直接计算，那么计算量和存储空间部将显著增大。

如果已知有圆的边沿元，而且边沿元为已知，那么可以简化为二维的问题。因为把上式对 x 取导数，有

$$2(x-a)+2(y-b)\frac{\mathrm{d}y}{\mathrm{d}x}=0 \tag{4-56}$$

这表示参数 a 和 b 不独立，利用这个关系以后，解上式只需用两个参数（例如 b 和 R）组成参数空间，计算量减少了很多。

在人为景物中圆形物体经常出现，经过透视成像后由圆变成椭圆。寻找椭圆的算法可以仿照寻找元的算法来进行。

设椭圆方程为

$$\frac{(x-x_0)^2}{a^2}+\frac{(y-y_0)^2}{b^2}=1 \tag{4-57}$$

取导数有

$$\frac{(x-x_0)}{a^2}+\frac{(y-y_0)}{b^2}\cdot\frac{\mathrm{d}y}{\mathrm{d}x}=0 \tag{4-58}$$

可以看到这里有三个独立参数。如果椭圆主轴不平行于坐标轴，则可写为

$$Ax^2+Bxy+Cy^2+Dx+Ey+1=0 \tag{4-59}$$

在利用椭圆边沿的方向信息后，在映射空间的独立参数仍有四个之多，为了简化求椭圆的计算，还需要其他的特殊解法，这里就不多介绍了。

4.3.3 轮廓的提取与跟踪

轮廓提取和轮廓跟踪的目的都是获得图像的外部轮廓特征。在必要的情况下，应用一定的方法表达轮廓的特征，为图像的形状分析做准备。

二值图像轮廓提取的算法非常简单，就是掏空内部点：如果原图中有一点为黑，且它的

8 个相邻点都是黑色（此时该点是内部点）时，则将该点删除。

联系到 4. 2. 3 节数学形态学的内容，可以看到，这实际上相当于用一个九个点的结构元素对原图像进行腐蚀。再用原图像减去腐蚀图像。

图像的轮廓提取过程如图 4-40 及图 4-41 所示。

图 4-40　原始图像

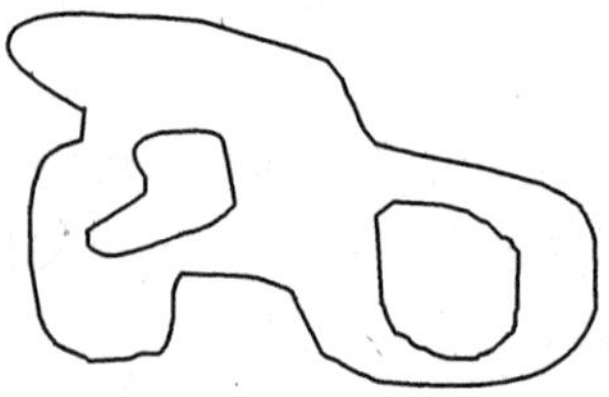

图 4-41　轮廓提取的结果

轮廓跟踪的基本方法是：先根据某些严格的“探测准则”找出目标物体轮廓上的像素，再根据这些像素的某些特征用一定的“跟踪准则”找出目标物体上的其他像素。下面来介绍两种二值图像轮廓跟踪的算法。

首先找到第一个边界像素的“探测准则”是：按照从左到右、从下到上的顺序搜索，找到的第一个黑点一定是最左下方的边界点，记为 A_0，它的右、右上、上、左上四个邻点中至少有一个是边界点，记为 B_0，从 B 开始找起，按右、右上、上、左上、左、左下、下、右下的顺序找相邻点中的边界点 C。如果 C 就是 A 点，则表明已经转了一圈，程序结束；否则从 C 点继续找，直到找到 A 为止。判断是不是边界点很容易：如果它的上下左右四个邻点都不是黑点，则它即为边界点（即跟踪准则）。

这种算法要对每个边界像素周围的八个点进行判断，计算量比较大。下面首先按照上面所说的“探测推则”找到最左下方的边界点。以这个边界点起始，假设已经沿顺时针方向环绕整个图像一圈，找到了所有的边界点。由于边界是连续的，所以每一个边界点都可以用这个边界点对前一个边界点所张的角度来表示。因此可以使用下面的跟踪准则：从第一个边界点开始，定义初始的搜索方向为沿左上方；如果左上方的点是黑点，则为边界点，否则搜索方向顺时针旋转 45°。这样一直到找到第一个黑点为止。然后把这个黑点作为新的边界点，在当前搜索方向的基础上逆时针旋转 90°，继续用同样的方法继续搜索下一个黑点，直到返回最初的边界点为止。

再来看另外一种跟踪准则。

图 4-42 为这一轮廓跟踪算法的示意图，其中箭头代表搜索方向。

图 4-43 给出了使用这一算法对图 4-40 进行轮廓跟踪的结果。

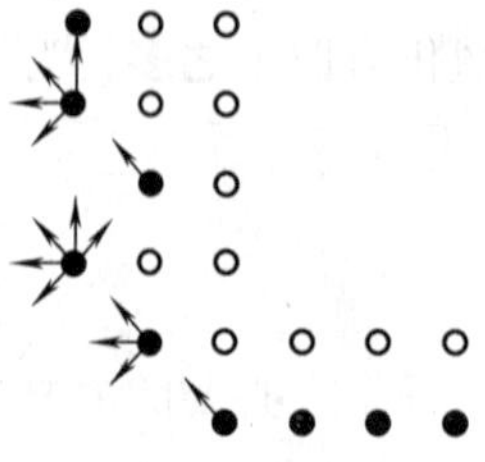

图 4-42　轮廓跟踪算法

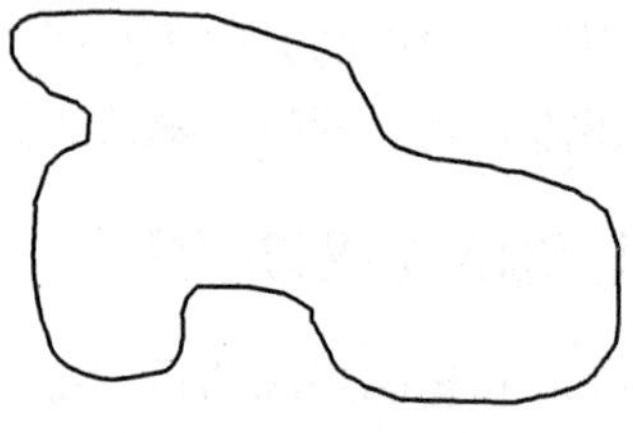

图 4-43　轮廓跟踪结果

参 考 文 献

[1] 霍宏涛. 数字图像处理 [M]. 北京：机械工业出版社，2003.

[2] (美) 卡斯尔曼. 数字图像处理 [M]. 朱志刚，林学阎，石定机，等译. 北京：电子工业出版社，1998.

[3] 阮秋琦. 数字图像处理学 [M]. 北京：电子工业出版社，2001.

[4] 何斌，马无予，王运坚，等. Visual C++数字图像处理 [M]. 2版. 北京：人民邮电出版社，2002.

[5] 杨枝灵，王开. Visual C++数字图像获取、处理及实践应用 [M]. 北京：人民邮电出版社，2003.

[6] 胡南钟. 数字图像处理技术 [J]. 电子技术，1987，(8)：10-12.

[7] 刘杰，毛二可，何佩坤. 图像处理中的编程技术 [J]. 微型机与应用，1998，17 (4)：6-7.

[8] 陆宏伟. VC++在数字图像处理中的几点技巧与经验 [J]. 电脑编程技巧与维护，2000，(7)：13-17.

[9] 李良. 用VC++处理灰度位图 [J]. 电脑编程技巧与维护，2004，(7)：51-53.

[10] 李庆义. 计算机图像处理技术综述 [J]. 科技情报开发与经济，2007，17 (11)：226-228.

[11] 曾欢，王浩. 图像边缘检测算法的性能比较与分析 [J]. 现代电子技术，2006，29 (14)：53-55，58.

[12] 游素亚，杨静. 图像边缘检测技术的发展与现状 [J]. 电子科技导报，1995，(8)：25-28.

[13] 宋金英，黄丽华，刘树峰. 基于像素类型的阶跃型边缘提取算法 [J]. 河北农业大学学报，2005，28 (1)：108-110.

[14] 王强，马利庄. 图像二值化时图像特征的保留 [J]. 计算机辅助设计与图形学学报，2000，12 (10)：746-750.

[15] 沈志光. 数字图像平滑算法的探究 [J]. 科学大众，2006，(4)：39-40.

[16] 黄涛. 数字图像的平滑 [J]. 韶关学院学报，2004，25 (6)：25-29.

[17] 许冠军. 数字图像去躁算法研究 [D]. 杭州：浙江大学，2006.

[18] 刘富强. 多媒体图像技术及应用 [M]. 北京：人民邮电出版社，2000.

[19] 夏良正. 数字图像处理 [M]. 南京：东南大学出版社，1999.

第5章　人脸检测跟踪技术

在实时的人脸识别和表情识别系统中，人脸检测是系统实现的基础和前提，人脸检测效果会直接影响系统识别效果。近几年来，随着网络的发展，视频会议和远程教育逐渐变成了现实。在这类应用中，人脸的检测和跟踪也是其中不可缺少的一个过程，因而成为技术热点，出现了许多新的算法。本章主要介绍一些常见的人脸检测和跟踪技术。

5.1　人脸检测

5.1.1　人脸检测方法的分类

人脸检测是指在图像或视频流中确定所有人脸（如果存在）的位置、大小的过程，其应用已经远远超出了人脸识别系统的范畴，在基于内容的检索、数字视频处理、视觉监测等方面有着重要的应用价值。人脸检测的算法总的说起来可以归纳为以下几类。

1. 基于肤色的检测方法

肤色方法是最常用的方法之一，也是最容易理解的。它的主要手段就是利用人脸肤色与周围环境颜色的差异，通过肤色将人脸与背景环境区分开来。目前，在各种颜色空间（如RGB、YCrCb、YIQ等）中，都有人提出过肤色模型，这些肤色模型各有特点，有的对色调敏感，有的对色调不敏感而受亮度影响较大等，所以一般综合使用几种肤色模型，这样能达到更好的效果。

2. 基于形状的检测方法

这类方法利用了人脸和五官的形状信息，用一些形状模型来匹配人脸，比如说用椭圆来描述人脸，通过从图像中找出类椭圆的区域来粗检测人脸，或者是将人脸分为很多的马赛克分格区域，利用这些区域的特征关系来粗检测出人脸，接下来再用其他的方法来验证所找到的区域是否为人脸。

3. 基于特征的检测方法

这类方法主要是利用了一些人脸的特征来检测人脸，比如说通过人脸的灰度分布特征用统计的方法找出人脸的共性，从而检测出人脸。

上面介绍的是人脸检测的主流方法分类，下面的章节中，将会就每一种类别，介绍一种具体的方法。

5.1.2　基于肤色的人脸检测

根据计算机色彩理论，对一种颜色而言，在计算机中有不同的表达方式，这样就形成了各种不同的色彩空间。当然各种色彩之间只不过是颜色在计算机内不同的表达形式而已，每一种色彩空间也都有其各自的产生背景、应用领域等。主要的色彩空间有以下几种。

1. RGB格式（红、绿、蓝三基色模型）

由于彩色图像是多光谱图像的一种特殊情况，对应于人类视觉的三基色即红、绿、蓝三个波段，是对人眼的光谱量化性质的近似。因此利用 R、Q、B 三基色这三个分量来表征颜色是很自然的一种格式。而且多数的图像采集设备都是以电荷耦合器件（CCD）为核心，直接感知色彩的 R、G、B 三个分量，这也使得三基色模型成为图像成像、显示、打印等设备的基础，具有十分重要的作用。

2. HSI 格式（色度、饱和度、亮度模型）

这是 Munseu 提出的色彩系统模型，经常为艺术家所使用。这种格式反映了人类观察色彩的方式，同时也有利于图像处理。在对色彩信息的利用中，这种格式的优点在于它将亮度（I）与反映色彩本质特性的两个参数即色度（H）和饱和度（S）分开。我们提取一类物体（比如现在研究的人脸）在色彩方面的特性时，经常需要了解其在某一色彩空间的聚类特性，而这一聚类特性往往体现在色彩的本质特性上，而又经常受到光照明暗等条件的干扰影响。光照明暗给物体颜色带来的直接影响就是亮度分量（I），所以若能将亮度分量从色彩中提取出去，而只用反映色彩本质特性的色度、饱和度来进行聚类分析，会获得比较好的效果。这也正是 HSI 格式在彩色图像处理和计算机视觉的研究中经常被使用的原因。

3. YCbCr（YUV）格式

这种色彩空间是以达到演播室质量标准为目标的 CCIR601 编码方案中采用的彩色表示模型，被广泛地应用在电视的色彩显示等领域中。它同样具有 HSI 格式中将亮度分量分离的优点，但由于它可以从 RGB 格式线性变化得到，所以直接应用于物体色彩聚类分析的情况不多，相比之下，建立在其基础上的变换模型的应用更为普遍。

以上介绍了在计算机视觉领域，特别是肤色信息的提取中，比较常用的几种色彩格式，目前这几种色彩空间在建立物体色彩模型中都有应用。例如：RGB 色彩空间在利用查找表建立的肤色模型中很常见；也有作者在提取唇色在色彩空间中的聚类特性时，直接利用了 YCb Cr（YUV）色彩空间；A. K. Jain 等人利用变形的 YCbCr 色彩空间，进行了彩色图像中的人脸检测问题的研究。

下面来说一下肤色模型的建立：

肤色模型是人脸非常重要的一个特性。研究表明：尽管不同种族、不同年龄、不同性别的人的肤色看上去不同，但这种不同主要集中在亮度上，在去除亮度的色度空间里，不同肤色的分布具有聚类性。为了利用肤色在色度空间的聚类性，本书在多种色彩空间中选取 YCbCr 色彩空间进行肤色提取。

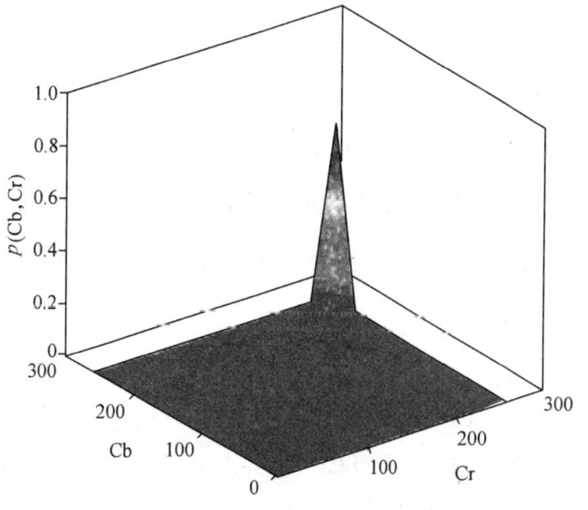

图 5-1　肤色在 YCbCr 色度空间中的高斯模型分布

经过对大量肤色像素的分析看出，肤色聚类在 YCbCr 色度空间的一个很小的范围内。归一化色度分布图，可以看出不同的肤色具有相同的二维高斯模型 $G=(m, C)$，如图 5-1 所示。其中，m 为均值，$m=E(x)$；$x=(Cb, Cr)^{T}$，C 为协方差矩阵，$C=E[(x-m)(x-$

$m)^{\mathrm{T}}$]。

通过这个肤色模型分布可得到待检测彩色图像中任意一个像素点属于皮肤的概率。对于某像素点 s，从 RGB 空间转换到 YCbCr 色彩空间得到色度值（Cb，Cr），则该像素的肤色概率密度可由下式计算得到：

$$p(\mathrm{Cb},\mathrm{Cr}) = \exp[-0.5(x-m)^{\mathrm{T}}C^{-1}(x-m)] \tag{5-1}$$

式中，$x=(\mathrm{Cb},\mathrm{Cr})^{\mathrm{T}}$。

实验证明，此高斯模型能较好地分出肤色和非肤色像素。

阈值的选取很重要，过低会使肤色的数量增加，过高则会使过多肤色被误认为背景，两者都会影响后续检测的效果。因此，能够依据待检测图像本身自动优选阈值，就显得非常重要和必要。经过分析比较，本书最终选用由 Ostu 提出的最大类间方差阈值分割法，它是在最小二乘法原理基础上推导出来的，其基本思路是将直方图在某一阈值处理分割成两组，当分成两组的方差为最大时，决定阈值。

设一幅图像的灰度值为 $1-m$ 级，灰度值为 i 的像素数为 n_i，此时得到总像素数 N 和各值的概率 p_i 为

$$N = \sum_{i=1}^{m} n_i \tag{5-2}$$

$$p_i = \frac{n_i}{N} \tag{5-3}$$

然后用 k 将其分成两组 $C_0=\{1-k\}$ 和 $C_1=\{k+1,\cdots,m\}$，由 C_0 和 C_1 产生的概率 ω_0、ω_1 为

$$\omega_0 = \sum_{i=1}^{k} p_i = \omega(k) \tag{5-4}$$

$$\omega_1 = \sum_{i=k+1}^{m} p_i = 1-\omega(k) \tag{5-5}$$

C_0 组和 C_1 组的平均值 μ_0 和 μ_1 为

$$\mu_0 = \sum_{i=1}^{k} \frac{ip_i}{\omega_0} = \frac{\mu(k)}{\omega(k)} \tag{5-6}$$

$$\mu_1 = \sum_{i=k+1}^{m} \frac{ip_i}{\omega_1} = \frac{\mu-\mu(k)}{1-\omega(k)} \tag{5-7}$$

式中，μ 是整体图像的平均值，$\mu=\sum_{i=1}^{m} ip_i$；$\mu(k)$ 是阈值为 k 的平均值，$\mu(k)=\sum_{i=1}^{k} ip_i$。

因此，全部采样的灰度平均值为 $\mu=\omega_0\mu_0+\omega_1\mu_1$，则类间方差由下式求出：

$$\sigma^2(k) = \omega_0(\mu_0-\mu)^2+\omega_1(\mu_1-\mu)^2 = \omega_0\omega_1(\mu_1-\mu_0)^2 = \frac{[\mu\omega(k)-\mu(k)]^2}{\omega(k)[1-\omega(k)]} \tag{5-8}$$

从 $1-m$ 间改变 k，求 $\max(\sigma^2(k))$，此时 k 值便是所求阈值。

肤色模型建立的步骤：对于一幅被检测的彩色图像 image（见图 5-2a），首先将它由 RGB 空间转换到 YCbCr 色彩空间，然后根据（Cb，Cr）值，通过式（5-1）找到该值所对应的肤色似然度，并且得到整幅图像的最大肤色似然度。每一点像素的肤色似然度除以最大肤色似然度所得到的值，作为该像素点的灰度值，从而得到肤色似然图像，其中每一个像素

点的灰度值表征了这个像素点属于皮肤的概率。设置一定的阈值变化范围［0.2，0.7］，按照0.05的步长逐步增加，根据式（5-6）计算在不同阈值下肤色似然图像 y 的 σ^2（k）值，当 σ^2（k）最大时，确定阈值 T。根据此阈值将灰度图像转化为二值图像，其中0和1分别表示非肤色点和肤色点。

a)　　　b)　　　c)

图5-2　肤色分割图像

a）原始图像　b）肤色似然图像　c）二值图像

进行肤色分割后，首先采用中值滤波来去除人脸图像中的噪声。由肤色分割得到一系列连通的肤色区域，但其中也包含了裸露在外的身体皮肤和与肤色相近的背景，接着就要根据一些先验知识对分割出来的区域进行预处理。

面积占有率是指肤色区域的像素占整幅图像总像素数的比例。通常在一幅图像中，人脸区域范围为13×13像素到占整幅图像的3/4，太大或太小的人脸均不易清晰提取。在本书中，当面积占有率达于3/4或小于1/500时，此部分区域被认为是非人脸区域。

由于人脸区域包含眼睛、眉毛、嘴唇等非肤色区域，因此人脸区域应包含1个到多个孔。欧拉数表示在封闭区间中的孔洞数量，定义为 $E=C-H$。其中，E 为连通区域的欧拉数；C 为连通区域数目，这里为1；H 为连通区域内孔洞数。对于每个连通区域，若其欧拉数大于0，则该区域不可能是人脸区域；若太小，也不可能是人脸区域。本书中，若计算出的欧拉数小于-10，则认为该区域不是人脸区域。

本书用椭圆准则来检测每个肤色区域是否为人脸区域。

首先求出每一块肤色区域中肤色像素的坐标均值和协方差矩阵：

$$\mu=\frac{1}{N}\sum_{i=1}^{N}\boldsymbol{X}_i \tag{5-9}$$

$$C=\frac{1}{N}\sum_{i=1}^{N}\boldsymbol{X}_i\boldsymbol{X}_i^{\mathrm{T}}-\boldsymbol{\mu}\boldsymbol{\mu}^{\mathrm{T}} \tag{5-10}$$

式中，N 是肤色区域的肤色像素的总数；$\boldsymbol{X}_i$ 是该区域的像素点在二值图像中的坐标向量。

研究表明，被测肤色区域内的像素点呈椭圆分布，该椭圆的中心就是均值代表的坐标，主轴方向与协方差矩阵的特征向量方向一致，椭圆轴长由协方差矩阵的特征值决定。检测算法如下：

1）根据人脸长宽比检测肤色区域。通常情况下，人脸的长宽之比一般为1左右，但由于颈部常被作为肤色区域提取出来连接着脸部，因此肤色区域的长宽会比较大。如果椭圆轴长之比不在［0.33，3］范围内，则被认为是非人脸区域而除去。

2）根据椭圆面积准则检测肤色区域。椭圆面积准则表达式为

$$S_e=\frac{4N}{\pi l_1 l_2} \tag{5-11}$$

式中，l_1 和 l_2 为椭圆的轴长；N 为肤色区域像素点数。

这样，根据椭圆面积准则就可以算出每个肤色区域属于人脸区域的概率。如果被测区域的 S_e 的值超过 0.7（阈值），则该区域包含人脸。

5.1.3 基于形状的人脸检测

这里具体介绍马赛克方法（镶嵌图方法）。其基本思路就是将人脸分为若干低分辨率马赛克子块，利用人脸各子块之间的相互关系进行人脸检测。

1. 标准分块策略

参考文献[11]提出了一种新的分块方法，即广义的三分图。相比之下，这种基于器官的分块方法，充分利用了人脸器官的自然分布，规则制订过程中，对先验知识的利用更加直观，并使马赛克子块对脸形的自适应操作成为可能，从而提高了检测效率和鲁棒性。

参考文献[11]设计的基于器官的马赛克人脸模型如图 5-3 所示，子块 0 对应于左眼区域（包括眼眉部分），子块 2 对应于右眼区域，子块 4 对应于鼻子区域，子块 7 对应于嘴巴，子块（3，6，5，8）对应于两侧脸颊。假定子块（0，3，6）与子块（2，5，8）具有大致相同的宽度，子块（1，4，7）宽度相同，所有的子块高度大致相同。经过子块形状自适应后，上述分割将有些变化，但保持同一行三个子块高度相同，同一列三个子块宽度相同。如前所述，由于脸形的不同，对多数的圆脸和方形脸采用方形的子块分割是合理而有效的。对明显瘦长形脸、扁宽形脸等，则应采用相应的矩形分块策略，以免由于无法形成合理的马赛克覆盖而造成检测漏报。考虑到多数情况下，人脸可能的纵横比在 0.8 ~ 1.3 之间，而马赛克方法对小范围内纵横比的变化不敏感，可简单量化为 3 ~ 5 个量级，但即使如此，运算量也会成比例增加，因此他们采用了块形状的自适应技术来缓和这一矛盾。

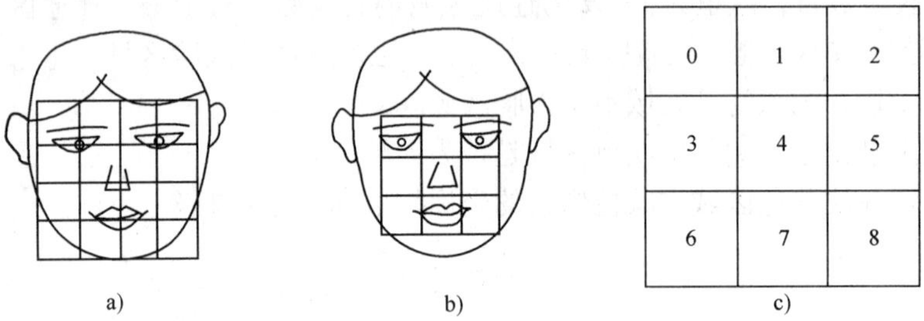

图 5-3 马赛克人脸模型

a）四分块策略 b）基于器官的分块 c）马赛克分块

2. 粗检测

由于块统计量的计算过程比较费时，为尽可能快速地完成检测过程，需要进行高效率的粗检测。粗检测环节包括利用检测环境信息的粗检测和利用人脸器官信息的粗检测两个子过程，后一过程更具有普遍意义。显然，如果能通过某种方法稳定地检测到人脸模型大马赛克块的左上角，则搜索可局限在这个左上角子集合上进行，从而显著减小搜索空间、降低计算量，称这种能被稳定检测的人脸区域上的代表点（区域）为基准点或锚点。理想的锚点应该是在不同表情下位置比较稳定，并且易于检测的点。如眉角、眼角、嘴角等，眼球、鼻孔在某些简单摄像条件下最易于检测，我们的粗检测方法就基于眼球检测。

通过观察发现，在适当的分辨率下，人眼的眼球大致可视为一个白背景上的椭圆形实心黑块（对眼球的反光可通过中值滤波加以抑制），图 5-4a、b 所示为小眼睛（眯眼）和大眼睛（瞪眼）的情况。这种实心小黑块可用中央凹 DoG 算子（见图 5-5）进行相关检测。粗检测首先形成一个特定尺度下锚点置信度图，图中每个点的值表示该尺度下，该点周边地区与人眼球模型的相似程度。对各尺度下锚点置信度图进行局部阈值二值化，得到粗检测的锚点集合，它将指导候选区域的筛选工作。

图 5-4　眼球的简化模型
a）小眼睛　b）大眼睛

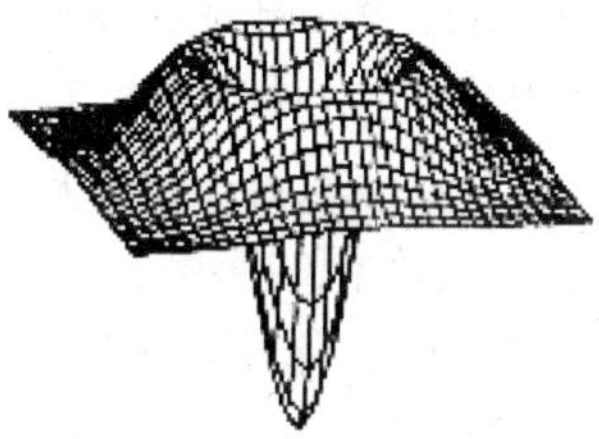

图 5-5　中央凹 DoG 算子

3. *层次化局部搜索方法与块形状自适应*

层次化局部搜索是为进一步减小搜索空间、提高计算效率而设计的。若粗检测得到的锚点集合中点数仍比较多时，则应先进行层次化局部搜索过滤筛选，使尽可能少而精的锚点子集送到下一级块形状自适应环节。具体而言，是通过不断引入子块级的局部通用规则知识，使锚点集不断精练。比如在子块的层次，计算以当前锚点集合中每一点为锚点时，相应子块 0 与子块 3 的平均梯度差作为该点成为新锚点的置信度水平，从而得到一个新的锚点置信度。对此锚点置信度上进行局部二值化，得到更小的修正锚点子集。对此小子集进行完整的块形状自适应和块统计量计算并运用规则进行人脸检测。

人有多种自然脸型，如圆脸、方脸、瓜子脸等。不同脸型下，面部器官分布的差异非常大，采用固定的分块策略（如方形或长方形）很难满足各种脸形情况，为此引入了块尺寸、形状的自适应技术，动态地适应脸形的变化。它分为两个层次：首先对块内马赛克子块划分进行调整；之后进行马赛克大块整体的扩张和收缩。后者主要用于最后的候选区域合并过程，而前者是在每次完整计算子块统计量之前进行。具体操作时，这一环节是在整体分块尺寸大致不变的情况下，按某种经验主义的能量函数对左右两列子块的宽度和上下两行子块的高度进行小范围调整。参考文献[11]给出一个调整子块（2，5，8）宽度的简单能量函数如下式所示：

$$f(x) = G_{av}[2] - G_{av}[5] \tag{5-12}$$

它实际上反映的是块 2 与块 5 的梯度对比度。在一定范围内，通过使上述梯度对比度能量函数最大化，实现对马赛克子块（2，5，8）的宽度进行局部的调整。同样道理，可实现对马赛克子块（0，3，6）的宽度调整。

完成对脸型的块形状自适应后，就可以完整地计算各种马赛克块统计量，并应用马赛克规则进行人脸图像块的筛选。

4. *块统计量的选择和规则制订*

人脸灰度图像上包含的信息很多，寻找并采用计算简便、稳定反映各器官马赛克子块区别的统计量，对规则制订的影响非常大。人的人脸认知和检测过程是在丰富知识模型指导下进行的，完全由计算机实现要遇到很多困难。他们采用了基于水平方向梯度强度和梯度方向的区域统计量，因为它们的稳定性和区别性都非常强。

马赛克方法除了前述若干技术（效率与鲁棒性）实现的考虑之外，最终决定检测性能（虚警、漏报联合损失）的是马赛克规则，它是标准人脸模型的量化表现。一方面该模型要有较大的适用范围，即有较好的模型弹性，以降低漏报率；另一方面要尽可能的严格，增强约束力，以降低虚警。马赛克规则的制订，首先要考虑对如下多样性的支持和容许：

1）脸形的影响：对圆脸和方形脸，子块 6、8 基本在脸的范围之内，对瓜子脸而言，这两个子块将不确定地包括以外的区域，影响规则的制订。

2）器官相对面积的影响：大眼睛小嘴巴与小眼睛大嘴巴、瞪眼发怒与开口大笑的块统计量分布差别很大，头部俯仰对鼻子形状有很大的影响，进而造成块统计量的大范围波动。

3）面部轮廓不稳定性的影响：脸部的上边缘受发型影响很大，两侧的边缘随扭脸角度和背景高亮度的不同而变化，而下颌的边缘由于与颈部相连，通常难于检测。

4）光照的影响：侧光影响灰度分布对称性，并产生阴影边缘，影响马赛克上的梯度分布。暗光导致对比度过低，影响梯度和灰度计算的有效程度。

5）各种眼镜的影响。

基于水平方向梯度强度的普遍性较好的一些规则见表 5-1。其中，$D(i)$ 表示块 i 的平均梯度。

表 5-1　一些普遍性比较好的规则

序号	内　容	说　明
1	$D(0)>D(1,3)$	子块 0 的梯度大于子块 1、3 的梯度
	$D(2)>D(1,5)$	子块 2 的梯度大于子块 1、5 的梯度
	$D(7)>D(3,5)$	子块 7 的梯度大于子块 3、5 的梯度
2	$D(0+2+7)>0.5D(0\sim5+7)$	眼、嘴巴梯度之和占除块 6、8 外的全部子块梯度之和的 50% 以上
3	$D(0)\approx D(2)$	梯度对称性
	$D(3)\approx D(5)$	
	$D(6)\approx D(8)$	

事实上，由于规则库不参与前面图像处理的过程，有很强的独立性，因此可以有针对性地对具体应用环境和图像质量建立专门的规则库；此外，可把更加细致的器官验证规则引入到这一环节，从而提高检测的准确度。

5.1.4　基于特征的人脸检测

基于特征的人脸检测方法将人脸视为显著器官的组合，通过不同的方法，检测出不同的人脸面部特征的位置，然后根据它们之间的空间几何关系来定位人脸；或者根据人脸所固有的不变的特性，如轮廓规则、肤色、纹理规则等，通过检测是否满足这些规则来检测、定位人脸。这一类方法主要有基于肤色的人脸检测（包括多个彩色空间）、基于局部特征的人脸检测、基于多个特征综合的人脸检测方法等。

用 AdaBoost 学习算法的简单特征训练级联人脸检测器方法由 Viola 等人于 2001 年提出。

该方法采用一种称为“积分图像”的图像表示方法，这种表示方法能够快速计算出检测器用到的特征。利用基于 AdaBoost 学习算法，从一个较大的特征集中选择少量的关键的特征，产生一个高效的分类器。再用级联的方式将单个的分类器合成为一个更加复杂的分类器，使图像的背景区域快速地丢弃，而在有可能存在目标（人脸）的区域花费更多的计算，级联分类器在人脸检测方面速度快且性能与 Rowley 的人工神经网络（ANN）方法基本相同。该方法的突出地位和贡献在于，它给出了一个稳定的、实时的目标检测框架，是第一个实时的人脸检测算法。

人脸特征是进行人脸检测的重要依据。和单个的像素比较，用特征进行检测有很多原因，其中的一个原因是特征本身就包含了部分局部信息，而这些局部信息知识是很难通过有限的训练数据得到的。采用人脸特征而不是单个像素的另外一个好处就是，基于特征的检测要比基于像素的检测快得多。因此，算法采用了一组类似于哈尔小波变换的滤波器来计算图像的特征值，如图 5-6 所示。

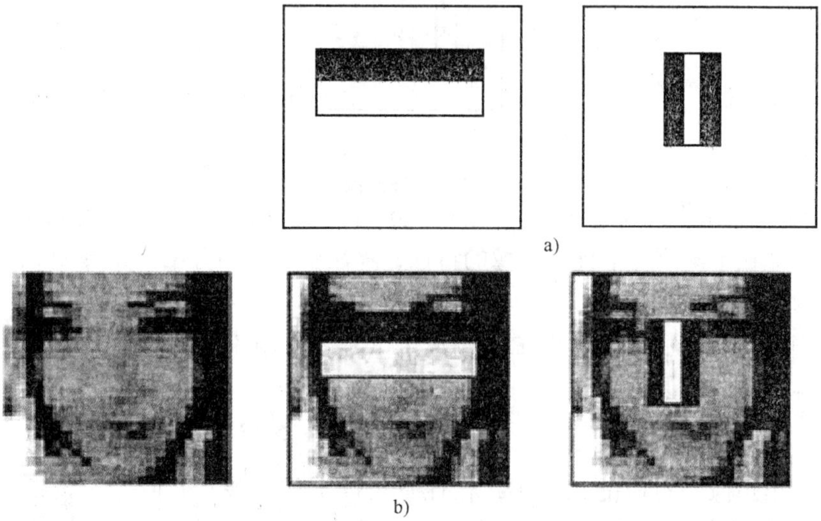

图 5-6　矩形特征及其匹配

a）24 × 24 像素子窗口内选出的矩形特征　b）子窗口检测到的与矩形特征的匹配

脸部一些特征能够由矩形特征简单地描绘，例如通常眼睛要比脸颊颜色更深；鼻梁两侧要比鼻梁颜色更深；嘴巴要比周围颜色更深。对于一个 24 × 24 检测器，其内的矩形特征数量超过 160000 个，必须通过特定算法甄选适合的矩形特征，并将其组合成强分类器才能检测人脸。

我们将使用简单矩形组合作为特征模板。矩形特征对一些简单的图形结构（比如边缘、线段）比较敏感，但是其只能描述特定走向（水平、垂直、对角）的结构，因此比较粗略。这类特征模板都是由两个或多个全等的矩形相邻组合而成，特征模板内有白色和黑色两种矩形（定义左上角为白色，然后黑白两色依次交错），并将此特征模板的特征值定义为白色矩形像素之和减去黑色矩形像素之和。

最简单的 5 个特征模板如图 5-7 所示。

图中包括三种特征：双矩形特征（Two-rectangle Feature）、三矩形特征（Three-rectangle Feature）和四矩形特征（Four-rectangle Feature），分别对应图中的 A、B、C、D 和 E。其

中，双矩形特征定义为图中相邻两个矩形内像素颜色之和的差。三矩形特征定义为两边的两个矩形减去中间的矩形中像素的颜色之和的差。四矩形特征定义为对角线上矩形内像素颜色之和的差。

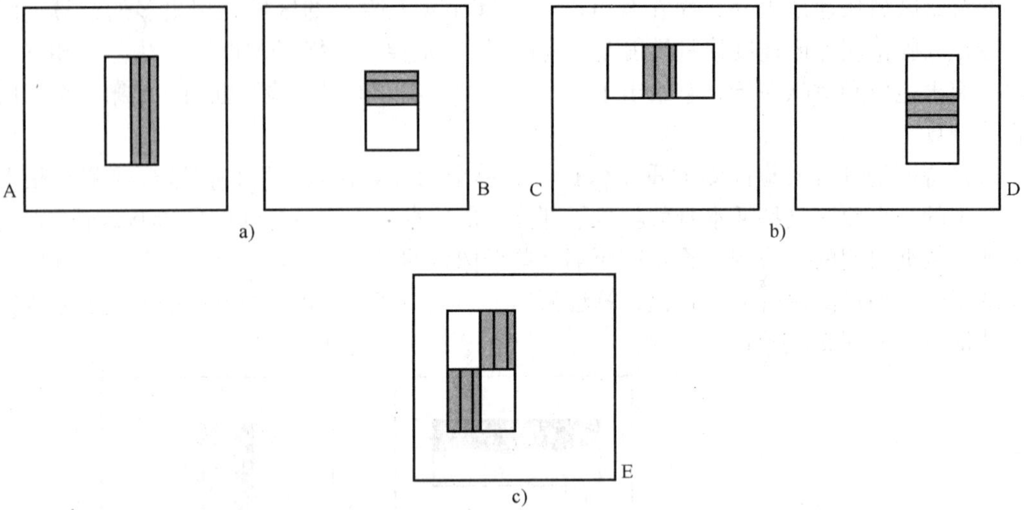

图 5-7　特征模板

a）A、B 为边缘特征或双矩形特征模板　b）C、D 为线特性或三矩形特征模板　c）E 为特定方向特征或四矩形特征模板

为了快速地在不同尺度下计算图像的特征，算法引入了积分图（Integralimage）的概念，如图 5-8 所示。

积分图中的每个点（x，y）的值为图像中（x，y）点左上部分所有像素点的累加：

$$ii(x,y)=\sum_{x'\leqslant x,y'\leqslant y} i(x',y') \tag{5-13}$$

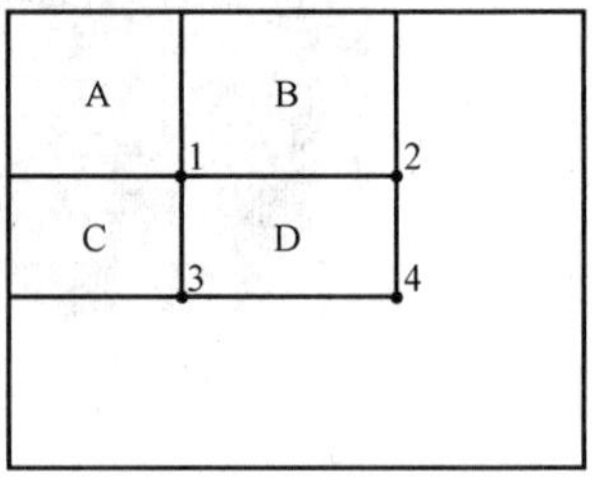

图 5-8　积分图

一旦计算出图像所对应的积分图，在任意尺度上的图像特征就能在恒定时间内计算出来。如图 5-8 所示，在 1、2、3、4 处点的积分图的值分别为 A、A + B、A + B + C、A + B + C + D，而 D 的矩形特征可以通过 4 + 1 －（2 + 3）计算出来，归纳起来就有如下公式计算任意尺度下的图像特征：

$$s(x,y)=s(x,y-1)+i(x,y) \tag{5-14}$$

$$ii(x,y)=ii(x-1,y)+s(x,y) \tag{5-15}$$

式中，$ii(x, y)$ 为积分图中（x，y）点的值；$s(x, y)$ 为图像中（x，y）点以下列向量上的颜色值之和；$i(x, y)$ 为（x，y）点的像素值。这样，只要对输入图像遍历一次，就可以得到积分图，就可以在恒定时间内得到任意尺度下的图像的特征。

算法假设只要用少数的一些特征就能构建一个较好的分类器。为了做到这一点，算法对 Adaboost 方法略作改进，规定每个弱学习机只允许基于一个特征，这样在筛选弱学习机的同时，实际上也就完成了对特征的选择。在训练的每一步中，对各种特征的分类结果进行测试。选出错误率最低的一个加入到最终系统中。

算法通过选择最能区分正样本和负样本的矩形特征。对每一个特征，弱分类器去定一个最优的分类函数的阈值，使得最少的样本被错误分类。一个弱分类器（ h_j（x））因此就包含特征 f_j，阈值 θ_j 和用于控制不等式方向的 p_j：

$$h_j(x)=\begin{cases}1 & i\text{ 若 } p_j f_j(x) < p_j\theta_j \\ 0 & \text{其余}\end{cases} \tag{5-16}$$

式中，x 为图像中的 24×24 像素的子窗口。这样得到的是单个的弱分类器，为了取得可信度较高的强分类器，采用了 AdaBoost 学习算法将多个弱分类器组合生成一个强分类器，具体学习算法如下：

设（X_1，Y_1）、…、（X_nY_n）为输入图像，其中 $Y_j=0$，1 用来标记是负样本还是正样本。

1）初始化权值 w_1、$I=1/(2m)$、$1/(2l)$ 分别对应正样本（$Y_j=1$）和负样本（$Y_j=0$）。

2）对 $t=1$，…，T

①将权值标准化，$w_{t,i} <- \dfrac{w_{t,i}}{\sum_{j=1}^{n} w_{t,j}}$，使得 w_t 为一概率分布。

②对每一个特征 j，训练一个分类器 h_j，使得该分类器只用这一个特征进行分类。相应的误差为 $\varepsilon_j=\sum_{t=1}^{T} w_t \mid h_j(x_i)-y_i \mid$。

③选择具有最小分类误差的分类器。

④更新权值 $w_{t+1,t}=w_{t,j}\beta_t^{1-e_i}$，其中如果 X_i 被正确地分类，$e_i=0$，否则 $e_i=1$，$\beta_t=(1-e_i)/t$。

⑤最终的强分类器是

$$h(x)=\begin{cases}1 & \sum_{t=1}^{T}\alpha_t h_t(x) \geqslant \frac{1}{2}\sum_{t=1}^{T}\alpha_t \\ 0 & \text{其余}\end{cases} \tag{5-17}$$

式中，$\alpha_t=\lg(1/\beta_t)$。

在前面举出的图 5-6 中，图 a 为特征滤波器示意，图 b 的左图为一幅被测图，中、右图分别为将滤波器放在典型的目标区域的情况。从实验结果来看，检测器显然分别利用了眼部区域亮度低于脸颊和双眼亮度低于眉心的特点。

5.2 人脸跟踪

人脸跟踪是在视频或图像序列中确定某个人脸的运动轨迹及大小变化的过程，它是进行动态人脸信息处理的第一个环节，在视频会议、可视电话、视频监控、人机智能交互等方面都有着重要的应用价值。

5.2.1 帧差法

在实际场景中，人物一直保持不动的可能性是微乎其微的，因此运动信息的利用是把人脸从复杂背景下分离出来的一种快速有效途径。

考虑摄像机输入的一个图像序列。假定在图像中要检测的人物处于运动状态，而背景则保持不变，那么通过相邻两帧图像进行差分运算，可以舍弃图像中保持不变的部分，保留发生变化的部分。这样做可以有效地保留人脸的候补区域，去除大部分的背景区域，尤其是那些颜色和人类的肤色相同或相近的背景区域（类脸区）。

帧差法的具体处理过程如下：将相邻两帧图像（分别为 t_k 和 t_{k+1} 时刻）中各相应像素点的 RGB 值按下式进行差分求和运算：

$$m = |r_1 - r_2| + |g_1 - g_2| + |b_1 - b_2| \tag{5-18}$$

式中，r_1、g_1、b_1 和 r_2、g_2、b_2 分别是当前图像和与之相邻的上一帧图像中待处理当前像素点的 RGB 值。为了得到图像中发生变化的区域，把当前像素的 m 值和预先给定的阈值 k 进行比较，当 $m>k$ 时，则认为该像素点属于变化的区域，给予保留；反之，当 $m \leqslant k$ 时，则认为该像素属于未变化的区域，将其去除。

利用帧差法结合其他的如肤色等算法可以达到较好的人脸检测效果。

5.2.2 基于运动目标预测的人脸跟踪

运动预测即根据前一帧得到的结果，通过预测得到当前帧目标可能存在的区域（Region Of Interest，ROI），在 ROI 内搜寻这一帧目标的位置大小。ROI 在搜寻的过程中可能延伸，搜寻的结果又反馈回来进一步改善预测的模型。预测既包括速度、加速度等运动状态的预测，也包括概率的预测。卡尔曼（Kalman）滤波器是最常用的预测方法。它是用于包含随机扰动的动态系统的最优状态估计过程。下面介绍一下卡尔曼滤波。

卡尔曼滤波器通常用于线性运动模型和高斯分布预测模型。

$$x_k = \boldsymbol{A}_k x_{k-1} + w_k \tag{5-19}$$

$$z_k = \boldsymbol{H}_k + v_k \tag{5-20}$$

式中，x_k 为状态量；z_k 为观测量；$\boldsymbol{A}_k$ 为运动矩阵；$\boldsymbol{H}_k$ 为观测矩阵；w_k 和 v_k 为满足高斯分布的随机噪声。

$$p(w) \sim N(0, Q) \tag{5-21}$$

$$p(v) \sim N(0, R) \tag{5-22}$$

运动预测的步骤如下：

预测：

$$\hat{x}_k^- = \boldsymbol{A}_k \hat{x}_{k-1} \tag{5-23}$$

$$\boldsymbol{P}_k^- = \boldsymbol{A}_k \boldsymbol{P}_{k-1} \boldsymbol{A}_k^{\mathrm{T}} + Q_k \tag{5-24}$$

修正：

$$K_k = P_k^- \boldsymbol{H}_k^{\mathrm{T}} (\boldsymbol{H}_k P_k^- \boldsymbol{H}_k^{\mathrm{T}} + R_k)^{-1} \tag{5-25}$$

$$\hat{x}_k = \hat{x}_k^- + K_k (z_k - \boldsymbol{H}_k \hat{x}_k^-) \tag{5-26}$$

$$\boldsymbol{P}_k = (I - K_k \boldsymbol{H}_k) \boldsymbol{P}_k^- \tag{5-27}$$

式中，$\hat{x}_k^-$、$\hat{x}_k$ 表示修正之前的先验状态和修正之后的后验状态；$\boldsymbol{P}_k^-$ 和 $\boldsymbol{P}_k$ 表示相应的协方差矩阵；K_k 表示卡尔曼增益。A_k、H_k、Q_k、R_k 参数在运动预测的过程中可能进行修改。利用卡尔曼滤波就能预测人脸在相邻帧间的运动趋势了。

5.2.3 基于模型的人脸跟踪

基于模型的人脸跟踪的方法就是获取目标的先验知识，建立低价参数模型，对输入的每一帧图像通过滑动窗口进行模型匹配，实现人脸识别与跟踪。常见的跟踪模型有肤色模型、椭圆模型、纹理模型及双眼模板匹配模型、可变形模型等。

1. 基于肤色模型的人脸跟踪

肤色是人脸最重要而且明显的特征，人脸面部肤色特征可以用几个简单的参数来表征，而且在一定光照条件下肤色特征基本保持不变。基于肤色模型的跟踪方法就是利用恰当的表色系统，把肤色作为实现人脸跟踪的关键信息。由于肤色信息具有对放大和缩小以及对微小变形不敏感的优点，加上人脸相对镜头的变化对肤色信息本身的影响不大，该类方法很容易在前一帧图像分析结果的基础上跟踪到后一帧图像的人脸区域，因此具有速度快、姿态不变性等特点。目前的人脸跟踪技术大都采用基于肤色模型的方法。

Yang 等人以半基色空间内人脸部肤色分布的特殊性为基础，实现了人脸实时跟踪[26]。Crowley 等人结合肤色模型、人眼检测模型和相关匹配方法实现了人脸实时跟踪[27]。上述两个系统不能正确处理多目标背景下目标遮挡时的跟踪问题，只能适用于不带遮挡的比较简单的场合。Wu Haisheng 和 Zelek 提出了一种实时统计人脸检测与跟踪系统。该系统采用基于人脸目标捕获及粒子滤波技术的单眼视觉。首先，人脸目标捕获和系统初始化阶段使用肤色分类和统计人脸模型匹配来找到人脸目标。然后，利用粒子滤波技术跟踪人脸运动的状态空间。最后，根据光流信息得到运动信息，从而进行样本重划分。该系统较好地解决了人脸跟踪的实时性。

参考文献[29]在人脸肤色模型的基础上，利用人脸形状特征信息，并结合扩展卡尔曼滤波技术估计人脸的运动轨迹，提出了一种基于肤色的人脸实时跟踪方法。该方法用半基色空间表征肤色，利用在不同环境条件下人脸肤色分布均近似服从高斯分布这一特性建立肤色特征参数模型，从而有效地保证了复杂场景下目标跟踪的准确性，实现了带遮挡情况下的人脸实时跟踪。

参考文献[30]提出一种基于混合肤色模型的实时人脸跟踪方法。该方法的混合肤色模型和建立在单一色彩空间上的肤色模型不同，它将 HSV 中的 H 分量和 YCbCr 中的 Cb、Cr 分量分别用一维的高斯模型表示，组合成三维的肤色模型。而且该方法采用基于点的运动预测来减少搜索区域，并使用 Mjseg 算法进一步分离人脸和其他类肤色区域。JSEG（Joint System Engineering Group）是一种彩色图像的分隔算法，MJSEG（Modified JSEG Algorithm）是参考文献[30]提出的 JSEG 的改进算法。基于点的运动预测没有使用确定的运动方程来描述可能的运动形式，而是通过点的高斯振荡、帧间差和 Tophat 算子估计当前帧中人脸可能的位置，解决了其他方法中运动预测算法的不足问题；MJSEG 算法给出较为精确的人脸边界，提高了用于更新肤色模型的肤色点的可信度。该方法有效地解决了复杂背景下人脸自由运动、光照变化及部分遮挡的问题。系统跟踪速度达到实时，并给出精确的人脸边界。

参考文献[31]提出了一种彩色图像序列中的人脸跟踪方法。该方法结合利用人脸肤色模型和运动模型实现人脸跟踪。其肤色模型没有使用被广泛采用的 RGB 模型，而是将图像的 RGB 空间变换到色度空间（因为用色度表示人脸的特征具有姿态不变性的优点），然后利用最大能量坐标和矩来表征色度空间的直方图分布。

参考文献[16]提出了一种基于高斯肤色模型的人脸跟踪算法。由于肤色在彩色的颜色空间中集中在一个很小的区域，该算法利用肤色的这些分布性质建立肤色模型，然后把人脸肤色区域中各个像素从 RGB 彩色空间投影到彩色的颜色空间，利用在彩色的颜色空间建立高斯肤色模型，把肤色从图像中分割出来，从而达到跟踪的目的。在跟踪过程中，还增加了自适应学习模块，使得原始的肤色模型能够在不同光照条件下实现自适应调整。实验表明，该算法能够在自然光照条件下取得较为满意的跟踪结果，同时对人脸在旋转、缩放、遮挡等条件下，多人脸背景下的跟踪有较强的鲁棒性。

由于人脸肤色在常用的 RGB 表色系统中的分布比较分散，而在 HSI 表色系统中较为集中，参考文献[17]利用这一特点实现了人脸跟踪。该算法在 HSI 表色系统下，把彩色直方图作为人脸模型，通过将彩色直方图投影到下一帧图像，就很容易获取该帧图像的同一人脸区域。实验表明，在普通环境和光照条件下，这里所采用的算法能实时、有效地跟踪图像序列中的人脸，达到了使用的要求。

2. 基于椭圆模型的人脸跟踪

由于绝大部分人脸轮廓都近似为椭圆形状，很多研究人员就利用这一特征建立椭圆模型来实现人脸识别与跟踪。参考文献[16]中提出的算法采用肤色模型和椭圆环模板相结合进行人脸跟踪。该算法在实现人脸跟踪过程中，首先利用肤色模型定位人脸肤色区域；然后利用人脸形状近似为椭圆形状的先验知识，通过建立椭圆环模板对人脸边缘进行精确定位；最后根据得到的面部特征和人脸边缘位置估计出人脸的姿态。该算法的思想是想用一个椭圆环模板在人脸的候选区域内进行搜索，使该环尽量包含最多的人脸边缘点。这里边缘点就是和非肤色区域相邻的肤色像素，也就是肤色连通域的边缘点。对人脸的跟踪过程就是确定这个椭圆环模板，使该区域内的人脸边缘点最多。实验表明，该算法能够在自然光照条件下取得较为满意的跟踪结果，同时对人脸在旋转、缩放、遮挡等条件下，多人脸背景下的跟踪有较强的鲁棒性。

3. 基于纹理模型的人脸跟踪

宋刚等人提出了在视频序列中跟踪人脸的一种混合模型方法[21]。他们在贝叶斯（Bayesian）框架下将 Lucas-Kanade 光流跟踪算法[22]与人脸特征点定位的统计模型直接表观模型（Direct Appearance Model，DAM）[23]结合起来，建立一种混合模型。由于视频序列中连续帧间具有运动连续性，该算法利用 Lucas-Kanade 特征点跟踪算法预测人脸特征点的位置。而 DAM 表明纹理和形状之间存在着很强的相关性，将 DAM 作为全局的纹理约束，以纠正局部匹配的误差，用于定位人脸特征点。通过 DAM 中纹理对形状的约束，在提高跟踪精度的同时，增强了整个算法的鲁棒性。实验表明，这种方法可以很好地适应人脸的多种运动，可用于人脸识别与跟踪或三维人脸建模。

4. 基于双眼模板匹配模型的人脸跟踪

由于人的脸部双眼外形的独特性，使得双眼模板在人脸识别与跟踪中倍受欢迎。参考文献[18]提出了一种基于双眼模板匹配与人工神经网络的人脸跟踪。该算法在对前一帧图像进行人脸区域检测的基础上，预测当前帧中人脸区域可能的尺度与位置范围，在预测的范围内，采用双眼模板匹配与人工神经网分类的方法跟踪人脸。在搜索输入图像中可能尺度和位置的矩形区域时，对每个候选窗口使用双眼模板匹配进行粗筛选。跟踪时引入“监视区域”的概念，使用前一帧的跟踪结果，根据实际应用的需求限定人脸在两帧间的最大变化，进一步求解新的监视区域。这样处理时，速度会受到一些影响，但能够保证跟踪的鲁棒性。实验表明，该方法在具有复杂、动态变化背景的图像序列中是很有效的。

5. 基于可变形模型的人脸跟踪

Goldenstein 和 Vogler 等人利用可变形模型和预测滤波器实现在劣质图像序列中跟踪三维人脸。他们使用可变形模型结合预测滤波器的方法[32]，对描述随时间变化的脸部表情演变的参数值和形变进行恢复。为了增加系统的鲁棒性，预测滤波器必须仔细观测系统状态。他们采用一种新方法，在每个时刻测量高维可变模型的参数观测值的正确分布。该方法将二维图像偏移的置信区域限制在放射体内，并将它们传播到参数空间。实验表明，该方法对在降质图像序列中提取信息有很好的鲁棒性。

总之，基于模型的方法跟踪速度快，但受模型本身的限制，一旦跟踪环境发生变化，难以得到较好的处理结果。

5.2.4　基于人脸局部特征的人脸跟踪

基于人脸局部特征跟踪法的主要思想是根据不同的人脸器官特征信息进行器官跟踪，这类方法经常利用眼睛、嘴和鼻子等器官特征信息进行跟踪定位。传统的人脸特征点跟踪方法通常是在人的脸部画上标识点进行跟踪。如：Kouadio 等人提出了一种通过加标识点来跟踪视频中人脸特征点的方法。

1. 基于 KLT 算法的人脸特征点跟踪

KLT 算法是一种以待跟踪窗口 W 在视频图像帧间的误差二次方和（Sum of Squared Differences，SSD）作为度量的跟踪算法。

参考文献[19]给出了一种在首帧中确定搜索特征点，采用改进的 KLT（Kanade、Lucas、Tomasi）算法对未加标识点的人脸正面视频图像进行特征点跟踪，进而求得人脸特征点运动参数的方法。与传统的在人脸部画上标识点的特征点跟踪方法不同，KLT 算法可以从未加标识点的正面人像视频系列中通过特征纹理信息直接获取脸部某些特征点的位移，该文献还在 KLT 算法中加入了基于人脸统计信息的经验约束，使 KLT 算法更加合理有效。

2. 人脸特征点跟踪

Kouadio 等提出了一种通过加标识点来跟踪视频中人脸特征点的方法，这些特征点跟踪方法的局限是要在被摄像者人脸部加上标识点，如果能够从未加标识点的正面人像视频系列中直接获取面部某些特征点的位移，将会更有意义。

Jebara 和 Pentlan[25]也使用特征点跟踪，但是他们使用自动定位如眼部和嘴角来跟踪人脸，用运动技术对特征点的三维位置进行估计，即在图像序列中用扩展的卡尔曼滤波后获取所有的位置信息。对于面部特征点的位置的估计，使用本征脸的约束方法去匹配人脸几何特征。

参考文献[20]提出一种基于 Gabor 小波的人脸特征点跟踪方法。该文献将 Gabor Jets 用于跟踪视频中的人脸特征点（其中 Jets 是指对图像上某点进行不同方向、频率、相位的小波卷积所产生的一系列小波系数）。在输入视频序列的起始帧中，手工标定需要跟踪的人脸特征点，如眼角、鼻尖、眉毛等，提取这些点的 Jets。将第 l 帧的特征点坐标作为第 $l+1$ 帧的参考点，提取第 $l+1$ 帧参考点的 Jets，对比新旧 Jets 来估计特征点的新坐标，从而得到特征点在新帧中的位置，达到跟踪的目的。

3. 基于器官跟踪的人脸跟踪

邢昕等人[33]提出了一种基于器官跟踪的人脸跟踪算法，利用形态学运算对嘴进行跟踪，并在很少的局部旋转运算处理后，简单地分析人脸的对称性，从而高速准确地跟踪人脸。该文献提出的跟踪算法没有利用背景、运动和颜色等信息，因而不受背景复杂程度、人脸运动强度和背景颜色等因素的影响。算法只利用灰度信息，进行形态运算、局部旋转运算，计算简单。跟踪时间只与人脸尺寸有关，与图像大小无关。跟踪具有较强的鲁棒性，只要人的双眼和嘴等主要器官可见，允许人脸做较大幅度的运动。算法可广泛应用于可视电话、视频电视会议、虚拟现实等领域中，实现视频序列的人脸位置跟踪，并可在保安监控、唇语识读、表情识别等应用中发挥作用。

在这些方法中，特征点会由于遮挡或光线变化而不可见，这将导致跟踪失败，这是特征点跟踪的缺点。虽然可以得到新的特征点，但这要以额外的累加误差为代价。

参考文献

[1] 孙宁，邹采荣，赵力．人脸检测综述［J］．电路与系统学报，2006，11（6）：101-108，113.

[2] 梁路宏，艾海舟，徐光祐，等．人脸检测研究综述［J］．计算机学报，2002，25（5）：1-10.

[3] 邓加琼．复杂背景下的彩色人脸检测方法与实现［D］．成都：电子科技大学，2005.

[4] 俞玉莲．视频图像序列中的人脸跟踪算法［D］．上海：上海师范大学，2005.

[5] Yang G，Huang T-S. Human face detection in complex background［J］．Pattern Recognition，1994，27（1）：53-63.

[6] Sung K-K，Poggiot. Example-based learning for view-based human face detection［J］．IEEE Transactions on Pattern Analysis and Machine Intelligence，1995，20（1）：39 -51.

[7] Lawrence S，Giles C L，Tsoi A C，et al. Face recognition：A convolution neural approach［J］．IEEE Transitions on Neural Networks，1997，8（1）：98-113.

[8] Viola Paul，Jones Michael. Rapid Object Detection using a Boosted Cascade of Simple Features［C］// Proc IEEE Conf. on Computer Vision and Pattern Recognition. Kauai，Hawaii，USA，2001.

[9] 郑峰，杨新．基于Adaboost算法的人脸检测［J］．计算机仿真，2005，22（09）：167-169，253.

[10] Freund Y，Schapire R E . A Decision -Theoretic Generalization of Online Learning and an Application to Boosting［J］．Journal of Computer and System Sciences，1997，55（1）：119-139.

[11] 卢春雨，张长水，闻芳，等．基于区域特征的快速人脸检测法［J］．清华大学学报：自然科学版，1999，39（1）：101-105.

[12] 田原，梁德群．复杂背景中人脸位置的检测及其分割方法［J］．电子学报，1998，26（10）：91-95.

[13] Moghaddam B，Pentland A . Face recognition using view-based and modular eigenspaces［C］//Proceedings of Automatic System for the Identification and Inspection of Humans，SPIE. 1994. 12. 21.

[14] 艾海舟，肖习攀，徐光钻．人脸检测与检索［J］．计算机学报，2003，26（7）：874-880.

[15] 何斌，马天予，王运坚，等．Visual C＋＋数字图像处理［M］．2版．北京：人民邮电出版社，2002.

[16] 马淑燕，孔德慧，尹宝才，等．基于肤色模型和椭圆环模板的人脸跟踪及姿态估计［J］．计算机工程与应用，2004（17）：50-56.

[17] 周志勇，周激流，刘智明，等．基于彩色和投影的人脸检测和跟踪算法［J］．常州工业大学学报，2003，32（3）：46-53.

[18] 梁路宏，艾海舟．基于人脸检测的人脸跟踪算法［J］．计算机工程与应用，2001，37（17）：42-45.

[19] 段鸿，程义民，王以孝，等．基于Kanade Lucas Tomasi算法的人脸特征点跟踪方法［J］．计算机辅助设计与图形学学报，2004，16（3）：279-283.

[20] 颜蒋国，潘立登．基于Gabor小波的人脸特征点跟踪方法［J］．计算机应用，2004，24（7）：50-51.

[21] 宋刚，艾海舟，徐光祐．纹理约束下的人脸特征点跟踪［J］．软件学报，2004，15（11）：1607-1615.

[22] Lucas B, Kanade T. An iterative image registration technique with an application to stereo vision [C] //Proc. of the 7th Int'l Joint Conf. on Artificial Intelligence. Vancouver: Morgan Kaufmann Publishers, 1981: 674-679.

[23] Hou Xinwen, Stan Z Li, Zhang Hongjiang, et al. Direct appearance models [C] //Proc. of IEEE Conf. on Computer Vision and Pattern Recognition. Kauai: IEEE Computer Society, 2001, 1: 828-833.

[24] Carlo Tomasi, Takeo Kanade. Detection and tracking of point features [R]. Pittsburgh, Carnegie Mellon University, CMU-CS-91132. 1991.

[25] Jebara T S, Pentland A. Paramete rized structure from motion for 3D adaptive feedback tracking of faces [C] //CVPR, 1997.

[26] Yang J, Wu L, Waibel A. Focus of attention in video Conferencing. Technical Report, CMU-CS-96-150 [R]. School of Computer Science, Carnegie Mellon University, June 1996.

[27] Crowley J L, Berard F. Multi-modal tracking of faces for video [C] //Proc IEEE on CVPR, 1997: 640-645.

[28] Wu Haisheng, John S Zelek. The Extension of Statistical Face Detection to Face Tracking [C] //Canadian Conference on Computer and Robot Vision, 2004: 10-17.

[29] 刘万春，贾云得，徐一华，等．基于肤色的人脸实时跟踪方法［J］．北京理工大学学报，2000. 20（4）：461-465.

[30] 汪黎明，戚飞虎，周颢．基于肤色的实时人脸跟踪新方法［J］．计算机工程，2003，29（14）：55-57.

[31] 刘明宝，姚鸿勋，高文．彩色图像的实时人脸跟踪方法［J］．计算机学报，1998，21（6）：527-532.

[32] Siome Goldenstein, Christian Vogler, Dimitris Metaxas. 3D Facial Tracking from Corrupted Movie Sequences [C] //IEEE Computer Society Conference on Computer Vision and Pattern Recognition, 2004: 880- 885.

[33] 邢昕，汪孔桥．沈兰荪．基于器官跟踪的人脸实时跟踪方法［J］．电子学报，2000（6）：29-31.

[34] 李银燕．基于Adaboost方法的人脸检测［D］．上海：复旦大学信息科学与工程学院，2006.

[35] Kouadio C, et a1. Real-time facial animation based upon a bank of 3D facial expressions [C] //Proceedings of IEEE Conference Computer Animation98, Philadelphia, 1998: 128-136.

第6章 面部特征提取的算法

特征就是用来表征和区别不同事物的，也就是说特征是为了识别。对于模式识别系统，为了达到识别的目的，选取的一些描述方法，称之为特征，这些特征一起构成了特征空间，随后的识别工作都是在特征空间上完成的。这里由于识别的目的不同，即便是对同一事物所定义的特征也不同，例如要在一堆苹果内分出大小苹果，那么特征是苹果的尺寸，如果要在这堆苹果中区分出成熟度，那么特征或许就是苹果的色泽。即便是出于相同的识别目的，特征的选取也可能不一样，例如下面要讨论的人脸识别系统。如果在上述识别苹果大小时，选择苹果的颜色特征，那么最终结果是不能区分苹果的大小，可见特征的选择对识别结果有着重要的影响。一般情况下，为了达到识别目的，对于特征的选择是一个复杂的过程，不能简单地通过一个特征来区分，再例如要区分苹果的成熟度，如果仅仅依靠苹果的色泽，那么对于一些品种，即便是绿色的苹果，但是它也是成熟的，至此或许应该综合考虑其他因素，例如尺寸大小、香味等。可见特征选取是一个复杂的过程，并且它的选取对后续的识别结果将产生重大影响。对于人脸或表情识别来说，面部特征的选取对识别结果的影响也是同样重要的，因此本章主要介绍面部特征提取的算法。

6.1 概述

对于一般的模式识别系统，例如一个图像识别系统，它应该具有图6-1所示的系统流程。

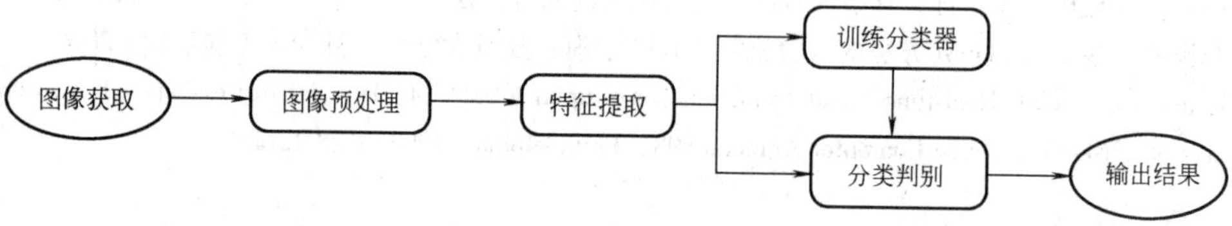

图6-1 图像模式识别的流程

当前图像获取的方法已经有多种多样，完全可满足人们的需要；图像预处理过程只是为特征提取服务的，有些系统甚至省略此步骤；而最后的分类器设计和分类判别算法已有很多种，现在的研究多是集中在如何提高分类速度和效率的；特征提取在这里是最关键的一个环节，如果没有对特征建模和定义，那么后续的分类就无法进行，特征提取的好坏对识别的效果有重大的影响。

图像处理系统中，特征的提取与分类，即把以像素描述的图像数据转化为更高级的表述，比如对图像的形状、运动、颜色、纹理特征或空间构造的描述；并且要尽可能地在保证稳定性和识别率的前提下，对庞大的图像数据进行降维处理。目前主要的特征提取方法有：提取几何特征、统计特征、频率域特征和运动特征等。

这里所述人脸识别和表情识别都是基于计算机的图像处理技术的，所以它们的识别流程也满足图 6-1 的要求，在特征提取的方法中，自然也包括几何特征、统计特征、频率域特征和运动特征等几类。由于研究对象都是人脸图像，所以这两者之间的特征提取有类似的地方，例如几何特征中，人脸的五官位置都很重要。但是由于识别的目的不同，两者的特征定义和提取方法上也是有差异的。

按照人脸特征的时间可变性，人脸特征可分为两类：永久性脸部特征和暂时性脸部特征。永久性脸部特征是永远存在脸部的特征。它们能够随着脸部的运动发生形变。例如，眼睛、眼眉、嘴和脸部的某些皱纹等。暂时性脸部特征主要包括脸部暂时性皱纹。它们会随着脸部运动而出现。它们不是永久保持在脸部的。作为人脸识别来说，要关注的是固定的属于某个人的不变的特征，可以和别人的人脸区分，注重的是不同人脸的个体差异（特性），面部表情作为干扰信号存在，对于同一个人的不同表情信息要尽可能地屏蔽，防止其影响识别的效果；而表情识别是忽略个体差异，提取人脸在不同表情模式下的差异特征，人脸个体差异成为干扰信号。这是人脸识别特征和表情识别特征的不同，但是在提取特征的方法上还是差不多一样的。

一般的人脸识别系统可使用的特征通常分为视觉特征、像素统计特征、人脸图像变换系数特征、人脸图像代数特征、运动特征。

1）视觉特征主要就是肤色特征、纹理特征、几何特征。

2）像素统计特征主要有灰度特征。由于人脸的轮廓近似呈椭圆，人脸的五官分布具有对称性，空间位置相对固定，个体五官的外形大致相同，从而表现为灰度分布呈现一定规律性，这种规律反映了人脸的内在特征。灰度特征通常采用统计的方法或特征空间变换的方法进行提取。

3）人脸图像变换系数特征，如傅里叶变换、Hough 变换、Hadamard 变换。

4）人脸图像代数特征反映的是图像的一种内在属性，将图像作为矩阵看待，可对其进行各种代数变换，或进行各种矩阵分解。由于矩阵的特征向量反映的是一种代数属性，并且具有不变性，因此可用来表征图像特征。不变矩和奇异值特征是两种常用的人脸图像代数特征，两者具有平移、尺度和旋转不变性特征，而且奇异值特征还对噪声、光照变化引起的图像灰度变化具有不敏感性。由于图像不变矩和奇异值反映的是整幅图像的统计特性。例如 SVD 的特征提取人脸识别，效果不是很好，但是识别算法比较快，可以在线识别。

5）运动特征是指视频序列中各帧图像中人脸特征的变化。

目前的研究主要集中在以下五个方面：①面部几何特征，②统计特征，③变换域中的面部特征，④运动特征，⑤代数特征，下面将分别讨论。

6.2 几何特征的提取

上面已经提到，人脸的几何特征既可以用来进行人脸识别，也能进行表情识别。参考文献[34]介绍了周激流等人在人脸识别系统中的人脸几何特征提取的工作。他们手动选取了人脸部图像上 25 个特征点，包括眉毛坐标、瞳孔中心位置等，如图 6-2 所示。根据这 25 个坐标值，计算出 13 个特征矢量、眉眼距离、眼鼻距等作为后续识别算法的输入值。6.1 节已经提到了人脸识别和表情识别由于识别目的的不同，其特征提取方法也有差异，所以下面重点介绍表情识别中的几何特征提取方法，其基本思想是利用人脸的结构特征和先验知识，通过对人脸表情的显著特征，如眼睛、鼻子、眉毛、嘴等的形状和位置变化进行定位和测量，确定其大小、距离、形状和相互比例的特征关系，进行表情识别。

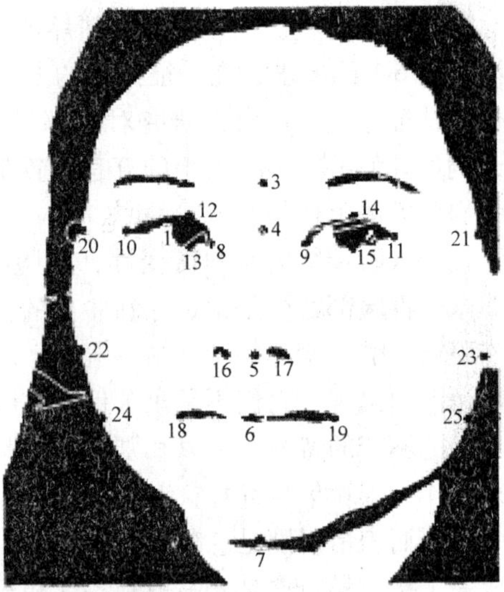

图 6-2　人脸的 25 个特征点位置

基于几何特征的识别方法，在特征的提取方式上，具体又可以分为以下三种。

1. 在手动的预先定义一组特征点的基础上，进行特征点运动的跟踪

剑桥大学的 Philipp Michel 采用的就是手工标点的方法，即在图像序列的第一帧中手动定义 22 个面部标定点（见图 6-3）。对于每个表情，计算其平静和有表情帧之间的位移，作为特征进行分类器的训练。实验表明，手工标点提取的位置信息分类准确率较高，而且训练和分类的延时较小。

图 6-3　图像序列中面部特征的手工定位与跟踪

2. 全自动提取特征点

这个问题与人脸识别研究中人脸的检测与定位问题有许多共同性。由于人脸的几何结构固定，所以全自动提取特征点通常要依赖于面部的部件分析，通过应用一些先验知识来初步确定表情区域的大概位置，然后再精确定位各个特征点（如瞳孔、嘴角）的位置。这里的表情区域定位通常使用的方法有积分投影方法。它简便易行，但有很大的局限性，一般只是针对简单的图像，要求正立、正面、光照均匀、无小胡子和眼镜等饰物。其他还有 hough 变换方法、susan 角点检测方法，以及可变形模板方法、Snake 方法、构造模型能量函数的匹配方法等，这些方法可适用于质量比较差的照片，缺点在于它们的模板的描述不够精确，更适合于变化比较大的面部器官，因此它们常用于提取眼睛、口的轮廓。微软公司亚洲研究院的 Tian Yingli 等人也采用几何特征提取与神经网络相结合的方法，对正面或接近正面的面部图像进行表情识别。其中，提取几何特征主要包括对于关键部件的定位特征和表情区的形状特征，如图 6-4 所示。

a)　　b)

图 6-4　用于表情识别的面部几何特征

a）定位特征　b）形状特征

3. 基于面部轮廓特征的模板匹配

这是在手工标定特征点的基础上改进的，也是一种基于几何特征的方法。它首先将图像

用大量的标记点来描述主要的特征，并通过对一系列的训练图像中的这些标记点的位置进行统计分析，从而得到一个可变型的模型来对人脸的形状及空间关系建模，用于表情识别。参考文献［35］给出了眉毛的活动轮廓模型、轮廓模型相对特征点的几何方法。它是一种连续的形状描述，是几何特征的向量表达，简言之，活动轮廓就是能量最小化的曲线，也就是对人脸以及五官的轮廓进行曲线拟合，根据计算获得一个最优的拟合，这条曲线的参数即为特征。

以上提到的几何特征提取法中，手工标点的方法在实验阶段比较常用，但不适合实时的全自动的表情识别的要求；全自动提取特征点的方法对先验特征有比较强的依赖性，并且在提取特征时常受到饰物、胡须、复杂背景以及光照的影响。总的来说，提取几何特征进行表情识别的优点是：直观，符合人眼进行表情识别的规律，并且在很大程度上减少了输入特征，压缩了数据信息；但是用有限的特征点来代表人脸图像，一些细微的表情变化特征就会丢失，而且实验表明，几何特征提取的精确程度不容乐观。

6.3 统计特征的提取

与提取图像的几何特征相比，这种统计特征是基于图像的整体灰度特征的，它强调尽可能多地保留原始面部表情图像的信息，通过对大量样本的训练，获得其统计特征，其基本思想是将面部表情图像映射到特征空间，将大量图像数据降维后进行模式分类，因此提取统计特征的方法实际上就是“子空间分析法”。如果将子空间的正交基按照图像阵列排列，则可以看出这些正交基呈现人脸的形状，因此这些正交基也被称作特征脸，这种识别方法也叫特征脸方法。

6.3.1 主成分分析算法

主成分分析（Principal Component Analysis，PCA）算法是一种经典的统计方法。这种线性变化被广泛地应用在数据压缩和分析中。PCA 算法就是用来描述和表征细微差异的有力工具。在语音和图像信号处理时，经常会遇到高维的向量空间的数据处理问题，而这些高维数据往往存在较大程度的相关冗余，所以希望从高维空间的数据中找出具有代表性的低维子空间，从而对数据更容易地进行分析和处理。在最大程度上保持信息量的前提下，从高维数据空间中提取出维数降低的特征分量。在信号处理和模式识别中，PCA 算法相当于采用奇异值分解（SVD）和 K-L 变换。

1. K-L 变换的基本原理

在这里，所讨论的面部表情图像是经过大小归一化等预处理后的灰度数据图像。把一幅面部表情图像按行或列排列为一个向量，称为“面部表情向量”；由多个图像所组成的空间称为“原始图像空间”。

然而，由于人脸固有的相似性，在“原始图像空间”中，面部表情向量仅分布在一个较小的范围内，所以“原始图像空间”不是最优的。为了有效地提取面部表情图像特征，人们用 K-L 变换进行统计特征提取。它是图像压缩中的一种最优正交变换，同时也是子空间法模式识别的基础。若将 K-L 变换用于表情识别，则需假设面部表情处于低维线性空间，且不同面部表情具有可分性。由于高维图像空间经过 K-L 变换后可得到一组新的正交基，因此可通过保留部分正交基，以生成低维面部表情空间，而低维空间的正交基则可通过分析面部表情训练样本集的统计特性来获得。K-L 变换的生成矩阵可以是训练样本集的总体散布矩阵，也可以是训练样本集的类间散布矩阵，即可采用同一表情的数张图像的平均来进行训练，这样可在一定程度上消除光线等的干扰，且计算量也得到减少，而识别率不会下降。

2. K-L 变换的算法

假设训练的每幅面部表情图像的像素数为 d，共有 k 幅训练样本，则所有训练样本的向量集合记为 $\boldsymbol{X}=\{\boldsymbol{X}_i\in R^d \mid i=1,2,\cdots,k\}$，列向量是由面部表情数据按照行首尾连接得到的。这样 $\boldsymbol{X}$ 对应一个 $d\times k$ 维的人脸空间。K-L 变换试图找到一个低维的子空间来表示原来的面部表情空间。记

$$\boldsymbol{E}(\boldsymbol{X})=\frac{1}{k}\sum_{i=1}^{k}\boldsymbol{X}_i \tag{6-1}$$

为集合中训练面部表情数据的平均向量。将 $\boldsymbol{X}$ 中每一个人脸数据向量减去平均向量，可以得到一个新的向量集合：$\overline{\boldsymbol{X}}=\{\overline{\boldsymbol{X}_i}\mid i=1,2,\cdots,k\}$，其中$\overline{\boldsymbol{X}_i}=\boldsymbol{X}_i-\boldsymbol{E}(\boldsymbol{X})$

集合 $\overline{X}$ 的协方差矩阵可以表示为

$$\boldsymbol{C}=\mathrm{cov}(\overline{\boldsymbol{X}})=\boldsymbol{E}(\overline{\boldsymbol{X}}\otimes\overline{\boldsymbol{X}})=\frac{1}{k}\sum_{i=1}^{k}\overline{\boldsymbol{X}_i}\cdot\overline{\boldsymbol{X}}_i^{\mathrm{T}} \tag{6-2}$$

式中，$\boldsymbol{C}$ 是一个 $d\times d$ 的矩阵。$\boldsymbol{C}$ 的特征向量构成了一组 R^d 空间的正交基。这组基叫做 K-L 基。我们记这组正交的特征向量为 $\boldsymbol{u}_1$，$\boldsymbol{u}_2$，…，$\boldsymbol{u}_d$，其对应的全部特征值分别为 λ_1，λ_2，…，λ_d，特征向量按列形成的矩阵为 $\boldsymbol{U}$，那么在特征空间，面部表情向量 $\boldsymbol{X}$ 的投影为

$$\boldsymbol{Y}=\boldsymbol{U}^{\mathrm{T}}(\boldsymbol{X}-\boldsymbol{E}(\boldsymbol{X})) \tag{6-3}$$

若通过选用 $m(m<d)$个特征向量作为正交基，记其矩阵为 $\boldsymbol{U}$，则在特征空间的子空间中可得到近似表达式为

$$\boldsymbol{Y}\approx\boldsymbol{U}^{\mathrm{T}}(\boldsymbol{X}-\boldsymbol{E}(\boldsymbol{X})) \tag{6-4}$$

将子空间的正交基按照图像阵列排列，可以看出这些正交基呈现人脸的形状，因此这些正交基也被称为特征脸（Eigenface），这种表情识别方法也叫特征脸方法。

3. 正交基的选取

关于正交基的选择有不同的考虑，即与较大特征值对应的正交基（也称主分量）可用来表达人脸的大体形状，采用主分量作正交基的方法称为主成分分析（PCA）算法。对于集合 $\boldsymbol{X}$ 中的一个面部表情向量 $\boldsymbol{x}$，PCA 就是将向量 $\boldsymbol{x}$ 投影到与协方差矩阵 $\boldsymbol{C}$ 的、按降序排列的前 m 个特征值对应的特征向量所张成的子空间上。投影产生了一个包含 m 个系数 a_1，a_2，…，a_m 的向量。这样面部表情向量 $\boldsymbol{x}$ 就表达成特征向量的线性组合，其权值就是 a_1，a_2，…，a_m。可以证明，主成分分析算法的重构误差等于被忽略的特征向量所对应的特征值（即 λ_{m+1}，λ_{m+2}，…，λ_d）的和。由此可见，PCA 算法具有较好的图像重构功能。

另一种选择是采用 m 个次分量作为正交基。原因是所有人脸的大体形状和结构相似，真正用来区分不同面部表情的信息是用次分量表达的高频成分；主分量更适用于表达图像的低频成分，具体细节还需要用与小特征值对应的特征向量（也称次分量）来加以描述。因此也可理解为低频成分用主分量表示，而高频成分用次分量表示。

4. 投影空间的图像分类

由训练得到特征脸后，将待识别面部表情图像投影到新的 m 维表情空间，即用一系列

特征脸的线性加权和来表示它。这样即得到一个投影系数向量来代表待识别的面部表情，这时表情识别问题就转化为 m 维空间的坐标系数向量分类问题，最简单的分类标准是距离判别法。

假设两个 n 维向量 $\boldsymbol{x}=(x_1, x_2, \cdots, x_n)^{\mathrm{T}}$ 和 $\boldsymbol{y}=(y_1, y_2, \cdots, y_n)^{\mathrm{T}}$ 之间的距离为 $S(\boldsymbol{x}, \boldsymbol{y})$，常用的距离度量有以下几种方法：

- L1 距离（City _ block Distance）

$$S(\boldsymbol{x},\boldsymbol{y}) = |\boldsymbol{x}-\boldsymbol{y}| = \sum_{i=1}^{n} |x_i - y_i| \tag{6-5}$$

- L2 距离（欧氏距离，Duclidean Distance）

$$S(\boldsymbol{x},\boldsymbol{y}) = \|\boldsymbol{x}-\boldsymbol{y}\| = \sqrt{\sum_{i=1}^{n}(x_i - y_i)^2} \tag{6-6}$$

- 向量夹角（Angle）

$$S(\boldsymbol{x},\boldsymbol{y}) = -\frac{\sum_{i=1}^{n} x_i y_i}{\sqrt{\sum_{i=1}^{n} x_i^2 \sum_{i=1}^{n} y_i^2}} \tag{6-7}$$

这些基本的距离还可以结合起来使用。

选择好适当的距离度量以后，就要选择适当的距离分类器。以下是常用的距离分类器：

- 最紧邻（Nearest Neighbor）分类器：是最常用的分类器，即把待识别的样本归为与之最近的已知样本所在的类。

- K 近邻（K Nearest Neighbor）分类器：分类器取待识别样本的 K 个近邻，这 K 个近邻中属于哪一类的已知样本多，则把待识别样本归为哪一类。

- 近邻中心（Nearest Center）分类器：首先把要求得到的已知样本类平均（类中心），把待识别样本归为与之最近的类中心所在的类。

基于 K-L 变换的特征脸识别方法用于表情识别的基本原理是：假设人脸处于低维线性空间，且不同面部表情具有可分性，将高维图像空间的面部表情图像经 K-L 变换后得到一组新的正交基，通过分析面部表情训练样本集的统计特性保留部分正交基，以生成低维面部表情空间。K-L 变换的生成矩阵可以是训练样本集的总体散布矩阵，也可以是训练样本集的类间散布矩阵，这样不仅在一定程度上消除光线等的干扰，而且在不降低识别率的前提下有效地减少了计算量。根据总体散布矩阵或类间散布矩阵可求出一组正交的特征向量 $\boldsymbol{u}_1$，$\boldsymbol{u}_2$，…，$\boldsymbol{u}_n$，其对应的全部特征值分别为 λ_1，λ_2，…，λ_n，这样在新的正交空间中，面部表情样本 $\boldsymbol{X}$ 就可以表示为

$$\boldsymbol{X} = \sum_{i=1}^{n} \overline{\boldsymbol{X}_i} u_i \tag{6-8}$$

若通过选用 m（$m<n$）个特征向量作为正交基，则在该正交空间的子空间中，就可得到以下近似表达式：

$$\boldsymbol{X} = \sum_{i=1}^{m} \overline{\boldsymbol{X}_i} u_i \tag{6-9}$$

由训练得到特征脸后，将待识别面部表情投影到新的 m 维空间，即用一系列特征脸的线性

加权和来表示它，这样即得到一个投影系数向量来代表待识别的面部表情。此时，表情识别问题就转化为 m 低维空间的坐标系数向量分类问题。

PCA 算法提供了一种在控制信息损失和简化问题之间取得折中的有效方式。它能够把高维的数据进行有效降维，用能表征数据特征的低维向量来代替原始的高维数据，给数据的处理带来了很大方便。但是，PCA 算法在进行计算时，事先需要全部的数据，并且矩阵运算的运算量较大，在存在不良数据时，计算出的主分量和实际值会有较大的误差。目前关于 PCA 算法研究相当一部分都在进行 PCA 算法稳健性方面的探索和改进。考虑 PCA 算法稳健性主要在两个方面：怎么减少计算误差：在输入信号不服从正态分布情况下，如何使输出的主分量相互独立，主要方法就是引入非线性函数。非线性函数的引入可以提高 PCA 算法的稳健性，这些非线性函数根据输入样本的变化，对变换矩阵的步长做相应的调整，使算法更加稳健。但是如何选择和引入非线性函数，在理论上仍然没有比较完美的解决方案。另外，PCA 算法对藏于数据中的独立噪声没有很好的稳健性。这是因为 PCA 算法把输入数据的方差进行了最大化，从而保留了一些并不想要的变量。因此 PCA 算法空间中不同类别的数据的投影常常会模糊不清。

6.3.2 二维主成分分析算法

二维主成分分析（2DPCA）算法是一种图像特征提取方法。与 PCA 算法的不同之处在于，2DPCA 算法是以图像矩阵为分析对象；而 PCA 算法是以图像的一维向量为分析对象。因此，2DPCA 算法在图像特征提取之前不必降维。构造图像协方差矩阵时，2DPCA 算法直接利用图像矩阵。而 PCA 算法首先将图像矩阵转换成列向量，然后利用列向量来构造协方差矩阵。矩阵转换成列向量的过程中，由于维数大大增高，因此进行 PCA 算法之前常常实施降维处理。这样的维数一般比较高，100×100 的就是 10000，会耗费大量的时间，并且有可能会有类内散布矩阵奇异的问题。针对这一问题，1993 年 Liu 等人提出了一种线性鉴别分析的新思路，其基本思想是利用数字图像矩阵直接构造图像散布矩阵，并在此基础上进行鉴别分析，这就是 2DPCA 算法；2003 年杨健等人从统计不相关性的角度，重新审视并改进了 Liu 的方法，从而得到一种具有统计不相关性的图像投影鉴别分析方法；2004 年杨健等人将参考文献[7]所述的方法称为 2DPCA 方法，并将此方法用于图像重构，取得了很好的效果。下面详细讨论 2DPCA 算法的基本原理。

设 $\boldsymbol{X}$ 表示 n 维列向量，即 $\boldsymbol{X}\in R^{n\times1}$。任意一副样本图像 $A\in R^{m\times n}$ 向 x 方向投影后，得

$$\boldsymbol{Y}=A\boldsymbol{X} \tag{6-10}$$

式中，$\boldsymbol{Y}$ 为样本图像 A 向 x 方向投影的特征向量，$\boldsymbol{Y}\in R^{m\times1}$。如何选择满意的投影方向是必须解决的问题。为此引入投影特征向量 $\boldsymbol{Y}$ 的总离散或协方差矩阵，通过求其迹的最大值来求最佳投影方向，其准则为

$$J(\boldsymbol{X})=\mathrm{tr}\boldsymbol{S}_x \tag{6-11}$$

式中，$\boldsymbol{S}_x$ 为投影特征向量 $\boldsymbol{Y}$ 的协方差矩阵迹；$\mathrm{tr}(\boldsymbol{S}_x)$ 为矩阵 $\boldsymbol{S}_x$ 的迹。通过求式(6-11)的最大值可确定最佳投影方向 x。这里

$$\boldsymbol{S}_x=\boldsymbol{E}(\boldsymbol{Y}-\boldsymbol{E}\boldsymbol{Y})(\boldsymbol{Y}-\boldsymbol{E}\boldsymbol{Y})^{\mathrm{T}}=\boldsymbol{E}[A\boldsymbol{X}-\boldsymbol{E}(A\boldsymbol{X})][A\boldsymbol{X}-\boldsymbol{E}(A\boldsymbol{X})]^{\mathrm{T}}$$

$$\mathrm{tr}(\boldsymbol{S}_x)=\boldsymbol{X}^{\mathrm{T}}[\boldsymbol{E}(A-\boldsymbol{E}A)^{\mathrm{T}}(A-\boldsymbol{E}A)]\boldsymbol{X} \tag{6-12}$$

假设

$$\boldsymbol{G}_t = \boldsymbol{E}[(A - \boldsymbol{E}A)^{\mathrm{T}}(A - \boldsymbol{E}A)] \tag{6-13}$$

式中，$\boldsymbol{G}_t$ 为样本图像 A 的协方差矩阵。从式(6-13)可知，矩阵 $\boldsymbol{G}_t$ 是一个 $n\times n$ 维的非负矩阵，利用训练样本图像可直接求得 $\boldsymbol{G}_t$。假设训练样本数为 M，$A_j(j=1, 2, \cdots, M)$表示第 j 个训练样本，且 $A_j \in R^{m\times n}$。矩阵 $\boldsymbol{G}_t$ 的计算则变为

$$G_t = \frac{1}{M}\sum_{j=1}^{M}(A_j - \overline{A})^{\mathrm{T}}(A_j - \overline{A}) \tag{6-14}$$

式中，$\overline{A}$ 为所有训练样本的均值图像，$\overline{A} = (1/M)\sum_{j=1}^{M}A_j$。依据式(6-12)~式(6-14)，式(6-11)可转化为

$$J(\boldsymbol{X}) = \boldsymbol{X}^{\mathrm{T}}\boldsymbol{G}_t\boldsymbol{X} \tag{6-15}$$

式中，$\boldsymbol{X}$ 为一维列向量，$\boldsymbol{X} \in R^{n\times 1}$。该准则称为广义总离散度准则。当 $J(\boldsymbol{X})$取最大值时，得到的一维列向量 $\boldsymbol{X}$ 叫做最佳投影轴，表明图像矩阵 A 向 $\boldsymbol{X}$ 方向投影后，投影特征向量 $\boldsymbol{Y}$ 的总离散度是最大的。

最佳投影轴 $\boldsymbol{X}_{\mathrm{opt}}$是当目标函数 $J(\boldsymbol{X})$取最大值时的一维向量，也就是矩阵 $\boldsymbol{G}_t$ 的最大特征值对应的特征向量。一般来说，只有一个最佳投影轴是不够的。通常选择 d 个较大特征值对应的特征向量 $\boldsymbol{X}_1$，$\boldsymbol{X}_2$，…，$\boldsymbol{X}_d$，这样既满足目标函数 $J(\boldsymbol{X})$最大，又使特征向量相互正交，即

$$\{\boldsymbol{X}_1, \boldsymbol{X}_2, \cdots, \boldsymbol{X}_d\} = \arg\max J(X)\text{，且 } \boldsymbol{X}_i^{\mathrm{T}}X_j = 0,\ i\neq j,\ i、j=1, \cdots, d \tag{6-16}$$

6.3.3 线性判别分析算法

线性判别分析(LDA)算法以样本的可分性为目标，试图寻找一组线性变换，使每类的类内离散度最小，并且使类间离散度最大。经典 LDA 算法中使用的是 Fisher 准则函数，所以线性判别分析又被称为 Fisher 线性判别分析(Fisher LDA，FLD)。LDA 也是一种很好的人脸识别的方法，但是用LDA 特征提取时容易出现的问题就是小样本(SSS)的问题。这里首先对 LDA 的基本原理进行介绍，然后介绍其改进算法。

1. LDA 基本原理

LDA 选择与类内散布的正交的向量作为特征脸空间，从而能够抑制图像之间的与识别信息无关的差异，以使对光照及人脸表情变化都不太敏感。这种方法的最终目的就是找到一些特征，使得类间离散度和类内离散度的比值最大，可以较好地表现类间的差异，有利于分类。

给定属于 c 类的 N 幅人脸图像训练样本$\{\boldsymbol{X}_i\}$，$i=1, 2, \cdots, N$，每个训练样本用一个 $n(=I_{\mathrm{w}}\times I_{\mathrm{h}})$维向量表示，$(I_{\mathrm{w}}\times I_{\mathrm{h}})$为图像的大小，那么，样本的类间散布矩阵 $\boldsymbol{S}_{\mathrm{b}}$，类内散布矩阵 $\boldsymbol{S}_{\mathrm{w}}$ 可计算如下：

$$\boldsymbol{S}_{\mathrm{b}} = \frac{1}{N}\sum_{i=1}^{c}N_i(m_i - m)(m_i - m)^{\mathrm{T}} \tag{6-17}$$

$$\boldsymbol{S}_{\mathrm{w}} = \frac{1}{N}\sum_{i=1}^{c}N_i\boldsymbol{S}_i \tag{6-18}$$

式中，N_i 是 $C_i(i=1, 2, \cdots, c)$类的训练样本数目；m_i 为 C_i 类样本均值向量，m_i =

$(1/N_i)\sum_{x\in C_i} x$；m 为所有样本的均值，$m=(1/N)\sum_{x} x$；$\boldsymbol{S}_i$ 为 C_i 类的协方差矩阵。这时，总体散布矩阵 $\boldsymbol{S}_t$ 可表示为

$$\boldsymbol{S}_t=\boldsymbol{S}_b+\boldsymbol{S}_w=\frac{1}{N}\sum_{x}(x-m)(x-m)^{\mathrm{T}} \tag{6-19}$$

可见 $\boldsymbol{S}_t$ 是所有样本的协方差矩阵。

LDA 算法的目标就是找到一个最佳投影 W_{opt}：

$$J(W_{\mathrm{opt}})=\arg\max\frac{|\boldsymbol{W}^{\mathrm{T}}\boldsymbol{S}_b\boldsymbol{W}|}{|\boldsymbol{W}^{\mathrm{T}}\boldsymbol{S}_w\boldsymbol{W}|} \tag{6-20}$$

求解函数式(6-20)就等同于求解 $\boldsymbol{S}_w^{-1}\boldsymbol{S}_b$ 的特征值问题。使 $J(w)$ 最大的变化矩阵 W_{opt} 由 $\boldsymbol{S}_w^{-1}\boldsymbol{S}_b$ 的前 m 个最大特征值所对应的特征向量组成。

由于 N 不够大，引起大小为$(n\times n)$的类内散布矩阵 $\boldsymbol{S}_w$ 奇异，致使 $\boldsymbol{S}_w^{-1}\boldsymbol{S}_b$ 的特征值无法直接求解，这就是 SSS 问题。

2. LDA 算法的改进

为了解决 SSS 问题，好多文献对此进行了研究。假定类间散布矩阵 $\boldsymbol{S}_b$ 和类内散布矩阵 $\boldsymbol{S}_w$ 的零空间分别为 A 和 B，那么 $A'=R^n-A$ 和 $B'=R^n-B$ 分别为 A 和 B 的补空间。由 Fisher 准则函数可知，最优识别空间应为 A'和 B 的交集 $A'\cap B$。

为了解决 $\boldsymbol{S}_w$ 的奇异问题，参考文献[4]提出了 Fisherface 方法。用 LDA 算法进行特征提取以前，先用 PCA 算法进行降维。该方法存在的问题是，因为 PCA 算法与 LDA 准则并不相容，虽然利用 PCA 算法降维使 $\boldsymbol{S}_w$ 满秩，但丢失了 $\boldsymbol{S}_w$ 的零空间，所以丢失了一部分很重要的分类信息。

另一种常用的可以解决 SSS 问题的方法是 D-LDA(直接 LDA)算法：首先去掉 $\boldsymbol{S}_b$ 的零空间，然后再使类内离散度最小。D-LDA 算法看似避免了丢失 $\boldsymbol{S}_w$ 的零空间。但是，$\boldsymbol{S}_b$ 和 $\boldsymbol{S}_w$ 的秩存在这样的关系：$\mathrm{rank}\boldsymbol{S}_b\leqslant\mathrm{rank}\boldsymbol{S}_w\leqslant NC$ 在去掉 $\boldsymbol{S}_b$ 的零空间使 $\boldsymbol{S}_b$ 满秩的同时，$\boldsymbol{S}_w$ 也达到满秩，即采用 D-LDA 算法间接丢失了 $\boldsymbol{S}_w$ 的零空间。

还有好多解决 SSS 问题的方法，虽然都取得了好的结果，但是用在人脸识别上没有使人脸识别率得到提高，并且不能达到实时性的要求。

在这里只是介绍了取得好的效果和最常用的降维方法，当然还有许多其他的方法。

6.3.4 独立成分分析算法

PCA 算法只能去除特征之间的相关性，不能获取特征的独立成分。因此在提取图像的统计特征中，又提出了独立成分分析(ICA)算法。ICA 算法是继 PCA 之后的又一分析多维数据的有力工具，它是随着盲信源分解问题而发展起来的，其目的是获取数据的独立分量。PCA 算法的主轴是正交的，不影响数据投影的相关性；ICA 算法的主轴是独立的，但不一定正交，因此 ICA 算法的结果具有更好的可分性(见图 6-5)。

ICA 算法求解的基本模型为

$$X=\boldsymbol{A}S \tag{6-21}$$

$$S=\boldsymbol{W}X \tag{6-22}$$

式中，X 为观测信号；S 为独立分量，且被假定是统计独立的；$\boldsymbol{A}$ 为混合基矩阵；$\boldsymbol{W}$ 为独立

基矩阵。ICA 算法的基本目标是求解混合基矩阵 $\boldsymbol{A}$ 或独立基矩阵 $\boldsymbol{W}$，并使 S 尽量独立。该问题的难点在于仅知道 X，而 $\boldsymbol{A}$、$\boldsymbol{W}$ 和 S 都是未知的，研究人员已经提出了一些有效的方法，例如 Hyvrinen 等人提出的 Fast ICA 算法，来解决这些问题。

这种基于图像整体统计特征提取的方法的缺点是，对于外在因素带来的图像差异和人脸面部表情本身带来的差异是不加任何区分的，因此照片的角度、光线、尺寸以及不同人脸的形状大小差异等干扰都会导致识别率的下降。为了改善这个不足，一个思路是针对干扰，对输入图像作规范化处理，主要包括将输入图像的均值方差归一化、人脸尺寸归一化等；另一种改进思路是考虑到局部人脸图像受外在干扰相对较小，而且眼睛、嘴等区域对表情识别的贡献率明显大于面部的其他部分，因此在进行人脸识别时，可利用 K-L 变换计算出特征眼睛、特征嘴等。然后将局部特征向量加权进行匹配，就能够得到一些好的效果。

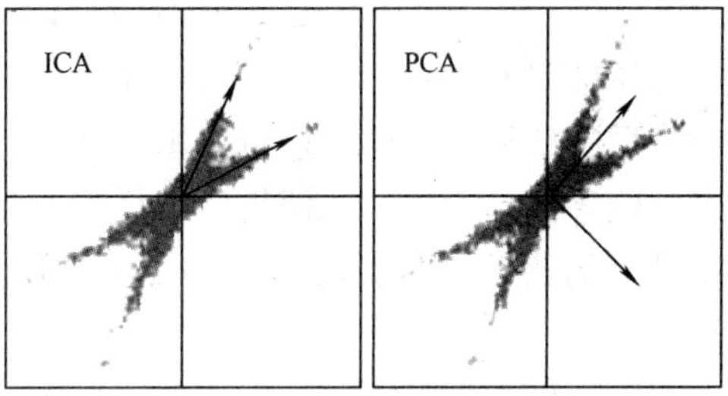

图 6-5　ICA 算法与 PCA 算法的主轴

6.4　频率域特征的提取

6.4.1　小波技术

小波变换是一种信号的时间尺度(时间-频率)分析方法，它具有多分辨率分析的特点，而且在时频两域都具有表征局部信号特征的能力，是一种窗口大小可改变的时频局部方法。因此，Smallat 在 1988 年提出的小波多分辨率分析成为了图像模式识别的有效工具。

设有二维离散人脸图像信号$\{X_{m,n}\}$；m，$n\in z$，令 $C_{o,m,n}=X_{m,n}$，则二维图像的小波分解递推公式为

$$C_{j,m,n}=(H\otimes H)(C_{j+1})_{m,n}=\sum C_{j+1,k,l}h_{k-2m}h_{l-2n} \tag{6-23}$$

$$D^1_{j,m,n}=(H\otimes G)(C_{j+1})_{m,n}=\sum C_{j+1,k,l}h_{k-2m}g_{l-2n} \tag{6-24}$$

$$D^2_{j,m,n}=(G\otimes H)(C_{j+1})_{m,n}=\sum C_{j+1,k,l}g_{k-2m}h_{l-2n} \tag{6-25}$$

$$D^3_{j,m,n}=(G\otimes G)(C_{j+1})_{m,n}=\sum C_{j+1,k,l}g_{k-2m}g_{l-2n} \tag{6-26}$$

式中，H 和 G 分别是脉冲响应为$\{h_k\}_{k\in z}$和$\{g_k\}_{k\in z}$的滤波器；H 是低通滤波器，起平滑作用；D^1 为小波分解垂直方向上的系数；D^2 为小波分解水平方向上的系数；D^3 为小波分解对角线方向上的系数；C 为小波分解低频子带上的系数。

在一层二维小波分解的基础上，可以继续对一层分解的低频系数图像进行小波分解得到二层小波分解图像。分解的低频系数图像保持了原图像的低频量，为原图像的平滑像；水平高频图像保持了原图像的水平边缘细节；垂直高频图像保持了原图像的垂直边缘细节；对角线线高频图像保持了原图像的斜边缘细节。Nasta 等人研究了人脸面容变化及其频谱变化的关系，发现人脸图像的表情变化和少许遮掩只影响局部光强度流(Intensity Manifold Locally)，如果用频率来表达，只会影响高频谱部分，称为高频现象(High Frequency Phenomenon)，而且经过分解的低频子图像的存储空间和计算存在复杂性，经过适当的小波分解的低频图像对人脸图像的表情变化不敏感，但可以保持充分区分不同人脸的能力。

傅里叶变换是传统而有效的信号分析工具，对人脸图像小波分解的低频系数进行频谱表达，就是对其进行傅里叶变换了。对以二维信号$f(x, y) \in L^2(R^2)$的傅里叶变换定义为

$$I(u,v) = \int_{-\infty}^{+\infty}\int_{-\infty}^{+\infty} f(x,y)\mathrm{e}^{-2\pi(ux+vy)}d_x d_y \tag{6-27}$$

并且容易证明$f(x-a, y-b) \in L^2(R^2)$，则有人像的振幅谱图像是位移不变的。因此可对小波分解后的低频系数图像进行傅里叶变换，采用这种方式可以完全消除因空间位置对不准而带来的位移误差。经过对傅里叶变换后的系数矩阵进行数据分析就可以得出此人脸图像的特征向量。也就是先求取矩阵的行向量范数，再求列向量的范数，然后对这两组范数进行组合就行了。

6.4.2 Gabor 小波

Gabor 变换(亦称加窗傅里叶变换)是由 Gabor 在 20 世纪 40 年代利用高斯函数作为窗口函数首先提出的。近几十年来，Gabor 变换在信息处理方面得到了广泛的应用。特别是 Gabor 小波核函数具有与人类大脑皮层简单细胞的二维反射区相同的特性，即能够捕捉对应于空间频率(尺度)、空间位置及方向选择性的局部结构信息，因此用二维 Gabor 小波变换的系数幅值作为特征来匹配有着良好的视觉特性和生物学背景，在人脸识别和图像处理中曾被广泛应用。

Gabor 小波滤波器是一组窄带带通滤波器，在空间域和频率域均有较好的分辨能力，有明显的方向选择和频率选择特性。与傅里叶变换相比，表情图像的 Gabor 小波分解是一种局部变换，因此某一局部测度的范围可以由 Gabor 小波滤波器的尺度大小来定义。

二维 Gabor 滤波器函数形式如下：

$$G_j(\boldsymbol{x}) = \frac{k_j^2}{\delta^2}\exp\left(-\frac{k_j^2 x^2}{2\delta^2}\right)\left[\exp(i\boldsymbol{k}_j\boldsymbol{x}) - \exp\left(-\frac{\delta^2}{2}\right)\right] \tag{6-28}$$

式中，$\boldsymbol{k}_j = \begin{pmatrix}\omega_{jx}\\ \omega_{jy}\end{pmatrix} = \begin{pmatrix}\omega_v\cos\phi_u\\ \omega_v\sin\phi_u\end{pmatrix}$，$\phi_u = u\cdot\frac{\pi}{8}$；$\boldsymbol{x} = (x, y)$；$\delta$为高斯窗的尺度因子，它控制滤波器的尺度大小和带宽；ω_v与$\phi_u(u, v \in N)$分别为调制频率和调制方向。可以针对采集的图像选择合适的δ、ω_v和ϕ_u，使 Gabor 小波滤波器对图像的主要频率分量有较大的影响，从而获得反映不同目标的主要特征；$(\omega_{jx}, \omega_{jy})$分别是$x$、$y$方向的频率分量。为了对一幅图像的整个频率域采样，还可以设计具有多种频率与方向的多个 Gabor 小波滤波器，构成一组 Gabor 小波滤波器合并作用于表情图像，这就相当于使表情图像通过不同的窄带能量通道，从而实现目标图像的 Gabor 小波分解。Buciu 等人利用 Gabor 小波和 ICA 算法进行表情识别，表示了取$\omega_v = 2^{-(v+2)/2}\pi$，$\phi_\mu = \mu\pi/8$，$v = 0、1、2、3、4$，$\mu = 0、\pi/4、\pi/2、3\pi/4$时得到 12 个小波滤波器的输出，如图 6-6 所示。

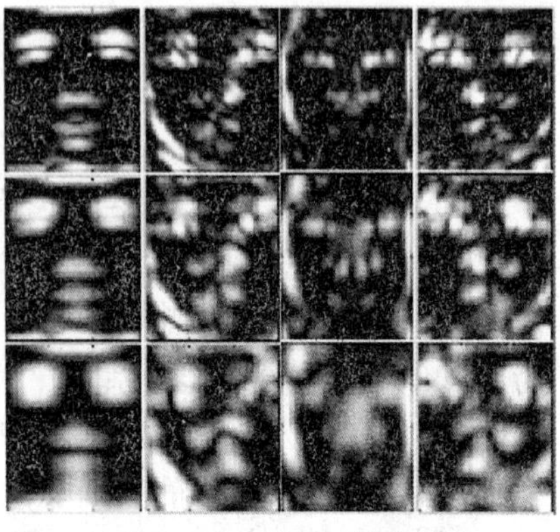

图 6-6　人脸图像的小波描述

6.4.3 离散余弦变换

离散余弦变换(Discrete Cosine Transform, DCT)的变换系数是一种较好的变换系数特征。离散余弦变换的变换核为实数的余弦函数，DCT 是 K-L 变换的最好近似，众所周知，K-L 变换是基于不同的性能准则的一个最优变换。前面的 PCA 变换就是基于 KL 基的。另外，因为离散余弦变换与离散傅里叶变换很相近，所以可以对它进行有效的计算。基于这两个特性，可以用它作为人脸的特征。这里首先介绍一下离散余弦变换的理论基础。

给定长度为 N 的输入序列 $u(n)$，它的 DCT 可由下式得到：

$$v(k) = a(k)\sum_{n=0}^{N-1} u(n)\cos\left(\frac{(2n+1)\pi k}{2N}\right) \quad 0 \leqslant k \leqslant N-1 \tag{6-29}$$

式中，$a(0)=\sqrt{1/N}$，$a(k)=\sqrt{2/N}$，$1 \leqslant k \leqslant N-1$。在式(6-29)中可以把 $u(n)$序列视为一个向量 $\boldsymbol{U}$，把 DCT 看作一个变换矩阵，得到输出序列 $v(k)$，把 $v(k)$序列视为一个向量 $\boldsymbol{V}$，即

$$\boldsymbol{V} = \boldsymbol{C}\boldsymbol{U} \tag{6-30}$$

式中，$\boldsymbol{C}$ 为 DCT 的变换矩阵，即

$$\boldsymbol{C}(k,n) = \begin{cases} \dfrac{1}{\sqrt{N}} & k = 0, 0 \leqslant n \leqslant N-1 \\ \sqrt{\dfrac{2}{N}}\cos\left(\dfrac{(2n+1)\pi k}{2N}\right) & 1 \leqslant k \leqslant N-1, 0 \leqslant n \leqslant N-1 \end{cases} \tag{6-31}$$

式中，k、n 为变换矩阵的行和列。得到的 $\boldsymbol{V}$ 即为所需要的特征向量，还可以利用 DCT 的逆变换，将原图像进行复原，即

$$\boldsymbol{U} = \boldsymbol{C}^{-1}\boldsymbol{V} \tag{6-32}$$

式中，$\boldsymbol{C}^{-1}$为 $\boldsymbol{C}$ 的逆矩阵。

有以上 DCT 的理论基础，可以看到 DCT 在以下几点优于 PCA 方法：① 将每一幅图像矩阵看成一个向量，可以对每个向量进行单独处理，提取出特征向量，放入特征库里面，用于以后的识别；② 当新的图像需加入库中时，经过预处理之后，可以对该图像进行 DCT，无需考虑其他的图像，这样即使库中人脸图像很多时，计算量也不大，DCT 的计算速度快。而 PCA 方法当有新的图像加入时，必须重新计算新图像与原库中所有图像的协方差矩阵，以求出新的特征空间。在第 9 章的人脸识别实例中，就是采用离散余弦变换系数作为 HMM 的观察向量来进行人脸识别的。

6.5 运动特征的提取

以上所介绍的特征提取方法都是针对一幅静态图像或者针对动态图像序列中的某一帧进行的。然而表情识别的最大特点是它是一个动态变化的过程。心理学研究表明，尽管人类可以依据一幅静态图像判别其中的人脸表情，但是大部分实验者在识别动态序列图像的表情时，准确率明显增高。可见提取动态图像序列的运动特征，对于表情识别有着特殊的意义。当输入的人脸图像占据图像主要位置时，其特有的运动向量(光流)就会占据绝对优势。而

且，一般来说，人脸总是会做一定的相对运动，其运动方式虽包含了平动和转动，但由于脸部受观察点到颈部转轴的距离较大，而且在短时间内转动角也很小，因此，可以把转动近似地当作平动处理。这些基本要素使得运动特征提取非常适合采用光流场的方法。

光流是指亮度模式引起的表观运动，是景物中可见点的三维速度向量在成像平面上的投影，它表示了景物表面上的点在图像中位置的瞬时变化；同时光流场携带了有关运动和结构的丰富信息。光流模型是处理运动图像的有效方法，其基本思想是将运动图像函数 $f(x, y, t)$ 作为基本函数，根据图像强度守恒原理建立光流约束方程，通过求解光流约束方程计算运动参数。

假设在时间 t，图像中坐标为 (x, y) 的像元，其灰度为 $f(x, y, t)$，经过时间 Δt，这一点像元运动到 $(x+\Delta x, y+\Delta y)$，其灰度为 $f(x+\Delta x, y+\Delta y, t+\Delta t)$。因为是两个不同时刻的同一个点，根据灰度守恒，假设有

$$f(x, y, t)=f(x+\Delta x, y+\Delta y, t+\Delta t) \tag{6-33}$$

如果认为灰度随 (x, y, t) 的变化是平滑、连续的，则式(6-33)的右边可以用泰勒级数展开，得

$$f(x+\Delta x, y+\Delta y, t+\Delta t)=f(x, y, t)+\frac{\partial f}{\partial x}\mathrm{d}x+\frac{\partial f}{\partial y}\mathrm{d}y+\frac{\partial f}{\partial t}\mathrm{d}t+e \tag{6-34}$$

式中，e 包含 $\mathrm{d}x$、$\mathrm{d}y$、$\mathrm{d}t$ 的高次项。根据式(6-33)，消去 $f(x, y, t)$，且当 $\mathrm{d}t\to 0$ 时，得到

$$\frac{\partial f}{\partial x}\cdot\frac{\mathrm{d}x}{\mathrm{d}t}+\frac{\partial f}{\partial y}\cdot\frac{\mathrm{d}y}{\mathrm{d}t}+\frac{\partial f}{\partial t}=0 \tag{6-35}$$

令 $\partial f/\partial x=E_x$，$\partial f/\partial y=E_y$，$\partial f/\partial t=E_t$，$\mathrm{d}x/\mathrm{d}t=u$，$\mathrm{d}y/\mathrm{d}t=v$，得到光流场基本方程为

$$E_x u+E_y v+E_t=0 \tag{6-36}$$

在实际应用情况中，光流场基本方程的灰度守恒假设往往不能满足，这是由于光源的运动和不均匀性、对象的遮挡性和透明性等原因造成的。因此，Shahriar、Negahdaripour 等人提出了无显著特征动态图像模型(Generalized Dynamic Image Model，GDIM)。GDIM 中灰度不再保持恒定。

$$f(x+\Delta x,y+\Delta y,t+\Delta t)=M(x,y,t)f(x,y,t)+C(x,y,t) \tag{6-37}$$

令 $M(x,y,t)=1+\Delta m(x,y,t)$、$C(x,y,t)=\Delta c(x,y,t)$，将其代入式(6-37)，得

$$\Delta f=f(x+\Delta x,y+\Delta y,t+\Delta t)-f(x,y,t)=\Delta m(x,y,t)f(x,y,t)+\Delta c(x,y,t) \tag{6-38}$$

若 $\Delta m=\Delta c=0$，式(6-38)中 $\Delta f=0$，就转化为灰度守恒假设，所以灰度守恒假设是 GDIM 中的一个特例。

$$E_t+E_x u+E_y v-(\delta mE+\delta c)=0 \tag{6-39}$$

式(6-39)不仅约束了像元的运动速度 $[u, v]$，而且根据时空梯度约束了灰度变化 δm 和 δc。在实际序列图像中，式(6-39)更加符合实际情况。如果把式(6-38)改写成

$$E_t=\delta g+\delta E \tag{6-40}$$

式中，δg 为几何分量，$\delta g=-(E_x u+E_y v)$；δE 为灰度分量，两者的比值 $\partial g/\partial E$ 可作为两者之间强弱关系的参数。例如由运动引起的变化大于阴影的影响，那么该值就比较大；反之较小。这对于估计运动参数和物体三维信息非常有意义。这个参数同时也可用于基于灰度的传统模式的信噪比测量，因为一般认为，运动参数能够被准确估算的地方主要在于 $\partial g/\partial E$ 比

较大的地方。

对输入的人脸图像，外界的干扰因素一般是比较多的，采用灰度不守恒的光流场基本方程更显得合适与可靠。这种方法具有计算精度高、易于实现等优点，有一定的实用价值。而且用光流计算的方法提取其运动特征，一方面反映了表情的变化实质；另一方面特征受光照不均匀性的影响较小，只要保证在同一组图像序列中光照强度基本不变，光照条件对各组之间的影响就较小。

以上只是对特征提取方法的简单介绍，实际处理问题时，其实各种特征提取的方法并不是孤立的，并且还要结合图像处理的相关工作，例如用滤波或者均衡化来提高图像的质量，从而特征提取时能获得良好的特征参数、较好的表达图像，以得到好的识别结果。

6.6 代数特征的提取

代数特征反映的是图像的一种内在属性，将图像作为矩阵看待，可对其进行各种代数变换，或进行各种矩阵分解。由于矩阵的特征向量反映的是一种代数属性，并且具有不变性，因此可用来表征图像特征。不变矩和奇异值特征是两种常用的图像代数特征，两者具有平移、尺度和旋转不变性特征，而且奇异值特征还对噪声、光照变化引起的图像灰度变化具有不敏感性。下面介绍奇异值分解(SVD)的人脸特征提取方法。

1. 奇异值分解定理

二维的人脸图像相当一个高维向量，直接用其进行计算太困难，必须在保持主要特征的前提下降维，也就是希望用少量的特征来近似整个图像，而奇异值分解(SVD)就是一种实现这种效果的良好手段。

奇异值分解定理：设 $\boldsymbol{A}$ 是一个秩为 r 的 $n\times r$ 维矩阵，则存在两个正交矩阵

$$\boldsymbol{U} = [u_0, u_1, K, u_{r-1}] \in R^{n\times r} \qquad \boldsymbol{U}^{\mathrm{T}}\boldsymbol{U} = \boldsymbol{I} \tag{6-41}$$

$$\boldsymbol{V} = [v_0, v_1, K, v_{r-1}] \in R^{n\times r} \qquad \boldsymbol{V}^{\mathrm{T}}\boldsymbol{V} = \boldsymbol{I} \tag{6-42}$$

以及对角矩阵

$$\boldsymbol{\Lambda} = \mathrm{diag}[\lambda_0, \lambda_1, K, \lambda_{r-1}] \in R^{n\times r}, \text{且 } \lambda_0 \geqslant \lambda_1 \geqslant K \geqslant \lambda_{r-1} \tag{6-43}$$

满足 $\boldsymbol{A} = \boldsymbol{U}\boldsymbol{\Lambda}^{\frac{1}{2}}\boldsymbol{V}^{\mathrm{T}}$。式中，$\lambda_i (i = 0,1,K,r-1)$ 为矩阵 $\boldsymbol{A}\boldsymbol{A}^{\mathrm{T}}$ 和 $\boldsymbol{A}^{\mathrm{T}}\boldsymbol{A}$ 的非零特征值；$\boldsymbol{u}_t$ 和 $\boldsymbol{v}_t$ 分别为 $\boldsymbol{A}\boldsymbol{A}^{\mathrm{T}}$ 和 $\boldsymbol{A}^{\mathrm{T}}\boldsymbol{A}$ 和对应于 λ_t 的特征向量。上述分解称为矩阵 $\boldsymbol{A}$ 的奇异值分解，$\sqrt{\lambda_t}$为 $\boldsymbol{A}$ 的 λ_t 奇异值。

2. 基于 SVD 的特征提取

对于一幅大小为 $N_1 \times N_2$ 的人脸灰度图像 $P(x,y)$，其中 $x \in [1,N_1]$，$y \in [1,N_2]$，且像素值 $P(x,y)$ 满足 $P(x,y) \in [0,1]$，x 为行索引值，y 为列索引值，定义其投影图为

$$M_{\mathrm{p}}(x,y) = \frac{V_{\mathrm{p}} H_{\mathrm{p}}(y)}{N_1 N_2 \bar{p}} \tag{6-44}$$

式中，$V_{\mathrm{p}}(x)$ 和 $H_{\mathrm{p}}(y)$ 分别为图像 $P(x,y)$ 的垂直和水平投影；$\bar{p}$ 为平均灰度值。

利用正面垂直人脸的对称性，对原始图像进行光照均衡处理，得到的图像为 $P'(x,y)$，如下式所示：

$$P'(x,y) = \frac{P(x,y) + P(N_1 - x, y)}{2} \tag{6-45}$$

结合投影图后的人脸图像变为 $P_a(x,y)$，如下式所示：

$$P_a(x,y) = \frac{P(x,y) + aM_p(x,y)}{1 + a} \quad (a\text{ 为结合系数}) \tag{6-46}$$

用该方法处理前后的图像中光照比较均衡。另外，人脸具有多种表情，表情的变化对识别的影响也很大，而在人的五官当中，嘴巴对表情的影响最大，相比之下，眼睛和鼻子的影响相对较小。为此采用一个二值图 $S(x,y)$ 叠加到人脸图像上，以进一步屏蔽嘴巴的影响，得到的图像为 $P_{\mathrm{L}}(x,y)$，如下式所示：

$$P_{\mathrm{L}}(x,y) = P_a(x,y)S(x,y) \tag{6-47}$$

经过上述处理后的人脸图像不仅有效地减弱了光照的影响，同时也在一定程度上克服了表情的影响，从而较好地保留了人脸的不变性特征。令训练样本集的总体散布矩阵 $\boldsymbol{\Sigma}$ 为

$$\boldsymbol{\Sigma} = \frac{1}{N}\sum_{t=0}^{N-1}[P_{\mathrm{L},t}(x,y) - \mu(x,y)] \tag{6-48}$$

$$[P_{\mathrm{L},t}(x,\ y) - \mu(x,\ y)]^{\mathrm{T}} = \frac{1}{N}\boldsymbol{P}\boldsymbol{P}^{\mathrm{T}} \tag{6-49}$$

式中，$\mu(x,\ y)$称为平均脸，即 $\mu(x,\ y) = \frac{1}{N}\sum_{t=0}^{N-1} P_{\mathrm{L},t}(x,\ y)$

$$\boldsymbol{P} = [P_{\mathrm{L},0}(x,\ y) - \mu(x,\ y),\ P_{\mathrm{L},1}(x,\ y) - \mu(x,\ y),\ K,\ P_{\mathrm{L},2}(x,\ y) - \mu(x,\ y)] \tag{6-50}$$

令矩阵 $\boldsymbol{W} = \boldsymbol{P}^{\mathrm{T}}\boldsymbol{P} \in R^{N\times N}$，根据奇异值分解定义，求出 $\boldsymbol{W}$ 的特征值 λ_i 和对应的正交归一特征向量 $\boldsymbol{V}_i(i=0,\ 1,\ \cdots,\ N-1)$，再由奇异值分解定理可知，$\boldsymbol{\Sigma}$ 的正交归一特征向量 $\boldsymbol{u}_i = \boldsymbol{P}v_i/\sqrt{\lambda_i}(i=0,\ 1,\ \cdots,\ N-1)$，$\boldsymbol{u}_i$ 就是人脸图相对应特征值 $\boldsymbol{\lambda}_i$ 的特征向量，将 $\boldsymbol{\lambda}_i$ 按降序排列，并选取最大的 250 个特征值所对应的特征向量构成图像变换矩阵 $\boldsymbol{U}$，占有人脸特征总量 90% 以上，已经涵盖了人脸的主要特征。

对于任何一幅人脸图像，都可以求出其与平均脸之差在变换空间 $\boldsymbol{U}$ 上的投影向量 $\boldsymbol{P}_r(x,\ y) = \boldsymbol{U}^{\mathrm{T}}[P_L(x,\ y) - \mu(x,\ y)]$，其中，$\boldsymbol{P}_r(x,\ y)$是一个 250 维向量，也就是人脸图像 $P_L(x,y)$ 经过特征提取后的代数特征。此时，人脸图像的维数已经大大降低，同时保留了绝大部分的有效特征信息。

参考文献

[1] Gu Hua, Su Guangda, Du Cheng. Feature Points Extraction from Faces[J]. Image and Vision Computing 2003(11): 26-28.

[2] Lanitis A, Taylor C J, Cootes T F. Automatic Interpretation and Coding of Face Images Using Flexible Models[J]. IEEE Trans. on PAMI, 1997, 19 (7): 743-756.

[3] Tian Ying-li, Lisa Brown. Real World Real-time Automatic Recognition of Facial Expressions[C]// proceedings IEEE workshop on performance evaluation of tracking and surveillance, Graz, Austria, 2003.

[4] Hyvrinen A. Fast and robust fixed point algorithms for independent component analysis[J]. IEEE Transactions on Neural Networks, 1999, 10(3): 626-634.

[5] Liu Ke, Cheng Yongqing, Yang Jingyu, et al. Algebraic feature extraction forimage recognition based on an optimal discriminant criterion[J]. Pattern Recognition, 1993, 26(6): 903-911.

[6] 杨键，杨静宇．具有统计不相关性的图像投影鉴别分析及人脸识别[J]．计算机研究与发展，2003，40(3)：447-452.

[7] Yang Jian, Zhang David, Yang Jing-yu. Two-dimensional PCA: A new approach to appearance-based face representation and recognition[J]. IEEE Transactions on Pattern Analysis and Machine Intelligence, 2004, 26(1): 131-137.

[8] 张翠平，苏光大．人脸识别技术综述[J]．中国图象图形学报，2000，5(11)：885-894.

[9] 向世明，刘国翌，陈睿，等．Gabor 滤波器和 ICA 支持的无监督纹理分割[J]．计算机辅助设计与图形学学报，2003，16(3)：284-289.

[10] Hyvrinen A, Karhunen J, Oja E. Independent component Analysis[M]. NewYork: John Wiley&Sons, 2001.

[11] Buciu C, Kotropoulos, Pitas I. ICA and Gabor Representation for Facial Expression Recognition[C]//International Conference on Image Processing, 2003.

[12] 王凌，冯华君，徐之海，等．一种基于光流场的复杂背景下人脸定位方法[J]．计算机工程与应用，2003，39(8)：68-70，73.

[13] Michael J. Lyons, Julien Budynek, Andre Plante, et al. Classifying Facial Attributes using a 2-D Gabor Wavelet Representation and Discriminant Analysis[C]//Proceedings of the 4th International Conference on Automatic Face and Gesture Recognition, 2000.

[14] 边肇祺，张学工．模式识别[M]. 2 版．北京：清华大学出版社，2000.

[15] Zhu Ying. Using Moment Invariants and HMM in Facial Expression Recognition[J]. Pattern Recognition Letters, 2002, 23(1): 83-91.

[16] Tatsumi S. Facial Expression Recognition from Image Sequences Using Hidden Markov Model[C]//ACCV, 1995: 423-427.

[17] Takahiro O. Recognition of Facial Expression Using HMM with Continuous Output Probabilities[C]//IEEE Int. Workshop on Robot and Human Communication, 1996: 323-328.

[18] 甘俊英，黄宇明．用于人脸识别的人脸图像标准化算法[J]．五邑大学学报：自然科学版，2002(6)：11-15.

[19] 严超，苏光大．人脸特征的定位与提取[J]．中国图象图形学报，1998(5)：376-379.

[20] 林岩，成瑜．一种简易的人脸外轮廓提取方法[C]//第四届中国生物识别学术会议论文集，2003：73-77.

[21] 顾华，苏光大，杜成．自动提取人脸关键特征点[C]//第四届中国生物识别学术会议论文集，2003：84-88.

[22] Kurita T, Otsu N, Sato T. A Face Recognition Method Using Higher Order Local Autocorrelation and Multivariate Analysis[C]// Proc. IAPR Int. Conf. on Pattern Recognition, 1992: 213-216.

[23] Kirby M, Sirovich L. Application of the Karhunen-Loeve Procedure for the Characterization of Human Faces[J]. IEEE Trans. on Pattern Analysis and Machine Intelligence, 1990(12): 103-108.

[24] Turk M, Pentland A. Eigen Faces for Recognition[J]. Journal of Cognitive Neuroscience, 1991(3): 71-86.

[25] Turk M, Pentland A P. Face Recognition Using Eigenfaces[C]// Proceeding of IEEE Conference on Computer Vision and Pattern Recognition, 1991: 1209-1230.

[26] Murase H, Nayar S K. Visual Learning and Recognition of 3D Objects from Appearance[J]. International Journal of Computer Vision, 1995, 14(1): 5-24.

[27] Belhumeur P N, Hespanha J P, Kriegnan D J. Eigenfaces vs. Fisherfaces Recognition using class specific linear projection[J]//IEEE Trans. on Pattern Analysis and Machine Intelligence, 1997, 19(7): 711-720.

[28] Swots D, Weng J. Using Discriminant Eigenfeatures for Image Retrieval[J]//IEEE Transaction on Pattern Analysis and Machine Intelligence, 1996, 22 (8): 831-836.

[29] Qiao Yu, Huang Xiyue, Chai Yi. Face recognition based on Weighted PCA [J]. Journal of Chongqing University, 2004, 27(3): 60-66.

[30] Ekman P. Emotion in the Human Face[M]. Cambridge, UK: Cambridge University Press, 1982.

[31] Vapnik V N. Estimation of Dependencies Based on Empirical Data[M]. Berlin: Springer-Verlag, 1982.

[32] Vapnik V, Levin E, Le Cun Y. Measuring the VC-dimension of a learning machine[J]. Neural Computation, 1994(6): 851-876.

[33] 刘巧静，林福严，李兴森．人脸特征的选取和定位[J]. 微计算机应用，2000，21(4)：207-210.

[34] 周激流，张晔，郭晶，等．基于活动轮廓模型的人脸特征提取方法的研究[J]. 中国图象图形学报，2000，5(4)：341-344.

[35] 赵振勇，王保华，王力，等．人脸图像特征的提取[J]. 计算机技术和发展，2007，17(5)：221-224.

[36] Wang Song, Xia Shaowei. Robust PCA based on neural networks[C]// Proceedings of the 36th IEEE Conference, 1: 503-508.

[37] Yang Ming-Hsuan, Kriegman D J, Ahuja N. Detecting faces in images: a survey[J]. Patern Analysis and Machine Intelligence, IEEE Transactions, 2002, 24(Issue: I): 34-58.

第 7 章　面部特征的模式识别算法

人脸识别或表情识别的最后一步就是采用模式分类算法对提取出的特征进行模式分类。在整个模式识别过程中，分类器的设计与特征的选择和提取是相互独立又紧密相关的两个环节。早期的模式识别方法，以统计模式识别方法与结构模式识别方法两大类为主。而在 20 世纪 80 年代，迅速发展的模糊数学理论、人工神经网络理论和人工智能方法不断深入到模式识别的各个领域和环节，出现了模糊模式识别方法、神经网络模式识别方法和人工智能模式识别方法。

统计模式识别方法是从被研究的模式中选择能足够代表它的若干特征（设有 d 个），每一个模式都由这 d 个特征组成的在 d 维空间的一个 d 维特征向量来代表，于是每一个模式就在 d 维特征空间占有一个位置。一个合理的假设是，同类的模式在特征空间相距很近，而不同类的模式在特征空间则相距较远，这是因为相距近的模式意味着它们的各个特征相差不多，从而这些模式处在同一类中的可能性也较大。如果用某种方法来分割特征空间，使得同一类模式大体上都在特征空间的同一个区域中。对于待分类的模式，就可根据它的特征向量位于特征空间中哪一个区域而判定它属于哪一类模式。统计模式识别的任务就是用不同的方法划分特征空间，从而实现识别的目的。

统计模式识别方法是研究得最多的也最为深入的，也是在人脸识别和表情识别中常用的识别方法，因此本章主要介绍统计模式识别方法，最后简单介绍了神经网络模式识别方法和模糊模式识别方法。

7.1　线性判别分析

7.1.1　线性判别函数的基本概念

对于 n 维空间中的 c 个模式类别，各给出一个由 n 个特征组成的单值函数、这叫做判别函数。在 c 类的情况下，我们共有 c 个判别函数. 记为，$g_1(X)$，$g_2(X)$，…，$g_c(X)$，它们分别对应于模式类 ω_1，ω_2，…，ω_c。作为判别函数，应该具有如下的性质：假如一个模式 X 属于第 i 类，则有

$$g_i(X) > g_j(X) \qquad i, j = 1, 2, \cdots, c; j \neq i \tag{7-1}$$

而如果这个模式在第 i 类和第 j 类的分界面上，则有

$$g_i(X) = g_j(X) \tag{7-2}$$

线性判别函数是最简单的判别函数，它是所有模式特征的线性组合，即

$$g_i(X) = \sum_{k=1}^{N} w_{ik} x_k + w_{i0} \tag{7-3}$$

式中，$g_i(X)$代表第 i 个判别函数；w_{ik}是系数或权；w_{i0}为常数或称为阈值。该方程在二维空间是直线，在三维空间是平面，在 N 维空间则是超平面。

若对第 i 类模式定义 n 维权向量为 $\boldsymbol{W}_i=(w_1,w_2,\cdots,w_n)^{\mathrm{T}}$，则判别函数可写成更简洁的形式，即

$$g_i(X)=\boldsymbol{W}_i^{\mathrm{T}}X+w_{i0} \tag{7-4}$$

任何 m 类问题都可以分解为$(m-1)$个二类识别问题，因此，二类线性判别函数是最简单和最基本的。

7.1.2 Fisher 线性判别

Fisher 判别是一种应用得极为广泛的线性分类方法，其基本思想是：把 d 维空间的所有模式投影到一条过原点的直线上，即将模式的维数压缩到一维，并要求同一类型的样本尽可能聚在一起，不同类型的样本尽可能地分开。

Fisher 线性判别分析(Fisher Discriminant Analysis，FDA)算法是 R. A. Fisher 于 1936 年提出的一种旨在降低特征维数的方法。FDA 算法是有监督学习算法，其目标是找到线性投影方向(投影轴)使得训练样本在这些轴上的投影结果为：类内散度最小，类间散度最大。换句话说，FDA 算法建立了一个子空间(由所有的投影轴构成)，所有样本在这个子空间内满足类内散度最小、类间散度最大等要求。所有样本在这些投影轴上的投影系数可以作为样本的特征向量，利用这些特征向量，就可以进行样本的分类识别。

1. 两类问题

先讨论简单的两类 Fisher 线性判别分析。

假设有一组 n 个 d 维的样本 X_1，X_2，…，X_n，它们分属于两个不同的类别，其中大小为 n_1 的样本子集 D_1 属于类别 ω_1，大小为 n_2 的样本子集 D_2 属于类别 ω_2。如果对 X 中的各个成分作线性组合，就得到点积，结果是一个标量

$$y=\boldsymbol{W}^{\mathrm{T}}X \tag{7-5}$$

其中，$\boldsymbol{W}=(w_1,\ w_2,\ \cdots,\ w_n)$是线性组合的权重。

这样，全部的 n 个样本 X_1，X_2，…，X_n 就产生了 n 个结果 y_1，y_2，…，y_n，相应地属于集合 Y_1，Y_2。从几何上说，如果 $\|\boldsymbol{W}\|=1$，那么每个 y_i 就是把 X_i 向方向为 $\boldsymbol{W}$ 的直线进行投影的结果，$\boldsymbol{W}$ 的幅值不重要，重要的是其方向。因为，向不同方向的直线作投影，其产生的结果在可分程度上是非常不同的。如果属于类别 ω_1 的样本和属于类别 ω_2 的样本在 d 维空间中分别形成两个显著分开的聚类，那么希望投影后也尽量地分开。只有确定了最佳的直线方向，才能达到最好的分类效果。由此也可知道，如果各个类别的样本在原始的 d 维空间就是不可分的，那么无论向什么方向投影都无法产生可分的结果，因此也就不适合用线性判别分析。

下面讨论如何确定最佳的直线方向 $\boldsymbol{W}$。一个用来衡量投影结果的分量程度的度量是样本均值的差。如果 u_i 为第 i 类的 d 维样本均值，则有

$$u_i=\frac{1}{n_i}\sum_{X\in D_i}X \tag{7-6}$$

则投影后点的样本均值为

$$\tilde{u}_i=\frac{1}{n_i}\sum_{y\in Y_i}y=\frac{1}{n_i}\sum_{X\in D_i}\boldsymbol{W}^{\mathrm{T}}X=\boldsymbol{W}^{\mathrm{T}}u_i \tag{7-7}$$

也正好是原样本均值 u_i 的投影，则投影后的点的两类样本均值差为

$$|\tilde{u}_1 - \tilde{u}_2| = |\boldsymbol{W}^{\mathrm{T}}(u_1 - u_2)| \tag{7-8}$$

由此可见，通过改变 $\boldsymbol{W}$ 的幅值，可以得到任意大小的投影样本均值差。但是两类数据的投影样本均值差 $|\tilde{u}_1 - \tilde{u}_2|$ 的大小并不能完全体现两类数据的可分性，如图 7-1 所示。当投影到 x 轴时，投影样本均值差要大于投影到 y 轴的投影样本均值差，但是投影到 x 轴的数据可分性却明显次于投影到 y 轴的可分性。因此，还需要定义类内散布 $\tilde{S}_i^2$。对类别 ω_i 的类内散布定义如下：

$$\tilde{S}_i^2 = \sum_{y \in Y_i} (y - \tilde{u}_i)^2 \tag{7-9}$$

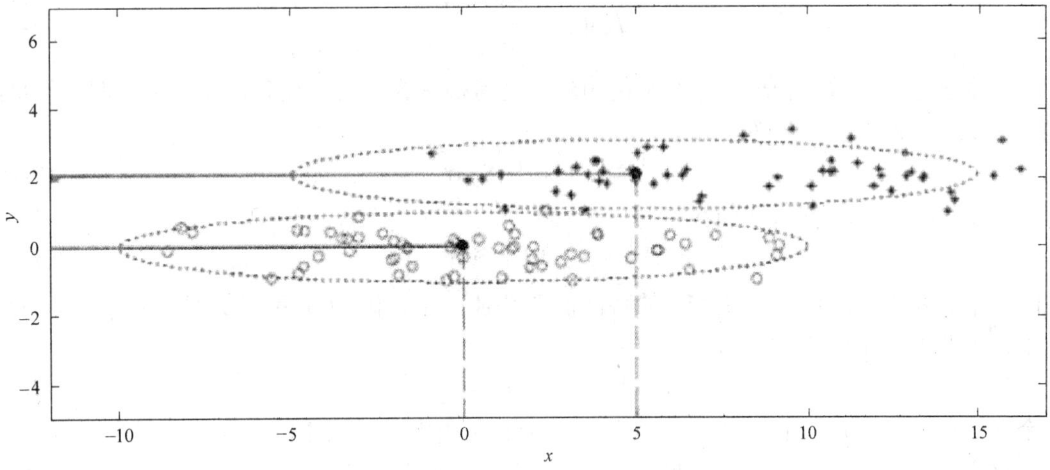

图 7-1　两类数据的投影样本均值差的大小并不能完全体现两类数据的可分性

则 $(1/n)(\tilde{S}_1^2 + \tilde{S}_2^2)$ 就是全部数据的投影总体方差估计，而 $(\tilde{S}_1^2 + \tilde{S}_2^2)$ 称作投影样本的总类内散布。Fisher 线性可分准则要求在投影 $y = W^{\mathrm{T}}X$ 下，要使得准则函数 $J(\cdot)$ 最大化，Fisher 准则函数为

$$J(W) = \frac{|\tilde{u}_1 - \tilde{u}_2|^2}{\tilde{S}_1^2 + \tilde{S}_2^2} \tag{7-10}$$

为了把准则函数 $J(\cdot)$ 写成 $\boldsymbol{W}$ 的表达式，定义了类内散布矩阵 $\boldsymbol{S}_i$ 和总类内散布矩阵 $\boldsymbol{S}_W$。

$$\boldsymbol{S}_i = \sum_{X \in D_i} (X - u_i)(X - u_i)^{\mathrm{T}} \tag{7-11}$$

$$\boldsymbol{S}_W = S_1 + S_2 \tag{7-12}$$

由式(7-5)、式(7-7)和式(7-9)可得

$$\begin{aligned}\tilde{S}_1^2 &= \sum_{y \in D_i} (\boldsymbol{W}^{\mathrm{T}}X - \boldsymbol{W}^{\mathrm{T}}u_i)^2 \\ &= \sum_{y \in D_i} \boldsymbol{W}^{\mathrm{T}}(X - u_i)(X - u_i)^{\mathrm{T}}\boldsymbol{W} \\ &= \boldsymbol{W}^{\mathrm{T}}S_i\boldsymbol{W}\end{aligned} \tag{7-13}$$

则总类内散布样本均值之差可以展开为

$$(\tilde{S}_1^2 + \tilde{S}_2^2) = \boldsymbol{W}^{\mathrm{T}}\boldsymbol{S}_W\boldsymbol{W} \tag{7-14}$$

类似地，投影样本均值之差可以展开为

$$(\tilde{u}_1 - \tilde{u}_2)^2 = (\boldsymbol{W}^{\mathrm{T}}u_1 - \boldsymbol{W}^{\mathrm{T}}u_2)^2$$

$$= \boldsymbol{W}^{\mathrm{T}}(u_1 - u_2)(u_1 - u_2)^{\mathrm{T}}\boldsymbol{W}$$
$$= \boldsymbol{W}^{\mathrm{T}}\boldsymbol{S}_{\mathrm{B}}\boldsymbol{W} \tag{7-15}$$

其中

$$\boldsymbol{S}_{\mathrm{B}} = (u_1 - u_2)(u_1 - u_2)^{\mathrm{T}} \tag{7-16}$$

总类内散布矩阵 $\boldsymbol{S}_W$ 与全部样本的样本协方差矩阵成正比，并且是对称和半正定的。当 $n > d$ 时，$\boldsymbol{S}_W$ 通常非奇异。$\boldsymbol{S}_{\mathrm{B}}$ 被称为是总类间散布矩阵，也是对称半正定的。此时，准则函数 $J(\cdot)$ 可以写成

$$J(W) = \frac{\boldsymbol{W}^{\mathrm{T}}\boldsymbol{S}_{\mathrm{B}}\boldsymbol{W}}{\boldsymbol{W}^{\mathrm{T}}\boldsymbol{S}_W\boldsymbol{W}} \tag{7-17}$$

这个表达式在数学物理中是经常使用的，通常被称为广义的瑞利商。容易证明，使得准则函数 $J(\cdot)$ 最大化的 $\boldsymbol{W}$ 必须满足

$$\boldsymbol{S}_{\mathrm{B}}\boldsymbol{W} = \lambda_i \boldsymbol{S}_W \boldsymbol{W} \tag{7-18}$$

如果 S_W 是非奇异的，就能得到

$$\boldsymbol{S}_W^{-1}\boldsymbol{S}_{\mathrm{B}}\boldsymbol{W} = \lambda \boldsymbol{W} \tag{7-19}$$

此时，不需要真正地计算出 $\boldsymbol{S}_W^{-1}\boldsymbol{S}_{\mathrm{B}}$ 的特征值和特征向量，因为 $\boldsymbol{S}_{\mathrm{B}}\boldsymbol{W}$ 总是位于$(u_1 - u_2)$的方向上，因此准则函数 $J(\cdot)$ 最大时，有

$$\boldsymbol{W} = \boldsymbol{S}_W^{-1}(u_1 - u_2) \tag{7-20}$$

这个 Fisher 可分性判据下的 $\boldsymbol{W}$ 就是使得类间散布和类内散布的比值达到最大的线性函数。

这样，问题就由一个 d 维问题转化为一维问题。此外，真正实现分类还需要一个阈值准则来获得最终的分类器，即如何确定阈值 ω_0，该阈值就是在一维空间中把两类分开的那个点。当条件概率密度函数 $P(x \mid \omega_i)$ 是多元正态函数，且各个类别的协方差矩阵 $\boldsymbol{\Sigma}$ 相同时，可以直接计算这个阈值，此时最优判决准则就是当 Fisher 线性判别超过阈值时，就判为属于类别 ω_1，否则就判为属于类别 ω_2。

2. 多类问题

将两类问题的 Fisher 线性分析加以推广，就可以得到多类问题的 Fisher 线性分析。

对于 c 类问题，就需要 $c-1$ 个判别函数。也就是说，从 d 维空间向 $c-1$ 维空间投影，且假设 $d>c$。

设在 n 维空间 R_n 中给定 N 个样本 x_1^1，…，$x_1^{n_1}$，…，$x_c^{n_1}$，…，$x_c^{n_c}$，它们分别来自 c 个不同的类别，其中 x_j^i 表示第 i 类的第 j 个样本，$N = \sum_{i=1}^{c} n_i$，为了衡量数据分开的程度，定义样本的类内散布矩阵 $\boldsymbol{S}_W$ 和类间散布矩阵 $\boldsymbol{S}_B$ 如下：

$$\boldsymbol{S}_W = \sum_{i=1}^{c}\sum_{j=1}^{n_i}(x_j^i - u_i)(x_j^i - u_i)^{\mathrm{T}} \tag{7-21}$$

$$\boldsymbol{S}_B = \sum_{i=1}^{c} n_i(u_i - u)(u_i - u)^{\mathrm{T}} \tag{7-22}$$

式中，c 为类别数；n_i 为 c_i 类的样本数；u_i 为 c_i 类样本的均值，$u_i = (1/n_i)\sum_{j=1}^{n_i} x_j$；$u$ 为所有样本的均值，$u = (1/N)\sum_{i=1}^{c} n_i u_i$；$x_j^i$ 为 c_i 类中的第 j 个样本。

从 d 维空间向 $c-1$ 维空间投影是通过下面的 $c-1$ 个分类方程来进行的：

$$y_i = W_i^{\mathrm{T}}X \qquad i = 1,\cdots,c-1 \tag{7-23}$$

x_1，…，x_N 投影后得到了新的样本 y_1，…，y_N，这些新的样本又有自己的均值向量和散布矩阵，定义如下：

$$\tilde{u}_i = \frac{1}{n_i}\sum_{y=1}^{n_i} y_j \tag{7-24}$$

$$\tilde{u} = \frac{1}{N}\sum_{i=1}^{c} n_i\tilde{u}_i \tag{7-25}$$

$$\tilde{\boldsymbol{S}}_W = \sum_{i=1}^{c}\sum_{j=1}^{n_i}(y_j^i - \tilde{u}_i)(y_j^i - \tilde{u}_i)^{\mathrm{T}} \tag{7-26}$$

$$\tilde{\boldsymbol{S}}_B = \sum_{i=1}^{c} n_i(\tilde{u}_i - \tilde{u})(\tilde{u}_i - \tilde{u})^{\mathrm{T}} \tag{7-27}$$

则有

$$\tilde{\boldsymbol{S}}_W = \boldsymbol{W}^{\mathrm{T}}\boldsymbol{S}_W\boldsymbol{W} \tag{7-28}$$

$$\tilde{\boldsymbol{S}}_B = \boldsymbol{W}^{\mathrm{T}}\boldsymbol{S}_B\boldsymbol{W} \tag{7-29}$$

我们的目的是寻找一个矩阵 $\boldsymbol{W}$，使得在某种意义上，类间离散度和类内离散度的比值最大。离散度的一种简单的标量度量是散布矩阵的行列式的值。使用这样的度量方法，得到了如下的 Fisher 准则函数定义为

$$J(W_{\mathrm{opt}}) = \frac{|\tilde{\boldsymbol{S}}_B|}{|\tilde{\boldsymbol{S}}_W|}\underset{w}{\operatorname{argmax}}\frac{|\boldsymbol{W}^{\mathrm{T}}\boldsymbol{S}_B\boldsymbol{W}|}{|\boldsymbol{W}^{\mathrm{T}}\boldsymbol{S}_W\boldsymbol{W}|} \tag{7-30}$$

当 Fisher 准则函数取得最大值时，$\boldsymbol{W}_{\mathrm{opt}} = [W_1, W_2, \cdots, W_{c-1}]$ 就是使类间离散度和类内离散度的比值最大的最优投影方向。通过求解下面广义特征方程的特征值问题就可以求出最优投影方向，$[W_1, W_2, \cdots, W_{c-1}]$ 即广义特征方程的前 $c-1$ 个最大特征值所对应的特征向量，即

$$\boldsymbol{S}_B W_i = \boldsymbol{\lambda}_i\boldsymbol{S}_W W_i \qquad i = 1,2,\cdots,c-1 \tag{7-31}$$

上式在 S_W 可逆时，即为

$$\boldsymbol{S}_W^{-1}\boldsymbol{S}_B\boldsymbol{W}_i = \boldsymbol{\lambda}\boldsymbol{W}_i \qquad i = 1,2,\cdots,c-1 \tag{7-32}$$

求出特征向量 $[W_1, W_2, \cdots, W_{c-1}]$ 后，就可确定式(7-23)中的 $c-1$ 个判别函数，由式(7-1)可知，对于所有的 $i \neq j$ 有 $y_i(X) > y_j(X)$，则把 X 归为 ω_i 类。

7.1.3 小结

通常将在输入变量上构造线性判别函数的方法称为线性判别分析（Linear Discriminant Analysis，LDA）。线性判别分析以样本的可分性为目标，寻找一组最优线性变换，使得所有类别样本经过线性变换后，在某种意义上类间分离性最大、类内相异性最小。

线性判别分析有以下主要特点：

- 引入一种维数不超过 $c-1$ 的空间变换，其中 c 是需要分类的类别数量。
- 此变换的数据分布随意，如：不假设数据分布具有正态性。
- 变换后的坐标轴根据“判别重要性”来确定，可以取那些最重要的坐标分量来获得数据的线性表示。

- 线性判别分析可以用于更复杂的非线性分类器的后期处理工作。

线性判别分析是模式识别中最经典的方法。经典的线性判别分析中，一般使用的是Fisher判别函数。Fisher判别准则是：不同类样本尽可能远，同类样本尽可能近。Michael J. Lyons等人利用弹性图标签和二维的Gabor特征来描述人脸，利用线性判别分析(LDA)对基于高级属性的人脸进行分类，并在三个不同的人脸库中，对于性别、种族和表情的分类任务进行了测试，证明线性判别分析使得训练简单而迅速。

由前面的Fisher准则函数定义可知，求解式(7-31)即可得到Fisher准则函数的最优解。式(7-31)是一个普通的矩阵特征值，因此求解比较简单。但在一般情况下，满足$\boldsymbol{S}_w$可逆的条件不易获得，要使其可逆，至少需要$n+c$个训练样本，这是因为$R(\boldsymbol{S}_w)\leqslant N-c$，所以若$\boldsymbol{S}_w$可逆，则有$n=R(\boldsymbol{S}_w)\leqslant N-c$，即$N\geqslant n+c$。在人脸识别中，这么巨大的训练样本数一般是很难满足的，也就是$\boldsymbol{S}_w$经常是不可逆的，这就是模式识别中经常遇到的所谓的“小样本问题(Small Sample Size Problem，SSSP)”，对于人脸识别的应用而言，由于通常没有足够的训练样本来保证类内离散度矩阵满秩，无法直接求解，因此需要加入某些条件，并采取一定的策略。解决办法一般有两种：其一就是采用矩阵的同步对角化原则，具体分析$\boldsymbol{S}_w$和$\boldsymbol{S}_b$的特征空间求解，如Liu等人[3]提出的一种增强的线性判别(Enhanced Linear Discriminant)方法，就是通过同步对角化$\boldsymbol{S}_w$和$\boldsymbol{S}_b$的方法，避免对$\boldsymbol{S}_w$直接求逆；其二就是采取图像的预降维策略，Swets等人[4]最先提出结合主元分析的线性判别分析方法，随后，Belhumeur等人把它发展成为Fisherface方法。但是无论是采用结合PCA预先降维，还是采用同步对角化的方法，都是以牺牲$\boldsymbol{S}_w$的零空间为代价的，其在本质上就是直接驱除$\boldsymbol{S}_w$的零空间。从Fisher准则的角度看，这样做将丢失很多有利于分类的判别信息。Chen等人[6]提出了一种新的方法来解决线性判别分析中的小样本问题。直接利用$\boldsymbol{S}_w$的零空间来寻找最佳判别向量集，这里称为零空间法。此外，参考文献[7]提出了一种改进的基于零空间的线性判别分析。

一般应用线性分类器要假设不同类别的模式空间是线性可分的，然而现实中许多问题都是非线性可分的，例如人脸识别问题中，由于光照、姿态、表情等不同而引起的人脸图像的差异造成人脸图像的分布是非线性的和复杂的，故经典的Fishe线性判别分析在处理类似人脸等图像识别任务时，不能取得令人满意的结果，因此在应用于人脸识别或表情识别时，人们对Fisher线性判别分析进行了各种改进或修正的研究。参考文献[8]提出了核Fisher判别分析(Kernel Fisher Discriminant Analysis，KFDA)。它是将该学习方法的思想与Fisher判别分析算法相结合的产物。KFDA算法的思路是：首先通过一个非线性映射，将输入数据映射到一个高维的特征空间中，然后在这个高维特征空间中进行线性Fisher判决分析，从而实现相对于原空间为非线性的判决分析。

7.2 支持向量机

近年来，在有限样本情况下的机器学习理论研究逐渐成熟起来，形成了一个较完善的理论体系——统计学习理论(Statistical learning Theory，SLT)，并在统计学习理论的基础上发展出了一种新的模式识别方法——支持向量机(Support Vector Machine，SVM)。支持向量机本质上是一种非线性数据处理工具，其最大特点是根据结构风险最小化原则，尽量提高学习的泛化能力。

支持向量机方法是建立在统计学习理论的 VC 维(Vapnik- Chervonenkis Dimension)理论和结构风险最小原理基础上的，根据有限的样本信息在模型的复杂性[即对特定训练样本的学习精度(Accuracy)]和学习能力(即无错误地识别任意样本的能力)之间寻求最佳折中，以期获得最好的推广能力(Generalizatin Ability)。

7.2.1 支持向量机基本原理

1. 线性可分情况

SVM 方法是从线性可分情况下的最优分类面(Optimal Hyperplane)发展而来的。所谓最优分类面就是要求分类线不但能将两类样本无错误地分开，而且要使两类之间的距离最大。图 7-2 所示的两维情况可以说明其基本思想。图中实心点和空心点代表两类样本，H 为分类线，H_1、H_2 分别为过各类中离分类线最近的样本且平行于分类线的直线，它们之间的距离叫做分类间隔(Margin)。所谓最优分类线就是要求分类线不但能将两类正确分开(训练错误率为 0)，而且使分类间隔最大。

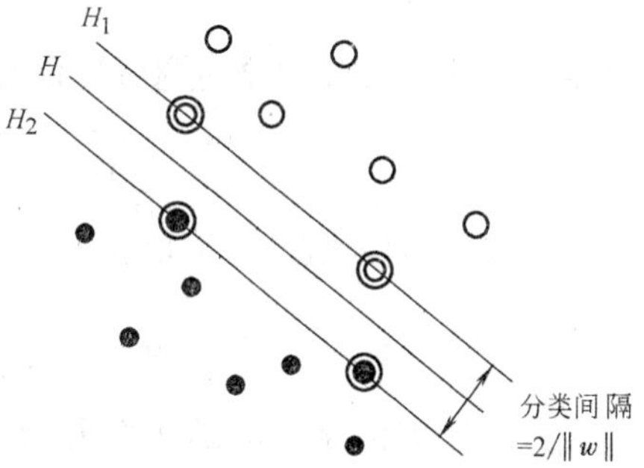

图 7-2　线性可分情况下的最优分类线

设线性可分样本集为(x_i, y_i)，$i=1, \cdots, n$，$x \in R^d$，$y \in \{+1, -1\}$是类别标号。d 维空间中线性判别函数的一般形式为：$g(x) = \boldsymbol{w} \cdot \boldsymbol{x} + b$，分类面方程为

$$\boldsymbol{w} \cdot \boldsymbol{x} + b = 0 \tag{7-33}$$

式中，·是向量点积。当$\boldsymbol{w} \cdot \boldsymbol{x} + b \geqslant 0$，$y_i = +1$，当$\boldsymbol{w} \cdot \boldsymbol{x} + b < 0$，$y_i = -1$。将判别函数进行归一化，使两类所有样本都满足$|g(x)| \geqslant 1$，即使离分类面最近的样本的$|g(x)| = 1$，这样分类间隔就等于$2/\|\boldsymbol{w}\|$，因此间隔最大等价于使$\|\boldsymbol{w}\|$(或$\|\boldsymbol{w}\|^2$)最小；而要求分类线对所有样本正确分类，就是要求其满足

$$y_i[(\boldsymbol{w} \cdot \boldsymbol{x}_i) + b] - 1 \geqslant 0 \qquad i = 1,\cdots,n \tag{7-34}$$

因此，满足上述条件且使$\|\boldsymbol{w}\|^2$最小的分类面就是最优分类面。这两类样本中离分类面最近的点且平行于最优分类面的超平面上的训练样本，也就是使式(7-34)中等号成立的那些样本，叫做支持向量(Support Vector)。

使分类间隔最大，实际上就是对推广能力的控制，这是 SVM 的核心思想之一。统计学习理论指出，在 N 维空间中，设样本分布在一个半径为 R 的超球范围内，则满足条件$\|\boldsymbol{w}\| \leqslant A$的正则超平面构成的指示函数集$f(x,w,b) = \mathrm{sgn}\{(\boldsymbol{w} \cdot \boldsymbol{x}) + b\}$ (sgn( )为符号函数)的 VC 维满足下面的界：

$$h \leqslant \min([R^2A^2],N) + 1 \tag{7-35}$$

因此使$\|w\|^2$最小就是使 VC 维的上界最小，从而实现结构风险最小化(SRM)准则中对函数复杂性的选择。

根据上面的讨论，最优分类面问题可以表示成如下的约束优化问题，即在式(7-34)的约束下，求函数

$$\phi(\boldsymbol{w}) = \frac{1}{2}\|\boldsymbol{w}\|^2 \tag{7-36}$$

的最小值。这是一个典型的二次规划问题，可由拉格朗日乘子法求解。引入拉格朗日乘子 $\alpha_i > 0; i = 1,2,\cdots,n$ ，得

$$L(w,b,\alpha) = \frac{1}{2}\|\boldsymbol{w}\|^2 - \sum_{i=1}^{n}\alpha_i\{y_i(\boldsymbol{w}\cdot\boldsymbol{x}_i + b) - 1\} \tag{7-37}$$

求式(7-36)的极小值就是对 $\boldsymbol{w}$ 和 b 求拉普拉斯函数的极小值。可取 L 对 $\boldsymbol{w}$ 和 b 的最小值为 w^* 和 b^*，及对 α 的最大值为 α^*。求 L 对 $\boldsymbol{w}$ 和 b 的偏微分，并令其等于0，可得到对应的 α^* 和 w^* 为

$$w^* = \sum_{i=1}^{n}\alpha_i^* y_i\boldsymbol{x} \tag{7-38}$$

经过变换，线性可分的原问题可转化为对偶问题。在约束条件

$$\sum_{i=1}^{n} y_i\alpha_i = 0 \qquad \alpha_i \geqslant 0; i = 1,\cdots,n \tag{7-39}$$

下对 α_i 求解下列函数的最大值：

$$Q(\alpha) = \sum_{i=1}^{n}\alpha_i - \frac{1}{2}\sum_{i,j=1}^{n}\alpha_i\alpha_j y_i y_j(\boldsymbol{x}_i\cdot\boldsymbol{x}_j) \tag{7-40}$$

在这类约束优化问题的求解和分析中，Karush-Kuhn-Tucher(KKT)条件将起重要作用，如式(7-38)这样的问题，其解必须满足

$$\alpha_i\{y_i(\boldsymbol{w}\cdot\boldsymbol{x}_i + b) - 1\} = 0 \qquad i = 1,2,\cdots,n \tag{7-41}$$

从式(7-38)可以看出，只有系数 $\alpha_i > 0$ 的样本对 $\boldsymbol{w}^*$ 起作用，即只有支持向量影响最终的划分结果。

求解上述问题后得到的最优分类函数是

$$f(x) = \operatorname{sgn}\{(\boldsymbol{w}^*\cdot\boldsymbol{x}) + b^*\} = \operatorname{sgn}\left\{\sum_{i=1}^{n}\alpha_i^* y_i(\boldsymbol{x}_i\cdot\boldsymbol{x}) + b^*\right\} \tag{7-42}$$

式中，sgn( )为符号函数；b^* 是分类的阈值，可以由任意一个支持向量样本 x_i 用下式求得

$$b^* = y_i - \boldsymbol{w}\cdot\boldsymbol{x}_i \tag{7-43}$$

或通过两类中任意一对支持向量取中值求得。对于给定的未知样本 x，只需计算 $f(x)$ ，根据 $f(x)$ 的符号即可判定 $\boldsymbol{x}$ 所属的分类。

2. 线性不可分情况

由于在实际情况中，不存在精确的分类超平面，Vapnik 通过引入正的松弛因子 ξ_i 来构造“软边缘”分类面，允许错分样本的存在。于是，求取最优分类面的二次规划问题就转变为在条件 $y_i[(\boldsymbol{w}\cdot\boldsymbol{x}_i) + b] - 1 + \xi_i \geqslant 0$ ，$i=1$，…，n 和 $\xi_i \geqslant 0$ 下最小化，即

$$\phi(\boldsymbol{w},\xi) = \frac{1}{2}\|\boldsymbol{w}\|^2 + C\left(\sum_{i=1}^{n}\xi_i\right) \tag{7-44}$$

式中，ϕ 为将输入特征向量映射到某个高维特征空间的非线性变换函数；C 为正常数，代表对错分样本的惩罚力度，即在边缘之内的样本对分类面的构造引起的作用是有限制的，这就是“软边缘”的含义。这样，Wolfe 对偶问题可以写成在条件 $\sum_{i=1}^{n} y_i\alpha_i = 0$ 和 $0 \leqslant \alpha_i \leqslant C$；$i = 1,\cdots,n$ 下的最大化；即

$$Q(\alpha) = \sum_{i=1}^{n}\alpha_i - \frac{1}{2}\sum_{i,j=1}^{n}\alpha_i\alpha_j y_i y_j K(\boldsymbol{x}_i,\boldsymbol{x}_j) \tag{7-45}$$

式中，$K(x_i, x_j)$ 为核函数。由于求最大值可以转化为取负求最小值，这一数学模型最终表达为在条件 $\sum_{i=1}^{n} y_i\alpha_i = 0$ 和 $0 \leqslant \alpha_i \leqslant C$, $i = 1, \cdots, n$ 下：

$$\min \mathrm{Wolfe}(\alpha) = \frac{1}{2}\alpha^{\mathrm{T}} H\alpha - [1,1,\cdots,1]_n \alpha \tag{7-46}$$

式中，H 是一个半正定的对称阵 $[y_i y_j K(\boldsymbol{x}_i, \boldsymbol{x}_j)]_{i,j=1}^{n}$。最终推导所得的 Wolfe 对偶问题与可分的情况类似，唯一的区别在于对 α_i 加了一个上限限制。这种软边缘分类面对于非线性支持向量机同样适用，使得支持向量机可以普遍适用于各种模式识别问题。

3. 支持向量机

对于 N 维空间中的线性函数，其 VC 维为 $N+1$，但根据式(7-35)的结论，在 $\|w\| \leqslant A$ 的约束条件下，其 VC 维可能大大减小，即使在十分高维的空间中，也可以得到较小 VC 维的函数集(比如参考文献[9]中介绍了在 10^{13} 维空间中取得 VC 维在 10^3 左右的分类面的例子)，以保证有较好的推广性。同时可以看到，通过把原问题转化为对偶问题，计算的复杂度不再取决于空间维数，而是取决于样本数，尤其是样本中的支持向量数。这些特点使有效地对付高维问题成为可能。

对非线性问题，可以通过非线性变换转化为某个高维空间中的线性问题，在变换空间求最优分类面。这种变换可能比较复杂，因此这种思路在一般情况下不易实现。但是注意到，在上面的对偶问题中，不论是寻优函数式(7-40)，还是分类函数式(7-42)，都只涉及训练样本之间的内积运算($\boldsymbol{x}_i \cdot \boldsymbol{x}_j$)，这样在高维空间实际上只需进行内积运算，而这种内积运算是可以用原空间中的函数实现的，甚至没有必要知道变换的形式。根据泛函的有关理论，只要一种核函数 $K(x_i \cdot x_j)$ 满足 Mercer 条件，它就对应某一变换空间中的内积。

因此，在最优分类面中，采用适当的内积函数 $K(x_i \cdot x_j)$ 就可以实现某一非线性变换后的线性分类，而计算复杂度却没有增加，此时目标函数式(7-40)变为

$$Q(\alpha) = \sum_{i=1}^{n} \alpha_i - \frac{1}{2}\sum_{i,j=1}^{n} \alpha_i \alpha_j y_i y_j K(\boldsymbol{x}_i \cdot \boldsymbol{x}_j) \tag{7-47}$$

而相应的分类函数也变为

$$f(x) = \mathrm{sgn}\left\{ \sum_{i=1}^{n} \alpha_i^{*} y_i K(\boldsymbol{x}_i \cdot \boldsymbol{x}) + b^{*} \right\} \tag{7-48}$$

这就是支持向量机。

构造类型判别函数的学习机称为支持向量机，在支持向量机中构造判别函数的复杂性取决于支持向量的数目，而不是特征空间的维数。因此支持向量机中形成的分类函数是一组以支持向量为参数的非线性函数的线性组合，分类函数的表达式仅和支持向量的数量有关，而独立于空间的维度。在处理高维输入空间的分类时，这种方法尤其有效。图 7-3 所示为支持向量机的结构示意图。

4. 核函数

支持向量机的基本思想可以概括为：首先通过非线性变换，将输入空间变换到一个高维空间，然后在这个新空间中求取最优线性分类面，而这种非线性变换是通过定义适当的内积函数实现的。常用的核函数有以下几种：

(1) 多项式核函数　多项式核函数为

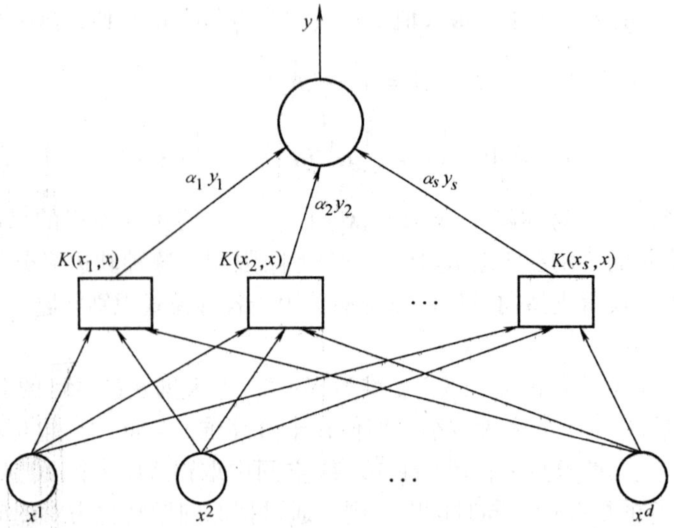

图 7-3　支持向量机结构示意图

$$K(\boldsymbol{x},\boldsymbol{x}_i) = [(\boldsymbol{x},\boldsymbol{x}_i) + 1]^d \tag{7-49}$$

所得到的是 d 阶多项式分类器。

$$f(\boldsymbol{x},\alpha) = \operatorname{sign}\left(\sum_{\text{support vector}} y_i\alpha_i[\boldsymbol{x}_i \cdot \boldsymbol{x} + 1]^d - b \right) \tag{7-50}$$

（2）径向基核函数　径向基核函数通常为

$$K_r(|\boldsymbol{x} - \boldsymbol{x}_i|) = \exp\left\{ - \frac{|\boldsymbol{x} - \boldsymbol{x}_i{}^2|}{\sigma^2} \right\} \tag{7-51}$$

对于任何 σ 值，径向基函数 $K_r(|\boldsymbol{x} - \boldsymbol{x}_i|)$ 是一个非负的单调函数。当 $|\boldsymbol{x} - \boldsymbol{x}_i|$ 训练样本数趋向于无穷大时，它趋向于零。

经典的径向基函数使用下面的判别规则：

$$f(x) = \operatorname{sign}\left(\sum_{i=1}^{n} \alpha_i K_r(|\boldsymbol{x} - \boldsymbol{x}_i|) - b \right) \tag{7-52}$$

其中，径向基函数 $K_r(|\boldsymbol{x} - \boldsymbol{x}_i|)$ 取决于两个向量之间的距离。构造式(7-52)的判别规则，必须估计：

1）参数的 σ 值；

2）中心点 x_i 数目 N；

3）描述中心点向量 x_i；

4）参数的值 α_i。

与传统的径向基函数方法的重要区别是，这里每个基函数的中心点对应一个支持向量，中心点本身和输出权值都是由支持向量机训练算法来自动确定的。

（3）Sigmoid 核函数　支持向量机采用 Sigmoid 函数作为内积核函数，就实现了包含一个隐层的多层感知机。隐层节点数目由算法自动确定。满足 Mercer 条件的 Sigmoid 核函数为

$$K(\boldsymbol{x},\boldsymbol{x}_i) = \tanh(\gamma \boldsymbol{x}_i^{\mathrm{T}} x_j + b) \tag{7-53}$$

7.2.2 SVM 分类器的设计

基本的 SVM 是针对两类的分类问题，为实现对 N 个类别的识别，需对 SVM 进行推广。对于多类模式识别问题，SVM 可通过两类问题的组合来实现。通常有以下几种组合策略。

1. 一对多分类器(One-against-all Classifier)

其基本思想是把某一种类别的样本当作一个类别，剩余的其他类别的样本当作另一个类别，这样就变成了一个两类分类问题。该方案需要设计 k 个两类分类器，每个分类器用于将某类模式与其他类分开，即以某个类别的样本为正例，以其他类别的样本为反例，确定 k 个判别函数，如下式所示：

$$D_j(x) = \sum_{i=1}^{n_j} \alpha_i^j y_i K(x, x_i) + b^j \qquad j = 1, 2, \cdots, k \tag{7-54}$$

式中，n_j 为第 j 个分类器的训练样本数。

x 最后归为有最大决策值的第 l 类，即

$$l = \arg \max_{j=1,2,\cdots,k} D_j(x) \tag{7-55}$$

且满足 $D_l(x) > 0$，而 $D_j(x) < 0$，$j = 1, 2, \cdots, l-1, l+1, \cdots, k$。

这种分类方案所构成的两类问题是很不对称的，即训练集中的负类样本要比正类样本多得多。

2. 一对一分类器(One-against-one Classifier)

其具体做法是，在多类别中任意抽取两类进行两两配对，转化为两类问题进行训练学习，因此又称为配对分类器。选取第 i 类数据和第 j 类数据构造一个分类器，其中 $i<j$(设 i 为正例，j 为负例)，这样需要训练 $k(k-1)/2$ 个分类器，所对应的 $k(k-1)/2$ 个判别函数如下式：

$$D_{ij}(x) = \mathrm{sgn}\left[\sum_{h=1}^{n_j} \alpha_h^{ij} y_h K(x, x_h) + b^{ij}\right] \qquad i = 1, 2, \cdots, k; j = 1, 2, \cdots, k; i<j \tag{7-56}$$

式中，n_{ij}为区分第 i 个与第 j 个类的分类器所使用的训练样本数。

在分类识别时，利用所构造的多个 SVM 进行综合判断，一般可采用投票方式确定样本所属类别。若 $D_{ij}(x) = +1$，则判断 x 属于第 i 类，第 i 类的票数加 1；反之，第 j 类的票数加 1。x 最后归为拥有最多票数的类。

3. 决策树分类器

决策树分类器利用二叉决策树来构成。二叉树的每个叶节点对应一个类别，每个度为 2 的非叶节点对应一个子 SVM 分类器。所以决策树共有 k 个叶节点，$k-1$ 个子 SVM 分类器，即 $\{SVM_i\}_{i=1}^{k-1}$。其中，第 i 个子分类器 SVM_i 用于区分第 i 类与剩余的第 $i+1$，$i+2$，…，k 个类，并将第 i 个类所对应的样本标记为正例，其他样本标记为反例。对每一级 SVM 训练后找出对应该级的支持向量，建立最优分类超平面。在新样本分类识别时，只需按照二叉树由高到底(即由根节点开始)进行搜索，就可得出识别结果。

7.2.3 小结

支持向量机（SVM）是一种泛化能力很强的分类器。它在解决小样本、非线性及高维

模式识别问题方面表现出了许多特有的优势，其最大特点是根据结构风险最小化原则，尽量提高学习的泛化能力，即由有限的训练集样本得到的小误差，仍能够保证对独立测试集的小的误差。另外，由于支持向量机算法是一个凸优化问题，因此局部最优解一定是全局最优解，可防止过学习，就可以避免神经网络结构选择和局部极小点问题。它的基本思想可以概括为：对于非线性可分样本，首先通过非线性变换，将输入空间变换到一个高维空间，然后在这个新空间中求取最优线性分界面，而这种非线性变换是通过定义适当的内积函数 $K(x, x_i)$ 来实现的。

对于表情识别问题，面临着样本集不够大的困扰，特别是对于不同类别的表情，训练样本数目往往有较大的差别。毕竟让人类标准地表达各类表情，并不是很轻松容易的事情。因为基于心理学理论，表情库中各类面部表情的表现，往往要实验者经过专门的训练和学习，才能准确有效地展现。所以将支持向量机理论用于表情的识别，是很有实际意义的，既可以解决非线性分类的问题，又适合小样本、高维的模式分类问题，是非常值得研究和重视的。

实际利用支持向量机算法进行人脸特征分类或表情分类时，需要考虑以下三个方面的问题：

1）确定多类别支持向量机分类方法。

2）核函数的选择。在采用支持向量机对人脸或表情分类时，必须首先对 SVM 进行模型选择，即首先确定核函数类型。

3）模型参数 C 和 γ 的选择。

关于 SVM 的研究表明，特征空间的维数与 SVM 的复杂度没有直接关系，核参数影响数据在特征空间分布的复杂程度，误差惩罚参数 C 通过调整给定特征空间中经验误差的水平来影响学习机器推广能力，这两种参数的影响是同时存在的，只有综合考虑，才能得到性能最优的 SVM。因此，确定了核函数后，必须对两个未知参数 C 和 γ 进行选择，使得 SVM 能做出准确的分类。

其中，误差惩罚参数 C 的作用是，在确定的数据子空间中调节学习机器置信范围和经验风险的比例，以使学习机器的推广能力最好，不同数据子空间中最优的 C 不同。在确定的数据子空间中，C 的取值小表示对经验误差的惩罚小，学习机器的复杂度小而经验风险值较大；反之亦然。前者称为“欠学习”现象，而后者则称为“过学习”。每个数据子空间中至少存在一个合适的 C，使得 SVM 推广能力最好。当 C 超过一定值时，SVM 的复杂度达到了数据子空间允许的最大值，此时经验风险和推广能力几乎不再变化。

由统计学习理论可以知道，在训练分类器时，不能一味追求经验风险最小（即训练误差最小），那样势必造成分类器过训练，使得分类器推广误差比较差。因此，在训练分类器时，可以采用交叉验证的方法，把训练样本集分成互不相交的两部分：其一作为常规的训练集，用于调整 SVM 参数；其二是验证集（Valitation Set），用于评价 SVM 的推广误差。实际上，常常首先给出（C，γ）一个大概的取值范围，对其中的每一对（C，γ）取值，再分别采用交叉验证方法进行训练 SVM，这样可得到一组较优参数值。

在参考文献［13］中，Philipp Michel 等人将 22 个面部特征点的位移作为 SVM 的输入，比较了三种内积函数对于 6 种基本表情的分类效果，发现径向基核的表现明显好于另外两个核，其对静态图像数据的表情识别准确率达到了 87.9%。另外，参考文献[14]中，首先将 ICA（独立分量分析）分解与 SVM 分类器相结合而用于表情识别，发现其效果优于传统的贝叶斯分类器；接着又对原始人脸图像进行一系列的 Gabor 变化，将获得的新的特征作为 SVM 的分类器输入，得到了更好的识别结果。参考文献[15]中，也将 Gabor 变换与 SVM 分类器相结合，利用经过人脸检测器定位过的图像块作为原始输入，将表情最终分为七类，并达到了 91.4% 的准确率。在参考文献[16]中，作者用一对多策略设计 SVM 分类器，再与最邻近分类法结合用于人脸识别。参考文献[17]提出了两种用支持向量机进行分类的人脸识别系统，并测试比较了对姿势变化的鲁棒性。

虽然以统计学习理论作为坚实的理论依据的 SVM 有很多优点，如基于结构风险最小化，克服了传统方法的过学习和陷入局部最小的问题，具有很强的泛化能力；采用核函数方法，向高维空间映射时，并不增加计算的复杂性，又有效地克服了维数灾难问题。但同时也要看到目前研究的一些局限性：① SVM的性能很大程度上取决于核函数的选择，但没有很好的方法可指导对具体问题的核函数的选择；② 训练和测试 SVM 的速度和规模是另一个问题，尤其是对实时控制问题，速度是一个对应用很大限制的因素；③ 现有 SVM 理论仅讨论具有固定惩罚系数的情况，而实际上正负样本的两种误判往往造成损失是不同的，等等。

7.3 贝叶斯网络

7.3.1 概述

贝叶斯统计源于英国学者贝叶斯（Bayes）撰写发表（1763 年）的一篇具有哲学性的论文《An essay towards solving a problem in the doctrine of chances（关于几率性问题求解的评论)》，后来发展形成了贝叶斯学派。基于有向无环图的概率模型是由遗传学家 Sewall Wright 在 1921 年提出的。在认知科学和人工智能领域中称之为贝叶斯网络（Bayesian Network, BN)。贝叶斯网络在 20 世纪 70 年代后期得到了初步的发展。1988 年，Judea Pearl 在总结并发展前人工作的基础上，正式提出了贝叶斯网络；80 年代贝叶斯网络用于专家系统的知识表示；90 年代进一步研究可学习的贝叶斯网络，用于数据采掘和机器学习；90 年代，有效的推理和学习算法的出现，推动了贝叶斯网络的发展和应用，首先获得应用的是决策专家系统。近年来，贝叶斯学习理论方面的文章更是层出不穷，内容涵盖了人工智能的大部分领域，包括因果推理、不确定性知识表达、模式识别和聚类分析等，并且出现了专门研究贝叶斯理论的组织和学术刊物 ISBA（国际贝叶斯分析协会)。

目前国外许多学者和研究机构（微软公司、惠普公司、丹麦的奥尔堡大学，美国的斯坦福大学、加利福尼亚大学、哥伦比亚大学，澳大利亚的莫纳什大学等）都在对贝叶斯网络进行深入的研究。这些研究主要集中在以下几个方面：贝叶斯网络推理、贝叶斯网络学习、贝叶斯网络构建、贝叶斯网络应用。这些研究都取得了丰硕的成果，正逐步走向实际应用。在国内，清华大学对贝叶斯网络学习、贝叶斯网络推理及其在数据挖掘等方面的应用进行了研究；中国科学院对贝叶斯网络学习过程和推理机制进行了研究，并对主动贝叶斯网络分类器及其应用进行深入的探讨；重庆大学在贝叶斯网络学习与推理方法方面也进行了研究。

贝叶斯网络（BN）是一种对概率关系的有向图解描述，是用于不确定性和概率性事物，应用于有条件的依赖多种控制的决策。在解决许多实际问题中，需要从不完全（即已知数据不充分）的、不精确的或不确定的知识和信息中作出推理。而贝叶斯网络是一种概率推理技术，它使用概率理论来处理在描述不同知识成分之间的条件相关而产生的不确定性，它提供了一种将知识知觉的图解可视化的方法。

7.3.2 贝叶斯网络概率基础

1. 统计概率

若在大量重复试验中，事件 A 发生的频率稳定地接近于一个固定的常数 p，它表明事件 A 出现的可能性大小，则称此常数 p 为事件 A 发生的概率，记为 $P(A)$，即

$$p = P(A) \tag{7-57}$$

可见概率就是频率的稳定中心。任何事件 A 的概率为不大于 1 的非负实数，即

$$0 < P(A) < 1 \tag{7-58}$$

2. 条件概率

人们把事件 B 已经出现的条件下，事件 A 发生的概率记做为 $P(A|B)$ 。并称之为在 B 出现的条件下 A 出现的条件概率，而称 $P(A)$ 为无条件概率。

3. 加法定理

两个不相容(互斥)事件之和的概率，等于两个事件概率之和，即

$$P(A + B) = P(A) + P(B) \tag{7-59}$$

若 A、B 为两任意事件，则

$$P(A + B) = P(A) + P(B) - P(AB) \tag{7-60}$$

4. 乘法定理

设 A、B 为两个任意的非零事件，则其乘积的概率等于 A(或 B)的概率与在 A(或 B)出现的条件下 B(或 A)出现的条件概率的乘积。

$$P(A \cdot B) = P(A)P(B \mid A) \tag{7-61}$$

或

$$P(A \cdot B) = P(B)P(A \mid B) \tag{7-62}$$

5. 贝叶斯网络的概率解释

- 任何完整的概率模型必须具有表示(直接或间接)该领域变量联合分布的能力。完全的枚举需要指数级的规模(相对于领域变量个数)。
- 贝叶斯网络提供了这种联合概率分布的紧凑表示：分解联合分布为几个局部分布的乘积：

$$P(x_1, x_2, \cdots, x_n) = \prod_i P(x_i \mid Pa_i) \tag{7-63}$$

- 从公式可以看出，需要的参数个数随网络中节点个数呈线性增长，而联合分布的计算呈指数增长。
- 网络中变量间独立性的指定是实现紧凑表示的关键。这种独立性关系在通过领域专家构造贝叶斯网中特别有效。

7.3.3 贝叶斯网络的构建

1. 贝叶斯网络定义

贝叶斯网络又称为信念网络，是一种图形化的模型，能够图形化地表示一组变量间的联

合概率分布函数。贝叶斯网络由两部分定义：一个结构模型和一组与之相关的条件概率分布函数。

结构模型是一个有向无环图，其中每个节点代表一个随机变量，是对于过程、事件、状态等实体的某特性的描述，变量可以是联系的，也可以是离散的。弧则表示变量间的概率依赖关系，如果一条弧由节点 Y 到 Z，则 Y 是 Z 的双亲或直接前驱，而 Z 是 Y 的后继。图中两节点间若存在着一条弧，则表示与这两个节点相对应的随机变量是概率相依的，反之则说明这两个随机变量是相对独立的。

在贝叶斯网络结构中，任一节点 x 均和非 x 的父节点的子节点的各节点相对独立。网络中任一节点 x 均有一个相应的条件概率表(Conditional Probability Table，CPT)，用以表示节点 x 在其父节点取各可能值时的条件概率。若节点 x 无父节点，则 x 的 CPT 为其先验概率分布。

图 7-4 所示为一个简单的贝叶斯网络模型。它有 5 个节点 $A_i(i=1,2,\cdots,5)$ 和 5 个弧段 $L_i(i=1,2,\cdots,5)$ 组成。图中没有输入的 A_1 节点称为根节点，一段弧的起始节点称为其末节点的母节点，而后者称为前者的子节点。

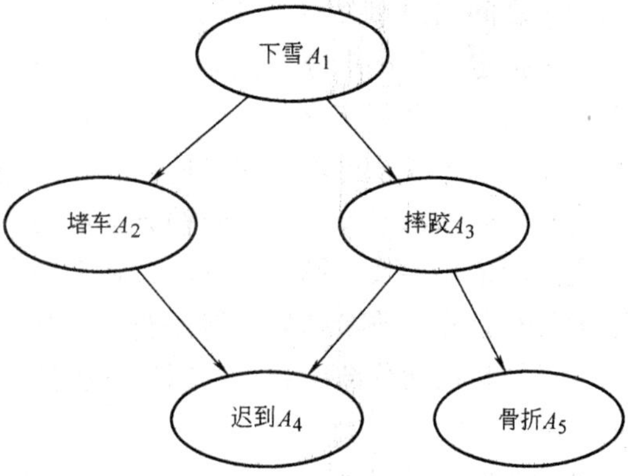

图 7-4　简单的贝叶斯网络模型

下面给出关于贝叶斯网络的严格定义。

设 $X=\{X_1,X_2,\cdots,X_n\}$ 是值域 U 上的 n 个随机变量，则值域 U 上的贝叶斯网络 BN(Bs，Bp)，其中：

1）Bs 是一个定义在 X 上的有向无环图(DAG)r，X 是该有向无环图上的节点集，E 是r 的边集。如果存在一条节点 X_i 到节点 X_j 的有向边，则称 X_i 是 X_j 的父节点，X_j 是 X_i 的子节点。记 X_i 的所有父节点为 Pa_i。

2）$Bp=\{P(X_i \mid Pa_i) \mid X_i \in X\}$ 对于 X 中的每个节点，定义了一组条件概率分布函数 $P(X_i \mid Pa_i)$，即给定一个有向无环图r 和一个离散变量集合 $X=\{x_1,\cdots,x_n\}$ 上的联合概率分布 P，如果r 可以代表 P，即在 X 中的变量和r 的节点之间存在一一对应的关系，使得 P 可以进行如下的递归乘积分解：

$$p(X)=\prod_{i=1}^{n} p(x_i \mid Pa_i) \tag{7-64}$$

式中，Pa_i 是图r 中 X_i 的父节点。将图r 和概率分布 P 的联合称为贝叶斯网络。

2. 贝叶斯网络的构建方法

以下为建立贝叶斯网络的步骤：

(1) 确定为建立模型有关的变量及其解释

1）确定模型的目标，即确定问题相关的解释；

2）确定与问题有关的可能的观测值，并确定其中值得建立模型的子集；

3）将这些观测值组织成互不相容的且穷尽所有状态的变量，这样的结果不是唯一的。

(2) 建立一个表示条件独立的有向无环图　根据概率乘法公式有

$$p(x) = \prod_{i=1}^{n} p(x_i \mid x_1, x_2, \cdots, x_{i-1})$$
$$= p(x_1)p(x_2 \mid x_1)p(x_3 \mid x_1, x_2)\cdots p(x_n \mid x_1, x_2, \cdots, x_{n-1}) \qquad (7\text{-}65)$$

对于每个变量 x_i，如果有某个子集$\prod_i \subseteq \{x_1, x_2, \cdots, x_{i-1}\}$使得 x_i 与$\prod_i$是条件独立的，即对任何 X，有

$$p(x_i \mid x_1, x_2, \cdots, x_{i-1}) = p(x_i \mid \pi_i) \qquad i = 1,2,\cdots,n \qquad (7\text{-}66)$$

则由式(7-65)和式(7-66)可得$p(x) = \prod_{i=1}^{n} p(x_i \mid \pi_i)$。变量集合($\prod_1$，$\prod_2$，…，$\prod_n$)对应于父节点($Pa_1$，$Pa_2$，…，$Pa_n$)，故又可写成$p(x) = \prod_{i=1}^{n} p(x_i \mid Pa_i)$。为了决定贝叶斯的结构，需要：① 将变量 x_1，x_2，…，x_{i-1}按某种次序排序；② 决定满足式(7-66)的变量集$\prod_i$($i = 1,2,\cdots,n$)。从理论上说，从 n 个变量中找出适合条件独立的顺序，因为需要比较 $n!$ 种变量顺序。因此，会造成组合爆炸问题。不过，在实际问题中，通常可以确定因果关系，且因果关系一般都对应于条件独立。所以，可以从原因变量到结果变量画一个带箭头的弧来直观地表示变量之间的因果关系。

(3) 指定局部概率分布$p(x_i \mid Pa_i)$　当变量为离散变量时，需要为每个变量的父节点的各个状态指定一个概率分布。

注意，以上三步可能是交叉进行的，不是简单的顺序进行可以完成的。

构建贝叶斯网络分类器有两种方法：第一种是首先选择网络的结构，然后确定图中节点变量之间的依赖关系；第二种方法是确定特征变量的分布。特征变量可以是离散的，这种情况下的分布是概率质量函数，特征变量也可以是连续的，这种情况下就必须选择一个分布函数，常见的是高斯分布函数。这两种方法都需要确定参数集 θ，因为它决定了上面决策方程所需要的分布。

贝叶斯网络学习就是寻找一个能最好匹配一个给定数据训练集的网络的过程。这个网络包含一个有向无环图(DAG)结构和与 DAG 中每个节点相关的条件概率表(CPT)，因此贝叶斯网络学习包括学习网络结构和学习条件概率表。

3. 学习贝叶斯网络的条件概率表

通常在应用中，由领域专家给出随机变量的因果图，就可以得到贝叶斯网络结构，而要给出众多变量的 CPT，对领域专家就非常难了，因此在实际应用领域中，学习 CPT 更具有意义。由于贝叶斯网络是变量的联合概率分布的图形表示，所以 CPT 学习可以归结为统计学中的参数估计问题，因此 CPT 学习方法可以分为两大类：基于经典统计学的学习和基于贝叶斯统计学的学习。

用于贝叶斯网络学习的样本训练集可以表达为$C = \{C_1, C_2, \cdots, C_m\}$，其中$C_i = \{V_1 = v_{i1}, V_2 = v_{i2}, \cdots, V_n = v_{in}\}$表示所有变量构成的向量$\{V_1, V_2, \cdots, V_n\}$的实例。如果一个实例中各个变量取值确定，则称为一个完整实例，否则为不完整实例。由完整实例构成的样本训练集称为完整训练库，否则称为不完整训练库。假设变量组$V = \{V_1, V_2, \cdots, V_n\}$的联合概率分布编码于某个网络结构 S 中，则

$$p(v \mid \theta_s, S^h) = \prod_{i=1}^{n} p(v_i \mid Pa_i, \theta_i, S^h) \qquad (7\text{-}67)$$

式中，θ_i 为分布 $p(v_i \mid Pa_i, \theta_i, S^h)$ 的参数向量；θ_s 为参数组$\{\theta_1, \theta_2, \cdots, \theta_n\}$的向量；$S^h$ 为联合分布可以满足网络的条件独立性假设。那么，条件概率表的学习问题就可以表示为对给定样本训练集 C，计算后验分布 $p(\theta_s \mid C, S^h)$。

假设变量 V 是离散的，有 r_i 个可能的取值 $v_i^1, v_i^2, \cdots, v_i^{r_i}$，每个局部分布函数是一组多项分布的集合，一个分布对应于 Pa_i 的一个状态，也就是假定

$$p(v_i^k \mid Pa_i^j, \theta_i, S^h) = \theta_{ijk} > 0 \quad (i = 1,2,\cdots,n; j = 1,2,\cdots,q_i; k = 1,2,\cdots,r_i) \tag{7-68}$$

式中，Pa_i^1，Pa_i^2，…，$Pa_i^{a_i}$ 表示 Pa_i 的 q_i 个取值状态，$q_i = \prod_{V_i \in Pa_i} r_i$ 和 $\theta_i = (((\theta_{ijk})_{k=2}^{r_i})_{j=1}^{q_i}$ 是参数。θ_{ijk} 没有列入是因为 $\theta_{ijk} = 1 - \sum_{k=2}^{r_i} \theta_{ijk}$。为方便起见，定义参数向量 $\boldsymbol{\theta}_{ij} = (\theta_{ij1}, \theta_{ij2}, \cdots, \theta_{ijr_i})$。给定局部分布函数，需要有以下两个假设，才能以封闭的形式计算后验分布 $p(\theta_s \mid C, S^h)$：

1）样本训练集 C 是完整的；

2）参数向量 $\boldsymbol{\theta}_{ij}$是相互独立的，即

$$p(\theta_s \mid S^h) = \prod_{i=1}^{n} \prod_{j=1}^{q_i} p(\boldsymbol{\theta}_{ij} \mid S^h) \tag{7-69}$$

这就是参数独立假设。在以上两个假设下，对于给定的随机样本训练集 C，参数仍然保持独立，即

$$p(\theta_s \mid C, S^h) = \prod_{i=1}^{n} \prod_{j=1}^{q_i} p(\boldsymbol{\theta}_{ij} \mid C, S^h) \tag{7-70}$$

于是可以独立地更新每一个参数向量 $\boldsymbol{\theta}_{ij}$。假设每一个参数向量 $\boldsymbol{\theta}_{ij}$ 有先验 Dirichlet 分布 $\mathrm{Dir}(\theta_{ij} \mid a_{ij1}, a_{ij2}, \cdots, a_{ijr_i})$，则得到后验分布为

$$p(\theta_s \mid C, S^h) = \mathrm{Dir}(\theta_{ij} \mid a_{ij1} + N_{ij1}, a_{ij2} + N_{ij2}, \cdots, a_{ijr_i} + N_{ijr_i}) \tag{7-71}$$

式中，N_{ijk}是 C 中 $V_i = v_i^k$ 且 $Pa_i = Pa_i^j$ 的样本数目。到此就获得了贝叶斯网络的条件概率参数。

当样本训练集不完整时，一般要运用近似方法，目前主要有 Monte-Carlo 方法、Gaussian 逼近、EM(期望极大化)算法等。尽管有这些成熟的算法，但计算开销是比较大的。

4. 学习贝叶斯网络的结构

当无法给出或确定贝叶斯网络的结构，而且有足够的样本数据时，需要学习贝叶斯网络结构。对于由 n 个变量构成的贝叶斯网络来说，由 n 个节点构成的所有有向无环图都可能作为贝叶斯网络的结构。Robinson 于 1977 年发表的研究结果表明，这种结构的数目随变量数增加而指数增长，因此可能的 DAG 结构非常庞大。学习贝叶斯网络的结构，就是通过分析样本数据集合，从大量的结构中选出最适合的网络结构。一般需要首先定义一个关于结构的测度，再分别计算出各个可能结构的测度值，从中选取测度值最优的结构作为贝叶斯网络结构。常用的测度有两个：基于贝叶斯统计的 BDE（Bayesian Dirichlet Likelihood Equivalence，贝叶斯狄利克雷似然等价）测度和基于编码理论的最小描述长度(Minimal Description Length，MDL)测度。

首先，假设网络结构是可以改进的，定义一个离散变量表示对于网络结构的不确定性，其状态对应于可能的网络结构 S^h，并赋予先验概率分布 $p(S^h)$。对于给定的样本集 C，计算后验概率分布 $p(S^h \mid C)$ 和 $p(\theta_s \mid C, S^h)$。其中，后者的计算方法与上节类似，前者的计算在

原理上是简单的，因为

$$p(S^h \mid C) = p(S^h \mid C)/p(C) = p(S^h)p(C \mid S^h)/p(C) \tag{7-72}$$

式中，$p(C)$ 是一个与结构无关的正规化常数；$p(C \mid S^h)$ 是边界似然。于是确定网络结构的后验分布，只需要为前一个可能的结构计算数据的边界似然。

在无约束多项分布、参数独立、采用 Dirichlet 先验和数据完整的前提下，参数向量 $\boldsymbol{\theta}_{ij}$ 可以独立地更新。数据的边界似然正好等于每一个 $i-j$ 对的边界似然的乘积：

$$p(C \mid S^h) = \prod_{i=1}^{n} \prod_{j=1}^{q_i} \frac{\Gamma(a_{ij})}{\Gamma(a_{ij} + N_{ij})} \cdot \prod_{k=1}^{r_i} \frac{\Gamma(a_{ijk} + N_{ijk})}{\Gamma(a_{ijk})} \tag{7-73}$$

该公式首次由 Cooper 和 Herskovits 于 1992 年给出。

在一般情况下，n 个变量的可能的网络结构数目大于以 n 为指数的函数。逐一排除这些假设是困难的，可以使用两个方法来处理这个问题：“模型选择”和“选择模型平均”方法。前一个方法是从所有可能的模型（结构假设）中选择一个“好的模型”，并把它当作正确的模型。后一个方法是从所有可能的模型中选择合理数目的“好模型”，并认为这些模型代表了所有情况。关于“好的模型”已有一些不同的定义和相应的计算方法（例如使用评分函数）。若干研究者的工作表明，使用贪婪搜索法选择单个好的假设通常会得到准确的预测。使用 Monte- Carlo 方法进行模型平均有时也很有效，甚至可以得到更好的预测。Hecherman 于 1995 年提出，在参数独立、参数模块性、似然等价以及机制独立、部件独立等假设成立的前提下，可以将学习非因果贝叶斯网络的方法用于因果贝叶斯网络的学习。

贝叶斯网络学习的目标是，找到和样本数据匹配度最好的贝叶斯网络结构，根据观察贝叶斯网络的视角不同，还可以把贝叶斯网络结构的学习方法分成两类：基于搜索评分（Based on Scoring）的方法和基于条件独立性（Based on Conditional Independence）的方法。基于搜索评分的方法把贝叶斯网络看成是含有属性之间联合概率分布的结构，学习的目的是搜索与数据拟合最好的结构。一般的做法是给出评价网络结构的评分函数（如贝叶斯后验概率、最小描述长度和 Kullback- Leiber 熵等）。基于条件独立性的方法把贝叶斯网络看作是编码了变量间独立性关系的结构。学习的目的是根据独立性关系（如卡方检验）对变量分组。

7.3.4 贝叶斯网络推理算法

推理是从给定的证据中得到一个新判断的思维形式。贝叶斯网络推理是利用其表达的条件独立性，快速计算待求概率值的过程。

条件独立性假设是贝叶斯网络进行定量推理的理论基础。有了这个假设，就可以减少先验概率的数目，简化计算和推理过程。贝叶斯网络的条件独立性假设的一个很重要的判据就是著名的 D 分隔（D-separation）定理。先来看看这个定理，设 A、B、C 为网络节点中三个不同的子集，当且仅当 A 与 C 间不存在以下情况的路径时，称 B 隔离了 A 和 C，记为 $<A \mid B \mid C>D$：所有含有聚合弧段的节点或其子节点是 B 的元素；其他节点不是 B 的元素。

同时满足以上两个条件的路径称作激活（Active）路径，否则叫作截断（Blocked）路径。这个判据指出，如果 B 隔离了 A 和 C 时，那么可以认为 A 与 C 是关于 B 条件独立的，即

$$P(A \mid C,B) = P(A \mid B) \tag{7-74}$$

有了条件独立性假设就可以大大简化网络推理计算。但是，与其他形式的不确定性推理方法一样，贝叶斯网络推理仍然需要给出许多先验概率，它们是根节点的概率值和所有子节

点在其母节点给定下的条件概率值。这些先验概率，可以是由大量历史的样本数据统计分析得到的，也可以是由领域专家长期的知识或经验总结主观给出的，或者是根据具体情况由事先假设给定的。

与其他算法一样，贝叶斯网络推理算法大致也可分为精确算法和近似算法两大类。理论上，所有类型的贝叶斯网络都可以用精确算法来进行概率推理。但 Cooper 指出，贝叶斯网络中的精确概率推理是一个 NP 难题。对于一个特定拓扑结构的网络，其复杂性取决于节点数。所以，精确算法一般用于结构较为简单的单联（Single Connected）网络。对于解决一般性的问题，人们不希望它是复杂的多项式。因而，许多情况下都采用近似算法。它可以大大简化计算和推理过程，虽然它不能够提供每个节点的精确概率值。

目前主要的推理算法主要有如下四类：多树传播（Polytree Propagation）算法、团树传播（Clique Tree Propagation）算法、图约简（Graph Reduction）算法、组合优化（Combinatorial Optimization）算法。

1. 多树传播算法

多树传播算法的主要思想是给贝叶斯网络中的每一个节点分配一个处理机，每一个处理机利用相邻节点传递来的消息和存储于该处理机内部的条件概率表进行计算，以求得自身的后验概率（信度），并将结果向其余相邻节点传播。在实际计算中，贝叶斯网络接收到证据以后，证据节点的后验概率值发生改变，该节点的处理机将这一改变向它的相邻节点传播；相邻节点的处理机接收到传递来的消息后，重新计算自身的后验概率，然后将结果向自己其余的相邻节点传播，如此继续下去，直到证据的影响传遍所有的节点为止。在多连通图（即至少在两个节点间存在不止一条通路）的情况下，由于消息传递的双向性，使得消息会在无向环路中循环传播而无法进入稳态，得不到最终结果。为此，许多学者提出了各种弥补的办法，如条件（Conditioning）方法、节点集成（Node Aggregation）方法、星形分离（Star Decomposition）方法。这些方法的主要思想都是对原贝叶斯网络进行变换，将其由多连通的拓扑结构变换为单连通的拓扑结构，然后再利用多树传播算法进行计算，最后对计算的结果进行处理，以还原为待求概率值。

2. 团树传播算法

团树传播算法采用了另一种图形表达方式来表达联合概率分布。该方法所对应的图形结构是一棵无向树——团树。基于团树的推理计算也采用了消息传递的思想。在实际推理时，当接收到证据以后，所有包含证据节点的团节点内各个变量的联合概率函数值（以下简称 q 函数值）将发生变化。该变化将向团树中的所有团节点传播，以改变这些节点中的函数值。该算法由于所对应的图形结构是一棵树，因此不会出现多树传播算法在多连通情况下消息往复传播的问题。当系统达到稳态后，对函数值进行边缘化计算就可以求解得到待求概率值。采用该方法进行推理的第一步，就是首先构造一棵团树，目前有几种方法，通常采用连接树（Junction Tree）构造方法（称由这种方法构造的团树传播算法为连接树传播算法）。同多树传播算法一样，团树传播算法采用在图形结构上的消息传播机制进行运算。消息从每一个接收到证据的团节点开始，向图上的其他节点传播，在传播过程中，每次计算只使用相邻节点的 q 函数值。

3. 图约简算法

图约简算法是 Shachter 于 1988 年提出的一种贝叶斯网络推理算法，它直接利用图形结构，采用了节点消元的方式来模拟边缘概率的计算。其基本思想是，逐步删除非证据节点中无子节点的节点（可以直接删除的节点所必须满足的条件），直到网络中只剩下感兴趣的节点为止。对于不满足删除条件的节点，可以对网络结构进行变换。

4. 组合优化算法

前面的三类方法都是利用了图形结构以寻求局部化的计算过程，而组合优化算法则是直接针对联合概率分布的组合爆炸问题，提出解决方案。其主要思想是，首先利用链规则和条件独立性，将联合概率分布分解为一系列条件概率表的乘积；然后在符号层面上，对公式进行交换，改变求和时节点的消元顺序以及求和运算与乘积运算的先后秩序，以达到减少求和与乘积运算量的目的；最后按照变换后的公式进行逐步的乘积和求和运算，以得到待求结果。目前这类方法主要有符号概率推理（Symbolic Probabilistic Inference，SPI）方法和桶消去（Bucket Elimination）方法。

以上所介绍的贝叶斯网络推理算法都没有摆脱显式求和的计算方式，其计算量都是随着节点数的增多而呈指数增长，但有各自的特点。其中，团树传播算法基于了一个更简单的图形结构——树，其灵活性和适应面都比较好。一些其他图形结构的推理，如影响图（Influence Diagram）推理也转换到团树上进行。目前针对该方法更进一步提出了一些加速推理的措施，比如惰性传播（Lazy Propagation）方法。在实际应用中，连接树传播算法应用较为广泛。

5. 贝叶斯网络近似推理算法

尽管贝叶斯网络以其坚实的概率理论基础以及有效性而被认为是目前最好的不确定推理方法之一，但由于结构复杂的贝叶斯网络推理计算是一难题，对贝叶斯网络推理的研究重心转向了近似推理算法的研究。目前已经提出了多种近似推理算法，主要分为两大类：基于仿真的方法和基于搜索的方法。这些算法都采取一定的方式，在运行时间和推理精度上寻求一个折中，力求在较短的时间内得到一个满足精度要求的结果。基于仿真的方法是基于 Monte-Carlo 方法的基本思想，使用了一个包含随机数发生器的采样装置，根据需要产生一组样本。然后通过对样本的处理，而不是直接利用联合概率分布进行计算，以得到待求概率的近似值。另一类近似算法是基于搜索的方法，由于概率问题是一类组合问题，所以可以将所需要计算的各个变量的不同组合看作一个状态空间，状态空间中的某些状态对最后的计算结果会产生较大的影响，而另外一些状态则影响甚微。由此，可以通过启发式搜索的方法在整个状态空间中进行搜索，以寻找到那些对计算结果影响较大的状态。然后以这些影响较大的状态代替整个状态空间参与运算，以达到提高计算效率的目的，并且在计算结束时能够给出一个较精确的解答。

虽然永远不可能找到一个多项式时间复杂度的贝叶斯网络推理算法，但是对于实际的贝叶斯网络，总可以通过简化或通过各种方法的结合找到适合的推理算法。

7.3.5 贝叶斯网络分类器

贝叶斯网络分类器是基于贝叶斯网络所建构的分类器。建立贝叶斯网络分类器可以被分为两个子阶段：第一阶段，网络拓扑学习，即有向非循环图的学习（ 简称结构学习），利用贝叶斯网络的学习算法，从实例数据建立由所有属性变量和类变量构成的贝叶斯网结构；第二阶段，网络中每个变量的局部条件概率分布的学习（ 简称参数学习），采用贝叶斯网络的推理算法计算给定属性变量的值，获得类变量的最大后验概率。

1. 贝叶斯网络分类模型

贝叶斯分类模型是一种典型的基于统计方法的分类模型。贝叶斯定理是贝叶斯理论中最重要的一个公式，是贝叶斯学习方法的理论基础。它将事件的先验概率与后验概率巧妙地联系起来，利用先验信息和样本数据信息确定事件的后验概率。

令 $U = \{A_1, A_2, \cdots, A_n, C\}$ 是离散随机变量的有限集，其中 A_1，A_2，…，A_n 是属性变量，类变量 C 的取值范围为 $\{c_1, c_2, \cdots, c_n\}$，$a_i$ 是属性 A_i 的取值。实例 $X_i = \{a_1, a_2, \cdots, a_n\}$（字母 X 表示向量）属于类 c_j 的概率可由贝叶斯定理表示为

$$P(c_j \mid a_1, a_2, \cdots, a_n) = \frac{P(a_1, a_2, \cdots, a_n \mid c_j)P(c_j)}{P(a_1, a_2, \cdots, a_n)} = \alpha P(c_j)P(a_1, a_2, \cdots, a_n \mid c_j) \tag{7-75}$$

式中，α 是正则化因子；$P(c_j)$ 是类 c_j 的先验概率；$P(c_j \mid a_1, a_2, \cdots, a_n)$ 是类 c_j 的后验概率。先验概率独立于训练样本数据，而后验概率反映了样本数据对类 c_j 的影响。依据概率的链规则，式(7-75)可以表示为

$$P(c_j \mid a_1, a_2, \cdots, a_n) = \alpha P(c_j) \prod_{i=1}^{n} P(a_i \mid a_1, a_2, \cdots, a_{i-1}, c_j) \tag{7-76}$$

给定训练数据集 $D = (x_1, x_2, \cdots, x_n)$，分类任务的目标是对数据集 D 进行分析，确定一个映射函数 $f:(A_1, A_2, \cdots, A_n) \to C$，使得对任意的未知类别的实例 $X_i = \{a_1, a_2, \cdots, a_n\}$ 可标以适当的类标签 C^*。

根据贝叶斯最大后验准则，给定某一实例 $X_i = \{a_1, a_2, \cdots, a_n\}$，贝叶斯分类器选择使后验概率 $P(c_j \mid a_1, a_2, \cdots, a_n)$ 最大的类标签 C^* 作为该实例的类标签，即

$$C^* = \underset{c_j \in \{c_1, c_2, \cdots, c_n\}}{\arg\max}\, \alpha P(c_j) \prod_{i=1}^{n} P(a_i \mid a_1, a_2, \cdots, a_{i-1}, c_j) \tag{7-77}$$

先验概率 $P(c_j)$ 反映了已经拥有的关于类分布的背景知识，如果这个背景知识难以得到，那么可以简单地将每一候选假设赋予相同的先验概率，即认为所有的类服从均匀分布。确定先验概率的另一种方式是，采用训练数据中每个类的概率分布近似代替先验概率。

目前，不同贝叶斯分类模型的区别就在于，它们以不同的方式来求 $P(a_i \mid a_1, a_2, \cdots, a_{i-1}, c_j)$。贝叶斯分类模型的关键就是如何计算 $P(a_i \mid a_1, a_2, \cdots, a_{i-1}, c_j)$。下面介绍几种目前常用的贝叶斯网络分类器。

2. 朴素贝叶斯分类器

朴素贝叶斯（Naive Bayes，NB）分类器可以看作是限制条件最严格的贝叶斯网络分类模型（见图 7-5）。在朴素贝叶斯分类模型中，假定特征向量的各个属性变量间相对于类变量是相互独立的，也就是属性变量完全独立地作用于类变量。

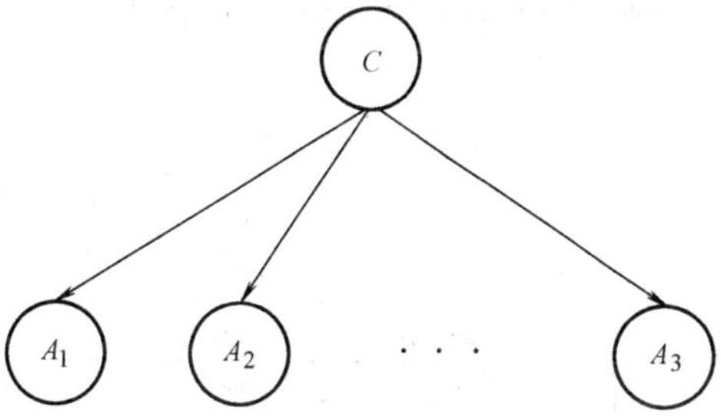

图 7-5　朴素贝叶斯分类模型示意图

在属性独立性假设条件下，条件概率 $P(a_i \mid a_1, a_2, \cdots, a_{i-1}, c_j)$ 简化为 $P(a_i \mid c_j)$，因此在朴素贝叶斯分类器中，实例 $\boldsymbol{X}_i = \{a_1, a_2, \cdots, a_n\}$ 属于类 c_j 的概率可表示为

$$P_{NB}(c_j \mid a_1, a_2, \cdots, a_n) = \alpha P(c_j) \prod_{i=1}^{n} P(a_i \mid c_j) \tag{7-78}$$

$$C_{NB}^{*} = \underset{c_j \in \{c_1, c_2, \cdots, c_n\}}{\operatorname{argmax}} \alpha P(c_j) \prod_{i=1}^{n} P(a_i \mid c_j) \tag{7-79}$$

相对于其他分类方法，朴素贝叶斯分类器的最大特点是不需要假设空间的搜索，只需估计类先验概率和类条件概率。一种简单的估计方法是，从训练数据中，计算待分类实例中各个属性值在训练集中发生的频率数，估计出每个属性的概率估计值，因而朴素贝叶斯分类器的效率特别高。

朴素贝叶斯分类器是以一个很强的简单假设，即数据集的属性相对于类变量是相互独立的，为基础的。这个假设条件在现实世界的学习任务中是很少能够满足的。尽管 Domingos 和 Pazzani 已经发现，在某些情况下，属性独立性的违背对分类精度的影响会很小，但是在大多数实际情况下，该假设的违背会显著地降低预测精确度，于是人们开始研究如何减弱或放松属性独立性假设。

3. TAN 分类器

树型扩展朴素贝叶斯分类器（Tree-Augmented Naive Bays classifier，TAN Classifier）是由 Friedman 等人提出的一种树型贝叶斯网络分类器，是朴素贝叶斯分类器的一种改进模型。TAN 分类器的分类性能明显优于朴素贝叶斯分类器。其基本思路是放松朴素贝叶斯分类器中的独立性假设条件，在属性之间添加若干增强弧，并且保持增强弧连同属性节点构成树形结构。借鉴贝叶斯网络中表示依赖关系的方法，扩展朴素贝叶斯的结构，使其能容纳属性间存在的依赖关系，但对其表示依赖关系的能力加以限制。TAN 将贝叶斯网络表示依赖关系的能力与朴素贝叶斯的简易性相结合，是学习的效率与准确地描述属性间相关性之间一个很好的折中。

在 TAN 树形结构中，

- 类节点是树的根节点，没有父节点，即 $Pa_C = \phi$；
- 属性节点除了类结点以外最多只有 1 个父节点，即属性节点最多只有 2 个父节点。$Pa_i \leqslant 2$ 且 $C \in Pa_i (i = 1, \cdots, n)$。

TAN 分类器模型如图 7-6 所示。

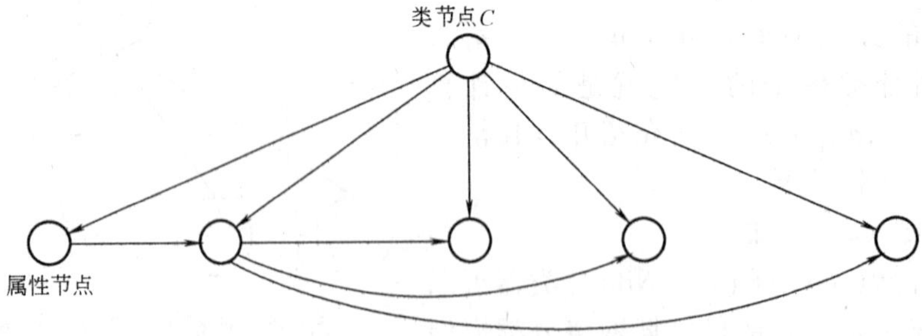

图 7-6 TAN 分类器模型示意图

因此，在朴素贝叶斯分类器中，实例 $\boldsymbol{X}_i = \{a_1, a_2, \cdots, a_n\}$ 属于类 c_j 的概率可表示为

$$P_{\mathrm{TAN}}(c_j \mid a_1, a_2, \cdots, a_n) = \alpha P(c_j) \prod_{i=1}^{n} P(a_i \mid Pa_i) \tag{7-80}$$

$$C^*_{TAN} = \underset{c_j \in \{c_1, c_2, \cdots, c_n\}}{\operatorname{argmax}} \alpha P(c_j) \prod_{i=1}^{n} P(a_i \mid Pa_i) \tag{7-81}$$

式中，$P(a_i \mid Pa_i)$或者是$P(a_i \mid c_j)$，或者是$P(a_i \mid a_p, c_i) a_p \in \{a_1, a_2, \cdots, a_{i-1}\}$。

与朴素贝叶斯分类器不同，TAN 分类器需要有构造模型结构的学习算法。Friedman 等人提出利用条件互信息来构造 TAN 分类器的算法。Keogh 和 Pazzani 采用不同的思路构造 TAN 分类器，选择使分类精度改进最大的弧作为 TAN 的增强弧。这两种方法的不同之处在于，采用不同的评价准则来选择增强弧。

4. BAN 分类器

扩展朴素贝叶斯的贝叶斯网络(Bayesian Network Augmented Naive Bayes，BAN)模型原则上对每个节点的父节点个数没有限定，只需按照事先选定的评价准则，在与属性节点A_i相关联的节点A_1，A_2，…，A_{i-1}，C中寻找A_i的父节点，每个节点A_i可以找出多个父节点，每个节点A_i的父节点可能不同。与一般贝叶斯网络的学习方法类似，BAN 的学习有两种方式[20,23]：启发式搜索方法和相关性分析方法。图 7-7 所示为 BAN 模型示意图。

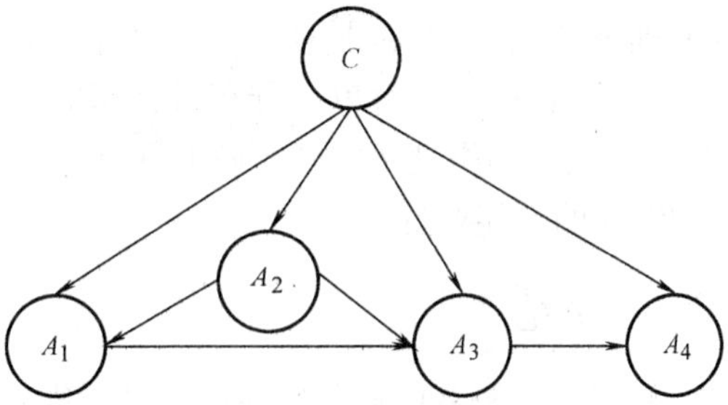

图 7-7　BAN 模型示意图

BAN[20,22]进一步扩展了 TAN 的结构，允许属性之间可以形成任意的有向图，使其表示依赖关系的能力增强，然而由于其结构的任意性，与一般贝叶斯网络一样，BAN 结构的学习是不容易的(参考文献[24]已证明贝叶斯网络的学习是一个 NP-Complete 问题)。目前，并没有十分有效的学习这种结构的算法。

5. 贝叶斯多网络分类器

贝叶斯多网络(Bayesian Multi-Net，BMN)模型结构是由多个子贝叶斯网络分类器组成的，每个子网的分类节点是类节点的一个取值，该节点的概率是类节点取值的先验概率，其余节点不变，BMN 模型示意图如图 7-8 所示。这种结构是 BAN 的一种扩展。BAN 强迫对每个类别下属性之间的关系都相同，而在 BMN 下，不同类别下的属性之间的关联可以不同。因而 BMN 的表达能力应该比 BAN 更强，比如在模式识别中，不同模式下特征之间的关系可能有很大差别。BMN 并没有对各属性之间的关系作限制。BMN 比 BAN 的结构可能更简洁，因为每个子网内的局部结构要比 BAN 简单，而在 BAN 中要表示出所有属性之间的关联可能需要更复杂的结构。

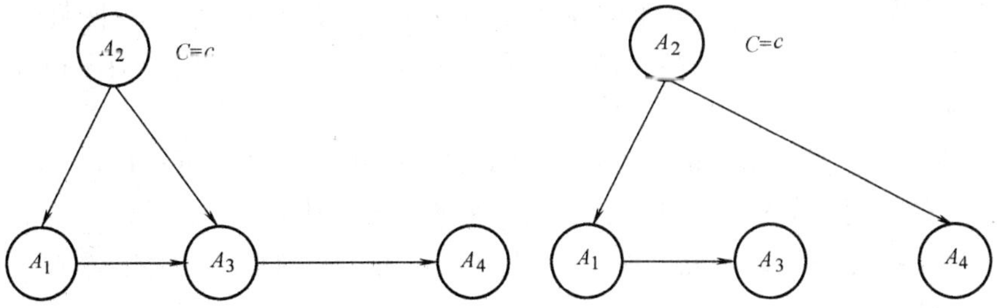

图 7-8　BMN 模型示意图

6. 通用的贝叶斯网络分类器

前面几种结构都把类节点作为一种特殊的节点来对待，而通用贝叶斯网络（General Bayesian Network，GBN）把类节点与属性节点同样对待，如图7-9所示。这种结构学习需要获得一个完整的贝叶斯网络，而分类问题可以看作一种特殊的推理过程或决策问题。人们认为GBN中整个数据集只有一个单一的概率依赖关系，而BMN则允许每个类别下有一个概率依赖关系，因而当整个数据集具有单一分布时，GBN的性能会好些；当不同类别下的特征依赖关系差别较大时，BMN的性能要好些。

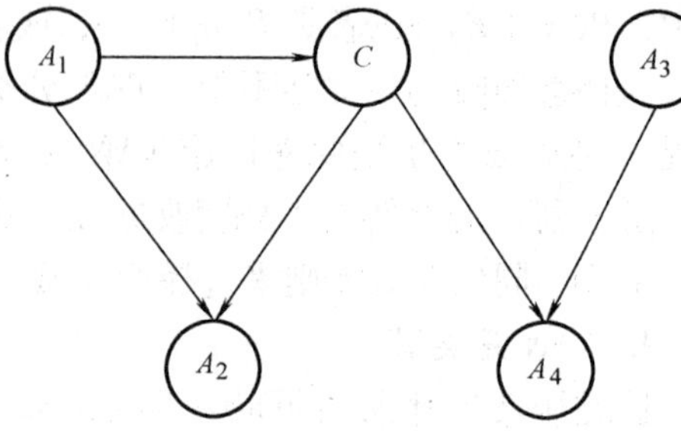

图7-9 GBN模型示意图

7.3.6 小结

贝叶斯网络（Bayesian Network）是一类对不确定知识进行表达和推理的拓扑结构，用节点表示随机变量，用有向弧表示节点间的依存关系。由于利用了类人化的推理机制，贝叶斯网络能较好地表达知识的不确定性，并且能够实现快速推理，因而在人工智能、目标识别、决策评估和信息融合等领域中得到了广泛的研究和应用。贝叶斯网络作为一种分类器，能清晰地表示上下层特征之间的依存关系，具有参数设置简单、运算速度快等优点，可以实现对目标的快速分类，即使在目标信息很少的情况下，通过选择若干最有代表性的特征，利用不多的先验知识，也可以进行快速的粗分类。

目前国外研究人员已开始将贝叶斯网络应用到人脸识别或表情识别中。参考文献[25]采用TAN分类器学习面目特征之间的从属关系，并提出一种新算法来寻找最佳的TAN结构，比简单的NB分类器改善了效果。参考文献[26]用贝叶斯网络对视频中的表情进行分类，因为贝叶斯网络在推理和训练过程中可以处理丢失的数据；参考文献[27]提出一种嵌入式贝叶斯网络（Embedded Bayesian Networks，EBN）用于人脸识别，并通过实验与嵌入式隐马尔可夫方法（Embedded HMM Approach）进行了比较。

7.4 隐马尔可夫模型及其基本问题

7.4.1 概述

隐马尔可夫模型（HMM）是20世纪60年代末~70年代初提出来的一种基于马尔可夫源或马尔可夫链概率函数的统计信号模型。它是一种用参数表示的、用于描述随机过程统计特性的概率模型。

HMM的理论基础是由Baum等人建立起来的。1907年，马尔可夫（Markov）提出了“马尔可夫链”（一种能用数学分析方法研究自然过程的一般方式），开创了对一种无后效性的随机过程，即“Markov过程”的研究。Baum等人在马尔可夫链的基础之上建立和发展了隐马尔可夫模型（HMM）。

随后由CMU的Baker和IBM公司的Jelinet等人将其应用到语音识别领域。由于Bell实验室的 Rabiner 等人在 20 世纪 80 年代中期，对 HMM 的深入浅出的介绍，才逐渐使 HMM 成为世界各国研究人员所了解和熟悉，进而成为公认的一个研究热点。特别是在近些年，HMM 可以为不同信号建模的特点，以及在语音信号处理上的成功，并且拥有经典的训练和寻优算法，使得很多研究人员开始尝试将 HMM 用于目标识别、人脸识别、光学字符识别（OCR）等领域。

7.4.2 马尔可夫链模型

1. 马尔可夫过程

当过程在 $t=t_0$ 时所处的状态为已知的情况下，过程在时刻 $t(t>t_0)$ 所处的状态与过程在 $t=t_0$ 时刻之前的状态无关。这种已知“现在”的条件下，“将来”与“过去”无关的性质，就是直观意义下的马尔可夫性或称为无后效性。具有无后效性的过程称为马尔可夫过程。

【定义 7-1】 给定随机过程 $\{X(t),t\in T\}$，如果对于参数中任意 n 个时刻 t_i，$i=1$，2，…，n；$t_1<t_2<\cdots<t_n$ 有

$$\begin{aligned}P\{X(t_n)<x_n\mid X(t_1)=x_1,X(t_2)=x_2,\cdots,X(t_{n-1})=x_{n-1}\}\\=P\{X(t_n)<x_n\mid X(t_{n-1})=x_{n-1}\}\end{aligned} \tag{7-82}$$

则称随机过程 $\{X(t),\ t\in T\}$ 为马尔可夫过程，简称马氏过程。

随机过程具有马尔可夫性质是说，当给定 $X(t_1),X(t_2),\cdots,X(t_{n-1})$ 时，$X(t_n)$ 的条件分布只依赖于 $X(t_{n-1})$ 的已知值，而与在 t_{n-1} 以前的 $X(t)$ 的取值无关。

【定义 7-2】 给定马尔可夫过程 $\{X(t),\ t\in T\}$，条件概率为

$$p(s,t,x,y)=P\{X(t)<y\mid X(s)=x\} \tag{7-83}$$

称为马尔可夫过程的转移概率函数。

马尔可夫过程 $\{X(t),t\in T\}$ 中 $X(t)$ 的取值 x 称为状态，$X(t)=x$ 表示过程在时刻 t，处于状态 x，过程所有取值的全体 $E=\{x: X(t)=x,t\in T\}$ 称为状态空间。

马尔可夫过程构成如下：

- 状态：以天气为例，有晴、阴、雨三种状态；
- π_{vector}：时间为 t_0 时，规定的系统状态初始概率；
- 状态转移矩阵：状态间转移的概率。

2. 马尔可夫链

马尔可夫链是马尔可夫随机过程的特殊情况，即马尔可夫链是状态和时间参数都离散的马尔可夫过程。从数学上，可以给出如下定义：

随机序列 X_n，在任一时刻 n，它可以处在状态 θ_1，…，θ_N，且它在 $m+k$ 时刻所处的状态为 q_{m+k} 的概率，只与它在 m 时刻的状态 q_m 有关，而与 m 时刻以前它所处状态无关，即有

$$P(X_{m+k}-q_{m+k}\mid X_m=q_m,X_{m-1}=q_{m-1},\cdots,X_1=q_1)=P(X_{m+k}=q_{m+k}\mid X_m=q_m) \tag{7-84}$$

式中，$q_1,q_2,\cdots,q_m,q_{m+k}\in(\theta_1,\theta_2,\cdots,\theta_N)$，则称 X_m 为马尔可夫链，并且称

$$P_{ij}(m,m+k)=P(q_{m+k}=\theta_j\mid q_m=\theta_i)\qquad 1\leqslant i,j\leqslant N,m,k\text{ 为正整数} \tag{7-85}$$

为 k 步转移概率，当 $P_{ij}(m,m+k)$ 与 m 无关时，称这个马尔可夫链为齐次马尔可夫链，此时

$$P_{ij}(m,m+k)=P_{ij}(k) \tag{7-86}$$

以后若无特别申明，马尔可夫链就是指齐次马尔可夫链。当 $k=1$ 时，$P_{ij}(1)$ 称为一步转移概率，简称为转移概率，记为 a_{ij}，所有转移概率 $a_{ij}(1\leqslant i,j\leqslant N)$ 可以构成一个转移概率矩阵，即

$$\boldsymbol{A}=\begin{bmatrix} a_{11} & \cdots & a_{1N} \\ \vdots & \cdots & \vdots \\ a_{N1} & \cdots & a_{NN} \end{bmatrix} \tag{7-87}$$

且有 $0\leqslant a_{ij}\leqslant 1$，$\sum_{j=1}^{N}a_{ij}=1$。

由于 k 步转移概率 $P_{ij}(k)$ 可由转移概率 a_{ij} 得到，因此，描述马尔可夫链的最重要参数就是转移概率矩阵 $\boldsymbol{A}$。但矩阵 $\boldsymbol{A}$ 还决定不了初始分布，即由 $\boldsymbol{A}$ 求不出 $q_1=\theta_i$ 的概率，这样完全描述马尔可夫链，除矩阵 $\boldsymbol{A}$ 之外，还必须引进初始概率向量 $\boldsymbol{\pi}=(\pi_1,\cdots,\pi_N)$，其中

$$\pi_i=P(q_1=\theta_i) \qquad 1\leqslant i\leqslant N \tag{7-88}$$

显然，有 $0\leqslant\pi_i\leqslant 1$，$\sum_{i}\pi_i=1$。

实际中，马尔可夫链的每一个状态可以对应于一个可观测到的物理事件。比如天气预测中的雨、晴、雪等，那么这时它可称之为天气预报的马尔可夫链模型。根据这个模型，可以算出各种天气(状态)在某一时刻出现的概率。例如：某处的晴天、下雨和下雪的天气情况分布如图 7-10 所示，要预测出连续六天是晴天、下雨、下雨、下雨、下雪和下雪的天气出现的概率。

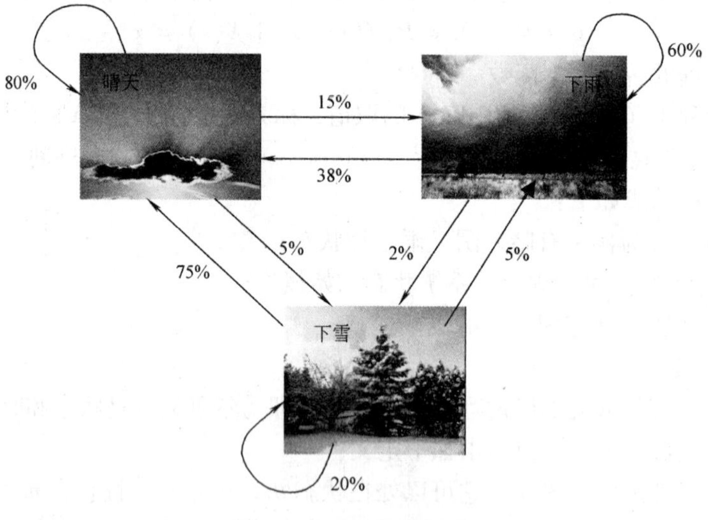

图 7-10　天气分布图示

解：首先对于这个具体的问题已知马尔可夫链中主要的元素状态、转移概率和初始状态分别是

$$\{S_{sunny},S_{rainy},S_{snowy}\},\boldsymbol{A}=\begin{bmatrix} 0.8 & 0.15 & 0.05 \\ 0.38 & 0.6 & 0.02 \\ 0.75 & 0.05 & 0.2 \end{bmatrix},\boldsymbol{\pi}=(0.7 \quad 0.25 \quad 0.05) \tag{7-89}$$

然后利用乘法定理计算出现连续六天是晴天、下雨、下雨、下雨、下雪和下雪的天气出

现的概率，也就是图 7-11 所示的天气出现的概率。

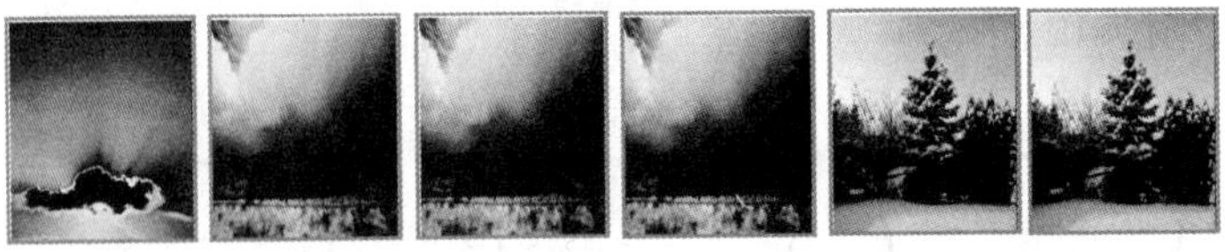

图 7-11　连续六天的天气图示

$$
\begin{aligned}
&P(S_{sunny}S_{rainy}S_{rainy}S_{rainy}S_{snowy}S_{snowy})\\
&\quad = P(S_{snowy} \mid S_{sunny}S_{rainy}S_{rainy}S_{rainy}S_{snowy})P(S_{snowy} \mid S_{sunny}S_{rainy}S_{rainy}S_{rainy}) \times \\
&\qquad P(S_{rainy} \mid S_{sunny}S_{rainy}S_{rainy})P(S_{rainy} \mid S_{sunny}S_{rainy})P(S_{rainy} \mid S_{sunny})P(S_{sunny})\\
&\quad = P(S_{sunny})P(S_{rainy} \mid S_{sunny})P(S_{rainy} \mid S_{rainy})P(S_{rainy} \mid S_{rainy})P(S_{snowy} \mid S_{rainy})P(S_{snowy} \mid S_{snowy})\\
&\quad = 0.7 \times 0.15 \times 0.6 \times 0.6 \times 0.02 \times 0.2\\
&\quad = 0.0001512 \qquad (7\text{-}90)
\end{aligned}
$$

由此例可知：晴天—下雨—下雨—下雨—下雪—下雪可以看作是时间上离散的马尔可夫过程。

小结：马尔可夫模型的几个要素：

1）有 N 个状态，S_1，$S_2 \cdots S_N$；

2）存在一个离散的时间序列 $t=0, t=1\cdots$

3）在每个时刻 t，系统只能处于唯一一个状态 q_t；

4）下一个时刻所处的状态是随机出现的；

5）当前状态 q_t 只与前面相邻的一个状态 q_{t-1} 有关，与其他状态无关，即

$$
P[q_t = j \mid q_{t-1} = i, q_{t-2} = k, \cdots] = P[q_t = j \mid q_{t-1} = i] \qquad (7\text{-}91)
$$

7.4.3 隐马尔可夫模型

1. 基本概念

HMM 是在马尔可夫链的基础之上发展起来的。由于实际问题比马尔可夫链模型所描述的更为复杂，观察到的事件并不是与状态一一对应的，而是通过一组概率分布相联系的，这样的模型就称为 HMM。它是一个双重随机过程，其中之一是马尔可夫链，这是基本随机过程，它描述状态的转移。另一个随机过程描述状态和观察值，不像与马尔可夫链模型中的观察值和状态一一对应，因此不能直接看到状态，而是通过一个随机过程去感知状态的存在及特性。因而称之为“隐”马尔可夫模型（HMM）。

现在来看一个著名的说明 HMM 概念的例子——球和缸（Ball and Urn）实验。设有 N 个缸，每个缸中装有很多颜色的球，球的颜色由一组概率分布描述。实验是这样进行的，根据某个初始概率分布，随机地选择 N 个缸中的一个，例如第 i 个缸，再根据这个缸中彩色球颜色的概率分布，随机地选择一个球，记下球的颜色，记为 O_1，再把球放回缸中，又根据描述缸的转移的概率分布，随机选择下一个缸，例如，第 j 个缸，再从缸中随机选一个球，记下球的颜色，记为 O_2，一直进行下去。可以得到一个描述球的颜色的序列 O_1，O_2，…，由于这是观察到的事件，因而称之为观察值序列。但缸之间的转移以及每次选取球的缸被隐藏起来了，并不能直接观察到。而且，从每个缸中选取球的颜色并不是与缸一一对应的，而是

由该缸中彩球颜色概率分布随机决定的。此外，每次选取哪个缸，则由一组转移概率所决定。球与缸试验如图 7-12 所示。

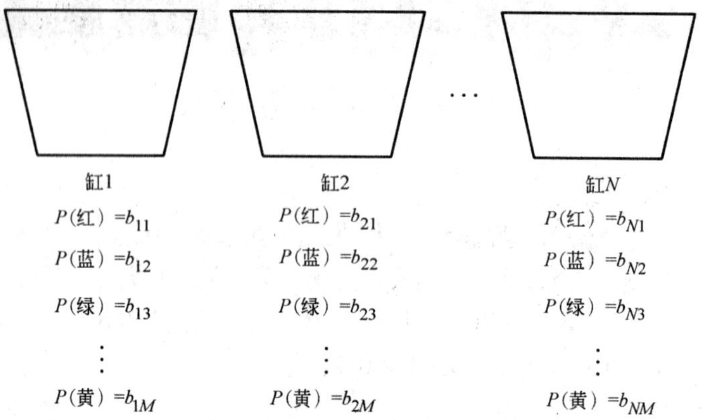

图 7-12　球和缸试验

2. 定义

有了前面讨论的马尔可夫链以及球和缸的实验，就可以给出 HMM 的定义，或者说一个 HMM 可以由下列参数描述：

1) N：模型中马尔可夫链状态数目。记 N 个状态为 θ_1，…，θ_N，记 t 时刻马尔可夫链所处状态为 q_t，显然 q_t 属于(θ_1，θ_2，…，θ_N)。在球与缸的实验中，缸就相当于状态。

2) M：每个状态对应的可能的观察值数目。记 M 个观察值为 V_1，…，V_M，记 t 时刻观察到的观察值为 O_t，其中 O_t 属于(V_1，…，V_M)。在球与缸的实验中，所选彩球的颜色，就是观察值。

3) $\boldsymbol{\pi}$：初始状态概率向量，$\boldsymbol{\pi}=(\pi_1, \cdots, \pi_N)$，其中

$$\pi_i = P(q_1 = \theta_i) \qquad 1 \leqslant i \leqslant N \tag{7-92}$$

在球与缸的实验中，指开始时选取某个缸的概率。

4) $\boldsymbol{A}$：状态转移概率矩阵，$\boldsymbol{A}=(a_{ij})_{N\times N}$，其中

$$a_{ij} = P(q_{t+1} = \theta_j \mid q_t = \theta_i) \qquad 1 \leqslant i;j \leqslant N \tag{7-93}$$

在球与缸的实验中，是指描述每次在当前选取的缸的条件下选取下一个缸的概率。

5) $\boldsymbol{B}$：观察值概率矩阵，$\boldsymbol{B}=(b_{jk})_{N\times M}$，其中

$$b_{jk} = P(O_t = V_K \mid q_t = \theta_j) \qquad 1 \leqslant j \leqslant N;1 \leqslant k \leqslant M \tag{7-94}$$

在球与缸的实验中，b_{jk} 就是第 j 个缸中，球的颜色 k 出现的概率。

这样，可以记一个 HMM 为：$\lambda=(N, M, \boldsymbol{\pi}, \boldsymbol{A}, \boldsymbol{B})$，或简写为 $\lambda=(\boldsymbol{\pi}, \boldsymbol{A}, \boldsymbol{B})$。

图 7-13　HMM 组成示意图

更形象地说，HMM 可分为两部分：一个是马尔可夫链，由 $\boldsymbol{\pi}$、$\boldsymbol{A}$ 描述，产生的输出为状态序列；另一个是一个随机过程，由 $\boldsymbol{B}$ 描述，产生的输出为观察值序列，如图 7-13 所示。T 为观察值时间长度。

7.4.4 隐马尔可夫模型的三个基本问题

隐马尔可夫模型在实际应用中要解决的三个基本问题：

问题1：给定观察序列 $O=O_1, O_2, \cdots, O_T$ 和 $\lambda=(\boldsymbol{\pi}, \boldsymbol{A}, \boldsymbol{B})$，怎样有效地计算 $P(O\mid\lambda)$，即给定模型的观察序列的概率？

问题2：给定观察序列 $O=O_1, O_2, \cdots, O_T$ 和模型 λ，怎样选择另一个状态序列 $Q^*=q_1^*, q_2^*, \cdots, q_T^*$，使它在某种意义下是最佳的(即最好地解释观察情况)？

问题3：怎样调整模型参数 $\lambda=(\boldsymbol{\pi}, \boldsymbol{A}, \boldsymbol{B})$，使 $P(O\mid\lambda)$ 最大？

这三大基本问题的解决过程与方法，即是HMM实际应用的过程与方法，可以从下面的角度理解：估计问题，即模型评价——前向算法和后向算法；解码问题，即最优状态序列求解——Viterbi算法；学习问题，即模型参数估计——Baum-Welch算法。

1. HMM模型评价(Model Evaluation)

HMM是将实时信号源作为马尔可夫信号源或马尔可夫链的概率函数的一种统计模型，假定信号是模型输出的观察值序列，当使用HMM作为分类目的时，通常假定观察值序列是由唯一信号源产生的，而分类的目的就是决策这个观察值序列是由哪一个信号源产生的，于是将每一种信号源用相应的HMM来建模，当输入一个未知模式的观察值序列到某一HMM信号模型时，应该对其生成概率模型进行评价。

最后将产生观察值序列的最大生成概率的第I个HMM模型作为该信号的HMM源，也就是将这一个未知模式分到I类中去：

$$x\in i，如果 \max P(O_x\mid\lambda_i)，那么 x\in i$$

前向-后向算法是用来计算给定一个观察值序列 $O=O_1, O_2, \cdots, O_T$，以及一个模型 $\lambda=(\boldsymbol{\pi}, \boldsymbol{A}, \boldsymbol{B})$ 时，由模型 λ 产生出 O 的概率 $P(O\mid\lambda)$。

根据图7-13所示的HMM的组成，$P(O\mid\lambda)$ 最直接的求取方法如下：

对一个固定的状态序列 $S=q_1, q_2, \cdots, q_T$，有

$$P(O\mid S,\lambda)=\prod_{t=1}^{T}P(O_t\mid q_t,\lambda)=b_{q_1}(O_1)b_{q_2}(O_2)\cdots b_{q_T}(O_T) \tag{7-95}$$

式中

$$b_{q_t}(O_t)=b_{jk}\mid q_t=\theta_j,O_t=V_k,1\leqslant t\leqslant T \tag{7-96}$$

而对给定 λ，产生 S 的概率为

$$P(S\mid\lambda)=\pi_{q_1}a_{q_1q_2}\cdots a_{q_{T-1}q_T} \tag{7-97}$$

因此，所求概率为

$$\begin{aligned}P(O\mid\lambda)&=\sum_{所有S}P(O\mid S,\lambda)P(S\mid\lambda)\\&=\sum_{q_1,q_2,\cdots,q_T}\pi_{q_1}b_{q_1}(O_1)a_{q_1q_2}b_{q_2}(O_2)\cdots,a_{q_{T-1}q_T}b_{q_T}(O_T)\end{aligned} \tag{7-98}$$

显而易见，上式的计算量是十分惊人的，大约为 $2TN^T$ 数量级，当 $N=5$，$T=100$ 时，计算量达 10^{72}，这是完全不能接受的。在此情况下，要求出 $P(O\mid\lambda)$，还必须寻求更有效的算法，这就是Baum等人提出的前向-后向算法。

(1) 前向算法　定义前向变量为

$$\alpha(i)=P(O_1,O_2,\cdots,O_t,q_t=\theta_i\mid\lambda)\qquad 1\leqslant t\leqslant T \tag{7-99}$$

那么，有

1）初始化：

$$\alpha_1(i) = \pi_i b_i(O_1) \qquad 1 \leqslant i \leqslant N \tag{7-100}$$

2）递归：

$$\alpha_{t+1}(j) = \left[\sum_{i=1}^{N} \alpha_t(i) a_{ij} \right] b_j(O_{t+1}) \qquad 1 \leqslant t \leqslant T-1; 1 \leqslant j \leqslant N \tag{7-101}$$

式中

$$b_j(O_{t+1}) = b_{jk} \big|_{O_{t+1}=V_k} \tag{7-102}$$

3）终结：

$$P(O \mid \lambda) = \sum_{i=1}^{N} \alpha_T(i) \tag{7-103}$$

这种算法计算量大为减少，变为 $N(N+1)(T-1)+N$ 次乘法和 $N(N-1)(T-1)$ 次加法。同样 $N=5$、$T=100$ 时，只需大约 3000 次计算（乘法）。这种算法是一种典型的栅格结构，如图 7-14 所示。

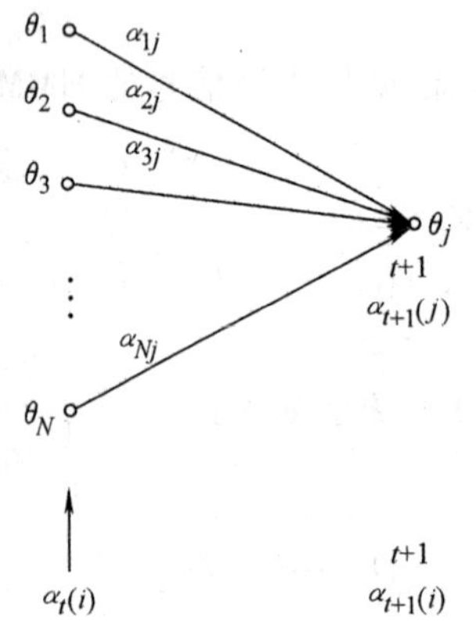

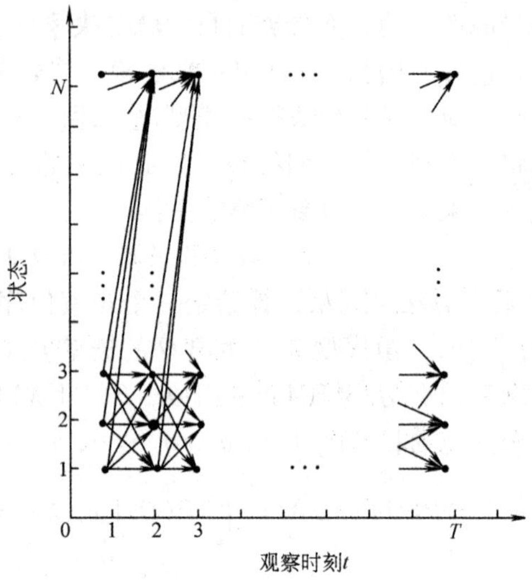

图 7-14 前向算法示意图

a）t 时刻递归关系 b）栅格结构

（2）后向算法 与前向算法类似，定义后向变量为

$$\beta_t(i) = P(O_{t-1}, O_{t-2}, \cdots, O_T \mid q_t = \theta_i, \lambda) \quad 1 \leqslant t \leqslant T-1 \tag{7-104}$$

那么，有

1）初始化：

$$\beta_T(i) = 1 \qquad 1 \leqslant i \leqslant N \tag{7-105}$$

2）递归：

$$\beta_t(i) = \sum_{j=1}^{N} a_{ij} b_j(O_{t+1}) \beta_{t+1}(j) \qquad t = T-1, T-2, \cdots, 1; 1 \leqslant i \leqslant N \tag{7-106}$$

3）终结：

$$P(O \mid \lambda) = \sum_{i=1}^{N} \beta_1(i) \tag{7-107}$$

后向算法的计算量大约在 N^2T 数量级，也是一种栅格结构。

2. HMM 最优状态序列求解

给定观察序列 $O=O_1, O_2, \cdots, O_T$ 和模型 λ，怎样选择另一个状态序列 $Q^* = q_1^*, q_2^*, \cdots, q_T^*$，使它在某种意义下是最佳的(即最好地解释观察情况)?

Viterbi 算法解决了给定一个观察值序列 $O=O_1, O_2, \cdots, O_T$ 和一个模型 $\lambda=(\pi, A, B)$，在最佳的意义上确定一个状态序列 $Q^* = q_1^*, q_2^*, \cdots, q_T^*$ 的问题。

“最佳”的意义有很多种，由不同的定义可得到不同的结论。这里讨论的最佳意义上的状态序列 Q^*，是指使 $P(Q, O \mid \lambda)$ 最大时确定的状态序列 Q^*。Viterbi 算法可以叙述如下：

定义 $\delta_t(i)$ 为时刻 t 时沿一条路径 $q_1, q_2, \cdots, q_t$，且 $q_t=\theta_i$，产生出 $O_1, O_2 \cdots, O_t$ 的最大概率，即有

$$\delta_t(i) = \max_{q_1,q_2,\cdots,q_{t-1}} P(q_1,q_2,\cdots,q_t,q_t = \theta_i,O_1,O_2,\cdots,O_t \mid \lambda) \tag{7-108}$$

那么，求取最佳状态序列 Q^* 的过程为：

1）初始化：

$$\delta_1(i) = \pi_i b_i(O_1) \qquad 1 \leqslant i \leqslant N \tag{7-109}$$

$$\varphi_1(i) = 0 \qquad 1 \leqslant i \leqslant N \tag{7-110}$$

2）递归：

$$\delta_t(j) = \max_{1 \leqslant j \leqslant N} [\delta_{t-1}(i) a_{ij}] b_j(O_t) \qquad 2 \leqslant t \leqslant T; 1 \leqslant j \leqslant N \tag{7-111}$$

$$\varphi_t(j) = \underset{1 \leqslant i \leqslant N}{\operatorname{argmax}} [\delta_{t-1}(i) a_{ij}] \qquad 2 \leqslant t \leqslant T; 1 \leqslant j \leqslant N \tag{7-112}$$

3）终结：

$$P^* = \max_{1 \leqslant i \leqslant N} [\delta_T(i)] \tag{7-113}$$

$$q_T^* = \underset{1 \leqslant i \leqslant N}{\operatorname{argmax}} [\delta_T(i)] \tag{7-114}$$

求取状态序列：得

$$q_t^* = \varphi_{t+1}(q_{t+1}^*) \qquad t = T-1, T-2, \cdots, 1 \tag{7-115}$$

应当指出，Viterbi 算法的一个副产品 $P^* = \max_Q P(Q,O \mid \lambda)$ 和前向-后向算法计算出的 $P(O \mid \lambda) = \sum_Q P(Q,O \mid \lambda)$ 之间的关系为：对语音信号应用而言，$P(Q,O \mid \lambda)$ 动态范围很大，或者说不同的 Q 使 $P(Q,O \mid \lambda)$ 的值差别很大，而 $\max_Q P(Q,O \mid \lambda)$ 事实上是 $\sum_Q P(Q,O \mid \lambda)$ 中举足轻重的唯一成分，因此常常等价地使用 $\max_Q P(Q,O \mid \lambda)$ 和 $\sum_Q P(Q,O \mid \lambda)$，那么，Viterbi 算法也能用来计算 $P(O \mid \lambda)$。

此外，上述的 Viterbi 算法也是一种栅格结构，而且类似于前向算法。同样，由后向算法的思想出发，亦可推导出 Viterbi 算法的另一种实现方式。

3. HMM 模型参数估计

HMM 模型参数估计(Model Parameteres Estimating)是 HMM 模型的一个关键问题，一个模型设计得是否合理，或者说是否可以用该 HMM 模型来描述此类信号，最终体现在是不是

能够通过大量的观察值样本训练出收敛的 HMM 参数，并使模型具有推广的能力。HMM 模型参数估计准则是给定一个观察序列 $O=O_1$，O_2，…，O_N，通过某种算法对 HMM 模型参数进行调整，最终确定一个 $\lambda=(\pi, A, B)$，使得 $P(O\mid\lambda)$ 最大。

（1）Baum-Welch 算法　这个算法实际上是解决 HMM 训练，即 HMM 参数估计问题，或者说给定一个观察值序列 $O=O_1$，O_2，…，O_T，该算法能确定一个 $\lambda=(\pi,A,B)$，使 $P(O\mid\lambda)$ 最大。

显然，由式(7-99)和式(7-104)定义的前向和后向变量有

$$P(O\mid\lambda)=\sum_{i=1}^{N}\sum_{j=1}^{N}\alpha_t(i)a_{ij}b_j(O_{t+1})\beta_{t+1}(j)\qquad 1\leqslant t\leqslant T-1 \tag{7-116}$$

这里，求取 λ，使 $P(O\mid\lambda)$ 最大，是一个泛函极值问题。但是由于给定的训练序列有限，因而不存在一个最佳的方法来估计 λ。在这种情况下，Baum-Welch 算法利用递归的思想，使 $P(O\mid\lambda)$ 局部极大，最后得到模型参数 $\lambda=(\pi,A,B)$。此外，用梯度方法也可以达到类似的目的。

定义 $\xi_t(i,j)$ 为给定训练序列 O 和模型 λ 时，时刻 t 时马尔可夫链处于 θ_i 状态和时刻 $t+1$ 处于 θ_j 状态的概率，即

$$\xi_t(i,j)=P(O,q_t=\theta_i,q_{t+1}=\theta_j\mid\lambda) \tag{7-117}$$

可以推导出：

$$\xi_t(i,j)=[\alpha_t(i)a_{ij}b_j(O_{t+1})\beta_{t+1}(j)]/P(O\mid\lambda) \tag{7-118}$$

那么，时刻 t 时马尔可夫链处于 θ_i 状态的概率为

$$\xi_t(i)=P(O,q_t=\theta_i\mid\lambda)=\sum_{j=1}^{N}\xi_t(i,j)=\alpha_t(i)\beta_t(i)/P(O\mid\lambda) \tag{7-119}$$

因此，$\sum_{t=1}^{T-1}\xi_t(i)$ 表示从 θ_i 状态转移出去的次数的期望值，而 $\sum_{t=1}^{T-1}\xi_t(i,j)$ 表示从 θ_i 状态转移到 θ_j 状态的次数的期望值。由此，导出了 Baum-Welch 算法中著名的重估(Reestimation)公式：

$$\bar{\pi}_i=\xi_1(i) \tag{7-120}$$

$$\bar{a}_{ij}=\frac{\sum_{t=1}^{T-1}\xi_t(i,j)}{\sum_{t=1}^{T-1}\xi_t(i)} \tag{7-121}$$

$$\bar{b}_{jk}=\frac{\sum_{t=1\text{且}O_t=V_k}^{T}\xi_t(j)}{\sum_{t=1}^{T}\xi_t(j)} \tag{7-122}$$

那么，HMM 参数 $\boldsymbol{\lambda}=(\boldsymbol{\pi}, \boldsymbol{A}, \boldsymbol{B})$的求取过程为：根据观察值序列 O 和选取的初始模型 $\boldsymbol{\lambda}=(\boldsymbol{\pi}, \boldsymbol{A}, \boldsymbol{B})$，由重估式(7-120)、式(7-121)和式(7-122)，求得一组新参数 $\bar{\pi}_i$、$\bar{a}_{ij}$和 $\bar{b}_{jk}$，亦即得到了一个新的模型 $\bar{\lambda}=(\bar{\pi}, \bar{A}, \bar{B})$，可以证明 $P(O\mid\bar{\lambda})>P(O\mid\lambda)$，即由重估公式得到的 $\bar{\lambda}$ 比 $\boldsymbol{\lambda}$ 在表示观察值序列 O 方面要好。那么，重复这个过程，逐步改进模型参数，直到 $P(O\mid\bar{\lambda})$ 收敛，即不再明显增大，此时的 $\bar{\lambda}$ 即为所求的模型。

应当指出，HMM 训练或称参数估计问题，是 HMM 在模式识别中应用的关键问题，与前面讨论的两个问题相比，这也是最困难的一个问题，Baum-Welch 算法只是得到广泛应用的解决这一问题的经典方法，但并不是唯一的，也远不是最完善的方法。

（2）HMM 的最佳化准则　分类器设计的准则决定着分类器的分类性能。HMM 的基本原则是，如果正确地选择参数，信号(或观察序列)就可被很好地模拟。传统的 HMM 参数估计方法采用 Baum-Welch 算法或 EM(期望最大化)算法，它实际上是一种最大似然(ML)法。最大似然法假定一系列彼此独立的随机采样 $x=\{x_1,x_2,\cdots,x_n\}$，x 服从概率分布 $P_n(x\mid\Phi)$，其中参数 Φ 属于某参数空间 Ω。给定一观察向量 $x=\{x_1,x_2,\cdots,x_n\}$，Φ 对该向量的似然度定义为联合概率分布 $P_n(x\mid\Phi)$，也称为似然函数。最大似然估计(MLE)认为，似然函数的形式是固定的，而似然函数中各参数的值未知，参数估计的目的即是寻找一组参数值，以使似然函数对各个观察向量的似然度达到最大化。如假设 $P_n(x\mid\Phi)$ 是一高斯分布函数 $N=(m,\ \Sigma)$，Φ 即包括均值 m 及方差 Σ，值得强调的是，这里 Φ 不是一个随机向量，而是某个固定而未知的参数向量。由于 x_1，x_2，$\cdots$，x_n 是彼此间独立的随机变量，似然函数可以重写为

$$P_n(x\mid\Phi)=\prod_{k=1}^{n}P(x_k\mid\Phi) \tag{7-123}$$

Φ 的最大似然估计可以被定义为

$$\Phi_{\mathrm{MLE}}=\underset{\Phi}{\arg\max}P_n(x\mid\Phi) \tag{7-124}$$

这种估计方法经常被称为最大似然估计(MLE)。由于对数函数是单调递增函数，因此式(7-120)同下式等价：

$$\Phi_{\mathrm{MLE}}=\underset{\Phi}{\arg\max}\log(P_n(x\mid\Phi)) \tag{7-125}$$

设 $\log(P_n(x\mid\Phi))$ 为一连续可导函数，则 Φ_{MLE}可通过解下列偏导方程组获得

$$\frac{\partial\log(P_n(x\mid\Phi))}{\partial\Phi}=0 \tag{7-126}$$

最大似然估计可被证明是一致的。“一致性”意味着，当训练数据足够多时，参数估计可收敛到真正的概率分布形式。

Nakata 等人的研究结果表明，如果模型能够表示数据的实际分布（即如果模型中对数据分布形式的假设是正确的），且有足够的训练数据，那么极大似然估计就是实际参数的最佳估计。例如，如果数据分布是高斯的，则高斯概率函数的均值和方差的极大似然估计就是实际均值和方差的最佳估计。采用 EM 算法，极大似然估计可以有效地用于 HMM。

然而，以最大似然度为优化目标的分类器无法得到理想的性能。这是因为假设的参数分布形式与实际分布形式是有差异的。依据假设的分布形式而进行的参数优化与分类器的最佳优化(即对误识率的优化)是不一样的。所以训练无法得到最佳性能。为解决这些问题，出现了许多不同的分类器参数估计准则，如最大互信息(Maximum Mutual Information)法、最小鉴别信息(Minimum Discriminative Information)法、校正训练(Corrective Training)法、最大模型距离(Maximum Model Distance)法等。尽管与传统的 ML 法准则相比，这些新方法有显著的优点，但它们优化的目标也不是直接和分类误差联系在一起的，因此仍有改进的余地。最小分类错误(MCE)法正是实现了这种改进的新算法，它通过直接最小化分类误差来实现分类器的设计，也就是说，MCE 训练的目标不是使模型更符合训练数据的分布，而是使模型

的分类结果(识别)最好。

(3) 最小分类/错误准则　20 世纪 90 年代以来，Juang 等学者提出了最小分类错误(MCE)准则。MCE 训练算法是一种判别训练算法。它的提出是为了修正传统的判别训练算法的缺点。基于这种准则的训练算法的目的是为分类器找出合适的参数集，以使分类错误最小[35]。它将训练的目标函数与误识率直接联系起来，当目标函数下降时，系统的误识率也随之一致性下降。这种方法从改进训练的效果入手，能够有效地区分易混淆的模型，从而减少分类错误率。这种训练算法在很多模式识别的领域中得到了成功的应用，例如语音识别、手写字符识别等。

优化准则：对于一个输入向量，分类器通过以下决策规则来进行决策：

$$x \in \text{Class } k \qquad 若\ g_k(x,\ \Lambda) = \max_{i \in k} g_i(x,\ \Lambda) \tag{7-127}$$

式中，$g_i(x,\ \Lambda)$是 x 属于第 I 类的程度的判别函数；Λ 是参数集；k 是类的数量。

$$g_k(x,\ \Lambda) = P(x \mid \lambda^{(i)}) = P(x \mid \pi^{(i)},\ A^{(i)},\ B^{(i)}) \tag{7-128}$$

这个准则可以被重写为

$$x \in \text{Class } k \qquad 若\ g_k(x,\ \Lambda) - \max_{i \neq k} g_i\ (x,\ \Lambda)\ > 0 \tag{7-129}$$

因此，函数 $g_k\ (x,\ \Lambda) - \max\limits_{i \neq k} g_i\ (x,\ \Lambda)$ 的值越高，特征向量 x 归为第 k 类的可靠性越大，这意味着能使用这个函数的负值作为 x 归类为第 k 类的误识率。

但有限数据训练集的分类函数（分类规则）对于分类器参数集 A 来说是个阶跃函数，因此它不利于用数值分析方法来优化。因此，需要定义一个误分类测度函数。

在参考文献[37]中，一个改进的误分类测度函数可以用下式表示：

$$d_i = -g_i(x,\Lambda) + \log\left[\frac{1}{M-1}\sum_{j,j \neq 1} \exp[g_i(x,\Lambda)^{\eta}]\right]^{1/\eta} \tag{7-130}$$

式中，η 是误识别类识别函数的加权系数，是一个正的常数。当 η 趋近于∞，函数可以简化为

$$d_k\ (x,\ \Lambda)\ = -g_k\ (x,\ \Lambda)\ + g_j\ (x,\ \Lambda) \tag{7-131}$$

从式（7-131）中可以看出，若 $d_k\ (x,\ \Lambda)\ > 0$，则意味着误识；若 $d_k\ (x,\ \Lambda)\ < 0$，则表明正确的分类。

理想的损失函数能直接反映分类误差，即

$$l_k\ (x,\ \Lambda)\ = \begin{cases} 1 & 若\ x\ 正确分类 \\ 0 & 其他 \end{cases} \tag{7-132}$$

由于其导数或者为零，或者没有定义，所以该损失函数不能用于基于梯度的最佳化方法。在 MCE 算法中，理想损失函数可以通过一个更适合梯度最佳化的连续的损失函数来近似。首先，一个与类相关的损失 $l_k\ (x,\ \Lambda)$ 可以定义为误分类测度函数：

$$l_k\ (x,\ \Lambda)\ = l\ (d_k\ (x,\ \Lambda)) \tag{7-133}$$

$l\ (M_k\ (x;\ \Lambda))$ 的选择方式有很多种，如：

$$l_k\ (x,\ \Lambda)\ = l\ (d_k\ (x,\ \Lambda))\ = \frac{1}{1 + e^{-\xi d_k(x,\Lambda)}} \tag{7-134}$$

式中，ξ 为正实数。可以看出，这种损失函数近似一个理想的二值损失函数，并且是连续的。对于一个训练集 x，经验损失函数被定义为

$$L(\Lambda) = E\{l_k(x,\Lambda)\} = \sum_{k=1}^{K}\sum_{i=1}^{N_k} l_k(x^{(i)},\Lambda) \tag{7-135}$$

式中，N_k 为类 k 的训练样本数。从上式中可以看出，最小化经验损失函数可以得到最小化的分类错误。分类参数集 Λ 可以通过最速梯度下降算法中最小化损失函数来获得。

$$\Lambda_{t+1} = \Lambda_t - \varepsilon\nabla L(\Lambda)\mid_{\Lambda=\Lambda_t} \tag{7-136}$$

$$\nabla L(\Lambda) = \begin{bmatrix} \partial L/\partial\lambda_1 \\ \mathrm{M} \\ \partial L/\partial\lambda_d \end{bmatrix} \tag{7-137}$$

式中，Λ_t 表示 t 时刻的 Λ 的状态，λ_1，$\cdots\lambda_d\in\Lambda$；$\varepsilon$ 为步长，$\varepsilon>0$。对于 $s=1$，2，…，d，梯度∇L（Λ）可以根据下式进行计算：

$$\frac{\partial L}{\partial\lambda_S} = \xi\sum_{i=1}^{N_k} L^{(i)}(1-L^{(i)})\frac{\partial_{g_k}(x^{(i)},\Lambda)}{\partial\lambda_S} \quad 若\ \lambda_S\in \text{Class } k \tag{7-138}$$

$$\frac{\partial L}{\partial\lambda_S} = -\xi\sum_{i=1}^{N_k} L^{(i)}(1-L^{(i)})\frac{\partial_{g_j}(x^{(i)},\Lambda)}{\partial\lambda_S} \quad 若\ \lambda_S\in \text{Class } j \tag{7-139}$$

7.4.5 隐马尔可夫算法实现中的基本问题

1. 初始模型的选取

根据 Baum-Welch 算法，由训练数据得到 HMM 参数时，如重估式（7-120）、式（7-121）和式（7-122）所示，一个重要问题就是初始模型的选取。不同的初始模型将产生不同的训练结果。因为算法是使 P（$O\mid\lambda$）局部极大时得到的模型参数，因此选取好的初始模型使最后求出的局部极大与全局最大接近，是很有意义的。

但是，至今这个问题仍没有完美的答案。实际处理时都是采用一些经验方法。一般认为，参数 π 和 A 的初值选取对训练出的 HHM 影响不大，可以随机选取或均匀取值，只要满足式（7-87）和式（7-88）中要求的约束条件即可。但参数 B 的初值选取对训练出的 HMM 影响较大，一般倾向采取较为复杂的初值选取方法。基于这种考虑，一种典型的 HMM 参数估计过程如图 7-15 所示。

这里，初始模型 λ 可以任意选取。但因为有 P（$O\mid\hat{\lambda}$）$>P$（$O\mid\lambda$），所以 $\hat{\lambda}$ 是 λ 改进后的模型。再将 $\hat{\lambda}$ 作为初始值用重估公式，得到 $\bar{\lambda}$。这样就避免了初值的选择不当，变经典的 $\lambda\rightarrow\bar{\lambda}$ 为 $\lambda\rightarrow\hat{\lambda}\rightarrow\bar{\lambda}$。当然，沿图中虚线，不用重估公式，$\hat{\lambda}$ 也可近似作为模型参数。

当然，从以后的讨论会看到，HMM 有很多类型。因此，针对不同形式的 HMM，也可采取不同的有效的初值选取方法。

2. 多个观察值序列训练

实际中，训练一个 HMM，经常是用到不止一个观察值序列，那么对于 L 个观察值序列训练 HMM 时，要对 Baum-Welch 算法的重估式（7-120）、式（7-121）和式（7-122）加以修正。设 L 个观察值序列为 $O^{(l)}$，$l=1$，…，L，其中 $O^{(l)}=O_1^{(l)}$，$O_2^{(l)}$，…，$O_{T_1}^{(l)}$，假定各个观察值序列独立，此时有

$$P(O\mid\lambda) = \prod_{l=1}^{L} P(O^{(l)}\mid\lambda) \tag{7-140}$$

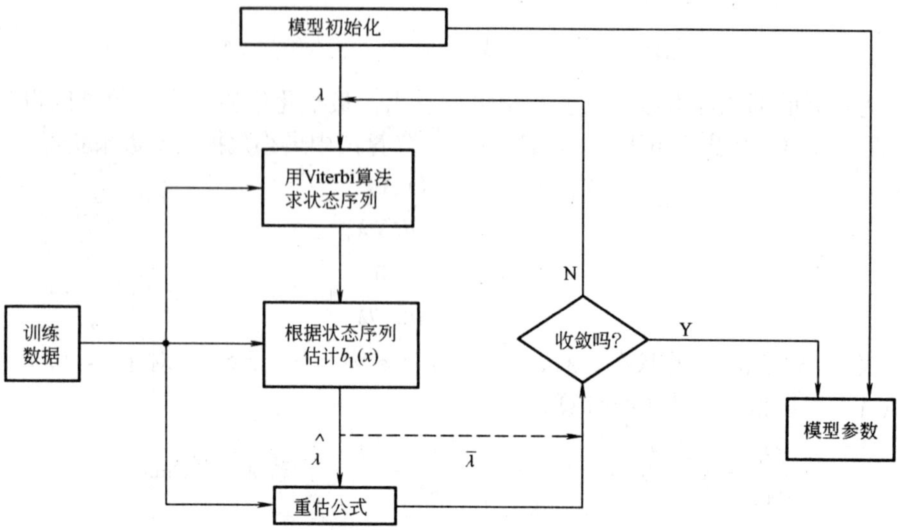

图 7-15　一种 HMM 参数估计方法示意图

由于重估公式是以不同事件的频率为基础的，因此，对 L 个训练序列，重估公式修正为

$$\bar{\pi}_i = \sum_{l=1}^{L} \alpha_1^{(l)}(i)\beta_1^{(l)}(i)/P(O^{(l)} \mid \lambda) \qquad 1 \leqslant i \leqslant N \tag{7-141}$$

$$\bar{a}_{ij} = \frac{\sum_{l=1}^{L}\sum_{t=1}^{T-1} \alpha_t^{(l)}(i)a_{ij}b_j(O_{t+1}^{(l)})\beta_{t+1}^{(l)}(j)/P(O^{(l)} \mid \lambda)}{\sum_{l=1}^{L}\sum_{t=1}^{T_t} \alpha_t^{(l)}(i)\beta_t^{(l)}(i)/P(O^{(l)} \mid \lambda)} \qquad 1 \leqslant i,\ j \leqslant N \tag{7-142}$$

$$\bar{b}_{jk} = \frac{\sum_{l=1}^{L}\sum_{\substack{t=1 \\ \text{且} O_t = V_k}}^{T_t} \alpha_t^{(l)}(j)\beta_t^{(l)}(j)/P(O^{(l)} \mid \lambda)}{\sum_{l=1}^{L}\sum_{t=1}^{T_t} \alpha_t^{(l)}(i)\beta_t^{(l)}(i)/P(O^{(l)} \mid \lambda)} \qquad 1 \leqslant j \leqslant N;\ 1 \leqslant k \leqslant M \tag{7-143}$$

3. 比例因子问题

在前向-后向算法和 Baum-Welch 算法中，都有 α_t（i）和 β_t（i）的递归计算，因为所有量都小于 1，因此 α_t（i）（随着 t 的增加）和 β_t（i）（随着 t 的减少）都迅速趋向于零，为了解决这种下溢（Underflow）问题，必须采取增加比例因子（Scaling）的方法，对有关算法加以修正，处理过程为

（1）对 α 的处理

$$\alpha_1(i) = \pi_i b_i(O_1) \qquad 1 \leqslant i \leqslant N \tag{7-144}$$

$$\alpha_1^*(i) = \frac{\alpha_1(i)}{\sum_{i=1}^{N}\alpha_1(i)} \triangleq \frac{\alpha_1(i)}{\Phi_1} \qquad 1 \leqslant i \leqslant N \tag{7-145}$$

$$\bar{\alpha}_{t+1}(j) = \left[\sum_{i=1}^{N}\alpha_t^*(i)a_{ij}\right]b_j(O_{t+1}) \qquad 1 \leqslant j \leqslant N;\ t=1,2,\cdots,T-1 \tag{7-146}$$

$$\alpha_{t+1}^{*}(j) = \bar{\alpha}_{t+1}(j) / \sum_{j=1}^{N} \bar{\alpha}_{t+1}(j) \triangleq \alpha_{t+1}(j) / \Phi_{t+1} \qquad 1 \leqslant j \leqslant N;\ t=1,\ 2,\ \cdots,\ T-1 \tag{7-147}$$

（2）对 β 的处理

$$\beta_T(i) = 1 \qquad 1 \leqslant i \leqslant N \tag{7-148}$$

$$\beta_T^{*}(i) = 1 \qquad 1 \leqslant i \leqslant N \tag{7-149}$$

$$\tilde{\beta}_t(i) = \sum_{j=1}^{N} a_{ij} b_j(O_{t+1}) \beta_{t+1}^{*}(j) \qquad 1 \leqslant i \leqslant N;\ t=T-1,\ \cdots,\ 1 \tag{7-150}$$

$$\beta_t^{*}(i) = \tilde{\beta}_t(i) / \Phi_{t+1} \qquad 1 \leqslant i \leqslant N;\ t=T-1,\ \cdots,\ 1 \tag{7-151}$$

（3）常用计算公式的处理　对 α 和 β 做了上述处理之后，为了保持原有公式计算的结果不变，必须在常用计算公式中做相应处理，以消去比例因子的影响。

1）概率 $P(O \mid \lambda)$ 的计算公式：由 α 的处理过程易推出

$$\alpha_t^{*}(i) = a_t(i) / (\Phi_1 \Phi_2 \cdots \Phi_t) \tag{7-152}$$

而

$$\Phi_t = \sum_{j=1}^{N} \bar{\alpha}_t(j) = \sum_{j=1}^{N} \left[\sum_{i=1}^{N} a_{t-1}^{*}(i) a_{ij} \right] b_j(O_t) = \sum_{j=1}^{N} \alpha_t(j) / (\Phi_1 \Phi_2 \cdots \Phi_{t-1}) \tag{7-153}$$

因此

$$\sum_{j=1}^{N} \alpha_t(j) = \Phi_1 \Phi_2 \cdots \Phi_t \tag{7-154}$$

即

$$P(O \mid \lambda) = \sum_{j=1}^{N} \alpha_T(j) = \Phi_1 \Phi_2 \cdots \Phi_T \tag{7-155}$$

或

$$\lg P(O \mid \lambda) = \sum_{t=1}^{T} \lg \Phi_t \tag{7-156}$$

2）重估公式：由 β 的处理易知

$$\beta_t^{*}(i) = \frac{\beta_t(i)}{\Phi_{t+1} \Phi_{t+2} \cdots \Phi_T} \tag{7-157}$$

因此，重估（多个训练序列）时，式（7-120）、式（7-121）和式（7-122）变为

$$\bar{\pi}_i = \sum_{l=1}^{L} \alpha_1^{*(l)}(i) \beta_1^{*(l)}(i) \qquad 1 \leqslant i \leqslant N \tag{7-158}$$

$$\bar{a}_{ij} = \frac{\sum_{l=1}^{L} \sum_{t=1}^{T_l - 1} \alpha_t^{*(l)}(i) a_{ij} b_j(O_{t+1}^{(l)}) \beta_{t+1}^{*(l)}(j) / \Phi_{t+1}}{\sum_{l=1}^{L} \sum_{t=1}^{T_l - 1} \alpha_t^{*(l)}(i) \beta_t^{*(l)}(i)} \qquad 1 \leqslant i,\ j \leqslant N \tag{7-159}$$

$$\bar{b}_{jk} = \frac{\sum_{l=1}^{L} \sum_{\substack{t=1 \\ \text{且} O_t = V_k}}^{T_l} \alpha_t^{*(l)}(j) \beta_t^{*(l)}(j)}{\sum_{l=1}^{L} \sum_{t=1}^{T_l} \alpha_t^{*(l)}(j) \beta_t^{*(l)}(j)} \qquad 1 \leqslant j \leqslant N, 1 \leqslant k \leqslant M \tag{7-160}$$

4. HMM 的其他形式

在上面几节中所讨论的 HMM，由于其观察值是 M 个离散可数的观察值中的一个，因而称之为离散的 HMM，某个状态 j 所对应的观察值的统计特性是由一组概率 b_{jk}（$k=1, 2, \cdots, M$）来描述的。除了这种经典离散 HMM 以外，HMM 还有其他各具特色的形式，由于经典离散 HMM 主要由图 7-13 所示的两部分组成，而其他形式的 HMM 都是从这两部分出发，对这两部分进行不同的修正而产生的。例如，如果修正图 7-13 所描述的第二部分由 $\boldsymbol{B}$ 描述的随机过程，可以得到连续的和半连续的 HMM。所谓连续 HMM，是指观察值为一个连续随机变量 X，因此，某一个状态 j 对应的观察值统计特性由一个观察值概率密度函数 $b_j(X)$ 表示；而半连续 HMM 可以认为是 HMM 的一种一般形式，连续 HMM 和离散 HMM 都是其特例。而且，半连续 HMM 在一定程度上兼有两者的长处。因为 HMM 对连续向量使用离散 HMM，信息丢失较大，但是如果使用连续 HMM，需要使用较多的概率密度函数进行混合，模型复杂，运算量大，并且需要使用更多的训练数据才能得到可靠的模型。如果对图 7-13 所示的第一部分，也就是由 $\boldsymbol{\pi}$、$\boldsymbol{A}$ 描述的马尔可夫链加以修正，就可以得到另外三种主要的 HMM，即利用 Gibbs 分布取代马尔可夫链的 HMM；在马尔可夫链中加入状态驻留时间参数的 HMM，以及二阶 HMM。此外，还有其他一些形式的 HMM 存在于各个应用领域，在此不再赘述。

7.4.6 小结

HMM 是马尔可夫链（Markov Chain）的推广，在 HMM 中观察到的事件与状态通过一组概率分布相联系，是一个双重随机过程。其中一个是马尔可夫链，它描述了状态之间的转移；另一个随机过程描述了状态和观察值之间的统计对应关系。HMM 的状态是隐含的，可以观察到的是各个状态产生的非确定的观察值，因此称为隐马尔可夫模型。最初 HMM 在语音识别中得到了广泛的应用，后来随着它的发展，使得很多研究人员开始尝试将 HMM 用于目标识别、人脸识别、光字符识别（OCR）等领域。

人的面部图像序列与人的语音序列特点是一样的，是有时间顺序且是不可逆的过程，因而可以采用无跨越从左到右的 HMM，并在这些模型中限定一个起始状态，每个状态只能向右侧编号高一位的状态或本状态转移，因此这一模型的矩阵中，只有主对角元素和右副对角元素允许非零，而且该矩阵比较稀疏，因此大大减少了模型参数估值的计算量。Sakaguchi 等人首先把 HMM 应用到表情识别中，取得了较好的效果[36]。现在许多研究机构都在运用 HMM 来对人脸面部表情图像序列进行分析与识别，参考文献[37]介绍了利用 HMM 这样的方法能够比较精确地描绘表情的变化本质和动态性能，实现任意时序长短的人脸表情分析和识别；与基于静态图像的表情识别相比，不论在理论上还是在实践上都取得了显著的效果。

7.5 人工神经网络

人工神经网络的研究与计算的研究几乎是同步发展的。1943 年，心理学家 McCulloch 和数学家 Pitts 合作提出了形式神经元的数学模型，成为人工神经网路研究的开端。1949 年，心理学家 D. O. Hebb 提出了神经元之间突触联系强度可变的假设，并据此提出神经元的学习准则，为神经网络的学习算法奠定了基础。20 世纪 50 年代末，Rosenblatt 提出了感知器模型，首次把神经网络的研究付诸工程实践。1982 年，Hopfield 提出了神经网络的一种数学模型，引入了能量函数的概念，研究了网络的动力学性质；紧接着又设计出用电子线路实现这一网络的方案，同时开拓了神经网络用于联想记忆和优化计算的新途径，大大促进了神经网络的研究。1986 年，Rumelhart 及 LeCun 等学者提出了多层感知器的反向传播计算，克服了当初阻碍感知器模型继续发展的重要障碍。现在，神经网络的应用已渗透到多个领域，如智能控制、模式识别、计算机视觉、优化计算、知识处理、生物医学工程等。

7.5.1 概述

人工神经网络（ANN）是由大量处理单元（人工神经元、处理元件、电子元件、光电元件等）经广泛互连而组成的人工网络，用来模拟脑神经系统的结构和功能。它是在现代神经科学研究的基础上提出来的，反映了人脑功能的基本特性。在人工神经网络中，信息的处理是由神经元之间的相互作用来实现的，知识与信息的存储表现为网络元件互连间分布式的物理联系，网络的学习和识别取决于各神经元连接权值的动态演化过程。

1. 人工神经元

正如生物神经元是生物神经网络的基本处理单元一样，人工神经元（简称为神经元）是组成人工神经网络的基本处理单元。在构造人工神经网络时，首先应该考虑的问题是如何构造神经元。在对生物神经元的结构、特性进行深入研究的基础上，心理学家麦克洛奇（W. McCulloch）和数理逻辑学家皮兹（W. Pitts）于 1943 年首先提出了一个简化的神经元模型，称为 M-P 模型。图 7-16 所示为一个基本的人工神经元的结构。

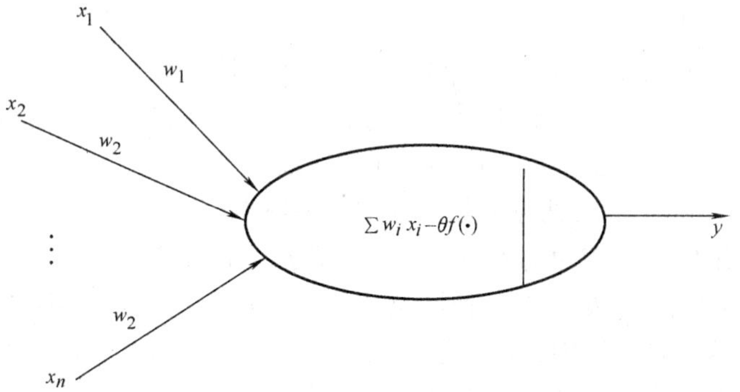

图 7-16　人工神经元模型

人工神经元又称为处理单元、节点或短期记忆。从外部环境或别的神经元的输出构成输入向量 $(x_1, x_2, \cdots, x_n)^{\mathrm{T}}$，其中 x_i 为别的神经元的输出或兴奋水平。连接两个神经元的可调值称之为权值或长期记忆。所有和神经元 j 相连接的权值构成向量 $W_j = (w_{j1}, w_{j2}, \cdots, w_{jn})^{\mathrm{T}}$，其中 w_{ji} 代表处理单元 i 和 j 之间的连接权值。通常还加上一个域值常数 θ_j。此时神经单元的计算过程可以表示为

$$y_j = f(W_j^{\mathrm{T}} \boldsymbol{x} - \theta_j) \tag{7-161}$$

或者写成

$$y_j = f\left(\sum_{i=1}^{n} w_{ji} x_i - \theta_j\right) \tag{7-162}$$

通常取下列函数之一：

（1）线性函数

$$f(x)=\alpha\cdot x \tag{7-163}$$

（2）带限的线性函数

$$f(x)=\begin{cases}\gamma & x\geqslant\gamma\\ x & |x|<\gamma\\ -\gamma & x\leqslant-\gamma\end{cases} \tag{7-164}$$

式中，γ 为神经元的最大输出值。

（3）域值型函数

$$f(x)=\begin{cases}1 & x\geqslant\theta\\ 0 & x<\theta\end{cases} \tag{7-165}$$

式中，θ 为神经元阈值。

（4）最为常用的 Sigmoid 函数

$$f(x)=\frac{1}{1+e^{-x}} \tag{7-166}$$

与此类似的还有双曲函数

$$f(x)=\frac{1-e^{-x}}{1+e^{-x}} \tag{7-167}$$

人工神经网络是由神经元广泛互连构成的，不同的连接方式就构成了网络的不同连接模型，常用的有以下几种：

- 前向网络：前向网络又称为前馈网络。在这种网络中，神经元分层排列，分别组成输入层、中间层（又称隐层。可有多层）和输出层。每一层神经元只接收来自前一层神经元的输入。输入信息经各层变换后，最终在输出层输出。
- 反馈网络：即从输出层到输入层有反馈，这种网络与上一种网络的区别仅仅在于，输出层上的某些输出信息又作为输入信息送入到输入层的神经元上。
- 层内有互连的网络：在前面两种网络中，同一层上的神经元都是相互独立的，不发生横向联系。而在这一种网络中，同一层上的神经元可以互相作用。这样安排的好处是，可以限制每层内能同时动作的神经元数，亦即可以把每层内的神经元分为若干组，让每组作为一个整体来动作。例如，可以利用同层内神经元间横向抑制的机制把层内具有最大输出的神经元挑选出来，从而使其他神经元处于无输出的状态。
- 互连网络：在这种网络中，任意两个神经元之间都可以有连接。在无反馈的前向网络中，信息一旦通过某个神经元，过程就结束了，而在该网络中，信息可以在神经元之间反复往返地传递，网络一直处在一种改变状态的动态变化之中。从某初态开始，经过若干次的变比，才会达到某种平衡状态，根据网络的结构及神经元的特性，有时还有可能进入周期振荡或其他状态。

2. 人工神经网络的特征及分类

（1）人工神经网络的主要特征

1）能较好地模拟人的形象思维。逻辑思维与形象思维是人类思维中两种最重要的思维方式，人工神经网络是对人脑神经系统结构及功能的模拟，以信息分布与并行处理为其主要特色，因而可以实现对形象思维的模拟。

2）具有大规模并行协同处理能力。在人工神经网络中，每一个神经元的功能和结构都是很简单的，但由于神经元的数量巨大，而且神经元之间可以并行、协同地工作，进行集体计算，这就在整体上使网络具有很强的处理能力。另外，由于神经元通常都很简单，这就为大规模集成的实现提供了方便。

3）具有较强的容错能力和联想能力。在人工神经网络中，任何一个神经元及任何一个连接对网络整体功能的影响都是十分微小的，网络的行为取决于多个神经元协同行动的结果，其可靠性来自这些神经元统计行为的稳定性，具有统计规律性。因此，当少量神经元或它们的连接发生故障时，对网络功能的影响是很微小的，这正如人脑中经常有脑细胞死亡，但并未影响人脑的记忆、思维等功能一样。神经网络的这一特性使得网络在整体上具有较强的鲁棒性（硬件的容错性）。另外，在神经网络中，信息的存储与处理（计算）是合二为一的，即信息的存储体现在神经元互连的分布上。这种分布式的存储，不仅在某一部分受到损坏时不会使信息遭到破坏，得以尽快恢复，增强网络的容错性，而且能使网络对带有噪声或缺损的输入有较强的适应能力，增强网络的联想及全息记忆能力。

4）具有较强的学习能力。它能根据外界环境的变化修改自己的行为，并且能依据一定的学习算法自动地从训练实例中学习。它的学习主要有两种方式，即有教师的学习与无教师的学习。所谓有教师的学习是指，由环境向网络提供一组样例，每一个样例包括输入及标准输出两部分，如果网络对输入的响应不一致，则通过调节连接权值使之逐步接近样例的标准输出，直到它们的误差小于某个预先指定的阈值为止。所谓无教师的学习是指，事先不给出标准样例，直接将网络置于环境之中。学习阶段与工作阶段融为一体，这种边学习边工作的特征与人的学习过程相类似。

（2）人工神经网络的分类　迄今为止，已经开发出了几十种神经网络模型，从不同角度进行划分，可以得到不同的分类结果：

1）若按网络的拓扑结构划分，则可分为无反馈网络与有反馈网络。

2）若按网络的学习方法划分，则可分为有教师的学习网络与无教师的学习网络。

3）若按网络的性能划分，则既可以分为连续型与离散型网络，又可分为确定型与随机型网络。

4）若按连接突触的性质划分，则可分为一阶线性关联网络与高阶非线性关联网络。

（3）人工神经网络的学习　人工神经网络的学习分为有监督学习和无监督学习。有监督学习，是指在学习时，有一个内在的或外在的“教师”，具有更高的动机和指挥的自矫正学习。无监督学习，则是对所有实时和短时的感知器输入进行预处理，这种预处理是无心（Without Conscience）的，并且有关联记忆（Associative Recall）。这两种学习在人脑中是并行进行的，不像传统的人工神经网络是在不同的结构上独立进行的。

1）有监督学习人工神经网络：有监督学习神经元 j 的输入为（x_1，x_2，…，x_n），与输出神经元 j 的权为（w_{j1}，w_{j2}，…，w_{jn}），它的模型如图 7-17 所示，通过学习使输出与要求的值 t_j 相等。

在多层神经网络中，如非线性输入、输出关系取 $y_j = \text{sign}(u_i)$ 时，则为感知器模型；如输入、输出关系取单调上升函数时，为反向传播 BP 网络。它们都是前馈式神经网络，有时还称为“概率型神经网络”（PNN）。如采用反馈式神经网络结构，在每个神经元之间都有连接权或每一层之间的神经元都互相连接，并满足人工神经网络的三大要素（f（u）的函数类型、神经网络的结构、学习算法），则称为“霍普菲尔德模型”。

2）无监督学习人工神经网络：在有监督学习的人工神经网络中，神经网络的连接权的调整是为了使能量函数 $E_i = \frac{1}{2}\sum_{i=1}^{L}(t_i^l - y_i^l)^2$ 最小化（t_i 是“教师”，$i=1$，2，…，L）。而在无监督学习的人工神经网络中，在训练集中没有“教师”t_i，连接权的调整反映了训练集本身的性质。

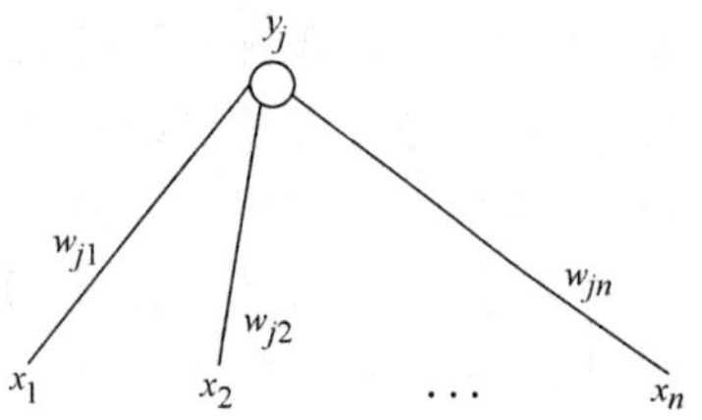

图 7-17　监督学习人工神经网络模型

赫布学习规则是无监督学习中的常用规则。赫布学习规则为

$$\Delta w_{ji} = \eta x_i y_i$$

式中，x_i 为一个神经元的输出；y_i 为另一个神经元的输出；η 为调整步长；Δw_{ji} 为 x_i、y_i 神经元之间的连接权的调整值。在无“教师”t 和 d 时，神经元之间的连接权也可自动学习。它是一个局部的权的调整。这样的学习，最终导致了神经网络内部的自组织，从无序到有序，用赫布学习规则来学习的权可以有联想、记忆的作用。在式中，y_i 加入了一个“教师”，就变成了有监督学习，$\Delta w_{ji} = \eta x_i$（$y_i - t_i$）。

（4）神经网络模型　神经网络模型是人工神经网络研究的一个重要方面，目前已经开发出了多种不同的模型。由于这些模型大都是针对各种具体应用开发的，因而差别较大，至今尚无一个通用的神经网络模型。

1）感知器：感知器的学习是神经网络最典型的学习。目前，在控制上应用的是多层前馈网络。下面介绍的是一种感知器模型，学习算法是 BP 算法，属于有教师学习算法。一个有教师的学习系统如图 7-18 所示。这种学习系统分成三个部分：输入部、训练部和输出部。

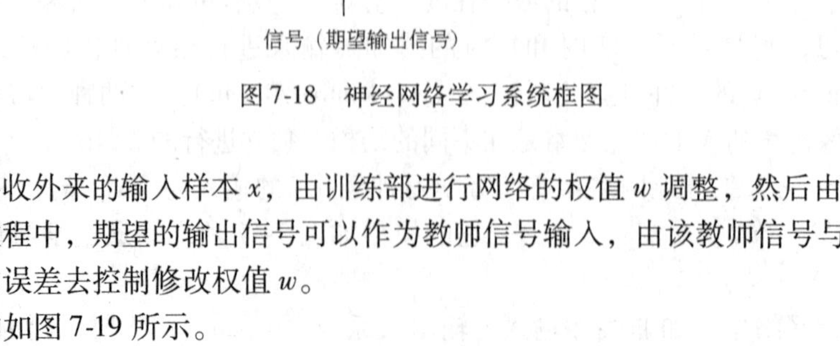

图 7-18　神经网络学习系统框图

输入部接收外来的输入样本 x，由训练部进行网络的权值 w 调整，然后由输出部输出结果。在这个过程中，期望的输出信号可以作为教师信号输入，由该教师信号与实际输出进行比较，产生的误差去控制修改权值 w。

学习结构如图 7-19 所示。

在图 7-19 中，x_1，x_2，…，x_n 是输入样本信号；w_1，w_2，…，w_n 是权系数。输入样本信号 x_i 可以取离散值“0”或“1”。输入样本信号通过权值作用，在 u 处产生输出结果

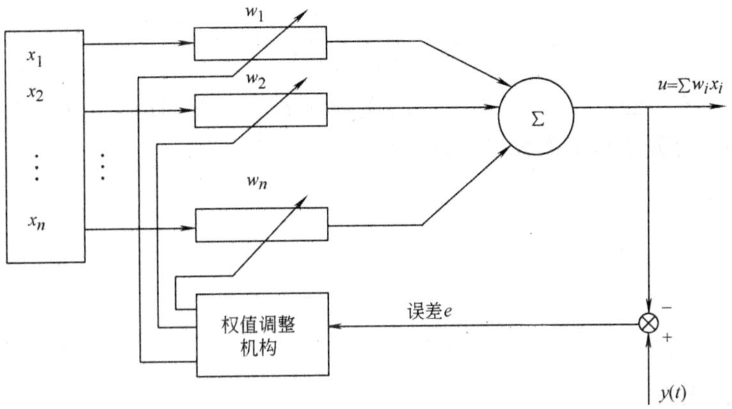

图 7-19　神经网络学习结构框图

$\sum w_i x_i$，即有

$$u = \sum w_i x_i = w_1 x_1 + w_2 x_2 + \cdots + w_n x_n \tag{7-168}$$

再把期望输出信号 y（t）和 u 进行比较，从而产生误差信号 e。即权值调整机构根据误差 e 去对学习系统的权系数进行修改，修改方向应使误差 e 变小，不断进行下去，直到误差 e 为零，这时实际输出值 u 和期望输出值 y（t）完全一样，则学习过程结束。

神经网络的学习一般需要多次重复训练，使误差值逐渐趋向零，最后到达零，这时才会使输出与期望一致。故而神经网络的学习是消耗一定时间的，有的学习过程要重复很多次，甚至达万次级。原因在于神经网络的权系数 w 有很多分量 w_1，w_2，…，w_n，也就是说它是一个多参数修改系统。系统参数的调整就必定耗时耗量。目前，提高神经网络的学习速度、减少学习重复次数是十分重要的研究课题，也是实时控制中的关键问题。

感知器的学习目的是在于修改网络中的权值，使网络对于所输入的模式样本能正确分类。当学习结束时，也即神经网络能正确分类时，显然权系数就反映了同类输入模式样本的共同特征。换句话说，权系数就是存储了的输入模式。由于权系数是分散存在的，故神经网络自然而然就有分布存储的特点。

前面的感知器的传递函数是阶跃函数，所以它可以用作分类器，但其学习算法因其传递函数的简单而存在局限性。

感知器学习算法相当简单，并且当函数线性可分时保证收敛。但它也存在问题：即函数不是线性可分时，则求不出结果；另外，不能推广到一般前馈网络中。

为了克服存在的问题，所以人们提出另一种算法，即梯度算法［也称最小均方（LMS）法］。为了能实现梯度算法，故把神经元的激发函数改为可微分函数，例如 Sigmoid 函数，非对称 Sigmoid 函数为

$$f(x) = 1/(1 + e - x) \tag{7-169}$$

对称 Sigmoid 函数为

$$f(x) = (1 - e - x)/(1 + e - x) \tag{7-170}$$

对于给定的样本集 x_i（$i = 1, 2, \cdots, n$），梯度算法的目的是寻找权值 w^*，使得 $f[w^*, x_i]$与期望输出 y_i 尽可能接近。

设误差 e 采用下式表示：

$$e = \frac{1}{2}\sum_{i=1}^{n}(y_i - y'_i)^2 \tag{7-171}$$

式中，$y_i = f[w^*, x_i]$是对应第i个样本x_i的实时输出。y'_i是对应第i个样本x_i的期望输出。要使误差e最小，可先求取e的梯度，即

$$\frac{\partial e}{\partial w} = \sum_{k=1}^{n}\frac{\partial e_k}{\partial w} \tag{7-172}$$

式中

$$e_k = \frac{1}{2}(y_i - y'_i)^2 \tag{7-173}$$

令$u_k = wx_k$，则有

$$\frac{\partial e_k}{\partial w} = \frac{\partial e_k}{\partial u_k}\frac{\partial u_k}{\partial w} = \frac{\partial e_k}{\partial y'_k}\frac{\partial y'_k}{\partial w}x_k \tag{7-174}$$

即有

$$\frac{\partial e_k}{\partial w} = -(y_i - y'_i)f'(u_k)x_k \tag{7-175}$$

最后有按负梯度方向修改权值w的修改规则为

$$w_{k+1} = w_k + \mu\sum_{i=1}^{n}(y_i - y'_i)f'(u_k)x_k \tag{7-176}$$

也可写成

$$w_{k+1} = w_k + \mu\left(-\frac{\partial e}{\partial w}\right)\bigg|_{w=w_k} \tag{7-177}$$

在式(7-176)和式(7-177)中，μ是权重变化率，它视情况不同而取值不同，一般取0~1之间的小数。

很明显，梯度法比原来感知器的学习算法进了一大步。其关键在于两点：

①神经元的传递函数采用连续的s型函数，而不是阶跃函数。

②对权系数的修改采用误差的梯度去控制，而不是采用误差去控制，故而有更好的动态特能，即加强了收敛进程。但是梯度法对于实际学习来说，仍然是感觉太慢，所以这种算法仍然是不理想的。

反向传播算法也称BP算法。由于这种算法在本质上是一种神经网络学习的数学模型，所以有时也称为BP模型。

BP算法是为了解决多层前向神经网络的权系数优化而提出来的，所以BP算法也通常暗示着神经网络的拓扑结构是一种无反馈的多层前向网络，故而有时也称无反馈多层前向网络为BP模型。

2）BP模型：BP模型是一种用于前向多层神经网络的反向传播学习算法，由鲁梅尔哈特(D. Ruvmelhar)和麦克莱伦德(McClelland)于1985年提出。BP算法用于多层网络，网络中不仅有输入层节点及输出层节点，而且还有一层至多层的隐层节点，如图7-20所示。

当有信息向网络输入时，信息首先由输入层传至隐层节点，经特性函数作用后，再传至下一隐层，直到最终传至输出层进行输出，其间每经过一层都要由相应的特性函数进行变换，节点的特性函数通常选用S型函数，例如：

$$f(x)=\frac{1}{1+e^{-x}} \tag{7-178}$$

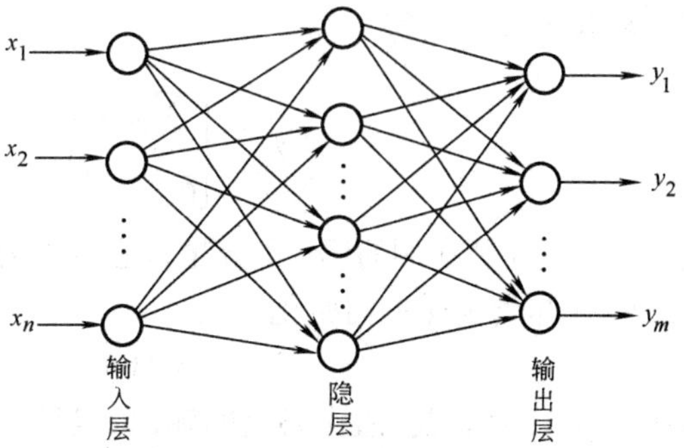

图 7-20　BP 网络

算法学习的目的是对网络的连接权值进行调整，使得对任一输入都能得到所期望的输出。学习的方法是用一组训练样例对网络进行训练，每一个样例都包括输入及期望的输出两部分。训练时，首先把样例的输入信息输入到网络中，由网络从第一个隐层开始，逐层地进行计算，并向下一层传递，直至传至输出层，其间每一层神经元只影响下一层神经元的状态。然后，以其输出与样例的期望输出进行比较，如果它们的误差不能满足要求，则沿着原来的连接通路逐层返回，并利用两者的误差按一定的原则对各层节点的连接权值进行调整，使误差逐步减小，直到满足要求时为止。

BP 算法学习的具体步骤：

- 从训练样例集中取一样例，把输入信息输入到网络中。
- 由网络分别计算各层节点的输出。
- 计算网络的实际输出与期望输出的误差。
- 从输出层反向计算到第一个隐层，按一定原则向减小误差方向调整网络的各个连接权值。
- 对训练样例集中的每一个样例重复以上步骤，直到对整个训练样例集的误差达到要求时为止。

3）Hopfield 模型：前面讨论的两种模型都是前向神经网络，从输出层至输入层无反馈，这就不会使网络的输出陷入从一个状态到另一个状态的无限转换中，因而人们对它的研究是着重学习方法的研究，而较少关心网络的稳定性。

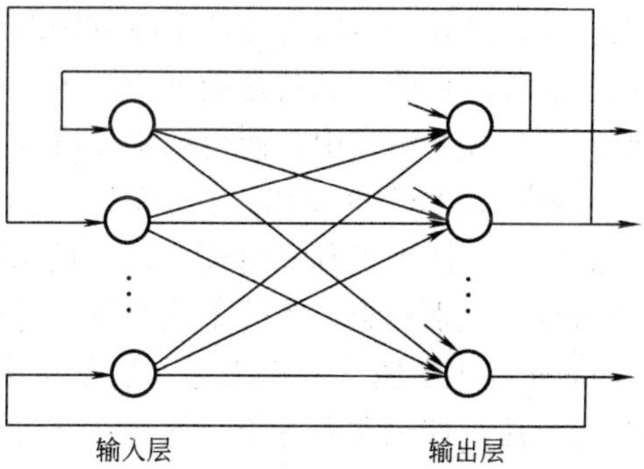

图 7-21　单层反馈神经网络

Hopfield 模型是霍普菲尔特（Hopfield）分别于 1982 年及 1984 年提出的两个神经网络模型：一个是离散的；另一个是连续的。但它们都属于反馈网络，即它们从输入层至输出层都有反馈存在。图 7-21 所示为一个单层反馈神经网络。

在反馈网络中，由于网络的输出要反复地作为输入送入网络中，这就使得网络的状态在不断地改变，因而就提出了网络的稳定性问题。所谓一个网络是稳定的，是指从某一时刻开始，网络的状态不再改变。设用 $X(t)$ 表示网络在时刻 t 的状态，如果从 $t=0$ 的任一初态 $X(0)$ 开始，存在一个有限的时刻 t，使得从此时刻开始神经网络的状态不再发生改变，即

$$X(t+\Delta t)=X(t)\qquad \Delta t>0 \tag{7-179}$$

就称该网络是稳定的。

下面给出 Hopfiled 模型的算法：

- 设置互连权值

$$w_{ij}=\begin{cases}\sum_{s=1}^{m}x_i^s x_j^s, & i\neq j\\ 0, & i=j,(i\geqslant 1,j\leqslant n)\end{cases}\tag{7-180}$$

式中，x_i^s 为 s 类样例的第 i 个分量，它可以为 +1 或 -1(0)，样例类别数为 m，节点数为 n。

- 未知类别样本初始化

$$y_i(0)=x_i \qquad 1\leqslant i\leqslant n\tag{7-181}$$

式中，$y_i(t)$为节点 i 在 t 时刻的输出，当 $t=0$ 时，$y_i(0)$就是节点 i 的初始值；x_i 为输入样本的第 i 个分量。

- 迭代直到收敛。

7.5.2 人工神经网络集成

1. 概述

人工神经网络由于其在处理非线性问题上所表现出来的优越性能而得到很多领域的广泛重视和成功应用，然而人工神经网络存在的不足也非常明显，包括如何最优地构造一个神经网络模型，如何保证神经网络的泛化能力等。造成神经网络不足的根本原因是，其自身缺乏严格的理论作指导，神经网络在构造和训练过程中存在较多的不确定性。例如：多层前馈神经网络中隐层的数目以及各隐层神经元数目、连接权值和阈值的初始值等都是不确定的。如何最优地构造和训练一个神经网络，更多的是依靠使用者的经验和不断的试验调整。

1990 年，Hansen 和 Salamon[50] 开创性地提出了一种方法，即神经网络集成（Neural Network Ensemble）方法。为上述问题的解决提供了一个简易可行的方案。他们证明，可以简单地通过训练多个神经网络并将其结果进行合成，来显著地提高神经网络系统的泛化能力。由于该方法易于使用且效果明显，即使是缺乏神经计算经验的普通工程技术人员，也可以从中受益，因此它被视为一种非常有效的工程化神经计算方法。对神经网络集成的研究，不仅会促进神经计算乃至所有统计学习方法的理论研究，还会极大地促进神经计算技术进入工程应用的进程。目前，尤其是最近两三年中，国际上很多神经计算、统计学的研究者都投入到神经网络集成的研究中，使得该领域成为了一个相当活跃的研究热点。

Kearns 和 Valiant 指出，在 PAC（概率地，近似地，正确地）学习模型中，若存在一个多项式学习算法来识别一组概念，并且识别正确率很高，那么这组概念是强可学习的；而如果学习算法识别一组概念的正确率仅比随机猜测略好，那么这组概念是弱可学习的。Kearns 和 Valiant 提出了弱学习算法与强学习算法的等价性问题，即是否可以将弱学习算法提升成强学习算法。如果两者等价，那么在学习概念时，只要找到一个比随机猜测略好的弱学习算法，就可以将其提升为强学习算法，而不必直接去找通常情况下很难获得的强学习算法。

上述等价性问题可视为神经网络集成思想的出发点。1990 年，Schapire 通过一个构造性方法对该问题作出了肯定的证明，其构造过程称为 Boosting。虽然 Boosting 算法并非专为神经网络设计，但它却与神经网络集成有着难以分割的血缘关系。因此本节也将对 Boosting 及相关技术进行介绍。

1996 年，Sollich 和 Krogh 为神经网络集成下了一个定义，即“神经网络集成是用有限个神经网络对同一个问题进行学习，集成在某输入示例下的输出由构成集成的各神经网络在该示例下的输出共同决定”。目前这个定义已被广泛接受。但是也有一些研究者认为，神经网络集成指的是多个独立训练的神经网络进行学习并共同决定最终输出结果，并不要求集成中的网络对同一个（子）问题进行学习。符合后一定义的研究至少可以上溯到1972年诺贝尔物理奖获得者Cooper及其同事和学生于20世纪80年代中后期在Nestor系统中的工作，但是目前一般认为神经网络集成的研究始于Hansen和Salamon在1990年的工作。由于认识到神经网络集成所蕴含的巨大潜力和应用前景，在Hansen和Salamon之后，很多研究者都进行了这方面的研究。但当时的研究工作主要集中在如何将神经网络集成技术用于具体的应用领域。从20世纪90年代中期开始，有关神经网络集成的理论研究受到了极大的重视，大量研究者涌入该领域，理论和应用成果不断涌现，使得神经网络集成成为目前国际机器学习和神经计算界的一个相当活跃的研究热点。

在神经网络集成的研究中，始终存在着两方面的内容：一方面，研究者们试图设计出更有效的神经网络集成实现方法，以直接用于解决问题；另一方面，研究者们试图对神经网络集成进行理论分析，以探明这种方法为何有效，在何种情况下有效，从而为实现方法的设计提供指导。此外，还有很多研究者将神经网络集成应用到实际问题中，取得了很好的效果。

2. 神经网络集成的实现方法

对神经网络集成实现方法的研究主要集中在两个方面，即怎样将多个神经网络的输出进行结合以及如何生成集成中的个体网络。

（1）结论生成方法　当神经网络集成用于分类器时，集成的输出通常由个体网络的输出投票产生。通常采用绝对多数投票法（某分类成为最终结果当且仅当有超过半数的神经网络输出结果为该分类）或相对多数投票法（某分类成为最终结果当且仅当输出结果为该分类的神经网络的数目最多）。理论分析和大量试验表明，后者优于前者。因此，在对分类器进行集成时，目前大多采用相对多数投票法。

当神经网络集成用于回归估计时，集成的输出通常由各网络的输出通过简单平均或加权平均产生。Perrone等人认为，采用加权平均可以得到比简单平均更好的泛化能力。但是也有一些研究者认为，对权值进行优化将会导致过配（Over Fitting），从而使得集成的泛化能力降低，因此他们建议使用简单平均。

此外，还存在多种结合方式。例如，有的研究者利用神经网络这样的学习系统，通过学习来对多个预测进行结合；有的研究者通过对一组子网进行优化，使各子网都可以较好地处理一个输入子空间，从而一步步地进行结合；有的研究者不使用线性结合方法，而是使用一些随个体网络输出的确定程度而变化的动态权值来产生最终的分类；有的研究者以最小化分类误差为标准选择出相对于每一个输出分类的最佳网络，然后估计出最优线性权值，以将个体网络集成起来形成理想分类器。

（2）个体生成方法　在生成集成中个体网络方面，最重要的技术是Boosting和Bagging。Boosting是一大类算法的总称，最早由Schapire提出，Freund对其进行了改进。通过这种方法，可以产生一系列神经网络，各神经网络的训练集决定于在其之前产生的神经网络的表现，被已有神经网络错误判断的示例将以较大的概率出现在新神经网络的训练集中。这样，新神经网络将能够很好地处理对已有神经网络来说很困难的示例。另一方面，虽然Boosting方法能够增强神经网络集成的泛化能力，但是同时也有可能使集成过分偏向于某几个特别困难的示例。因此，该方法不太稳定，有时能起到很好的作用，有时却没有效果。值得注意的是，Schapire 和 Freund 的算法在解决实际问题时有一个缺陷，即它们都要求事先知道弱学习算法学习正确率的下限，这在实际问题中很难做到。1995 年，Freund 和 Schapire 提出了 AdaBoost 算法，该算法的效率与 Freund 算法很接近，却可以非常容易地应用到实际问题中，因此该算法已成为目前最流行的 Boosting 算法。

Boosting 方法有两种不同的使用方式，即使用带权值的示例和按概率重取示例。Quinlan 通过实验发现，前者效果优于后者。1996 年，Breiman 提出了 Arcing（Adaptive Resample and Combine）的概念，认为 Boosting 是 Arcing 算法族的一个特例。在此基础上，他设计出 Arc2 ×4算法，该算法在产生新神经网络时，示例的权值的变化与已有的所有网络都有关。有趣的是，Bauer 和 Kohavi 通过实验发现，与 AdaBoost 相反，按概率重取示例的 Arc2 ×4 优于使用带权值示例的 Arc2 ×4 算法。另外，在使用 Boosting 类算法时，由于被已有网络正确判别的示例的权值会不断减小，在 Boosting 轮数较多，即产生了较多的个体神经网络时，计算机有可能会发生下溢。Bauer 和 Kohavi 为此设计了一个与 AdaBoost 中的权值更新公式等价的公式，可以较好地缓解该问题。

Bagging 的基础是可重复取样（Bootstrap Sampling）。在该方法中，各神经网络的训练集由从原始训练集中随机选取若干示例组成，训练集的规模通常与原始训练集相当，训练例允许重复选取。这样，原始训练集中某些示例可能在新的训练集中出现多次，而另外一些示例则可能一次也不出现。

Bagging 方法通过重新选取训练集，增加了神经网络集成的差异度，从而提高了泛化能力。Breiman 指出，稳定性是 Bagging 能否发挥作用的关键因素，Bagging 能提高不稳定学习算法的预测精度，而对稳定的学习算法效果不明显，有时甚至使预测精度降低。学习算法的稳定性是指如果训练集有较小的变化，学习结果不会发生较大的变化，例如，k 最近邻方法、Naive Bayes 方法等是稳定的，而决策树、神经网络等方法是不稳定的。目前 Bagging 也有很多种变体，例如在扰动训练集时不进行重取样，而是对各示例的权值加入零均值高斯噪声的 Wagging（Weight Aggregation）。

Bagging 类算法与 Boosting 类算法的主要区别在于：Bagging 的训练集的选择是随机的，各轮训练集之间相互独立，而 Boosting 的训练集的选择不是独立的，各轮训练集的选择与前面各轮的学习结果有关；Bagging 的各个预测函数没有权重，而 Boosting 是有权重的；Bagging 的各个预测函数可以并行生成，而 Boosting 的各个预测函数只能顺序生成。对于像神经网络这样极为耗时的学习方法，Bagging 可通过并行训练节省大量时间开销。另外，一些研究者发现，一般情况下，Bagging 方法总是可以改善学习系统的性能；而 Boosting 方法在有效时效果比 Bagging 还好，但在无效时却可能使学习系统的性能恶化。值得注意的是，Boosting 和 Bagging 的轮数并非越多越好，实验表明，学习系统性能的改善主要发生在最初的若干轮中。

此外，还存在多种个体生成方法。例如，有些研究者使用不同的目标函数、隐层神经元数、权值空间初始点等来训练不同的网络，从而获得神经网络集成中的个体；有的研究者使用交叉验证技术来产生神经网络集成中的个体；有的研究者利用遗传算法进化出的神经网络种群作为集成中的个体。

7.5.3 小结

人工神经网络是由大量简单的基本单元——神经元（Neuron）相互连接而成的非线性动态系统，虽然每个神经元结构和功能比较简单，而由其组成的系统却可以非常复杂，它具备一般非线性动力学系统的全部特点，如不可预测性、不可逆性、多吸引因子等。这样一个复杂的非线性动力学系统具有人脑的某些特性，在自学习、自组织、联想及容错方面具有较强的能力，能用于联想、识别和决策。

一个典型的神经网络系统应该包括三部分：输入层、隐层和输出层，它们之间通过权值相联系，构成了一个类似于人类大脑的非线性系统。神经网络模型有几十种，其中误差 BP（反向传播算）法网络模型是模式识别应用最广泛的网络之一。它利用给定的样本，在学习过程中不断修正内部连接权值和阈值，使实际输出与期望输出在一定误差范围内相等。

神经网络在人脸识别中的应用有很长的历史，它有其特殊的适合于人脸识别的优势，它不像其他方法那样要用一套由人确定的规则，同时避免了复杂的特征提取工作，它能根据有代表性的样本自我学习，具有鲁棒性和自适应性。此外，神经网络以并行方式处理信息，如果能用硬件实现，就能显著提高速度。

近年来，用于表情识别的人工神经网络分类器主要有：多层感知器、BP 网络、径向基函数（RBF）网络。参考文献[46]中，将原始图像经过 Gabor 滤波和 PCA 降维，转化为 50 维的特征向量，作为单层神经网络分类器的输入，利用 delta 规则训练，将表情分成六种。参考文献[47]分别采用 RBF 网络和多层感知器两种方法进行分类。在 JAFFE 表情数据库上进行测试，准确率分别达到了 65% 和 73%。参考文献[48]由 Hebbian 规则训练的 BP 网络分类器是在系统中使用专门的模块来完成的，这个神经网络结果包含 4 层神经元，可将数据分为不同的表情类别。文中的训练和测试图像来源于 Yale 人脸数据库，对于陌生样本的表情识别率可以达到 84.5%。参考文献[49]比较了两种训练 RBF 网络的方法，发现利用监督聚类来初始化 RBF 网络比用非监督聚类来初始化并通过梯度下降算法进行改善的效果更好，但是梯度下降算法对监督聚类初始化的 RBF 网络并没有很好的改善作用。

ANN 可以作为单纯的分类器（不包含特征提取、选择），也可以用作功能完善的分类器。ANN 分类器是一种非线性的分类器，它可以提供我们很难想象到的复杂的类间分界面，这也为复杂分类问题的解决提供了一种可能的解决方式。当然，目前在对于人脸识别或是人脸表情识别的分类问题上，ANN 的规模通常比较大，需要大量的训练样本和训练时间，很难满足实时处理的要求。如何合理地构造 ANN，并且准确估计初值的范围，使神经网络的训练不会陷入局部最小点等，仍然是学者们努力探讨的问题。

7.6 模糊模式识别

7.6.1 概述

模糊一词来自英文 Fuzzy，意思是“模糊的”、“（形状或状态）不清楚”等，总之，它意味着界限不明确。

模糊数学不是“模糊的”或“含糊的”数学，而是涉足模糊性现象领域的数学，是运用数学方法研究和处理带有模糊性现象的一门新兴学科。模糊数学就是把客观世界中的模糊现象作为研究对象，从中找出规律，然后用精确的数学方法来处理的一门新的数学分支。

模糊性是指事物的亦此亦彼性，反映在概念形成过程中外延的不分明性。例如“漂亮”一词在人群中难以找到确切的外延，很难将一群人硬性地划分为漂亮的与不漂亮的两部分，这就叫做模糊性现象。模糊性现象的本质在人们头脑中的反映，就形成了模糊概念。上面刚提到的“漂亮”就是一个模糊概念。在表述模糊概念时，经常使用模糊性的语言，对很多问题也难以给出确切的统一标准，但是这并不妨碍人们的理解。这说明人们已经习惯用一些模糊性的语言来表述事物和表达个人情感，用模糊的方法来思考和解决问题。

1965 年，美国自动控制专家 L. A. Zadeh 教授著名的论文《模糊集合》（Fuzzy Sets，Information and Control）的发表，标志着模糊数学的诞生。

精确数学的局限性在于它有时不能准确地描述客观现实。比如在看电视时，要把图像调得更清晰一些，这个小孩子都能做的事情，对于计算机来说，却成了一大难题。其原因就在于“更清晰一些”是一个模糊概念，它难以用精确的数学语言来描述，所以难以由计算机控制。另外，精确数学也很难在生物学、心理学和社会科学等领域中发挥更大的作用，不是因为这些学科太简单，不必应用数学。而是因为这些学科的规律太复杂，精确数学无法准确地反映它们的真实面貌。

集合论是数学的基础，它是以形式逻辑的统一律、矛盾律和排中律为基础的，它要求客观事物绝对的“非此即彼”。这样就把客观事物简单化、把思维过程绝对化了，就难以完全反映客观事物的本来面目。但是如果将集合论中的普通子集的特征函数扩展为模糊子集的隶属函数，将二值逻辑（真为“1”，假为“0”，也即非此即彼）发展为多值逻辑，即把 {0，1} 扩充为 [0，1] 区间，用 [0，1] 内的数来描述事物的模糊性，这样就反映了事物本身存在的或多或少的模糊性。

模糊数学诞生至今，它的应用已经涉及自然学科、社会学科的各个领域，在冶金、气象学、生物学、心理学、电子学、控制论、物理和信息等领域中，模糊数学都取得了显著效果。随着电子计算机的发展，模糊数学的应用越来越广。它可以用来进行植物的分类、人类体形分类，用以识别文字、辨认卫星照片、识别癌细胞，还可用于环境综合评价等。

7.6.2 模糊数学基本理论

1. 模糊子集

（1）模糊子集的定义　设给定论域 U，U 到$[0，1]$闭区间的任一映射 $\mu_{\underset{\sim}{R}}$

$$\begin{aligned} \mu_{\underset{\sim}{R}}&:U\rightarrow[0,1] \\ u&\rightarrow\mu_{\underset{\sim}{R}}(u) \end{aligned} \tag{7-182}$$

都可确定 U 的一个模糊子集$\underset{\sim}{R}$，$\mu_{\underset{\sim}{R}}$称为模糊子集的隶属函数，$\mu_{\underset{\sim}{R}}(u)$称为 u 对于$\underset{\sim}{R}$的隶属度。隶属度也可记为$\underset{\sim}{R}(u)$。在不混淆的情况下，模糊子集也称为模糊集合。

上述定义表明，论域 U 上的模糊子集$\underset{\sim}{R}$由隶属函数$\mu_{\underset{\sim}{R}}(u)$来表征，$\mu_{\underset{\sim}{R}}(u)$取值范围为闭区间$[0，1]$，$\mu_{\underset{\sim}{R}}(u)$的大小反映了 u 对于模糊子集的从属程度。$\mu_{\underset{\sim}{R}}(u)$的值接近于 1，表示 u 从属于$\underset{\sim}{R}$的程度很高；$\mu_{\underset{\sim}{R}}(u)$的值接近于 0，表示 u 从属于$\underset{\sim}{R}$的程度很低。可见，模糊子集完全由隶属函数来描述。

（2）模糊集合的表达方式　当 U 为有限集$\{u_1，u_2，\cdots，u_n\}$时，通常有如下三种模糊集合的表达方式：

1）Zadeh 表示法：

$$\underset{\sim}{R} = \frac{\mu_{\underset{\sim}{R}}(u_1)}{u_1} + \frac{\mu_{\underset{\sim}{R}}(u_2)}{u_2} + \cdots + \frac{\mu_{\underset{\sim}{R}}(u_n)}{u_n} \tag{7-183}$$

式中，$\mu_{\underset{\sim}{R}}(u_i)/u_i$ 并不表示“分数”，而是表示论域中的元素 u_i 与其隶属度 $\mu_{\underset{\sim}{R}}(u_i)$ 之间的对应关系。“+”也不表示“求和”，而是表示模糊集合在论域 U 上的整体。

2）序偶表示法：

将论域中的元素 u_i 与其隶属度 $\mu_{\underset{\sim}{R}}(u_i)$ 构成序偶来表示$\underset{\sim}{R}$，则

$$\underset{\sim}{R} = \{[u_1,\mu_{\underset{\sim}{R}}(u_1)],[u_2,\mu_{\underset{\sim}{R}}(u_2)],\cdots[u_n,\mu_{\underset{\sim}{R}}(u_n)]\} \tag{7-184}$$

此种方法隶属度为 0 的项可以不写入。

3）向量表示法：

$$\underset{\sim}{R} = \{\mu_{\underset{\sim}{R}}(u_1),\mu_{\underset{\sim}{R}}(u_2),\cdots,\mu_{\underset{\sim}{R}}(u_n)\} \tag{7-185}$$

在向量表示法中，不能省略隶属度为 0 的项。

2. 模糊关系

模糊关系的定义　在普通集合论中，设 U、V 是两个论域，称

$$U \times V = \{(x,y) \mid x \in U, y \in V\} \tag{7-186}$$

为 U、V 的直积或笛卡儿积。

从 U 到 V 的一个关系定义为集合 U、V 的直积 $U \times V$ 的一个子集 R，记作

$$U \xrightarrow{R} V \tag{7-187}$$

推广到模糊子集，有：

【定义 7-3】　直积 $U \times V$ 的一个模糊子集$\underset{\sim}{R}$的就是 U 到 V 的模糊关系。$\underset{\sim}{R}$的隶属函数 $\mu_{\underset{\sim}{R}}(x, y)$表示了 U 中的元素 x 与 V 中的元素 y 具有关系$\underset{\sim}{R}$的程度。

模糊关系完全由其隶属函数$\mu_{\underset{\sim}{R}}(x, y)$来刻画，当$\mu_{\underset{\sim}{R}}(x, y)$为 1 或 0 两个极端值时，模糊关系即变为经典关系。

对于有限论域 $U = (x_1, x_2, \cdots, x_m)$，$V = (y_1, y_2, \cdots, y_m)$，$U$ 对 V 的模糊关系可用矩阵 $\boldsymbol{R} = (r_{ij})_{m \times n}$来表示，其中 $r_{ij} = \mu_{\underset{\sim}{R}}(x_i, y_j)$。矩阵 $\boldsymbol{R} = (r_{ij})_{m \times n}$称为模糊矩阵。模糊关系的运算完全可以通过模糊矩阵来进行。

3. 隶属函数的确定

隶属函数是对模糊概念的定量描述。隶属度和隶属函数是模糊数学中的两个重要概念，对模糊数学的应用，几乎都与这两个概念联系在一起。

例如我们说“小王性格稳重”，性格稳重就是一个模糊概念。人们在头脑中区别这个概念时，并不要作绝对的肯定或者否定，所要求的只是小王对“性格稳重”这个概念符合到什么样的程度，这个程度可用[0, 1]上的一个实数去度量，这个实数便是“隶属度”。如果它随着变量 x 的改变而改变，那么这个从变量到隶属度的映射关系就是“隶属函数”，它可以用客观的方法确定，也可以凭经验判断得出。例如，按某种原则确定小王的性格稳重程度为 0.8，即小王（记作 a）对于“性格稳重”的隶属函数 $A(x)$，当 $x = a$ 时的值为 0.8，记作 $A(a) = 0.8$。

（1）确定隶属函数的原则　隶属函数的确定过程本质上说应该是客观的，但每个人对

于同一个模糊概念的认识理解又有差异，因此隶属函数的确定又带有主观性。它的建立应遵循下述原则：

- 隶属函数的建立虽有主观性、但不能有随意性。
- 建立隶属函数之前，须对于待确定的模糊概念相关的客观因素进行充分的考察，以取得可靠的数据。
- 参与建立隶属函数的人员，不仅要对待确定的模糊概念有主观上的充分认识，同对也必须有将其认识转化为数学表示的能力。
- 可根据具体问题的特点，同时试用几种建立隶属函数的方法分别建立相应的隶属函数，然后再从中选取一种更为合适的隶属函数。
- 隶属函数建立后，使用过程中根据具体情况再做某些调整。
- 对于清晰的情况，相应的隶属度值只能取 0 或 1，绝不能将清晰概念模糊化 。

（2）隶属函数的确定　确定隶属函数的方法有很多种，目前常用的确定方法有模糊统计法、专家经验法（又叫 Delphi 法）、对比法和因素加权统计法等。在此就不一一详细介绍了，具体内容请参考模糊数学方面的书籍。根据处理对象的不同，要选取不同的方法。选取方法有以下几个原则：

1）若模糊集反映的是社会的一般意识，它是大量的可重复表达的个别意识的平均结果，例如青年人、经济增长快、生长正常等，则此时采用模糊统计法来求隶属函数较为理想。

2）如果模糊集反映的是某个时间段内的个别意识、经验和判断，例如，某专家对某个项目可行性的评价，那么对这类问题可以采用 Delphi 法。

3）若模糊集反映的模糊概念已有相应成熟的指标，这种指标经过长期实践检验已成为公认的对事物的真实的又是本质的描述，则可直接采用这种指标，或者通过某种方式将这种指标转化为隶属函数。

4）对某些模糊概念，虽然直接给出其隶属函数比较困难，但却可以比较两个元素相应的隶属度，此时可用相对选择法求得隶属函数。

5）若一个模糊概念是由若干个模糊因素复合而成的，则可先求各因素模糊集的隶属函数，再综合出模糊概念的隶属函数。

需要特别指出的是，隶属函数应通过实践检验，利用信息反馈，不断进行调整，使隶属函数的形成成为一种学习的过程，以求达到相对稳定的状态。

7.6.3　模糊模式识别

与电脑相比，人脑在速度和记忆能力方面远远不如电脑，但是对客观物体分类与识别的能力上却大大强于电脑。模糊数学的创始人 L. A. Zadeh 在 1965 年提出了模糊集合论，使人们认识到，人脑在对问题进行判断、推理和决策时，处理的是模糊信息。因而，模糊集合论很自然地被引入了模式识别领域。客观世界中，很多概念没有明确的外延，对于这种概念所对应的集合，究竟变量论域中的哪些概念属于该集合，哪些概念不属于该集合，没有绝对的划分，而只有相对的归属。不同的类型之间、不同的描述之间，存在一种处于中间状态的过渡区域，因而分类过程就带有了某种模糊性。基于模糊集合的模糊理论方法比基于传统集合理论和逻辑方法要更加接近人在思维和推理上的这种模糊性，模糊理论提供了一个比较恰当的框架来表示人的不精确概念和推理方式。当把模糊理论引用到模式识别领域时，判断的标准“真”或“假”就变成了相对的概念。在这种场合下的模式识别问题，用模糊集合论的方法来进行研究与处理，具有特殊的作用与意义。这种模式识别中的模糊性主要来自于两个方面：识别对象本身的模糊性或识别要求（识别结果）上的模糊性。因而，当模式识别的识别对象与识别要求（识别结果）有一方是模糊时，模糊数学的发展与应用为此类问题的解决提供了有效的方法。

在模式识别中，引入模糊数学方法，用模糊技术来设计识别系统，可以更好地模拟人的思维过程，对带有模糊性的客观事物进行识别和归类。

所谓模式识别，简单来讲就是把要研究的对象，根据其某些特征，通过与已知的模式比较，确定它与哪个模式类同的过程。这主要有两个本质特征：一是有事先已知的标准模型库（包含若干标准模型）；二是有需要识别的对象。所谓模糊模型识别，是指在模型识别过程中，模型是模糊的，也就是说，标准模型库中所包含的模型是模糊的。

参考文献[1]中详细论述了在模式识别的不同阶段，会出现不同层次的模糊性，因此模式识别问题本质上是无法用精确数学来表示的。从理论上来说，模糊集理论提供的模式识别方法应该比基于经典集合论和概率论的传统模式识别方法能提供更为自然的模式识别问题的表达和解。

1. 模糊模式识别的一般步骤

模式识别的问题，在模糊数学形成之前就已经存在，常用的识别方法主要是统计方法或语言的方法。但在多数情况下，标准类型常可用模糊集表示，用模糊数学的方法进行识别是更为合理可行的，以模糊数学为基础的模式识别方法称为模糊模式识别。

模糊模式识别主要包括如下三个步骤：

（1）对识别对象的特征指标进行提取　首先需要从识别对象中提取与识别有关的特征，并度量这些特征，如果是多个特征，则设 x_1，x_2，…，x_n 分别为每个特征的度量值，于是每个识别对象 x 就可以表示为一个向量（x_1，x_2，…，x_n），这一步是识别的关键，特征提取不合理，会影响识别效果。涉及实际问题的具体内容、背景以及识别者的知识、技巧和意志，是识别工作的基础，其将直接影响识别的效果，但很难做出一般性的讨论。

（2）建立标准类型的隶属函数　标准类型通常是论域上 $U=\{x_1, x_2, \cdots, x_n\}$ 的模糊集，其中 x_i 是识别对象的第 i 个特征，标准类型的隶属函数就是 U 到 $[0, 1]$ 的一个实值函数。确定隶属函数的过程，本质上是客观的，但又容许有一定的主观。因为一个模糊集一般来说都是联系着一个模糊概念，而概念是人的主观意识对客观事物认识过程的产物。确定一个元素对一个模糊集的隶属度，就必然会体现出人的主观意识对客观事物的一种判定和信度。同时概念又是客观事物在人脑中的反映，要受到客观的制约和限定，在这一点上它是客观的。

（3）建立识别对象的判别原则　即确定出某些归属原则，指出识别对象应归属于哪一个标准类型。模糊模式识别的方法主要有直接识别方法和间接识别方法两种，前者主要用到最大隶属度原则，后者主要用到择近原则。

2. 模糊度与贴近度（模糊模式识别）

虽然模糊集完全由其隶属函数来确定，即确定了隶属函数，也就确定了模糊集。但是，有时还需要知道模糊集的某方面特性，如模糊的程度、两模糊集的接近程度等，因此需要引入一些数量指标来描述这些特性。

(1) 模糊度　模糊度是描述模糊集的模糊程度的数量指标。

【定义 7-4】 所谓论域 U 上的一个模糊子集$\underset{\sim}{R}$的模糊度 $D(\underset{\sim}{R})$，是指当且仅当$\mu_{\underset{\sim}{R}}(x_i)$ 取0和1时，$D(\underset{\sim}{R})=0$，此时模糊度最小；当$\mu_{\underset{\sim}{R}}(x_i)=0.5$ 时，$D\underset{\sim}{R}=1$，这时模糊度最大。

设任意 $x\in U$，而$\underset{\sim}{R}$ 和$\underset{\sim}{R}'$ 是 U 的两个模糊子集，如果$\mu_{\underset{\sim}{R}}(u)\geqslant\mu_{\underset{\sim}{R}'}(u)\geqslant 0.5$ 或$\mu_{\underset{\sim}{R}}(u)\leqslant\mu_{\underset{\sim}{R}'}(u)\leqslant 0.5$，则有 $D(\underset{\sim}{R})\leqslant D(\underset{\sim}{R}')$ 。

如果一个模糊集合的模糊度为0，则该模糊集合退化为普通集合；当隶属度为 0.5 时，是最模糊的；隶属度离 0.5 越接近，就越模糊，离 0.5 越远，则越清晰。

(2)贴近度　贴近度是度量两模糊集接近程度的数量指标。

为了讨论模糊集合的贴近度，引入内积与外积的概念。

【定义 7-5】 设 $\underset{\sim}{A}$、$\underset{\sim}{B}$ 是论域 U 上的两个模糊子集，称

$$\underset{\sim}{A}\cdot\underset{\sim}{B}=\vee\ (\mu(\underset{\sim}{A})\ \wedge\mu(\underset{\sim}{B}))\tag{7-188}$$

为$\underset{\sim}{A}$与$\underset{\sim}{B}$内积。称

$$\underset{\sim}{A}\otimes\underset{\sim}{B}=\wedge\ (\mu(\underset{\sim}{A})\ \vee\mu(\underset{\sim}{B}))\tag{7-189}$$

为$\underset{\sim}{A}$与$\underset{\sim}{B}$外积。

内积越大，模糊集越靠近；外积越大，模糊集越疏远。将内积和外积结合起来建立格贴近度，则可以刻画两个模糊积的接近程度。格贴近度的定义如下：

【定义 7-6】 记

$$\delta(\underset{\sim}{A},\underset{\sim}{B})=\frac{1}{2}[(\underset{\sim}{A}\cdot\underset{\sim}{B}+(1-\underset{\sim}{A}\otimes\underset{\sim}{B})]\tag{7-190}$$

为模糊集$\underset{\sim}{A}$、$\underset{\sim}{B}$的格贴近度。

3. 模糊模式识别的基本原则

最大隶属原则与择近原则是模糊模式识别所依据的基本原则。最大隶属原则直接基于隶属函数，择近原则基于贴近度概念。

在对事物进行识别时，若标准类型是一些表示模糊概念的模糊集，由于待识别对象往往不是绝对地属于某类标准类型，所以其隶属度不为1。

当待识别对象是论域中的某一元素时，或待识别对象是由一个特征指标来描述时，这类问题常常采用最大隶属原则的方法加以识别。

(1) 最大隶属原则Ⅰ　设有模式 $A_i(i=1,\ 2,\ \cdots,\ n)$是论域 U 上的模糊集，取 $x\in U$，且存在 $i\in\{1,\ 2,\ \cdots,\ n\}$，使得

$$A_i(x)=\max\{A_1(x),A_2(x),\cdots,A_n(x)\}\tag{7-191}$$

则认为 x 相对隶属于 A_i，即元素 x 应归于模式 A_i。

(2) 最大隶属原则Ⅱ(阈值原则)　设有模式 $A_i(i=1,\ 2,\ \cdots,\ n)$是论域 U 上的模糊集，取 $x\in U$，规定一个阈值(水平)$\lambda\in(0,\ 1]$，记

$$\alpha=\max\{A_1(x),A_2(x),\cdots,A_n(x)\}\tag{7-192}$$

若 $\alpha<\lambda$，则作“拒识”的判决，应查找原因另作分析。若 $\alpha\geqslant\lambda$，则认为识别可行，按最大隶属原则Ⅰ判决。

最大隶属原则Ⅱ可以避免因隶属度都很小而由最大隶属原则Ⅰ作出偏离实际较远的判决。

(3) 择近原则 I　设有模式 $A_i(i=1, 2, \cdots, n)$，B 是论域 U 上的模糊集，N 为格贴近度函数。若存在 $i\in\{1, 2, \cdots, n\}$，使得

$$N(A_i,B) = \max\{N(A_1,B),N(A_2,B),\cdots,N(A_n,B)\} \tag{7-193}$$

则认为 B 与 A_i 最贴近，将 B 与 A_i 归为一类。

(4) 择近原则 II　设有模式 $A_i(i=1, 2, \cdots, n)$，B 是论域 U 上的模糊集，N 为格贴近度函数。规定一个阈值(水平) $\lambda\in(0, 1]$，记

$$\alpha = \max\{N(A_1,B),N(A_2,B),\cdots,N(A_n,B)\} \tag{7-194}$$

若 $\alpha<\lambda$，则作"拒识"的判决，应查找原因另作分析。若 $\alpha\geqslant\lambda$，则认为识别可行，按择近原则 I 判决。

上面介绍的原则都只适用于一维模糊模式识别，下面介绍适用于多特征的模式识别原则。当待识别对象是由多个特征指标来描述(即待识别对象是论域中的多个元素)时，就需要在采用最大隶属原则的基础上，再用择近原则进行进一步的识别。待识别对象的多个特征指标也称作特征向量。

(5) 多特征模式识别的择近原则　设有模式 $A_i = (A_{i1},A_{i2},\cdots,A_{in})$，其中 $A_{ij}(i = 1,2,\cdots, m;j = 1,2,\cdots,n)$ 是论域 U 上表示模式 A_i 不同特性的模糊集，待识别对象的特征向量 $\boldsymbol{x} = (x_1,x_2,\cdots,x_n)$，其中 $x_i \in U(i = 1,2,\cdots,n)$。特征向量 $\boldsymbol{x}$ 对于 A_i 的隶属度定义为

$$A_i(x) = \min\{A_{i1}(x_1),A_{i2}(x_2),\cdots,A_{in}(x_n)\} \tag{7-195}$$

若存在 $j \in \{1,2,\cdots,m\}$，使得

$$A_j(x) = \max\{A_1(x),A_2(x),\cdots,A_m(x)\} \tag{7-196}$$

则认为 $\boldsymbol{x}$ 相对隶属于 A_j，即向量 $\boldsymbol{x}$ 应归于模式 A_j。

7.6.4 小结

模糊数学自提出之后，得到了快速的发展，并在模式识别、模糊控制、模糊诊断等很多领域获得了非常广泛的应用。将模糊数学的基本理论应用到模式识别中，即形成了模糊模式识别。模糊模式识别是模糊集合论应用的重要方面之一。它的主要任务是让机器能模拟人的思维方法，对带有模糊性的客观事物进行识别和归类，使计算机系统具有模拟人类通过感官接受外界信息，识别和理解周围环境的能力。

模糊模式识别可以直接用于人脸识别或表情识别，也可以与其他方法相结合来加以应用，如模糊神经网络、模糊支持向量机等。

参考文献

[1] Richard O Duda，等. 模式分类[M]. 李宏东，姚天翔，译. 北京：机械工业出版社，2003.

[2] Michael J Lyons, Julien Budynek, et al. Classifying facial attributes using a 2-D gabor wavelet representation and discriminant analysis [C]//Proceedings of the 4th International Conference on Automatic Face and Gesture Recognition, 2000: 27-30.

[3] Liu C J, Wechsler H. Enhanced Fisher Linear Discriminant Models for Face Recognition[C]//Proceedings of International Conference on Pattern Recognition, 1998.

[4] Swets D L, Weng J. Using Discriminant Eigenfeatures for Image Retrieval[J]. IEEE Transactions on Pattern Analysis and Machine Intelligence, 1996, 18(8).

[5] Belhumeur P N, Hespanha J P, Kriegman D J. Eigenfaces vs. Fisherfaces: Recognition Using Class Specific Linear Projection[J]. IEEE Trans. On Pattern Analysis and Machine Intelligence, 1997, 19(7): 711-720.

[6] Chen Lifen, Hong-Yuan Mark Liao, Lin Ja-Chen, et al. A New LDA based Face Recognition System Which Can Solve the Small Sample Size Problem[J]. Pattern Recognition, 2000, 33, (10): 1713-1726.

[7] Liu Wei, Wang Yunhong, Stan Z Li, et al. Null Space-based Kernel Fisher Discriminant Analysisf or Face Recognition[C]//Proceeding ofthe 6th IEEE International Conference on Automatic Face and Gesture Recognition (FGR2004). Korea, 2004.

[8] Mika S, Ratsch G, Weston J, et al. Fisher Discriminant Analysis with Kernels [C]//Neural Networks for Signal Processing IX: Proceedings of the 1999 IEEE Signal Processing Society Workshop, Madison, WI, USA, 1999: 41-48.

[9] Vapnik VN. The Nature of Statistical Learning Theory[M]. NY: Springer-Verlag, 1995.

[10] 郑勇涛，刘玉树．支持向量机解决多分类问题研究[J]．计算机工程与应用．2005，41(23)：191-193.

[11] Gao Quan-Xue, Pan Quan. Face detection using SVM trained in independent space [C]//Proceedings of 2004 International Conference on Machine Learning and Cybernetics, 2004: 3674-3677.

[12] Shaoning Pang. SVM classification tree algorithm with application to face membership authentication [C]//Proceedings of 2004 IEEE International Joint Conference on Neural Networks, 2004, 1: 25-29.

[13] Philipp Michel, Rana E I Kaliouby. Real time Facial Expression Recognition in Video using Support Vector Machines[C]//ICMI'3, 2003.

[14] Buciu I, Kotropoulos C, Pitas I. ICA and Gabor Representation for Facial Expression Recognition[C]//Conf. On image processing, 2003: 855-858.

[15] Gwen Littlewort, Ian Fasel, Marian Stewart Bartlett, et al. Fully Automatic Coding of Basic Expressions from Video[R]. INC MPLab Tech Report, 2002.

[16] Zhang Yankun, Liu Chongqing. Face Recognition Based on Support Vector Machine and Nearest Neighbor Classifier[J]. 系统工程与电子技术(英文版), 2003, 14(3): 73-76.

[17] Bernd Heisele, Purdy Ho, Tomaso Poggio. Face Recognition with Support Vector Machines: Global versus Component-based Approach[C]//the proc. of Int. Conf. Computer Vision, Vancouver. Canada, 2001, 2: 688-694.

[18] Langley P, Sage S. Induction of Selective Bayesian Classifiers [C]//Proceedings of the Tenth Conference on Uncertainty in Artificial Intelligence. Seattle, WA: Morgan Kaufmann Publishers, 1994: 339-406.

[19] Domingos P, Pazzani M. Beyond Independence: Conditions for the Optimality of the Simple Bayesian Classifier[C]//Proceedings of the Thirteenth International Conference on Machine Learning. San Francisco. CA: Morgan Kaufmann Publishers, Inc., 1996: 105-112.

[20] Friedman N, Geiger D, Goldszmidt M. Bayesian network classifiers [J]. Machine Learning, 1997, 29(2, 3): 131-163.

[21] Keogh E J, Pazzani M J. Learning augmented Bayesian classifiers: A comparison of distribution-based and classification-based approaches[C]//The 7th Int'l Workshop on Artificial Intelligence and Statistics. San Francisco: Morgan Kaufmann Publishers, 1999: 225-230.

[22] Cheng J, Greiner R. Comparing Bayesian network classifiers[C]//Laskey KB, Prade H, eds. Proc. of the 15th Conf. on Uncertainty in Artificial Intelligence. San Francisco: Morgan Kaufmann Publishers, 1999: 101-108.

[23] Cheng J, Bell D, Liu W. Learning belief networks from data: An information theory based approach [J]. Artificial Intelligence, 2002, 137(1, 2): 43-90.

[24] Chickering D M, Geiger D, Heckerman D. Learning Bayesian networks is NP-complete[C]// Fisher D H, Lenz H J, eds. Learning from Data: Artificial Intelligence and Statistics[M]. New York: Springer-Verlag, 1996: 121-130.

[25] Ira Cohen, Nicu Sebe, Ashutosh Garg. Facial Expression Recognition From Video Sequences[C]//Proceedings of the International Conference on Multimedia and Expo (ICME), 2002: 121-124.

[26] Ira Cohen , Nicu Sebe, Fabio G Cozman. Learning Bayesian network classifiers for facial expression recognition using both labeled and unlabeled data[C]//Proc. 2003 IEEE Computer Society Conf. on computer, Vision and Pattern Recognition. Volume: 1, 2003: I-595-I-601.

[27] Nefian A V. Embedded Bayesian Networks for Face Recognition [C]//Proceedings. IEEE International Conference on Multimedia and Expo. 2002: 133-136.

[28] Rosenblatt F. The perceptron: A probabilistic model for information storage and organization in the brain [J]. Phychological review, 1958, 65(6): 386-408.

[29] 史忠植. 知识发现[M]. 北京：清华大学出版社，2002.

[30] Nakata T, et al. Expression of emotion and intention by robot body movement[C]//Proceedings of the 5th International Conference on Autonomous Systems, 1998.

[31] Assaf Ben-Yishai, David Burshtein. A Discriminative Training Algorithm for hidden markov models [J]. IEEE Trans Speech and Audio Processing, 2004, 12(3): 204-217.

[32] Ephraim Y, Dembo A, Rabiner L. A Minimum Discrimination Information Approach for Hidden Markov Modeling [J]. IEEE Transaction Information Theory, 1989, 35(5): 1001-1003.

[33] Bahl LR, Brown PF, Souza PV, et al. A new algorithm for the estimation of hidden markov model parameters [C]//Proc. ICASSP88, 1998: 493-496.

[34] Wong SK, He Qianhua, Man Kimfung, et al. A maximum model distance approach for hmm-based speech recognition [J]. Pattern Recognition, 1998, 31(3): 219-229.

[35] Juang BH, Katagiri S. Discriminative learning for minimum error classification [J]. IEEE Trans. On Signal Processing, 1992, 40(12): 3043-3054.

[36] Tatsumi Sakaguchi, Shigeo Morishima, et al. Facial Expression Recognition from Image Sequences Using Hidden Markov Model[C]//ACCV, 1995: 423-427.

[37] Tatsumi S. Facial expression recognition from image sequences using hidden Markov model[C]//Proceedings of Asian Conference on Computer Vision, 1995: 423-427.

[38] Kearns M, Valiant L G. Learning Boolean Formulae or Factoring[R]. Technical Report TR-1488, Cambridge, MA: Havard University Aiken Computation Laboratory, 1988.

[39] Schapire R E. The Strength of Weak Learnability[J]. Machine Learning, 1990, 5(2): 197-227.

[40] Sollich P, Krogh A. Learning with Ensembles: How Over-Fitting Can Be Useful[C]//Touretzky D, Mozer M, Hasselmo M eds. Advances in Neural Information Processing Systems (Volume 8), Cambridge, MA: MIT Press, 1996, 190-196.

[41] Cooper L N. Hybrid Neural Network Architectures: Equilibrium Systems That Pay Attention[M]//Mammone R J, Zeevi Y Y eds. Neural Networks: Theory and Applications, San Diego, CA: Academic Press, 1991, 81-96.

[42] Perrone M P, Coopler L N. When Networks Disagree: Ensemble Method for Neural Networks[C]//Mammone R J ed. Artificial Neural Networks for Speech and Vision, London: Chapman-Hall, 1993, 126-142.

[43] Breiman L. Bagging Predictors[J]. Machine Learning, 1996, 24(2): 123-140.

[44] Freund Y. Boosting a Weak Algorithm by Majority[J]. Information and Computation, 1995, 121(2): 256-285.

[45] Freund Y, Schapire R E. A Decision-Theoretic Generalization of On-Line Learning and An Application to Boosting[J]. Journal of Computer and System Sciences, 1997, 55(1): 119-139.

[46] Matthew N Dailey, Garrison W Cottrell. A Six-unit Network Is All You Need to Discover Happiness[C]// Proceedings of the Twenty-second Annual Conference of the Cognitive Science Society. Mabwan, NJ, USA, 2000.

[47] Gargesha M, Kuchi P. Facial Expression Recognition using Artificial Neural Networks[OL]. http: // www. public. asu. edu/ ~ pkuchi/ExpressionRecognition. pdf.

[48] Leonardo Franco, Alessandro Treves. A Neural Network Facial. Expression Recognition System using Unsupervised Local Processing[C]//Proceedings of the Second International Symposium on Image and Signal Processing and Analysis (ISPA01), Croatia: 628-632.

[49] Neil Alldrin, Andrew Smith, Doug Turnbull. Classifying Facial Expression with Radial Basis Function Networks, using Gradient Descent and K-means[D]. CSE253, 2003.

[50] Hansen L K, Salamon P. Neural Network Ensembles[J]. IEEE Transactions on Pattern Analysis and Machine Intelligence, 1990, 12(10): 993-1001.

第8章 人脸合成的方法与技术

8.1 概述

近年来，随着网络和多媒体通信日益广泛的应用，人们之间的交流方式也在发生改变，从面对面地交谈、打电话，到电子邮件、视频聊天、视频会议，人们越来越趋向于在虚拟的网络世界中进行形式丰富的交流与互动。人脸是人类交流的重要渠道，是人类喜、怒、哀、乐等复杂表情和语言的载体。随着计算机图形学在建模、渲染和实时动画等方面的发展，人脸建模和动画在电影虚拟角色、远程会议、犯罪学、医学、信息帮助、多媒体通信、人机交互、娱乐、虚拟现实、人脸识别和表情理解等方面取得了广泛的应用。传统的人脸模型多是通过昂贵的CT、核磁共振、三维激光扫描等设备建立起来的，模型复杂，精确度高，而对于人们在虚拟世界中进行交流这个应用来说，更希望以较小的代价来建立相对而言不是那么精细的人脸模型。

目前三维人脸合成技术尚有许多问题需要探索和解决，这些问题集中在以下几个方面：

1）利用普通摄像设备结合计算机视觉技术进行三维数据获取。目前，越来越多的计算机上配有摄像头，如何通过普通摄像设备进行数据的获取是一个热点问题。

2）建立更准确的肌肉模型和皮肤模型，描述逼真复杂的面部表情和皮肤特性。

3）特定人脸模型的建立。虽然近年来出现了一些较好的算法，但是距离实用化、自动化还有一段距离，这方面依然是今后研究的难点。

4）三维人脸模型的应用，如身份识别、影视制作、远程教育、网络游戏等。

人脸建模与动画是计算机图形学中研究的热点与难点。因为人脸运动是一个运动机理非常复杂的过程，研究具有真实感的人脸动画很具有挑战性，主要研究内容包括：

1. 三维表示技术

目前比较流行的人脸表示有多边形表示和NURBS（非均匀有理B样条）曲面表示。多边形表示是三维物体的传统表示方法，相对比较简单，可扩展性强，而且渲染时间比较短，这对实现实时动画比较关键，其缺点是要达到与NURBS曲面相同的光滑程度，需要比NURBS曲面多好几倍的控制点。但是可以使用Phong（平滑）、Gouraud Shading（高洛德上色），Subdivision（细分）等技术来提高光滑程度。NURBS表示方法是用一个整个的曲面来表示三维实体，它通过一个控制点矩阵来控制曲面上各点的位置和法向量方向，使用有理B样条曲面来拟合控制点多边形，因为有理B样条函数是高次函数，具有多阶导数，所以拟合出来的B样条曲面是光滑的曲面。NURBS曲面最大的优势在于光滑程度比较好，其最大的缺点在于难以实现控制点的合理分布。

2. 三维建模技术

三维建模研究的是如何从照片、视频序列、激光扫描仪数据等这些二维数据重建三维实体，它可以说是人脸建模核心的技术。目前比较流行的建模方法有弹性网格法、自由变形法、插值法和拟合法等。

3. 纹理映射技术

为了提高模型的逼真程度，就需要给模型各个部分赋予颜色、纹理、反光程度等参数。而手工定义这样的参数就使得模型显得不逼真，只能产生一种卡通效果。因此需要用到贴图技术，贴图技术可以说是图形学中重要的技术之一。在人脸建模与动画中，就是把人脸的照片贴到三维人脸模型上，使得人脸模型更加人性化，从而获得逼真纹理。

4. 物理学和生物力学等技术

人脸建模与动画涉及的物理学知识主要是弹性力学知识。人脸面部的皮肤是有弹性的。当某一部位发生位移时，其相邻部位也要随之发生位移。同时考虑到人脸运动是骨骼、肌肉、皮下组织和皮肤共同作用的结果，其运动机理非常复杂，因此需要生物力学的知识。

8.2 人脸合成技术的分类

对于人脸合成的相关技术有不同的分类方式，这里采用以几何处理和图像处理为基础的分类方式。图 8-1 所示是按照这种分类方式对人脸建模和人脸动画驱动进行分类的框图。

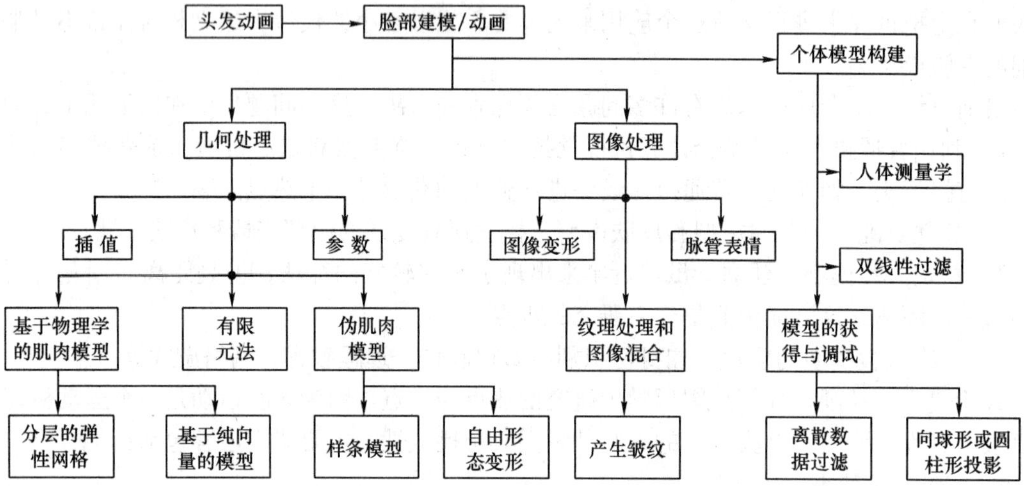

图 8-1 人脸合成方法分类框图

基于几何处理的方法包括插值法、参数化法、有限元法、基于物理学的肌肉模型法、伪肌肉模型法等。基于图像处理的方法主要可以分为如下几类：二维与三维图像变形、脉管表情、纹理处理和图像混合等法。

1. 基于几何处理的方法

（1）插值法　插值法提供了一种直观的实现人脸合成的方法。典型的是，一个插值函数确定了单位时间间隔内相邻两个关键帧之间的平滑过渡。插值函数可以根据需要选取，如线性插值、余弦插值、径向基函数插值。通过改变插值函数的参数可以生成不同的插值图像。几何插值方法可以直接控制网格来改变脸部网格顶点的坐标，而参数插值法能够通过改变函数参数和函数本身间接地移动网格点。尽管插值运算简单且速度非常快，而且容易生成原始的人脸表情，但是由于它表现能力的限制和人脸的复杂性，使用它创建大范围具有真实感的人脸表情状态空间的能力有限，并且该方法很难将相互没有关联的人脸关键帧进行插值组合，但在需要基于少数关键帧产生一组连续动画时，插值法仍然不失为一个好方法。

（2）参数化法　参数化技术克服了简单插值的一些局限性。理想情况下，参数化技术通过组合一些独立的参数值可以生成任何可能的人脸表情。与插值技术不同，参数化允许直接控制特定的表情配置（Facial Configuration），而且经过少量的计算，就可以通过组合参数来获得各种丰富的人脸表情，通过设定参数作用区，还可以减少计算工作量。但是，由于人脸的复杂性，很难设计完全相互独立的参数，当用对同一个顶点都起作用但有冲突的两个参数区获得调和表情时，并没有一种系统的手段来仲裁该如何选取这两个相互冲突的参数，故而参数间存在冲突时，参数化方法通常只能产生不自然的人脸表情或外形。为此，人们只在特定的脸部区域使用参数化方法，以避免产生相互冲突的参数，但这样又会在脸部造成明显的运动边界。参数化方法的另外一个局限是参数集的选择依赖于人脸网格的拓扑结构，因此一个完全通用的参数化是不可能有的。在具有不同的拓扑结构上使用参数集需要增加模型的适配过程，这不仅影响了模型的通用性，而且为了设定最佳的参数值，需要大量的人工调整，尽管如此，也可能产生不真实的运动或形状。

（3）基于物理学的肌肉模型法　基于物理学的肌肉模型可以分为三类：质点弹簧（Mass Spring）模型、向量表示模型和分层弹性网格模型。质点弹簧法在一个弹性网格中传播肌肉拉力，从而导致肌肉的变形。向量肌肉法在影响区域内用运动场的形式来对脸部网格变形。分层弹性网格法则是将一个质点弹簧结构扩展为三个相连的网格层，从而更逼真地模拟真实人脸的物理行为。

1）质点弹簧法：在弹簧网中传播肌肉作用力，以对皮肤变形建模。通过肌肉弧将力作用在弹性网格上，以生成人脸表情。

2）向量肌肉法：该方法通过一个描述型的变形场来对肌肉动作对皮肤的作用进行建模，其基本思想是将特定的肌肉参数值赋予脸部肌肉模型。这些参数仅是一种抽象，并不用来模拟生理学或心理学的机制。不同人脸的网格顶点或控制顶点由附在这些点上的参数肌肉模型所控制，脸部的拓扑结构在运动中保持不变，肌肉的运动仅限于变形区域，肌肉被定义成向量的形式，包含原点和插入点。其作用范围由余弦函数和衰减因子定义。当作用范围被可视化为一个高度场时，余弦函数和衰减因子产生一个圆锥的形状。然而由于人脸结构的不确定性，按解剖学结构正确地放置向量肌肉是非常困难的，至今还没有一个能够将向量肌肉自动放置到人脸网格中的方法，整个过程需要手工试验，而且不能保证结果是有效的和最优的。尽管放置不正确的向量肌肉会导致不自然的甚至是奇怪的表情动画，但是这种模型的表现形式非常紧凑，而且独立于人脸网格的结构，所以该模型目前得到广泛的使用。

3）分层弹性网格法：Terzopoulos 和 Waters 给出了能模拟细微解剖结构的人脸模型和动态人脸。可变形网格包含三层：皮肤、脂肪组织和附于骨头的肌肉层。具有弹性的弹簧元素连接每个网格节点和每一层。肌肉拉力通过弹性网格的传播产生脸部表情。这种建模方法具有很强的真实感。但是使用三维网格模拟体变形需要巨大的计算开销。

（4）有限元法　有限元法是一种逼近任意复杂物体物理特性的数值方法。一个物体被分解为区域或者体元素，每个元素都被赋予物理参数。元素间的动态关系是通过将分段的组成部分整合到整个物体中得到的。这种方法是计算非常密集的方法。

（5）伪肌肉模型法（模拟肌肉法）　通过建模逼近人的解剖结构，以产生真实感的结果。肌肉的作用力是通过样条、线或者自由变形（Free Form Deformation，FFD）模型得到的。

1）自由变形模型：通过操纵分布在一个三维网格上的控制点来对体对象进行变形。FFD 可以使多种类型的表面图元变形，包括多边形、二次、参数和隐含曲面，以及实体模型。另一种方法是有理自由变形（Rational FFD，RFFD），包括了每一个控制点的权重。Dirichlet 自由变形（DFFD）是另一种自由变形的方法。

2）样条模型：支持平滑和灵活的变形，允许曲面的局部变形，减少了计算复杂度。

3）线模型：一组域曲线构成了一个隐含的建模图元。

2. 基于图像处理的方法

（1）二维与三维图像变形　二维图像的变形由目标图像中对应点的集合和一个并发的淡进淡出构成。典型的是，对应关系是人工指定的。二维与三维方法可以生成真实的人脸表情，但是它们也具有与插值方法类似的局限性。

（2）脉管表情　真实的人脸建模和动画不仅需要人脸的变形，而且需要随人的情感状态不同而呈现出皮肤颜色的变化。可以通过在发生强烈情感时相应改变所有面片的颜色或通过纹理映射来达到这个目标，在这个方面的研究不是很多。

（3）模型匹配　将一个预先定义好的模型匹配到人脸图像上。人脸模型可以具有任意精度，但是通常只能定位出人脸的一个大致轮廓和一些人脸特征运动。Ahlberg 描述了一个基于图像的人脸模型匹配算法。

（4）基于跟踪的表情映射　使用其他方法来获得像真人一样的人脸表情有各种各样的困难。因而产生了一种基于表演驱动（Performance Driven）的方法，使用跟踪演员得到的运动来控制角色的表情。实时的视频处理允许交互的动画得以生成，演员可以实时地看到他们创造的运动和表情。准确地跟踪人脸特征和边缘对保持表情的移植性和真实感非常重要。

另一种分类方式是将人脸合成技术分成基于模型的方法和基于图像库的方法。在近 30 年的时间里，传统的人脸合成方法都是基于三维物体来进行建模的。在基于模型的方法中，需要定义模型控制参数，利用几何、声学或者肌肉模型来使三维结构发生变化。目前用在人脸合成系统中的大部分模型都是派生于 Parke 等人的模型，控制参数通过几何函数来移动脸部顶点。一些基本的操作在脸部区域中逐渐变小，然后融入周围地区。区域之间的内插用来产生表情或者改变形状。每一个区域都是独立受控于极端形状之间，并且与某个参数相联系。控制参数可以是某个点的三维坐标，比如嘴角，也可以是驱动复杂的变形。这样的合成机制成为 MPEG-4 的标准。基于模型的方法能够灵活地对模型进行控制，模型可以做出包括真实人脸没有办法做出的几乎各种动作，在处理速度上也比较快，但是在真实感上有较大的差异，容易产生“人造”的感觉，这是由真实人脸的复杂度和精细度决定的。另一种人脸合成方法是基于图像库的方法，对基于模型的方法发起了挑战。这种方法类似于大语料库语音合成技术，只是处理的对象不是语音而主要是图像。这种方法的基本处理步骤是：从一个事先建立好的真人图像库中根据一定的规则挑选视频片断，然后做相关的图像处理，最后进行拼接，从而达到合成的目的。这种方法思想简单，合成人脸的逼真程度和真人没有任何区别，但是建立合适、紧凑的高质量的图像库却并非易事，而且此方法只能够合成图像库中已有的人脸姿态和表情，以及这些表情的插值表情，在处理速度上难以达到实时要求。

总的来说，人脸合成主要分为两个部分：人脸建模和人脸动画。人脸建模主要研究人脸模型的静态建模，合成人脸模型的几何外形特征和纹理特征。其中，既包含了如何合成同一个人脸模型在不同的表情和动作状态下形状和纹理特征，也包含了如何合成不同人脸模型的形状和纹理特征。人脸动画主要研究人脸的动态过程，研究人脸在运动和做表情时人脸外形和纹理的动态变化过程，及如何合成具有真实感的人脸动画序列。

本章根据人脸合成的流程顺序来介绍在人脸合成中常用的方法与技术。首先是人脸建模，包括一般人脸模型和特定人脸模型的构建，以及纹理贴图；然后是人脸动画，包括人脸运动和表情的合成。

8.3 人脸几何建模

人脸的外观特征主要分为两部分：几何（Geometry）外观和纹理（Texture）外观。人脸的几何外观指的是人脸的几何外形特征，如鼻子的高低、嘴部的宽窄等可以在三维空间中进行度量的特征。人脸的纹理外观指的则是人脸的色彩（灰度）特征，如肌肤的颜色与明暗、眼球的颜色等可以在图像空间中进行度量的特征。这种对人脸特征的划分方式便于计算机对人脸的表示和渲染。因此，计算机人脸建模工作要包括两个过程：构造人脸几何模型和纹理的处理（生成真实感的人脸）。而构造人脸几何模型过程又包括脸部数据的获取和脸部模型的表示等两项工作。

人脸建模要同时表现出与人脸部有联系的组织和器官的特征、形状、变形和运动，人脸形状的复杂性和人们对于人脸细节的敏感性使人脸建模成为一项困难而又费时的工作。因此，在进行人脸建模时，应根据具体的应用要求，选择合适的建模方法。

首先介绍人脸几何建模。人脸几何建模就是把真实人脸的框架标准化，然后用网格表示出来，作为将来生成真实感人脸和面部动画的基础。

8.3.1 人脸模型的表达形式

人脸不同生理层之间的相互作用使模拟人脸变形成为一项非常复杂和困难的工作。同时，对于人脸变形的模拟也依赖于人脸模型的表示方法。因此，将人脸模型的表示和变形方法分开是很困难的。通常，人脸模型是几何表示和变形方法的结合体。因此，在选择人脸模型的表示方法时应考虑应用的要求和变形方法。

表示人脸模型常用的技术大致可以分为多边形建模技术、曲面建模技术。多边形建模技术通常采用矩形网格和三角形网格来表示模型。与多边形表示方法相联系的脸部变形方法有关键帧插值法、参数法、基于物理学的肌肉变形法、伪肌肉变形法等。尽管多边形表示法在各种人脸模型被广泛使用，但它们却常常不能很好地表现人脸部的平滑性和弹性。曲面建模技术为此提供了一个很好的解决办法。曲面建模技术包括样条模型和有限元模型等。与曲面建模技术相联系的变形方法有：参数化法、基于物理学的肌肉变形法、伪肌肉变形法等。

1. 多边形建模技术

多边形建模技术是用矩形网格或者三角形网格来表示人脸的几何，并且在网格上选取一些控制点，通过控制点的移动来带动网格的形变，这样就可以得到产生动画的效果。运用这种方法可以获得精细的脸部几何结构和纹理，合成各种脸部变形，实现自然的、完全可控的脸部动画。均匀网格和非均匀网格是多边形建模技术中常用的技术。用非均匀网格可以突出面部的细节，并且降低计算的复杂度。譬如，在面部的眼睛和嘴部采用密度比较大的网格来表示它们，这样就更容易突出它们的细节，而在脸颊和后脑等这些部位可以用密度较小的网格来表示它们。

2. 曲面建模技术

采用曲线/曲面来建立人脸几何模型有如下一些优点：由于通常采用的解析曲线/曲面具有多阶连续性，所以用这种方法建立的人脸模型具有光滑的表面；利用解析曲线/曲面的几何性质，可以容易地对人脸模型的几何外形进行修改和调整。使用曲线/曲面表示的人脸几何模型所占用的存储空间较小，只需要存储相应的曲线/曲面参数即可。其缺点是这种方法通常只能较粗略地描述人脸的几何外形，对人脸的某些几何细节难以做高精度的描述；如果要较精确地描述这些细节，则整个建模方法的代价较大。另外，由于人脸不同部分有不同的几何分辨率，人们希望采用不同的精度来描述人脸的不同部分，几何细节较多的地方采用较高的精度来描述；反之，则采用较低的精度。而解析曲线/曲面建模方法是一种全局性的建模方法，难以采用多分辨率（Multi-resolution）对模型局部进行建模。

曲面建模技术主要包括样条模型和有限元模型。常用的样条模型有 B 样条模型，这是由于 B 样条控制的精确性，实现的人脸模型可以用任意精度忠实于原始人脸。但是由于 B 样条的控制点并不是直接作用于模型表面的，所以对于曲率变化较大的地方不是很容易实现的。另外，B 样条模型很难实现孔、洞等形状，这也给人脸建模带来不便。关于 B 样条曲线、曲面的定义和基本算法可见参考文献［4］。有限元模型常用于皮肤的形变计算，其缺点是计算量太大。这种模型适合医学方面的应用，不适用于实时的人脸动画系统。

目前广泛采用的人脸几何建模方法是用网格模型来描述人脸的几何外形。基于网格模型的人脸几何建模最大的优点在于其灵活性。由于网格模型可以任意增加或者删除顶点和面片，而这样的操作具有局部顶点和面片在增删时不会影响模型其他部分的几何形状，所以整个网格模型可以用多种几何分辨率来表现模型的不同部分。在模型几何细节较少的地方，是用稀疏的顶点和面片来表现的，而在几何细节较多的地方，则是用稠密的顶点和方法面片来表现的。

8.3.2 一般人脸模型

不同的人脸之间有着共同的特征，每个人的脸部都有眉毛、眼睛、鼻子、嘴巴、耳朵等器官，器官形状基本相同，且每个器官在面部的相对位置是稳定的，如人的眼睛在头部的 1/2 处，儿童和老人约在 1/3 以下；眉毛外角弓到下眼眶，再到鼻翼上缘，三点之间的距离相等，两耳在眉与鼻尖之间平行线内等。

面部特征的个体差异也是客观存在的，世界上根本不存在两张完全相同的人脸，即使是看起来非常相似的双胞胎，在某些方面也存在着不同之处。对于一个特定人而言，眼睛的大小、鼻子的高低、嘴唇的形状以及相互之间的位置等都刻画了这个人的面部特征，而这些面部特征可以被我们定义的人脸特征点所反映。

由于人脸的特征点有限，而人的面部是十分复杂的，要想使用有限的特征点数据直接进行人脸三维重建基本上不太可能，但是可以利用人脸之间的共性与差异来完成三维重建。可以定义一张典型的、不具备任何明显特征的人脸作为一般人脸，使用特定人脸与一般人脸的特征点差异对一般人脸模型进行修改，使其通过变形向特定人脸的真实造型逼近，从而得到特定人脸的三维造型。

一般人脸模型是一般人脸的三维控制网格模型，是对一般人脸的真实测量数据经过数据压缩后得到的有效的控制网格数据。根据前人已有的研究，一个优秀的标准模型应该具备以下几个特点：

1）参数化利用具体人脸的信息，调节参数能够描述出个性特征，从而形成了个性人脸模型。

2）能形象化地、准确地描述人脸的基本形状，并能做一些表情动作。

3）简单化模型顶点越多，描述人脸的精度就越高，但是给模型的拟合和后期处理增加了困难。但是顶点太少又不能精确地描述人脸的细节，因此需要在模型的复杂性和精度之间作一个折中。

20 世纪 90 年代，各研究组纷纷提出了自己的人脸模型，其中普遍应用的是网格模型和统计模型。

1. 网格模型

网格模型（Mesh Model）是应用比较广泛的人脸的三维模型。网格模型的一般数学描述是

$$M = \{V_M F_M C_M\} \tag{8-1}$$

式中，V_M 为网格节点集合；F_M 为组成面片的节点编号集合；C_M 为节点或面片的属性。根据面片的形状，可以把模型分为三角面片模型和四边形面片模型两种。比较流行的是基于三角面片的网格模型。

网格节点在一些文献中被称为控制点（Control Vertex）、特征点（Feature Vertex）等。它们的分布往往是不均匀的，关键部位（如眼睛、嘴巴、嘴角等处）节点密集一些，平滑部位（如额头、脸颊等处）节点稀疏一些。节点越多，三角形平面越多，表达的头部模型越逼真，但是同时也增加了模型的复杂度，给后期处理添加了困难。在这个方面的研究者努力的方向，是利用最少的节点和三角面片来建立逼真的头部模型。代表性的模型有 Decarlp 等人的 B 样条模型、Liu 等人的中性人脸模型（Neutral Face Model）[6] 和 Ahlberg 的 CANDIDE-3 模型。

宾夕法尼亚大学的 DeCarlo 等人利用人体测量学得到的数据结合变分技术（Variation Techniques）建立了网格模型。他们的做法是根据人体测量学知识，在人的头部规定一些能表征特征的特征点，然后利用人脸测量方法测量这些特征点和它们之间的关系。这些测量值包括两点之间的最短距离、切线距离、两点连线与坐标轴的倾角等 132 个数值。对这些测量数据利用变分技术进行处理，然后用 B 样条曲面将三维模型表示出来。这种方法能比较逼真地描述个性特征，但是需要复杂的测量工作和被测对象的良好配合。

微软研究院 Liu 和 Zhang 等人在艺术家的帮助下，建立了一种中性脸的网格模型。这种模型由 194 个关键点和 360 个三角平面组成，并且构建了 65 个可调向量用于模型的变形。中性脸用向量 $\boldsymbol{S}_0$ 表示为

$$\boldsymbol{S}_0 = (v_{0,1}^{\mathrm{T}}, \cdots, v_{0,n}^{\mathrm{T}})^{\mathrm{T}} \tag{8-2}$$

式中，$v_{0,i}$（$i = 1, 2, \cdots, n$）为关键点坐标，$v_{0,i} = (X_i, Y_i, Z_i)^{\mathrm{T}}$。调节向量用 $\boldsymbol{M}_j$ 来表示，则有

$$\boldsymbol{M}_j = (\delta v_{j,1}^{\mathrm{T}}, \cdots, \delta v_{j,n}^{\mathrm{T}})^{\mathrm{T}} \tag{8-3}$$

式中，$\delta v_{j,i}$（$i=1, 2, \cdots, n$）为对应关键点的调节坐标 $\delta v_{j,i}=(\delta X_i, \delta Y_i, \delta Z_i)^{\mathrm{T}}$。则一个新脸就可以用 $\boldsymbol{S}$ 来表示

$$\boldsymbol{S} = \boldsymbol{S}_0 + \sum_{j=1}^{m} C_j \boldsymbol{M}_j \tag{8-4}$$

通过改变系数 C_j 可以描述不同的脸型。利用这种模型，根据两幅图像和两个图像序列来模拟特定人脸，取得了较好的效果。此种模型的可调参数较少，可以比较方便地进行模型的变形。

瑞典 Linkoping 大学的图像编码组（Image Coding Group）多年来一直从事三维建模工作。从 Rydfalk1987 年公布最初的人脸模型以来，他们的模型版本已经修改了多次。2001 年，Ahlberg 发布了最新的版本 CANDIDE-3。这个版本为了达到与 MPEG-4 标准的统一，对原有的模型做了改动。此模型包括 113 个关键点和 168 个三角面片，控制参数由静态人脸定义参数（Facial Definition Parameters，FDP）和动态人脸动画参数（Facial Animation Parameters，FAP）组成。静态参数用来描述不同人脸之间的差异，动态参数用来控制脸部的动作，并且根据动态参数可以进行动作编码，在视频传输方面应用较广。

总之，线框模型的建立比较简单，而且有许多专业的三维造型软件（如 Maya、3DSMAX、Lightwave 等）可以辅助实现。因此，这种模型为新的算法提供了一种方便的试验平台，而且可以结合插值技术或肌肉模型形成动画。目前许多科研单位在应用这种模型。

2. 统计模型

统计模型是指利用统计方法从大量采样样本中找出人脸共性，建立统计意义上的标准人脸模型，比较著名的有形态模型和三维特征脸。

德国学者 Blanz 和 Veter 等人于 1999 年研究出了这种形态模型。模型的基础是一个含有 200 个青年面部数据信息的三维人脸数据库，三维信息由激光扫描仪获得，包括距离信息和颜色信息。每个头部数据称为一个样本脸（Exemplar Face），每个样本脸包括大约 7 万个点，然后利用复杂的光流算法建立不同人脸的三维点的关系。假设一个人脸的形状可以用向量 $\boldsymbol{F}$ 来表示，有

$$\boldsymbol{F} = (X_1, Y_1, Z_1, \cdots, X_n, Y_n, Z_n)^{\mathrm{T}} \tag{8-5}$$

式中，X_i、Y_i、Z_i 分别表示三维点的坐标。

对应点的纹理信息可以用向量 $\boldsymbol{T}$ 来表示，有

$$\boldsymbol{T} = (R_1, G_1, B_1, \cdots, R_n, G_n, B_n)^{\mathrm{T}} \tag{8-6}$$

式中，R_i、G_i、B_i 代表点颜色分量。设有 m 个样本脸，每个样本脸由一个形状向量和一个纹理向量组成，则形态模型可以由这样的 m 个样本脸构成。对于一个新的个体，它的形状向量和纹理向量可以分别描述为

$$F_{\mathrm{mod}} = \sum_{i=1}^{m} a_i F_i \tag{8-7}$$

$$T_{\mathrm{mod}} = \sum_{i=1}^{m} b_i T_i \tag{8-8}$$

$$\sum_{i=1}^{m} a_i = \sum_{i=1}^{m} b_i = 1 \tag{8-9}$$

通过对系数 a_i 和 b_i 的调节，可以描述不同人脸的三维形状特征和纹理特征。三维特征

脸[9]类似于特征脸，对预先构建的三维模型用主成分分析方法降维，获得表征脸部形状的主要分量，利用它们的线性组合表达个性化的人脸模型。建立统计模型通常比较麻烦，需要大量的学习数据，而且三维数据的预处理工程非常复杂，建成后的模型具有统计意义上的合理调节参数，使脸部表情达到合理化。

8.3.3 特定人脸模型

特定人脸建模是指利用具体人脸信息建立个性化的人脸模型，用以描述不同人的具体特征。按照模型的产生方式可以把构造个性化人脸模型的方法分成两类：一类是根据已知具体人脸的三维信息直接构造三维模型的方法，如基于扫描仪、数字化探针、立体相机和基于计算机视觉的方法（如光流技术和结构光方法）；另一类是对一般模型进行拟合和变形建立个性化特定人脸模型的方法，如基于正交照片的三维重建。前者往往根据具体数据采用插值、曲面优化等技术达到建模的目的，通常对数据的要求比较苛刻，如要求数据点分布均匀且噪声较小，但建成后的模型缺乏结构信息。后者将标准人脸模型作为先验知识，通过刚体变换、形变等手段与具体的人脸数据拟合达到形状匹配，并且利用图像合成面部纹理信息从而建立逼真的三维个性模型。

1. 直接构造特定人脸三维模型的方法

直接构造特定人脸三维模型的方法一般有图 8-2 所示的流程。

直接构造特定人脸三维模型的方法除了有 8. 3. 2 节介绍的方法外，还有基于立体照相机和计算机视觉的方法。立体照相机这样的距离测试方法能在某些特征点处建立对应关系。该方法使用立体图像之间的几何关系回复曲面的深度。Turing 学院的 C3D 2020 捕捉系统曾用立体照相镜的方法产生了许多虚拟现实建模语言（VRML）模型。计算机视觉是年轻的仍在发展的科学。根据三维视觉、几何和辐射学方面的研究成果，人们可以从对应点计算、多个相机组合、物体的轮廓和表面反射等方法来获取人脸模型。

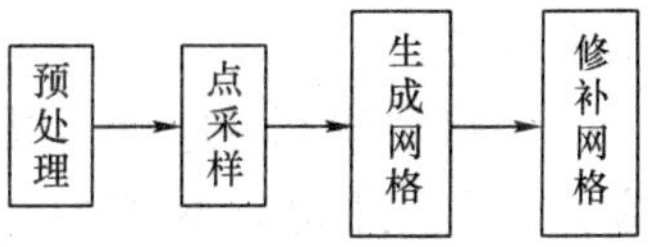

图 8-2 直接构造特定人脸三维模型的流程

用这种方法构造的模型因为没有人脸结构的信息，通常不适合脸部动画，且数据带有噪声、顶点分布不合理。

2. 对一般模型进行拟合和变形建立特定人脸模型的方法

这类方法的一般流程如图 8-3 所示。

从一般模型建立个性化模型的方法是，首先准备一个原形或通用动画网格，它带有所必需的结构和动画信息。然后将该模型拟合或变形到测量出的特定人脸的几何网格上，从而创建出个性化的动画模型。当通用模型的多边形网格数比测量出的网格数少时，拟合过程也暗含了对测量数据的抽取。特定人脸的造型和拟合过程可以使用不同的方法，如散乱数据的插值、人类学技术和结合了正拉普拉斯场函数的向柱面坐标投影的技术。有些方法尝试了自动的拟合过程，但大多数方法需大量的手工交互。

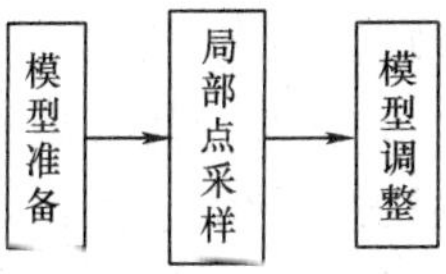

图 8-3 对一般模型进行拟合和变形建立特定人脸模型的流程

（1）双线性插值　Parke 使用了双线性插值来创建不同的人脸外形[10]。他假定大多数人脸类型可以用一个拓扑结构的不同变化来表示。他通过改变通用人脸的构造参数创建了 10

个不同的人脸。Parke 的参数化模型受限于所给定的构造参数的范围，而且在一张特定人脸上调节参数是很困难的。

（2）散乱数据插值　径向基函数能通过相对较少的点和插值来获得光滑的人脸曲面。有些造型方法使用基于径向基函数的散乱数据插值技术，将一个通用网格变形成特定形状。这种方法的优点是：变形不需要与目标网格相同的顶点数，这是因为缺少的顶点可通过插值得到，只要选择恰当的对应关系，就能从理论上保证被变形网格接近目标网格。

Ulgen 使用了三维体变形获得从通用人脸模型到目标模型的光滑过渡[11]。该算法首先在两个模型的眼睛、鼻子、嘴唇和轮廓上选择一些具有生物意义的标识。这些标识的选择应该易于标注且位置相对容易确定。然后，利用这些标识点计算出用于体变形的 Hardy 多二次曲面（Multi-quadric）径向基函数的系数。最后，根据由标识点计算得到的这些系数，插值得到通用网格上的其他点的位置。例如：一个通用模型使用了 1251 个多边形，而目标模型具有 1157 个多边形。150 个标志顶点被手工标注，其中 50 个在鼻子附近。显然，变形成功与否很大程度上依赖于标识点的数量和位置。

Pighin 等人采用的散乱数据插值技术的拟合过程[12]分三步：第一步，估计摄像机参数（位置、方向和焦距），这些参数与手工选择的对应点相结合产生脸上特征点的三维坐标；第二步，根据特征点的三维坐标确定用于变形的径向基函数的系数；第三步，用辅助的对应关系进行微调。一个少于 400 个多边形的通用网格用初始的 13 个对应点变形，最后是 99 个点用于微调。

（3）自动建立对应点　根据拟合的原理，在拟合时需要建立源和目标模型之间的精确对应关系，不正确或不完整的对应关系将导致很差的拟合结果。手工选择对应关系能够建立比较精确的对应关系，但是这是一项艰辛的工作，而且误差积累会越来越大。也有几个图像处理的方法使用已知的人脸属性尝试自动建立对应点，从而实现自动适配。

Lee 等人，给出一个基于激光扫描的深度和反射数据自动构造个性化人脸模型的方法。为了获取更可靠的自动检测人脸特征，Lee 率先在深度图上使用拉普拉斯算子，并获得拉普拉斯场图。拉普拉斯场图上的网格适配过程可以自动确定特征点。预先标注了特征的通用模型通过启发式网格适配过程被对应到三维网格几何模型和纹理上。

（4）人体测量学　在获取个性化的人头模型时，由于激光扫描和立体图像能分别获得几何细节和细腻的纹理，所以被广泛使用。然而，正如前面所述，这些方法也有缺点。扫描数据或立体图像经常由于遮挡而漏掉某些区域。因此，必须根据情况手工修补模型。现有的自动对应点匹配方法还不够鲁棒，若特征点在测得的数据上不明显，则仍需手工调节。

在人脸变化理想而且不需要精确的外貌的领域，人们使用基于人体测量学的个性化模型生成方法解决了上述问题。Kuo 等人给出了从一张没有深度信息的正面二维灰度图合成侧面人脸的方法。该算法首先需要建立根据人体测量学的定义测得的人脸参数的数据库，并以这个数据库作为先验知识。其次，通过将基于最小均方差（MMSE）的估计规则应用于上述数据库，就可以从正面的人脸参数估计出侧面人脸的参数。侧面人脸参数的深度可以通过几个正面的人脸参数线性组合得到。有了从照片中抽取的正面坐标和深度估值，就可以调整通用的三维人脸模型，并且可以根据特征数据和纹理映射合成侧面人脸。

虽然 Kuo 仅使用一张正面图像的人体测量就实现了个性模型重建，但 Decarlo 等人更是实现了基于无图像辅助的人体测量学构造不同人脸模型的方法。该系统分两步构造一张新的人脸模型。第一步，产生一个代表特定人脸测量数据的随机集。这些测量数据的形式和数值是参照人脸的人体测量学计算出来的。第二步，用变分约束优化技术构造满足几何约束的最优曲面。在该技术中，一般在曲面上加入多种约束，并在这些约束条件下，尝试构造与原始形状偏差最小化的光滑曲面。在参考文献［16］中，以人体测量学的尺度为约束，最小化与给定曲面的目标方程的偏差来决定人脸的其他部分。不同的模型能使系统捕捉人脸形状的相似性，又能允许出现人体测量的差异。尽管人体测量学方法在快速创建出令人满意的多变的人脸几何方面具有优势，但它不能再现颜色、皱纹、表情和头发方面的真实变化。

（5）其他方法　Essa 等人用标准特征空间（Modular Eigenspace）方法处理拟合问题。这种方法能在图像上自动抽取眼睛、鼻子和嘴唇等特征点的位置。这些特征定义了使特定人脸图像与通用人脸模型相匹配的图像变形。图像变形后，从图像中抽取出可变形顶点用于进一步的细化。Dipaola 的人脸动画系统（FAS）是对 Parke 方法的扩展。它通过将活体或雕塑数字化或用自由变形、随机噪声变形或定点编辑来操作已有的模型，从而产生新的人脸模型。

从一般人脸中性模型到特定人脸中性模型的修改过程中，要进行两种变换：首先要对一般人脸模型进行整体变换，整体变换的目的是完成面部整体轮廓的修改，使其与特定人脸的脸形和五官的大致位置相匹配；然后在对整体变换后的人脸中性模型进行局部变换，目的是根据特定人脸的眉、眼、口、鼻的形状和大小进行修改，即在一般人脸中性模型上打上特定人脸特征的烙印。

8.4　纹理映射

简单地说，纹理分为两种：一种是通过颜色色彩或明暗的变化体现出表面细节，这种纹理称为颜色纹理；另一种纹理则是由于不规则的细小凹凸造成的，例如橘子皮的皱纹或未磨光的凹痕等。纹理映射技术有连续法和离散法两种，连续法把纹理定义为一个二元函数，函数的定义域就是纹理空间。离散法把纹理函数定义在一个二维数组中，代表纹理空间中行间隔和列间隔固定的一组网格点上的纹理值。通过对网格点的值进行插值获得网格点之间的其他点的纹理值。

当前的纹理生成方法有三大类：

（1）无纹理生成法　这种方法没有纹理，一般是通过光照给模型外表涂上颜色，优点是简单快速，缺点是人物缺乏真实感。由于没有纹理的视觉干扰，通常在准确表现模型三维几何形状时会采用这种方法。

（2）单张纹理生成法　在人脸动画中，只使用一张中性表情的纹理，在动画显示过程中，纹理随着网格的变形而做相应的拉伸。单张纹理的优点是纹理控制简单，只需要把纹理映射到网格上，在动画中随着网格的变形而拉伸。缺点是不能表现纹理的细微变化，人脸面部的纹理随着表情的改变会产生细微的变化，比如皮肤褶皱等，只用一张纹理无法表现这些细微的变化，在真实度上会有所欠缺。根据纹理的获取途径不同，单张纹理生成法又可以分为以下三类：

1）照片图像拼接法：最常见的方法是用一张正面的照片和一张侧面的照片来拼接组成一张纹理，也有用多张不同角度照片拼接的纹理。这种方法的关键是要做到不同照片上同一特征点的标定要准确。照片拼接的方法简单易行，生成的纹理在正面通常都会有很好的效果，主要缺点是不同照片上的相同特征点很难准确对应，生成的纹理在偏离正面角度较大的情况下效果不很理想。

2）视频图像拼接法：通过跟踪视频中人脸的特征位置和姿态来获取不同角度的人脸纹理，然后把各种角度的纹理融合起来合成一张完整的纹理。该方法主要适用于只有视频的条件下生成纹理的情况，产生效果与照片图像拼接类似。

3）三维扫描设备法：用三维扫描仪自动扫描拼接生成纹理，纹理结果准确，但是常会有一些空白区域，需要用插值算法进行修补。三维扫描的方法需要模特的配合，难以推广。

（3）变化纹理生成法　为了表现人脸面部细微特征的变化，变化纹理的方法在动画过程中并不局限于一张固定的纹理，而是随着表情的变化对纹理进行相应的修改。变化纹理生成法真实感强，但是相对于单张纹理生成法，实现起来比较复杂。目前已有的变化纹理生成法有：

1）动态重构法：Guenter 等人在模特脸上标了 6 种不同颜色，共 128 个点，用 6 架照相机同时采集人脸表情。然后用一个颜色分类器来识别不同颜色，并获得它们的位置，利用这些点在不同视角的坐标，可以重构三维人脸网格。为了获取纹理，他们首先根据颜色分类器的信息，把照片上的彩色点去掉，并用正确的颜色来填充，然后拼接融合 6 张照片生成不含标定点的纹理。由于纹理总是用真实的表情照片生成的，而不是靠拉伸得到的，因此可获得生动的动画效果，但是他们的动画只适应于特定人模型，且制作过程复杂，无法实时产生动画。

2）纹理拼接法：Pigbin 等人采用 5 架相机采集模特的各种基本表情，他们把人脸分成很多区域，然后用各个区域的纹理进行拼接，从而产生该模特更多丰富的表情。由于建立了真实的表情纹理库，所以生成的纹理效果很逼真，具备各种细微特征。但是他们的工作只适应于特定人模型，而且制作过程复杂，通用性不强。

生成颜色纹理的一般方法是在一个平面区域（即纹理空间）上，预先定义纹理图案，然后建立物体表面的点与纹理空间的点之间的对应（即映射）。当物体表面的可见点确定之后，以纹理空间的对应点的值乘以亮度值，就可以把纹理图案附到物体的表面上。也可以用类似的方法给物体表面产生凹凸不平的包纹理，不过这时纹理值作用在法线向量上，而不是作用于颜色亮度上。纹理贴图到物体表面是通过纹理空间与物体空间之间的坐标变换来实现的。二维纹理映射是从二维纹理平面到三维景物表面的一个映射。图像纹理映射确定景物表面上任一可见点 P 在纹理空间中的对应位置（u，v），（u，v）所定义的纹理值或颜色值描述了景物表面在 P 点处的表面颜色纹理属性。图像纹理映射技术要建立纹理空间与景物空间之间的映射 m 和景物空间与屏幕空间之间的映射 T，由于景物空间与屏幕空间之间的映射 T 是取景变换，所以关键是确定纹理空间与景物空间之间的映射 m。纹理映射的过程如图 8-4 所示。

映射 m 可描述为$(u, v)=f(x, y, z)$，(u, v)和(x, y, z)分别为纹理空间和物体空间中的点。图像纹理平面区域一般经过归一化处理，定义在单位正方形域（$0\leqslant u\leqslant 1$，$0\leqslant v\leqslant$

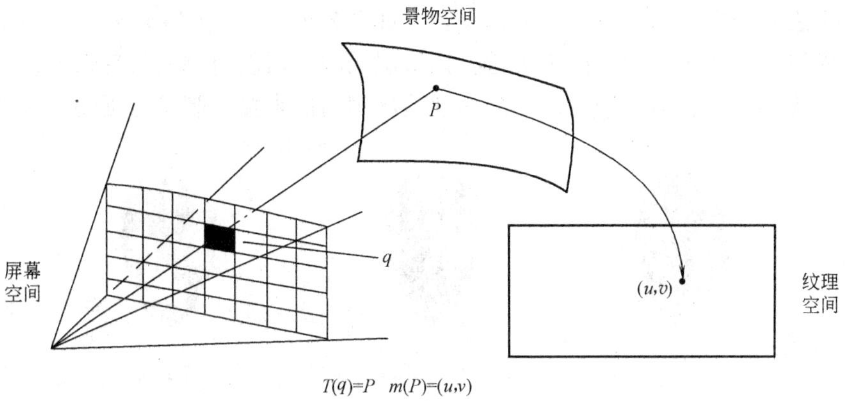

图 8-4　纹理映射过程示意图

1）上，便于后续计算。

由于参数曲面定义了一个二维参数空间到三维参数空间的映射关系，当将参数空间和纹理空间等同起来看时（两者之间关系由一仿射变换确定），映射 m 等价于参数曲面自身定义的逆映射。对于一般三角形或四边形，空间点坐标与参数的关系为仿射变换，即

$$(x,y,z) = (u,v,1)\begin{Bmatrix} A & D & G \\ B & E & H \\ C & F & I \end{Bmatrix} \tag{8-10}$$

指定三个顶点的（u，v）值，可算出系数矩阵中各系数的值。式（8-10）定义了纹理空间与多边形平面之间的一个通用仿射变换。对复杂的高次参数曲面来说，其逆映射无法解析表达，一般需采用数值求解技术来离散求得。对简单的二次曲面来说，其纹理映射可解析地表达出来。

8.5　人脸动画

计算机人脸动画就是以人脸模型的几何和纹理为基础，采用动画技术控制脸部模型的整体或局部的变形，以达到模拟真实的人脸运动和表情转换的目的。为了实现模型控制和动画生成，必须设计一个计算模型，把人脸的几何表示和它的形变联系起来。不同的计算模型形成了不同的人脸动画技术。

8.5.1　人脸动画技术

计算机人脸动画控制方法主要有以下几种：关键帧插值法、参数化法、表演驱动法、基于肌肉的物理法等。这些方法各自有自己的优缺点，并没有一个最优的方法。下面介绍一些常用的方法。

1. 关键帧插值法

关键帧插值法是最简单也是最常用的脸部动画控制方法。它首先通过三维数字化仪法、立体图像摄影测绘法或光学扫描仪法等三种方法之一得到一个离散的脸部形态集合。这些脸部数据具有相同的拓扑结构，能够在每个脸部形态上相应点之间建立一一对应的映射关系。

两个脸部形态之间的中间形态可通过插值得到，如图 8-5 所示。关键帧插值法由于其简单和直观的特性而被广泛使用。但是由于关键帧插值法局限于所能得到的脸部形态，从而无法实现大量丰富的脸部合成表情，同时还不能实现脸部表情的直接控制，这促使了参数化法的提出。

图 8-5 应用线性插值法后得到的人脸图像

2. 参数化法

为了克服关键帧插值方法的缺点和局限性，Parke 在参考文献[21]中提出了参数化法。人脸参数模型的基本思想是通过参数来描述不同的人脸特征和人脸表情变化，因此在人脸参数模型中，考虑了两种参数：人脸模型构造参数和人脸表情控制参数。人脸模型构造参数用来描述特定人脸的几何特征，包括脸形的整体大小以及五官的具体大小和形状，用于产生各种各样的个性化人脸形状。人脸表情控制参数描述面部器官的运动情况，如眨眼、眉毛的抬起、下巴的拱起等动作，用于产生人脸的各种表情动画。通过确定关键参数集和插值其他的参数可以产生任意的脸部表情，并实现脸部表情之间的变形。参数的确定不仅影响模型的结构和大小，而且也影响表情的产生。人脸表情控制参数和人脸模型构造参数的分离使表情的产生独立于脸部特征。与关键帧插值方法相比，参数化法允许对脸部表情的直接控制，而且它可以实现大的数据压缩比，在低带宽的情况下，可实现实时脸部动画。参数化法的缺点是，在一个脸部表情向另一个脸部表情转化时，它不能一致、协调地处理在融合影响相同顶点的表情时产生的参数冲突。

3. 基于肌肉的物理法

为了合成真实的人脸动画，基于肌肉的方法根据人脸的生理结构，从生理的角度对人脸的面部行为进行模拟。根据解剖学的理论，人脸具有复杂的、层次性的生理结构，由头骨、肌肉层、覆盖的肌膜组织和外部皮肤层组成。头骨的形状决定了整个人脸的形状。头骨由 14 块主要的骨头组成，其中下颚骨是唯一的关节，牙齿是唯一可能看见的骨结构。人脸部表情的产生和皮肤的变形主要是由脸部肌肉运动所引起的。使人脸具有特定表情所涉及的主要肌肉有口轮匝肌、鼻肌、颧肌、眼轮匝肌、皱眉肌等。基于肌肉的物理方法根据对肌肉本身的生理构成和特性，以及肌肉运动与产生的脸部表情和皮肤变形关系的分析，通过动力学模型模拟肌肉的运动来生成真实的人脸动画。

4. 质点-弹簧系统法

基于目标对象的物理性质，质点-弹簧系统已被广泛地用于模拟可变形物体。它用由质点集组成的网格系统来模拟对象，并通过弹簧来连接质点。弹簧通常是线性的，但是非线性的弹簧也常被使用以模拟对象的非弹性的行为。质点的运动服从于牛顿第二定律。整个网格系统的运动是通过结合所有质点的运动来实现的。在计算机人脸动画中，质点-弹簧系统已被广泛地用于模拟人脸部的表情变化。Terzopoulos 和 Water[22] 将动态质点-弹簧系统用于人脸的动画。根据人脸组织的生理解剖结构，他们建立了一个三层质点网格结构的分层网格肌肉模型，如图 8-6 所示。三个可变形网格层对应于皮肤、脂肪层和与骨骼连接的肌肉。肌肉收缩力通过网格层扩展以产生脸部表情动画。

5. 有限元法

根据物体的几何结构、物理性质和应用要求的不同，有限元法（FEM）将一个目标变形对象分解成由几个有限种元素组成的集合，以连续的方式模拟每个元素的变形。每个元素由一个插值函数来定义元素内的数值变化。各元素之间通过离散的节点连接，通过对节点和元素边界的限制，实现元素间的连续性。针对不同的应用要求和不同的对象形状，可定义不同的元素，这些元素是通过它们的节点数量和几何形状来定义的。

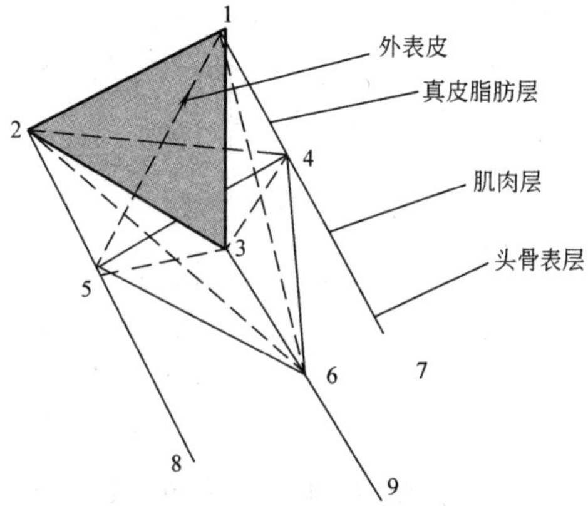

图 8-6　分层网格肌肉模型

外表皮节点—1，2，3　肌膜节点—4，5，6

骨骼节点—7，8，9

注：虚线和直线均表明了节点之间的弹性网格连续。

6. 伪肌肉变形法

基于肌肉的物理方法为实现某个特定的人脸结构和动画则需要大量的参数调整和精确的建模。伪肌肉变形法忽略脸部复杂的生理结构，通过变形脸部网格来模拟脸部肌肉变形实现人脸动画，可以作为基于肌肉的物理方法的替代方法。这里的肌肉变形可以是全局变形，也可是发生在脸部网格的一个相对小的区域内的局部变形。变形的方法有基于样条实现的伪肌肉变形法和基于自由变形的伪肌肉变形法等。

（1）基于自由变形的伪肌肉变形法　通过控制分布在三维立体栅格上的控制点来变形体对象，即把一个可变形体放在一个可变形的包含三维控制点栅格的控制框架内。当控制框架被任意地挤压、弯曲、扭曲时，控制框架内部的变形体也相应地变形，如图 8-7 所示。自由变形既可以实现局部变形，也可实现整体变形，同时还可以控制变形前后物体体积的变化程度。基于自由变形的伪肌肉变形法的缺点是计算量大，网格的调整非常麻烦，为获得合适的物理形状需要仔细地选择和移动许多控制点。其主要的改进方法有直接控制的自由变形造型技术、有理自由变形技术、基于 NURBS 的自由变形技术等。

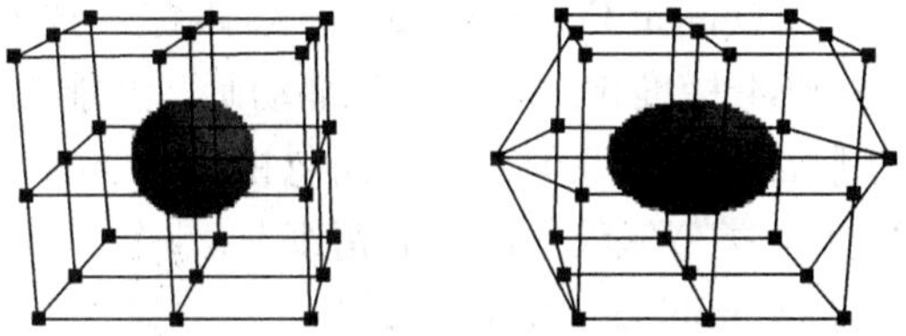

图 8-7　基于自由变形的伪肌肉变形

（2）基于样条实现的伪肌肉变形法　一个理想的脸部模型应该有一个支持平滑和灵活变形的表面。样条肌肉模型为此提供了一个很好的解决办法。样条通常有 C2 的连续性，因此一个小面片可确保是平滑的且允许局部变形。进一步，仿射变换能够通过一小部分控制点的变形来定义，而无须通过整个网格点来定义，这就降低了计算的复杂性。一个分层的样条模型减少了一些不必要的控制点的个数。Wang 等显示了一个将分层样条模型与基于区域表面变形的模拟肌肉模型相结合的系统[23]。之所以使用 B 样条是因其提供了平滑性和弹性，而这些特点是传统的多边形模型很难达到的。然而，当要求一个变形比 Patch 解决方案更加完善时，对复杂表面使用原始的 B 样条的缺点显而易见。为了产生更好的 Patch 方法，表面的一整行或一整列需要被复分。这样，可以加入更多的细节和更多的控制点。对比而言，分层样条提供了对B样条表面的区域的完善，而只在一个特定的区域内加入新的patch，如图8-8所示。分层B样条是一种经济且简便的表示样条平面且获得高渲染速度的方法。带有分层样条表面的肌肉可以产生带有褶皱的皮肤表面以及各种面部表情。

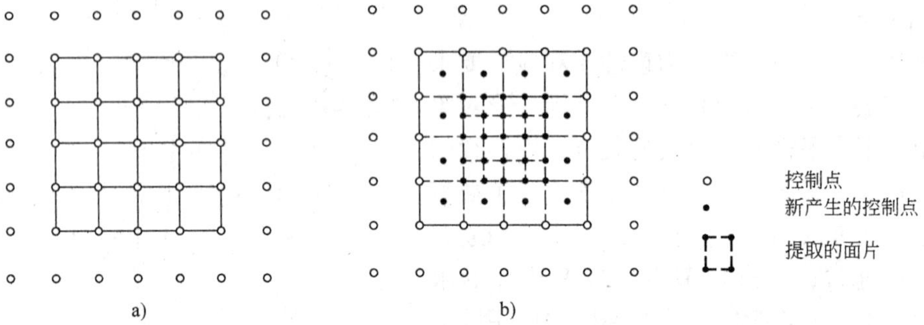

图8-8 分层B样条方法

a）显示了一个具有16个路径、49个控制点的表面 b）显示了中间定义的4条路径

7. 表演驱动法

表演驱动（Performance to Driven）法又称作表情映射（Expression Mapping）法，也是一种流行的脸部动画方法。此方法捕捉在各种面部表情下真实人脸部的特征来驱动脸部模型，产生真实的脸部表情。常用的方法是在一个演员的脸上设置许多特征点，在演员表演各种脸部表情时，捕捉这些特征点的运动向量，然后使用得到的特征点的运动向量来驱动脸部模型的相应特征点产生脸部表情。它提供了一种直观和有效的方式直接控制脸部表情的产生。Snake和Optical FlowTraking（光流跟踪）技术常被用来获取脸部的特征变化。这种方法可以和MPEG4标准相结合产生脸部动画，并能提高数据的压缩率。这种方法的缺点是它仅仅捕捉了脸部特征的几何变化，而忽视了光照的变化，因此可能引入不真实的效果。而且此方法不能产生类似皱纹等脸部表情细节。

8. Morphing（变形）法

Morphing是指在两个指定图像或两个三维模型之间进行的变形转换。首先，在两个指定图像或两个三维模型上确定一套特征点集；然后，用映射函数确定两个目标对象之间特征点集的相应特征点的点对点的对应关系；接着用warpping函数确定中间图像的特征点的二维和三维位置或纹理空间的坐标值；最后，使用离散点插值函数产生其他非特征点的顶点的二维和三维位置或纹理空间的坐标值。Morphing方法有二维图像Morphing、视点Morphing、三维Morphing。从图像真实性出发，二维图像Morphing能够产生真实的脸部表情图像。但是二维图像Morphing的缺点是，它要求确定特征点之间的点对点的对应关系；其次，二维图像Morphing没有考虑对视点和对象的姿势变化的处理，真实的头部运动无法实现，当视点和姿势发生变化时，会产生不真实的脸部表情图像。为了克服二维Morphing的限制，Pighin等人在参考文献[20]中，将二维Morphing和几何模型的三维变形相结合实现三维Morphing。他们用三维几何插值来实现脸部表情之间的变化，用二维Morphing实现对应的纹理图像的变化。

8.5.2 人脸动画驱动技术

人脸合成系统都必须模拟人脸表情中很多细节和复杂运动。对每一个运动，虽然可以进行手工标注，但是一般需要很长的时间，而且只有熟练的动画师才能很好地完成该项工作。为了解决这个问题，人们研究了一些可以自动生成人脸动画的方法，主要有视频驱动、语音驱动、跟踪设备驱动和文本驱动等方法。

1. 视频驱动法

基于视频的方法跟踪人脸的运动，并将人脸的运动信息转化为控制人脸模型的运动参数。这种方法目前的难点在于提取并跟踪人脸特征点的运动。为此，常在被跟踪人脸上加入特征标注点（如反光点）。如果每时每刻所有人脸特征或反光点都可以被检测出来，那么提取出来的数据可直接与人脸模型参数建立一种映射关系。此时，这种方法可以得到很好的结果。基于视频驱动的合成适合重现个人化的表情，当需要精确的唇动控制时，这项技术很难自适应完成和语音同步的唇形计算。

2. 语音驱动法

目前的语音驱动法可分为两类：通过语音识别法和不通过语音识别法。第一种方法是通过将语音分割成语言单元，如音素（Phoneme）、视觉基元（Viseme）以及更进一步的音节（Syllable），随后将这些语言单元直接映射到嘴唇姿势后用拼接法合成。这种方法非常易于直接实现，但缺点是忽视了动态因素和同步问题，潜在的语音段落与肌肉模型运动的相互作用及影响很难处理。到现在为止，几乎所有在同步问题上的努力集中在启发式规则以及 Ad Hoc 平滑方法上。当用离散的语音基元或图像基元表示音视频的基本单元时，将会丢失很多重要的信息。事实上，语音基元的设计仅满足区别发音高低以及可以传递语言内容的需要。语音基元表示对于识别而言非常有效，但对于合成来说却不是最好的，这主要由于它们很难预测声音韵律和人脸表情之间、声音能量与姿势放大之间，以及声音段落与唇动同步之间的关系。第二种方法是绕过语音基元这种形式，找到语音信号与控制参数之间的映射关系，然后直接驱动嘴唇运动。神经网络、相关控制及线性预测函数被广泛用于生成唇形和人脸表情中。

3. 运动跟踪设备驱动法

运动跟踪设备通常需要模特穿上特制的衣帽，上面有一些标记，或者直接在人体表面贴上特制的标记（通常呈小球状）。仪器的多个摄像机能够自动跟踪这些标记，并自动计算出标记的运动轨迹。目前的运动跟踪设备很多，如 Vicon、Motion Analysis、Qualisys、Vz3000 等，它们都可以实现通过在脸上粘贴标记点实现获取三维人脸运动数据的工作。

4. 文本驱动法

文本驱动有两种方式。第一种方式是输入文本首先被分析转为音素表示，音素的一些信息以及它们的时长可以从文本中自动生成出来。对共振峰以及其他一些语音参数（频率、基音、基音范围等）也可以由计算得到。文本驱动人脸语音合成适合参数化的人脸模型。定义人脸模型的参数也可以被加入到用于语音合成的参数中，如嘴唇形状、人脸表情、下颌旋转等。作为一种新的方法，语音合成系统可以扩展到将人脸参数包含在语音输出参数中。第二种方式是直接在文本与动画参数之间建立映射关系。文本驱动人脸语音系统可以通过对文本插入一些标记（如语音韵律、语气、重音）优化输出的结果。这样合成语音会更自然，同时这些参数可以用于复杂的人脸动画。例如，重音可以与眉毛上挑以及点头等动作同步合成。

8.6 MPEG-4 人脸动画原理

MPEG-4（活动图像压缩标准 4）设计之初是为了在电话线上传输视频和音频数据，是一个超低比特率运动图像和语音的压缩标准，但是随着研究工作的深入，它的作用已经远远超出了最初的设计思想。MPEG-4 为多媒体数据压缩提供了一个广阔的平台，它更多定义的是一种格式和框架，而不是具体的算法。MPEG-4 可以将各种各样的多媒体技术充分用于编码中，除包括压缩本身的一些工具、算法外，还包括图像分析和合成、计算机视觉、计算机图形、虚拟现实和语音合成等技术。MPEG-4 中的三维人脸对象是用三维线框模型来描述人脸的形状、表情和口形变化等各种面部特征，采用参数编码的方法来实现极低码率的编码。

MPEG-4 中，为了统一脸部运动的起始状态，在进行人脸动画之前，先要从闭嘴、张眼、视线、头朝向等方面将人脸模型调整为一个“中性人脸”。MPEG-4 中，对“中性人脸”做出了较为明确的定义：

头部轴线平行于坐标轴；

视线方向与 z 轴方向一致；

所有脸部肌肉放松；

眼睑与虹膜相切；

瞳孔直径是虹膜直径的 1/3；

双唇接触，唇线水平，并与嘴角在同一水平线上；

嘴闭合，上下齿扣合；

舌头水平平坦，并且舌尖与上下齿缘相触。

8.6.1 FDP、FAP 与 FAPU 的定义

MPEG-4 中的人脸动画参数包括用于描述特定脸形的人脸定义参数（FDP）和描述脸部活动的人脸动画参数（FAP）。

FDP 是一个静态参数，用来定义一个特定人脸模型，以便让解码器得到特殊的人脸模型。FDP 也可以用来下载一个人脸模型，以及定义如何根据后续的一系列 FAP，产生活动图像的一套规则。因此，FDP 出现在一个场景序列的开头，而且一般只出现一次，随后是压缩的 FAP。若编码器没有提供模型下载，也可以用 FAP 定义的特征点坐标来调整解码端已有的标准人脸模型，使之成为特定人脸模型。也就是说，FDP 可以携带模型信息或模型调整信息，若解码器没有收到 FDP 信息，也可以根据收到的 FAP 和本地的人脸模型解释 FDP，这样可以在广播和视频会议中只使用最小的操作。在 MPEG-4 标准中，定义了 FDP 的 84 个人脸特征点（见图 8-9），对于其他网格、纹理、人脸动画定义表等内容没有具体的限定。

与静态的 FDP 相对应的是动态的 FAP。FAP 是基于人脸细微运动的研究而得出的，和脸部肌肉运动密切相关。FAP 描述了一个完整的脸部基本运动的集合，所以用 FAP 可以对

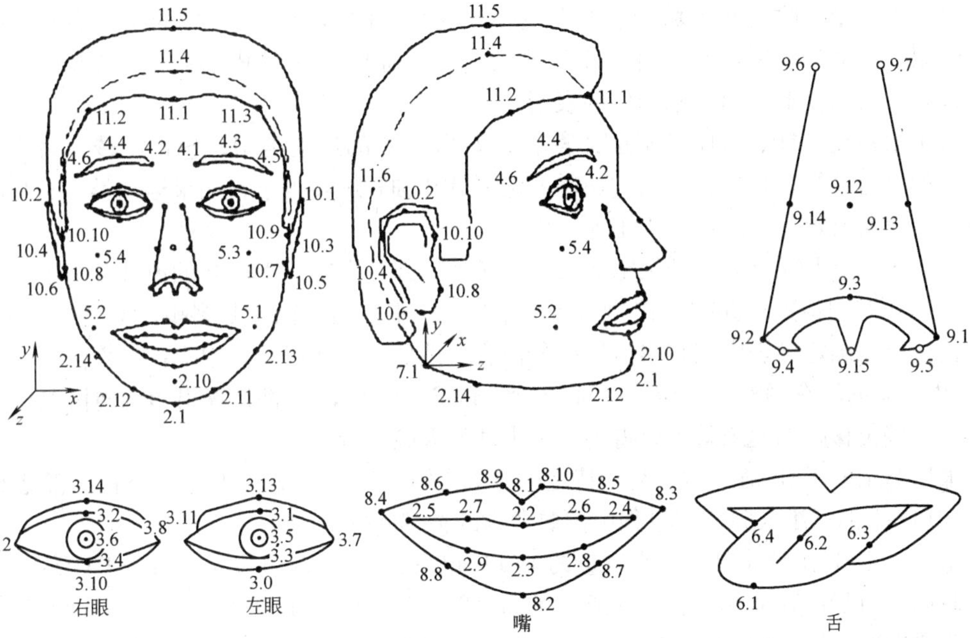

图 8-9　FDP 特征点

大部分的自然人脸进行表示，当然也可以创作出夸张的常人不可能做出的脸部表情。在 MPEG-4 中，FAP 共有 68 项，被分成 10 组，包括口形和表情、下巴、眼部、眉毛、脸颊、舌、头部转动、嘴唇、鼻子、耳朵等，其中第一组是口形参数和表情参数，这两个高级参数与其他参数略有不同。口形参数是定义了与相应的发声相符合的嘴唇形状，是与音素相对应的视频参数。表情参数是从情绪、情感等心理角度来描述脸部视像的，其中每一个表情参数就对应了一组表情控制特征点的移动。除了这两个高级 FAP 之外，MPEG-4 标准还定义了其他 9 组，共 66 个参数。这些参数描述了脸部表情的最基本的运动特征。两个高级 FAP 的作用是更方便地表现一般的唇动和表情，当然这些唇动和表情也可以用普通 FAP 来实现，但是对于复杂的唇动和表情，则只能用普通的 FAP 来实现。

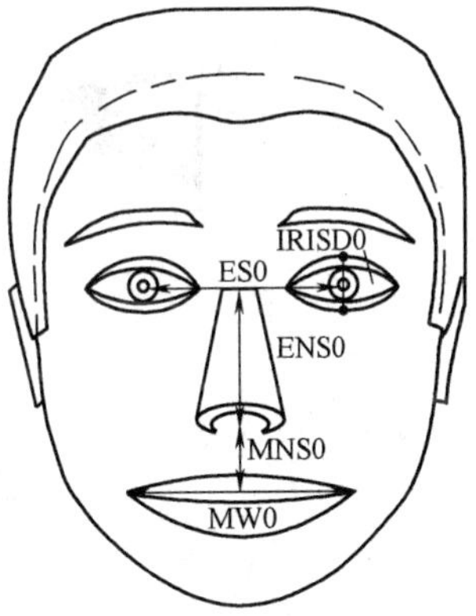

图 8-10　FAPU

FAP 的值是以 FAPU（Facial Animation Parameter Unit，人脸动画参数单元）为单位的。FAPU 是人脸上某段特征长度在 1024 尺度上的量化值，如图 8-10 所示。以 FAPU 为单位的目的是使同样的 FAP 应用到不同的模型上，产生同样的唇动和表情，而不会因为模型的不同而使唇动和表情走样。这就使 FAP 具有了通用性。FAP 与模型无关，而 FAPU 则是与模型相关的。

8.6.2　FAP 驱动人脸动画的基本原理

根据 FAP 控制人脸运动类型的不同，66 个普通 FAP 分为两类：第一类控制人脸某些区域的旋转、平移和缩放等的简单变换，该区域点的运动具有简单的统一规则，比如转动眼珠；第二类控制人脸某些区域的非简单变换，区域点的运动没有简单的统一规则，比如皱眉、眨眼、张嘴等。用户在得到一组 FAP 的值后，需要用到 FDP 域中的人脸动画定义表来控制人脸网格的变形，而得到相应的表情。

对于第一类 FAP，人脸动画定义表中定义了 FAP 的运动类型，包括旋转、缩放和平移三种。如果运动类型是旋转的话，还需要定义旋转轴和旋转因子，如果运动类型是缩放和平移的话，只需要定义三维比例因子就可以了。

对于第二类 FAP，人脸动画定义表中定义了三部分内容：①FAP 的值域分为哪几段；②FAP 控制哪些网格点；③FAP 控制的网格点在每段中的运动因子是多少。对于每一个 FAP，需要在人脸动画定义表中查找出这三部分内容，然后根据 MPEG-4 中提供的算法，计算出由该 FAP 控制的所有网格点的位移。对于一组 FAP，每个 FAP 都计算出影响网格点位移的大小，将这些位移叠加起来就可以得到一个生动的人脸表情。

根据给定的 FAP 值，对于某一特定的三维人脸网格，实现 FAP 值指定的人脸表情，是基于 MPEG4 的三维人脸实现过程中需要考虑的关键问题。

第一类 FAP 比较简单，用来度量的 FAPU 也只有 AU。举例来说，对于 FAP23（水平旋转左眼珠），已知 $AU=10^{-5}$，定义旋转轴为（0，－1，0），旋转因子 $\theta=1$，如果 FAP23 的大小为 10000，那么左眼珠逆时针旋转的角度 $\alpha=10^{-5}\times10000\times1\text{rad}=0.1\text{rad}$。

第二类 FAP 计算网格点坐标则相对比较复杂，相应地，AU 也有 IRISD、ES、ENS、MNS、MW 五个。这一类 FAP 控制区域点的形变，用若干段线性形变来代替。在同一段中，点的位移是在固定方向匀速变化的。例如，FAP19 控制左眼上眼皮的运动。眨眼时，眼皮实际上是在做弧线运动，可以把它近似为两段直线运动，如图 8-11 所示。控制区域内的所有点在每一段都分别有一个三维的运动因子，描述该点在本段中在三个坐标轴方向上的运动快慢。

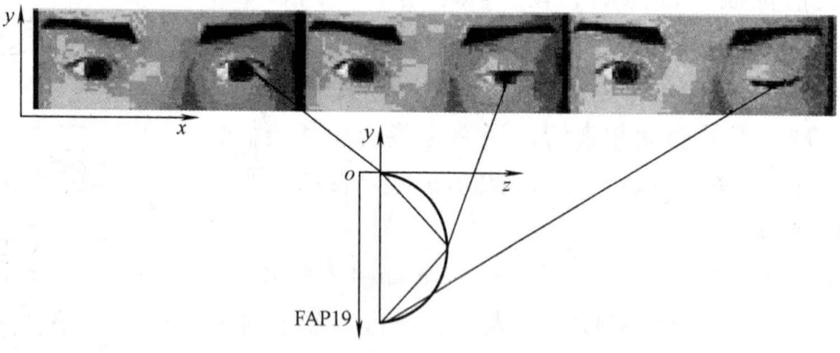

图 8-11　左眼上眼皮运动的两个阶段

对于第二类 FAP，MPEG-4 给出了一个计算该 FAP 控制区域内点的位移的算法。该算法如下：

假设 P_m 是 FAP 控制区内 m 点在中性表情（FAP＝0）下的空间坐标，P'_m 是 m 点根据 FAP 值改变位置后的空间坐标，$D_{m,k}$ 是 m 点在第 k 段的三维运动因子，那么可以按下面的步骤计算 P'_m 的值。

1）设 FAP 值域共分为 max +1 段，分别为［I_0，I_1］、［I_1，I_2］、［I_2，I_3］，…，［I_{max}，I_{max+1}］，其中 $I_0 = -\infty$，$I_{max+1} = +\infty$。设 FAP 值在［I_j，I_{j+1}］段，0 在［I_k，I_{k+1}］段，$0 \leqslant j$、$k \leqslant max$。如果 FAP 或 0 正好在边界点上，那么可以任选边界点前后的区域作为 FAP 或 0 所在的段。

2）如果 $j > k$，那么可以用下式计算 P'_m 的值：

$$P'_m = \text{FAPU} \times [(I_{k+1} - 0) \times D_{m,k} + (I_{k+2} - I_{k+1}) \times D_{m,k+1} + \cdots + (I_j - I_{j-1}) \times D_{m,j-1} + (\text{FAP} - I_j) \times D_{m,j}] + P_m \tag{8-11}$$

3）如果 $j < k$，那么可以用下式计算 P'_m 的值

$$P'_m = \text{FAPU} \times [(\text{FAP} - I_{j+1}) \times D_{m,j} + (I_{j+1} - I_{j+2}) \times D_{m,j+1} + \cdots + (I_{k-1} - I_k) \times D_{m,k-1} + (I_k - 0) \times D_{m,k}] + P_m \tag{8-12}$$

4）如果 $j = k$，那么可以用下式计算 P'_m 的值：

$$P'_m = \text{FAPU} \times \text{FAP} \times D_{m,j} + P_m \tag{8-13}$$

5）如果 FAP 只分了 1 段，也就是说点是严格线性运动的，那么也可以用式（8-13）来计算 P'_m 的值。

下面举一个具体实例。假设某 FAP 的运动分了三段，分别为：［$-\infty$，0］，［0，500］，［500，$+\infty$］，受该 FAP 控制的点 m 在三段中的运动因子分别为（1　0　0），（0.9　0　0），（1.5　0　4），m 点在中性表情下的坐标为 P_m，如果给出 FAP 的值为 600，对应的 FAPU 是 0.1。由于 FAP 的值在［500，$+\infty$］区间，即第 2 段，而 0 在［0，500］区间，即第 1 段，所以应该用式（8-12）计算，那么 m 点新的坐标就应该是

$$\begin{aligned} P'_m &= 0.1 \times [(500 - 0) \times (0.9\quad 0\quad 0)T + (600 - 500) \times (1.5\quad 0\quad 4)T] + P_m \\ &= (60\quad 0\quad 40)T + P_m \end{aligned}$$

可以看到，这个算法把复杂的脸部肌肉运动近似成分段的线性运动。要求解未知数 P'_m，只需要解一个一元一次线性方程，求解速度非常快，完全可以满足实时运算的要求。另外，线性运动分段的多少决定着与实际运动的近似程度，分段多固然可以提高运动的逼真度，但是要计算分段点，以及每段各点的运动因子也涉及很多工作，所以可以根据实际应用的需要来确定分段的多少。

参考文献

［1］ Terzopoulos D, Waters K. Physically-based facial modeling analysis and animation[J]. Journal of Visualization and Computer Animation, 1990, 1(4): 73-80.

［2］ Singh K, Fiume E. Wires: A geometric deformation technique[C]//Proceedings of SIGGRAPH, 1998: 405-414.

［3］ Ahlberg J. Real-time facial feature tracking using an active model with fast image warping[C]// Proceedings of the International Workshop on Very Low Bitrate Video, 2001: 39-43.

［4］ 舒新峰. 三维人脸建模技术研究[D]. 西安：西北大学, 2002.

［5］ Carlo D, Metaxas D, Stone M. An anthropometric face model using variational techniques[C]//SIGGRAPH Proceedings, Orlando, FL, USA, 1998: 67-74.

［6］ Liu Z, Zhang Z, Jacobs C, et al. Rapid modeling of animated faces from video[R]. Technical Report MSR-

TR-2000-11, Microsoft Research, Microsoft Corporation, WA, 2000.

[7] Ahlberg J. CANDIDE-3-an updated parameterized face[R]. Technical Report LITH-ISY-R-2326, Sweden: Linkoping University, 2001.

[8] Blanz V, Veter T. A morphable model for the synthesis of 3D faces[C]//SIGGRAPH Proceedings. Orlando, FL, USA, 1999: 71-78.

[9] Iwasa T, Shima T, Sai M, et al. 3D Eigenfaces for face modeling[C]//Proceedings 5th Asian Conference on Computer Vision. Melbourne, Australia, 2002.

[10] Parke F I. A Parametric Model for Human Faces[D]. SaltLake City, Utah: University of Utah, 1974.

[11] Ulgen F. A step toward universal facial animation via volume morphing[C]// 6th IEEE International Workshop on Robot and Human communication, 1997: 358-363.

[12] Frederic Pighin, Joel Auslander, Dani Lischinski, et al. Realistic Facial Animation Using Image-Based 3D Morphing[R]. Washington: university of Washington Computer Science Department, 1997.

[13] Lee Y C, Terzopoulos D, Waters K. Realistic Face Modeling for Animation[C]// SIGGRAPH Proceedings, 1995: 55-62.

[14] Lee Y C, Terzopoulos D, Waters K. Constructing physics-based facial models of individuals[C]// Proceedings of Graphics Interface, 1993: 1-8

[15] Kuo C J, Huang R S, Lin T G. Synthesizing Lateral Face from Frontal Facial Image Using Anthropometric Estimation[C]// Proceedings of International Conference on Image Processing, 1997, 1: 133-136.

[16] DeCarlo D, MetasasD, Stone M. An Anthropometric Face Model using Variational Technique[C]// SIGGRAPH Proceedings. 1998: 67-74.

[17] Essa I A, Basu S, Darrell T, et al. Modeling, Tracking and Interactive Animation of Faces and Heads using Input from Video[C]// Proceedings of Computer Animation June1996 Conference. Geneva, Switzerland: IEEE Computer Society Press, 1996: 68-79.

[18] Dipaola S. Extending the range of facial types[J]. The Journals of Visualization and Computer Animation, 1991, 2(4): 129-131.

[19] Guenter B, Grimm C, Wood D, et al. Making faces[C]// SIGGRAPH Conference Proceedings, Orlando, USA, 1998: 55-66.

[20] Pighin F, Hecker J, Lischinski D, et al. Synthesizing realistic facial expressions from photographs[C]// Proceeding of the SIGGRAPH Conference, Orlan do, USA, 1998: 75-84.

[21] Parke F I. Computer generated animation of faces[C]// Proceedings of the ACM National Conference. ACM Press, 1972: 451-457.

[22] Waters K, Terzopouios D. Modeling and animating faces using scanned data[J]. Journal of Visualization and Computer animation, 1991, 2(4): 123-128.

[23] CLY Wang, Forsey D R. A New Facial Animation System[C]// Proceedings of Computer Animation, 1994: 59-68.

[24] Karla P, Magnenat-Thalmann N. Modeling of vascular expressions in facial animation[C]//Proceedings of Computer Animation, 1994: 50-58.

[25] 徐成华，王蕴红，谭铁牛．三维人脸建模与应用[J]．中国图象图形学报，2004，9(8)：893-903.

[26] 叶静．使用 HMM 的人脸语音动画合成技术研究[D]．合肥：中国科学技术大学，2004.

[27] 高益茂．三维逼真人脸动画方法研究与实现[D]．南京：江苏大学，2005.

[28] 陈廓．基于区域控制模型的人脸重建技术及应用[D]．杭州：浙江大学，2006.

[29] Powell M J D. Radial basis functions for multivariate interpolation: a review[M]// J. C. Mason and M. G. Cox, editors, Algorithms for Approximation. Oxford: Clarendon Press, 1987.

[30] 苏从勇. 人脸感知：基于学习的人脸跟踪与合成[D]. 杭州：浙江大学, 2005.

[31] ParkeF I, Waters K. Computer Facial Animation[M]. A. K . Peters Ltd, 1996.

[32] Karla P, Mangili A, ThalmannN M, et al. Simulation of facial muscle actions based on rational free form deformations [J]. Computer Graphics Forum, 1992, 11(3): 59-69.

[33] Lee W S, KarlaP, Magnenat-Thalmann N. Model Based Face Reconstruction for Animation[C]// Proceedings of Multimedia Modeling, 1997: 323-338.

[34] 姜大龙. 真实感三维人脸合成方法研究[D]. 北京：中国科学院计算技术研究所, 2005.

[35] ISO/IEC JTC1/SC29/WG11, N2202 MPEG-4: Visual committee draft[S]. Tokyo, Japan, 1998.

第 9 章　人脸识别系统

9.1　概述

人脸识别理论的研究发展大致可分为三个阶段：

第一阶段，以 Bertillon、Allen 和 Parke 为代表，主要研究人脸识别所需要的面部特征。在 Bertillon 的系统中，用一个简单的语句与数据库中某一张脸相联系，同时与指纹分析相结合，提供了一个较强的识别系统。为了提高脸部识别率，Allen 为待识别脸设计了一种有效和逼真的摹写，Parke 则用计算机实现了这一想法，并产生了较高质量的人脸灰度图模型。这一阶段工作的特点是识别过程全部依赖于操作人员，显然这不是一种可以完成自动识别的系统。

第二阶段，是人机交互式识别阶段。代表性工作有：Goldstion，Harmon 和 Lesk 用几何特征参数来表示人脸正面图像。他们采用 21 维特征向量表示人脸面部特征，并设计了基于这一特征表示法的识别系统。Kaya 和 Kobayashi 则采用了统计识别方法，用欧氏距离来表征人脸特征，如嘴唇与鼻之间的距离、嘴唇的高度等。更进一步地，T. Kanad 设计了一个高速且有一定知识导引的半自动回溯识别系统，创造性地运用积分投影法，从单幅图像上计算出一组脸部特征参数，再利用模式分类技术与标准人脸相匹配。Kanad 的系统实现了快速、实时的处理，是一个很大的进步。相比之下，Baron 所做的工作较少为人所知，他先将图像灰度归一，再用四个掩模（眼、鼻、嘴及眉毛以下的整个脸部）表示人脸，然后分别计算四个掩模与数据库中每幅标准图像的相应掩模之间的互相关系数，以此作为判别依据。

总的来说，这两个阶段主要是在 20 世纪 60 ~ 90 年代，这段时间的人脸识别一般都需要人的某些先验知识，无法摆脱人的干预。早期的人脸识别方法有两大特点：

1）大多数识别方法是基于部件的，它们利用人脸的几何特征进行识别，提取的信息是人脸主要器官特征信息及其之间的几何关系。这类方法比较简单，但是很容易丢失人脸的有用信息，从而在视角、表情等变化的情况下，识别能力差。鉴于这种情况，后来出现了性能较优的模板匹配方法，即根据图像库中的人脸模板与待识别人脸模板在灰度上的相似程度来实现人脸识别，这类方法在一定时期内占据主流。

2）人脸识别研究主要是在较强约束条件下的人脸图像识别。假设图像背景单一或无背景，人脸位置已知或很容易获得，因此对现实场景产生的图像处理效果不佳。

第三阶段，主要是进入 20 世纪 90 年代，由于高速度高性能的计算机的出现和各方面对人脸识别系统的迫切要求，人脸识别的研究重新变得热门起来，人脸识别的方法也有了重大突破，进入了真正的机器自动识别阶段，同时涌现出了很多著名的人脸识别算法，例如麻省理工学院米提实验室的 Turk 和 Pentland 在 1991 年提出的“Eigenface（特征脸）”方法[6,7]，Belhumeur 等 1997 年提出的 Fisherface 方法是这个时期的两个重要成果，还有好多方法都是基于这两个方法的深入研究。再有一个重要的方法就是弹性图匹配技术（Elastic Graph

Matching，EGM），还有在此技术基础上发展的一些技术，如局部特征技术（Local Feature Analysis，LFA）、柔性模型（Flexible Models）。现在人脸识别的研究重点主要是对光照、姿态等非理想采集条件和用户不配合的情况下的人脸识别方法的研究，尽力克服光照、姿态的影响。非线性建模方法、统计学习理论、基于Boosting的学习技术、基于三维模型的人脸建模与识别方法成为备受关注的研究趋势。

9.2 人脸识别关键问题的研究

1. 人脸面部形态

人脸的形状，包括特征器官的形状、位置、分布，是相对不变的，虽然人脸各部分没有绝对标准，并在一定范围内变化，但它们之间有一定的比例关系。通常所说的“三庭五眼”是指发际线到眉毛、眉毛到鼻孔、鼻孔到下巴的距离各是脸长的三分之一，脸宽是五个眼睛的长度之和。其中，右外耳孔至右眼外角之长=右眼长=眼间距离=左眼长=左眼外角至左外耳孔。另外的知识包括：眼球四周较亮，中间是一个较暗的圆形，左、右眼对称，左、右鼻孔对称，这些先验知识都能给检测定位提供依据。

面部形态一般可按照如下的形态分类。

（1）面形　面形大致可分为椭圆形、卵圆形、方形、棱形等。

（2）眼睛　对眼睛的度量可分为以下几种：

1）有或无内眦皱裂；

2）眼裂高度狭窄、中等或较宽；

3）眼裂宽度有长有短；

4）眼裂倾斜度水平或内外不等。

（3）鼻子　对鼻子的度量可分为以下几种：

1）鼻根的高度低平或较高；

2）鼻梁分为凹形、直形和凸形；

3）鼻根点凹陷度不等；

4）鼻翼宽度有狭窄、中等、宽阔几种。

（4）嘴唇　度量嘴唇的量主要有上唇高度、唇的厚度以及口裂宽度。

2. 人脸识别中的视觉特征

视觉是一种复杂的信息处理任务，它的研究涉及计算机技术和心理/神经生物科学，早期的理论框架由D. Marr于20世纪80年代初期提出，他把视觉信息处理划分为三个不同层次来描述：①计算理论；②算法；③实现机制。

近几年的研究表明，人类视觉数据处理是多层次的过程，其中最低层次的视觉过程起信息转储作用，即将大量的图像数据转换为抽象的信息，这一任务由视网膜中的两类细胞完成：低层次的细胞对空间的响应与小波变换类似，高层次的细胞则依据低层次细胞的响应，而作出具体的线、面乃至物体模式的响应，这表明在视觉处理过程中，神经元并不是随便地不可靠地把视觉图像的光照强度转手投射到感觉中枢，可以检测模式单元，区分物体的深度，排除无关的变化因素，并组成一个使人感兴趣的层次结构，人脸识别不仅有着以上普通视觉过程的特点，而且具有以下独特之处：

1）针对人脸识别，大脑中存在一个专门的处理过程。经过长期的研究[9,10]，人们发现大脑对人脸的形状有着特殊的兴趣。

2）不同的局部特征作用对识别的贡献也不同。研究也表明，头发、人脸轮廓、眼睛以及嘴巴对识别和记忆有着重要的影响，鼻子的作用则不是很重要，通常来讲，人脸的上部比下部对识别作用更大些。

3）不同空间频率上信息的作用不同，低频信息代表了整体的描述，高频信息包含了局部的细节。对于性别的判断，仅利用低频信息就足够了，对身份识别没有高频信息就无法完成。

4）光照对视觉的影响。有实验表明，从人脸底部打光会导致识别困难。

5）动态信息比静态信息更利于识别，研究还发现，对熟悉的人脸，人类的识别能力在动态场景中更高于静态场景。

6）面部表情的分析与人脸识别并行处理。通过对脑部受损的病人研究表明[12]，表情的分析与识别虽有联系，但总体来说是分开处理的。

3. 人脸识别中的光照问题

光照变化是影响人脸识别性能的最关键因素。对该问题的解决程度关系着人脸识别实用化进程的成败。我们将在对其进行系统分析的基础上，考虑对其进行量化研究的可能性，其中包括对光照强度和方向的量化、对人脸反射属性的量化、面部阴影和照度分析等。在此基础上，考虑建立描述这些因素的数学模型，以便利用这些光照模型，在人脸图像预处理或者归一化阶段尽可能地补偿乃至消除其对识别性能的影响。重点研究如何在从人脸图像中将固有的人脸属性（反射率属性、三维表面形状属性）和光源、遮挡及高光等非人脸固有属性分离开来。基于统计视觉模型的反射率属性估计、三维表面形状估计、光照模式估计，以及任意光照图像生成算法是主要研究内容。具体考虑两种不同的解决思路：

1）利用光照模式参数空间估计光照模式，然后进行针对性的光照补偿，以便消除非均匀正面光照造成的阴影、高光等影响。

2）基于光照子空间模型的任意光照图像生成算法，用于生成多个不同光照条件的训练样本，然后利用具有良好的学习能力的人脸识别算法，如子空间法、SVM 等方法进行识别。

4. 人脸识别中的姿态问题研究

姿态问题涉及头部在三维垂直坐标系中绕三个轴旋转造成的面部变化，其中垂直于图像平面的两个方向的深度旋转会造成面部信息的部分缺失，使得姿态问题成为人脸识别的一个技术难题。解决姿态问题有三种思路：

第一种思路是，学习并记忆多种姿态特征，这对于多姿态人脸数据可以容易获取的情况比较实用，其优点是算法与正面人脸识别统一，不需要额外的技术支持，其缺点是存储需求量大、姿态泛化能力不能确定、不能用于基于单张照片的人脸识别算法中等。

第二种思路是，基于单张视图生成多角度视图，可以在只能获取用户单张照片的情况下，合成该用户的多个学习样本，可以解决训练样本较少的情况下的多姿态人脸识别问题，从而改善识别性能。

第三种思路是，基于姿态不变特征的方法，即寻求那些不随姿态的变化而变化的特征。我们的思路是采用基于统计的视觉模型，将输入姿态图像校正为正面图像，从而可以在统一的姿态空间内作特征的提取和匹配。

9.3 人脸识别流程

在第7章中，已经对人脸识别的流程做过简单的介绍，人脸识别的流程也遵循传统模式识别的流程，所以基本部分和模式识别是差不多的，但是也有一些差别。人脸识别系统的基本流程如图9-1所示。

图9-1　人脸识别系统的基本流程

从人脸识别系统的基本流程中，也可以发现人脸识别的研究内容主要分为人脸检测、人脸特征提取和人脸识别三个过程。

1. 人脸检测

在此相当于模式识别系统结构中的信息获取，我们的目的是检测人脸图像，检测到图像中的人脸之后进行定位和提取，这里的图像可以是静态的图像，也可以是动态视频序列。人脸检测也是人脸识别中关键的一部分，在前面已经对其有过说明。此部分包括人脸检测（Detection）、人脸定位（Location）和人脸跟踪（Tracking）。所谓人脸检测，就是给定任意图像，确定其中是否存在人脸，如果有，给出人脸的位置、大小等状态信息。人脸跟踪是指在一组连续静态图像所构成的动态视频中，实时地检测人脸。人脸检测主要受到光照、噪声、姿态以及遮挡等因素的影响，人脸检测的结果直接关系到后面两个过程的准确性。近年来，人脸检测和跟踪开始成为独立的研究课题而受到关注，本章中只对其作简单的介绍。

2. 人脸图像预处理

人脸图像预处理是对检测到的人脸图像的大小归一化和人脸图像的矫正和灰度均衡化等，目的是去除图像中的噪声，加强有用的信息，增强特征信息。

3. 人脸特征选择

由人脸图像获取的数据量是相当大的，例如人脸图像的尺寸如果是64×64像素=4096像素。为了有效地实现分类识别，就要对原始的数据进行变换，得到最能反映分类本质的特征，这就是特征选择和提取的目的。这一块是人脸识别中的主要部分，也是本章的重点工作和研究。其中有好多的方法，将在下面详细分析。

人脸特征选择就是选择提取人脸的特征，是将现实空间的图像映射到机器空间的过程。人脸的特征具有多样性和唯一性，这其实就是人脸共性和特性之间的关系问题：只有保持这种多样性和唯一性，才能保证人脸图像的准确描述和识别。人脸图像信息数据量巨大，为提高检测和识别的运算速度以及提高图像传输和匹配检索速度，必须对图像进行数据压缩，降低向量维数，即用尽可能少的数据表示尽可能多的信息。在提取人脸特征的同时，也实现了对原始图像数据的降维。

4. 人脸识别

其实就是模式识别中的分类决策，即在特征空间（提取特征之后的空间）中，用分类方法把被识别对象归为某一类，具体的作法就是在样本训练集上，确定某一个判别规则，按这种判别规则对被识别对象（人脸图像）进行分类所造成的错误识别率最小和引起的损失最小。也就是会有两个过程：一个就是训练；一个就是识别，基本的步骤是相同的。训练过程包括人脸检测，预处理，特征提取，训练分类器；识别过程包括人脸检测，预处理，特征提取，分类决策，最后输出识别的结果。

人脸识别就是将待识别的人脸与已知人脸进行比较，得出相似程度的有关信息。这里所指的人脸识别是狭义的识别，是统称的广义人脸识别的一个子过程。

人脸识别又分为两类：确认（Verification）和辨认（Identification）。确认是一对一进行图像比较（Comparison）的过程。辨认是一对多进行图像匹配（Matching）比对的过程。人脸确认是人脸辨认的简单化，人脸辨认比人脸确认要难得多，因为人脸辨认系统涉及大批量数据的比对。在海量数据的检索比对中，识别精度和检索时间是相当重要的指标，因而这一过程的核心是选择适当的人脸表征方式和匹配策略。

评价一个人脸自动识别系统的标准，虽然目前还没有一个公认的标准，但是比较认同的一个是误识率，即将某人错识别为其他人；另一个是虚警率，即将其他人识别为这个人。这两者之间是存在矛盾的，所以在实际问题中往往需要进行某种折中，如在安全性要求较高的计算机登录系统中，必须要求虚警率要尽可能低，而误识率则可以高一些，这样只是增加合法用户的登录时间，并不会降低计算机系统的安全性。这一点同样适用于特征提取与识别环节，但是对于人脸检测与定位，一般则要求误识率要尽可能低，因为这样才可以保证所要识别的人不会在这一步就丢失。

9.4 人脸识别系统的设计与实现

本节介绍的原型系统实现了基于实时视频序列的人脸识别，传统的人脸识别技术是基于静态图片的，不能利用实时中人脸的动态信息图像序列的时间信息。而实时图像序列正好可以弥补这些缺陷。人脸识别系统是一个数据处理过程，按照一般的数据处理系统流程，应该包括数据采集、数据处理、数据存储过程，对应到人脸识别系统就是人脸图像采集、人脸识别、人脸图像的永久存储。人脸识别部分前面已经详细介绍过，不再赘述。

基于普通 PC 的图像采集方法一般分为两种：一种是模拟摄像头和图像采集卡构成的较为专业的工业图像采集方法，这种图像采集方法需要用到图像采集卡提供的二次开发软件开发包（SDK）；另一种是民用的方便的通用串行接口（USB）摄像头图像采集方法，只要安装了摄像头驱动程序，可以直接采用 Windows 自带的视窗操作环境（VFW）开发包来获取图像。考虑系统所应用的场合和系统硬件成本，我们使用 USB 摄像头作为采集设备。

人脸图像的永久存储，就是图像数据在硬盘上的保存，有两种方法：一种方法是将图像直接保存到硬盘上，每个人为一个文件夹，这种方法的优点是保存的东西很直观，对于小型系统和演示系统以及大型系统的前期调试都很适合；另一种方法是采用成熟的数据库软件来存储图像，比如用 SQL Server 或者 Oracle 等数据库软件，此种方式对于数据的安全性有很大好处，而且便于统计和分类以及数据的备份、恢复、转存等。一般的应用系统都会采用此种方法。我们系统中前期采用了文件夹的方式来保存数据，便于直观地调试系统。系统稳定后，我们采用 SQL Server 来保存图像数据。

9.4.1 人脸识别系统的总体设计

人脸识别系统的总体设计框架如图 9-2 所示。

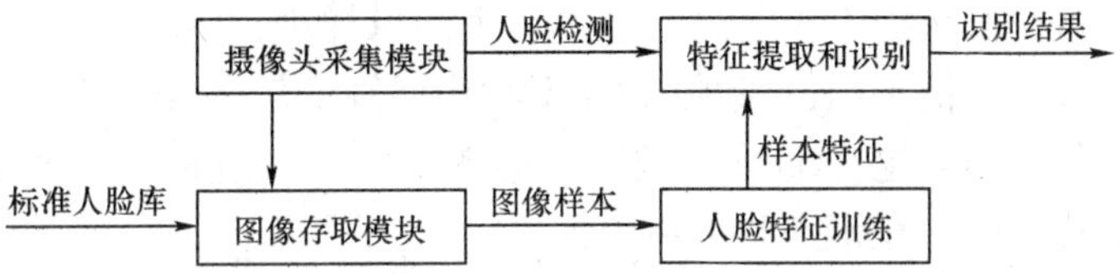

图 9-2　人脸识别系统的总体总计框架

1. 摄像头采集模块

摄像头采集模块直接采用微软公司提供的 VFW SDK。VFW 是微软公司 1992 年推出的关于数字视频的一个软件包，它能使应用程序通过数字化设备从传统的模拟视频源得到数字化的视频剪辑。VFW 主要由以下六个模块组成：

（1）AVICAP. DLL　包含执行视频捕获的函数，它给音频视频交错格式（AVI）文件的 I/O 处理和视频、音频设备驱动程序提供一个高级接口。

（2）MSVIDEO. DLL　包含一套特殊的 DrawDib 函数，用来处理屏幕上的视频操作。

（3）MCIAVI. DRV　包括对 VFW 的多媒体控制接口（MCI）命令解释器的驱动程序。

（4）AVIFILE. DLL　包含由标准多媒体 I/O（mmio）函数提供的更高的命令，用来访问 AVI 文件。

（5）压缩管理器（ICM）　用于管理视频压缩/解压缩的编译码器（Codec）。

（6）音频压缩管理器（ACM）　提供与 ICM 相似的服务，适用于波形音频。

AVICap 窗口类支持实时的视频流捕获和单帧捕获，并提供对视频源的控制。它能直接访问视频缓冲区，不需要生成中间文件，实时性很强，效率很高，而且它还可将数字视频捕获到一个文件中。

捕获窗类似于标准控件（如按钮、列表框等），并具有下列功能：

1）将视频流和音频流捕获到一个 AVI 文件中；

2）动态地同视频和音频输入器件连接或断开；

3）以 Overlay（叠加）或 Preview（预览）模式对输入的视频流进行实时显示；

4）在捕获时，可指定所用的文件名，并能将捕获文件的内容复制到另一个文件中；

5）设置捕获速率；

6）显示控制视频源、视频格式、视频压缩的对话框；

7）创建、保存或载入调色板；

8）将图像和相关的调色板复制到剪贴板上；

9）将捕获的单帧图像保存为与设备无关位图（DIB）格式的文件。

使用捕获窗回调函数，一帧一帧地获得视频数据，或以流的方式获得视频数据，这些数据进一步送到存储模块进行存储，或者送到人脸检测和识别模块去做识别处理。

2. 图像存取模块

为了有效地管理大量图像数据，创建了 database 类和 person 类。database 类中包含数据的两种来源方式：①来自文件夹；②来自 SQL Server，只要稍做设置，就能更改这种来源方式。而且 database 类维护了一个人的链表，保存了所有 person 类的对象，提供了修改此链表方法（比如增加、删除、查找等）的接口，除了从摄像头采集图像来新建 person 对象外，还提供了一个方便的功能，就是直接读取标准人脸库中的图像来新建 person 对象。person 类表示一个人，它能够存取数据库，它内部维护一个图像样本链表，提供增加、删除等接口，对文件夹和数据库软件提供不同的读取（Load）图像和保存（Save）图像方法，并且其内部有一个特征类对象，如果这个 person 类对象的图像样本经过训练，那么这个特征类对象将会保存此样本的特征值，在识别时将会用到。

对于直接的硬盘文件存取，采用 OpenCV 提供的图像读取和保存函数，这些函数方便地实现了 BMP、JPG、GIF 等各种图像的读取和保存。对于数据库存取方式，把图像数据块当成二进制数据存储到数据库表中的一个二进制字段中，在读取时，把这些二进制数据从数据库中读取，然后当作一个内存文件使用 OpenCV 的函数进行装载。

3. 人脸检测及特征提取和识别模块

系统要求是实时的人脸识别，所以人脸检测部分需要尽量地节省时间，但是又要保证较高的检测率、尽量小的误识率。对比最常用的两种人脸检测方法：肤色模型法和 Haar（哈尔）特征法。肤色建模方法的算法简单、速度快，能够保证较高检测率，但是其致命缺点是有较高的误识率，也就是说如果有人脸，这种方法能保证很高的几率检测出来，但是这种方法无法区分人脸和非人脸肤色部分，经常出现的结果是，脖子和手臂都当成人脸区域，严重影响后续的识别步骤。这个缺点也能够使用一些方法进行修正，比如利用人脸的对称性，再次对类人脸区域进行判别，最终是延长处理时间、降低误识率，对于我们的实时人脸识别系统，这种方法没有很好的评判标准，检测到假人脸区域太多，最终采用了拥有高检测率、低误识率的基于 Harr 特征的人脸检测方法，结合利用视频图像相关性改进图像待处理区域，减少了处理时间，满足了要求，在下节我们对此将具体阐述。

经过长期研究发现，在众多的人脸识别算法中，HMM 人脸识别方法为描述不同的表象之间提供了联系，不但整体描述人脸的数值，而且为不同姿态的人脸之间描述了联系。它提供了描述复杂现象的一种可能机制。按照这种模型，观测到的一列特征（例如描述脸庞的一组数值特征）被看成是另一组不可观测的（因此是隐性的）“状态”产生出的一列实现。状态既然是不可观测的，它的个数是未知的，但可以假定。选择状态个数的多少必须在模型的复杂性和描述复杂现象准确度之间进行折中。一个合理的或好的隐马尔可夫模型应该是这样的：给定一组观测序列，从关于状态的适当的一组初始分布出发，能够产生出一组实现序列，它非常好地逼近给定的观测序列。

9.4.2 人脸识别系统的算法设计

在我们的人脸识别系统当中，主要包括两大部分，就是人脸检测和人脸识别。下面就分别对人脸检测和人脸识别的算法进行介绍。

1. 基于 Haar 特征的人脸检测的算法

基于 Haar 特征的人脸检测方法的基本思想是：利用样本图像的 Haar 特征 ，基于 AdaBoost 分类算法 ，进行分类器训练。最后，组合几个简单的分类器得到最终的级联分类器。分类器训练完以后，就可以应用于输入图像中的感兴趣区域与训练样本相同的尺寸的检测。为了检测整幅图像，可以在图像中移动搜索窗口，检测每一个位置来确定可能的目标。

为了搜索不同大小的目标物体，分类器被设计为可以进行尺寸改变的，这样比改变待检图像的尺寸大小更为有效。所以，为了在图像中检测未知大小的目标物体 ，扫描程序通常需要用不同比例大小的搜索窗口对图片进行几次扫描。在图像检测中，被检窗口依次通过每一级分类器，这样在前面几层的检测中，大部分的候选区域就被排除了，全部通过每一级分类器检测的区域即为目标区域。

（1）AdaBoost 学习算法　对于 Haar 特征而言，一个 24×24 像素的矩形区域可以形成的 Haar 矩形特征达几万种，远远超过了 24×24 的像素的个数。即使每个特征都可以快速地计算，计算所有的集合都非常耗时。我们可以首先假设，一个很小的特征集合就可以组合成有效的分类器（后来的试验证实了这一个假设）。但是，最大的挑战就是如何选择这些特征。

在给定正例图像和反例图像作为训练图像集合后，再针对某个特定的特征集合，可以通过任何机器学习方法（例如：混合高斯模型、神经系统等）来训练。最近机器学习研究提出的支持向量机和放大（Boost ）方法，都可以在非常高维的空间中进行分类。我们使用后者，因为它可以在许多可能的特征中选择很少一部分。放大（Boost）算法中，所谓的“弱学习器”（Weak Learner ），就是指那些简单的学习算法。我们不期望最好的分类函数来对训练数据分类，例如最好的感知器也只能对训练集合达到 91% 的分类。为了使得弱分类的增强放大，需要进行一系列的学习。对第一轮学习后，样本被重新计算权值，增强那些非正确分类部分。最后，一个“强分类器”就形成了，它是弱分类器在取某个阈值后的加权组合。例如，对于“简单感知器”而言，最终的“强分类器”就是“简单感知器”的加权组合，也就是说，一个简单的、数量很少的弱分类器可以进行组合成为强分类器。

AdaBoost 学习算法的学习过程，可以理解为“贪婪的特征选择过程”。对一个问题，通过加权投票机制，用大量的分类函数的加权组合来判断。算法的关键是，将那些分类效果好的分类函数赋予大的权值，分类效果差的赋予较小的权值。AdaBoost 是一个寻找那些可以对目标很好地进行分类的少数特征的有效方法。

实际应用中，使用 AdaBoost 的方法选择特征，就是将“弱学习器”加上一个限定，一个“弱学习器”对应一个矩形特征，在进行放大（Boost）的过程中，每一次放大选择一个学习器，就是选择一个特征。这个学习器对正例和反例的区分度达到最优。对每个特征，“弱学习器”使得每个分类函数的阈值达到最优。在这里的弱分类器指的是用 Haar 特征直接构成的分类器，弱分类器的函数表达式如下：

$$h_j(x) = \begin{cases} 1 & p_j f_j(x) \geqslant p_j \theta_j \\ 0 & \text{其他} \end{cases} \tag{9-1}$$

式中，x 表示任意输入窗口；$f_j(x)$ 表示第 j 个特征在 x 上的值；p_j 取值 +1、−1 控制不等式方向；θ_j 表示阈值。弱分类器所含信息量较少，不能用来直接分类。单一的特征无法保证分类达到很低的误差。在早一轮的选择特征的错误率可以在 0.1～0.3 之间，而随着后一轮的放大，误差会增大，在 0.4～0.5 之间。

下面是学习算法（T 为特征个数）：

1）对样本（x_1，y_1），…，（x_n，y_n）$y_i = 1$ 表示图像是正比例，$y_i = 0$ 表示图像是反比例。

2）初始化权值 $W_{1,i}$

$$W_{1,i} = \begin{cases} \dfrac{1}{m} & y_i = 0 \\ \dfrac{1}{n} & y_i = 1 \end{cases} \tag{9-2}$$

3）$t=1$

4）将权值归一化

$$W_{t,i} = \frac{W_{t,j}}{\sum_{j=1}^{n} W_{t,j}} \tag{9-3}$$

5）对每个特征 j，训练一个只使用某一个单一特征的分类器 h_j，然后得到本次分类的误差 e_j 为

$$e_j = \sum_{i=1}^{n} w_i \mid h_j(x_i) - y_i \mid \tag{9-4}$$

6）选择误差 e_j 最小的分类器 h_t，更新权值：$w_{t+1,i} = w_{t,i}\beta_t^{1-v_t}$：①当 x_i 分类正确时，$v_t=0$；②当 x_i 分类错误时，$v_t=1$，$\beta_t = e_t/(1-e_t)$。

7）$t=t+1$

8）$t<T$ 转向 4）

9）得到最后的分类器。

1988 年，Kearns 等人提出了 Boosting 理论基本思想：在机器学习中，“弱的学习算法”可以应用一定的策略进行加强，从而得到任意精确的“强的学习算法”。1997 年 Freund 等人提出自适应增强（Adaptive Boosting）算法。这种方法允许分类器设计者不断加入新的“弱分类器”，直到达到预设的分类精度。此算法训练过程中，每个样本拥有一个初始权值，表示该样本被某个弱分类器选中的概率。如果某个样本被正确分类，构造下一个训练集时，降低其权值，反之增加其权值。通过此算法，每一轮都会增强那些使分类错误的“困难”样本上，每一轮选出一个最优弱分类器，这些分类器线性组合而成强分类器，即

$$h_j(x) = \begin{cases} 1 & \sum_{t=1}^{T} \alpha_t h_t(x) \geqslant \dfrac{1}{2}\sum_{t=1}^{T} \alpha_t \\ 0 & \text{其他} \end{cases} \tag{9-5}$$

式中，$\alpha_t = \log(1/\beta_t)$，$\beta_i$ 表示第 i 迭代时 $h_i(x)$ 的权值。

最后，AdaBoost 算法构造的特征大概为 200 个。对于人脸检测，AdaBoost 选择的权值最高的几个矩形特征很容易理解。第一个特征关注的，就是包含眼睛的区域。眼睛区域比鼻子和面颊的矩形区域亮度上更暗（亮度值小于某个阈值）。这个特征是和人脸大小以及位置无关。第二个特征表示的，是眼睛所在的区域总是比鼻梁所在的区域亮度更暗，所以通过选择和学习后的包含 200 个特征的分类器，对于目标检测是非常有效的。

（2）层叠分类器算法　对于多个强分类器，采用排除的思想，即先用比较简单的特征构成的强分类器去排除显然不是人脸的区域，然后把剩余的待检测区域送到下一个强分类器进行处理，这样逐级排除，最终排除了所有非人脸区域。如果有剩余区域，那就是人脸区域，否则表示未检测到人脸区域。对于有 K 个强分器构成的层叠分类器，其检测率 F 和误检率 D 分别如下列两式所示：

$$F = \prod_{i=1}^{K} f_i \qquad D = \prod_{i=1}^{K} d_i \tag{9-6}$$

从以上两个公式可以得出两点结论：

1）为了保证最终的高检测率，每个强分类器也要求有高检测率。假设最终的检测率是90%，那么对于每一个强分类器，其检测率都不能低于90%，如果$K=10$，那么每个强分类器的检测率都应该在99%左右，因为$0.99^{10}\approx0.9$。检测率高只是保证如果有人脸，必然能检测出，但不保证把非人脸检测为人脸的误检。

2）为了降低最终的误检率，不必过分强求每一个强分类器有很低的误检率。假设每个强分类器的误检率为0.5。对于$K=10$的层叠分类器最终的误检率$=0.5^{10}\approx0.1\%$。

（3）视频序列中减少检测区域的算法设计　经过测试，发现在背景不是很复杂且相对静止的情况下，人脸正面左右偏头不超过20°时，检测率能达到98%，并且误检率几乎为0。

经过测试，对于常见视频320×240像素大小的图片，需要56ms左右，常见视频的帧率是24～30帧/s，也就是说每帧时长为33～42ms，如果要做到实时人脸检测，算法耗时最好少于20ms，因为要为系统的后续处理（比如人脸识别和表情识别）留下足够的处理时间。

1）图像大小的耗时测试：对大量相同图像进行尺度上的缩放，并且用训练好的Haar分类器进行了测试。表9-1所示是图像处理的经典图片lena.jpg的耗时（不包括图像读取和格式转换的时间）。

表9-1　相同图像内容、不同图像大小人脸检测耗时

图像尺寸/像素	检测时间/ms
512×512	224
256×256	48
128×128	12

由上面的实验可以得出的结论是：基于Haar特征的人脸检测耗时跟图像大小成正比。这也很容易理解，图像面积越大，需要计算的弱分类器中的特征值就越多，导致耗时增加。

2）最小人脸尺度区域的耗时测试：因为人脸大小未知，所以需要多尺度搜索，给定一个最小搜索尺度，如果为20×20像素，那么每检测一次尺度都变为上次1.2倍（可以自定义，一般为这个值），即检测区域大小为$(20\times1.2^i)\times(20\times1.2^i)$，其中$i$表示第几次，当然要限制此区域长宽都不能超过图像长宽。对于视频图像大小320×240像素，我们得到表9-2所示的测试结果。

表9-2　相同图像不同最小人脸检测尺度耗时

最小人脸尺度/像素	平均检测时间/ms
20×20	100
40×40	35
60×60	16

由上面的实验我们得出的结论是：基于Haar特征的人脸检测耗时跟检测最小人脸尺度成反比。因为人脸尺度未知，那么需要多尺度检测，最小人脸尺度越大，尺度层次就越少，时间也就越少。

经过以上的实验，为了显著降低Haar特征提取耗时，必须减少待检测区域，增加最小人脸尺度区域。众所周知，视频序列图像中两帧图像之间有很大的相关性，可以利用时序序列图像的相关性，减小待检测区域，增加最小人脸尺度区域。以下讨论基于Haar特征的人脸检测算法在视频序列图像中的改进方法。假设已知所检测的视频中最多有一个人脸，我们提出如下的检测步骤：

①如果是第一帧图像或者前一帧没有找到人脸，执行步骤③。否则做如下处理：对后续的视频图像序列，在前一帧人脸区域的1.2倍区域寻找人脸，且将最小人脸尺度设置为前一帧人脸尺度的0.8倍，例如前一帧的人脸尺度为100×100像素，那么此帧的人脸尺度为（100×0.8）×（100×0.8）像素。如果检测到人脸，则此帧处理完毕。

②参考文献[5]讨论了一种车体识别方法，计算此帧灰度图像和前一帧图像的灰度值差，然后对差分图像进行自适应阈值的二值化，计算投影来判定汽车位置。我们把这种算法进行改进并应用到人脸检测上。如图9-3所示，最上面两幅是视频序列图像中的两帧连续的图像，下面左边图示的是对差分图像进行自适应阈值的二值化图像。最后进行水平和垂直投影得到变化区域，在此区域的1.2倍区域内检测人脸，最小人脸尺度设置此区域的0.8倍，如果检测到人脸，则此帧处理完毕。对于大小为320×240像素的视频序列图像，经实验测试，此步骤处理平均耗时平均仅为4ms。

③在全图像中寻找人脸，最小人脸搜索尺度设置为20×20像素。如果检测到人脸，那么此帧处理完毕，否则认为此帧图像无人脸。

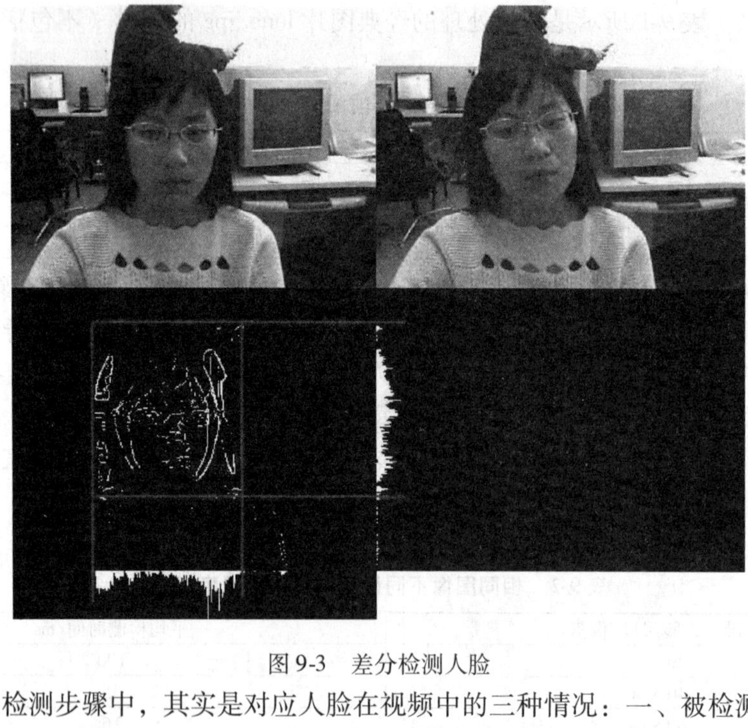

图9-3　差分检测人脸

在上述的检测步骤中，其实是对应人脸在视频中的三种情况：一、被检测的人脸在摄像头的视频范围内没有大的移动，相当于有一种先验知识，减小了待检测区域，采用步骤①就可以检测到人脸；二、被检测的人脸有移动，采用步骤②的差分方法估计移动区域，减少了待检测区域，用Haar特征算法可以很快地检测到人脸，提高了实时性；三、移动范围过大甚至移出摄像区域，那么执行步骤③确定是否有人脸。这些步骤虽然看似比直接从全图像寻找人脸复杂，但是对于视频序列的人脸检测，却能显著提高检测速度，如果有人脸存在，那么在视频序列中人脸图像的位置和尺度会有很大的相关性，根据前几帧的先验知识，限定检测区域和人脸搜索尺度区域的大小，可以显著地提高算法效率和实时性。

2. 人脸识别的 HMM 算法

对于已检测出的人脸图像，将它与数据库中的已知人脸进行比较匹配，得出识别的结果。这部分工作是由人脸识别算法来完成。对于自动人脸识别系统，一个环境适应性强并且识别率高的算法是整个系统的关键。人脸识别部分采用了一种较为成熟的人脸识别方法——基于隐马尔可夫模型（HMM）的人脸识别方法。关于隐马尔可夫模型的介绍可参考本书的第 8 章。

9.4.3 人脸识别系统的实现

按功能此系统分为三部分：图像数据的采集和获取、数据的存取、人脸的检测和识别。前两部分都是依照设计部分来实现的，由于这两部分难度不大，主要是程序编写技术问题，这里就不再赘述。以下首先介绍 OpenCV，然后讨论基于 OpenCV 的系统实现。

1. OpenCV 简介

OpenCV 是“Open Source Computer Vision Library”的简写，是 Intel 公司的开源计算机视觉库。它由一系列 C 函数和少量的 C ++ 类构成，实现了图像处理和计算机视觉方面的很多通用算法。在 OpenCV 最初的阶段，它是由美国 Intel 公司开发和维护的，随后 Intel 公司把它交给了开源社区维护和开发，经过全世界优秀的程序员的共同努力，现在的 OpenCV 已经演变成一个使用方便、功能强大、专注于计算机视觉方面的函数库，而且还在不断更新中。OpenCV 的优点表现在以下几个方面：

- 开放源代码；
- 基于 Intel 处理器指令集开发的优化代码；
- 统一的结构和功能定义；
- 强大的图像和矩阵运算能力；
- 方便灵活的用户接口；
- 同时支持 MS-Windows、Linux 平台。

最新的 OpenCV 已经包含了大量的函数和例子用来处理计算机视觉领域中常见的问题，其中主要涉及到以下几个方面的内容：

- Motion Analysis and Objection Tracking（运动分析和目标跟踪）；
- Image Analysis（图像分析）；
- Structural Analysis（结构分析）；
- Object Recognition（目标识别）；
- 3D Reconstruction（三维重建）。

OpenCV 的出现，给学习和开发带来了极大的方便。在研究和学习上，可以有更多的时间和精力来研究算法本身，而不是把大量的时间和精力花费在如何编程实现这个算法上，降低了系统实现难度。OpenCV 在图像处理中有类似于 MATLAB 的封装功能，比如对于图像二值化操作，只需调用 cvCvtColor（src，dst，CV_ RGB2YCrCb）一个函数。在应用开发上，OpenCV 为开发数字图像处理和计算机视觉领域的应用程序提供了功能完善、使用方便的接口，而且对应用开发无论是从商业用途还是非商业用途来说，OpenCV 都是免费的，从而避免受版权问题的困扰。

2. 基于 Haar 特征的人脸检测算法的实现

（1）分类器的训练

1）样本收集，包括非人脸图像和人脸图像的训练样本、非人脸和人脸的测试图像。非人脸图像的样本越多越好（5000～10000 张），人脸图像 6000 张。并且对样本进行灰度化、归一化（20×20 像素左右）处理。

2）确定弱分类器的 θ_j 等于该特征在所有样本上的特征值的和除以总样本数，表示一种平均的特征值。如果该样本在所有非人脸样本上的平均特征值大于在人脸样本上的平均特征值，那么 p_j 取 -1，反之取 1。

3）确定强分类器的最大误检率 f_{max} 和最小检测率 d_{min}，以及此强分类器的弱分类器个数。根据 AdaBoost 算法循环，每次添加一个弱分类器，同时修改权值。直至满足 f_{max} 和 d_{min}。一般来说，强分类器的个数不少于 20 个。

4）构造层叠分类器，把拥有较高检测率的强分类器放在前几层，就能快速排除大量非人脸区域，加快检测速度。

OpenCV 中提供了对特征和分类器的结构体定义，并且对最终的分类器格式也作了规定，存储成一个 XML 文件。我们最终训练的分类器只要满足 OpenCV 所要求的格式，那么就可以使用 OpenCV 提供的目标检测算法来检测人脸。

（2）基于 OpenCV 的人脸检测　在这个过程中，用到的就是 OpenCV 中的几个函数，其步骤是：为检测到的可能人脸区域分配内存，加载进入训练好的利用 Haar 的级联分类器，检测图像中的人脸，主要用到了以下三个函数：

1）storage_ face = cvCreateMemStorage（0）；//用于分配内存。

2）cvLoadHaarClassifierCascade//用于从文件中装载训练好的利用 Haar 特征的级联分类器，或者从 OpenCV 中嵌入的分类器数据库中导入。这个数值是在训练分类器时就确定好的，修改它并不能改变检测的范围或精度。

现在的目标检测分类器通常存储在 XML 文件中（OpenCV 训练好的）。从文件中导入分类器，可以使用以下 cvLoad 函数：

```
cascade_ face = (CvHaarClassifierCascade *) cvLoad ("人脸模型
\\ haarcascade_ frontalface_ alt2. xml", 0, 0, 0);
```

其中：

cascade_ face ：harr 分类器级联的内部标识形式

Cascade：是结构体，结构是一个层次级联的形式，参见下面：

```
Stage1：
Classifier11：
Feature11
Classifier12：
Feature12
…
Stage2：
Classifier21：
Feature21
```

3）CvSeq * faces = cvHaarDetectObjects（small_ img，cascade_ face，storage_ face，1. 1，2，0，cvSize（50，50））;

其中：

small_ img ：被检图像

cascade_ face：函数 2）中装载入的。

storage_ face：函数 1）申请的用来存储检测到的一序列候选目标矩形框的内存区域。

1. 1 为参数 scale_ factor 的值，2 为参数 min_ neighbors 的值，0 为参数 flags 的值。scale_ factor：在前后两次相继的扫描中，搜索窗口的比例系数。例如 1. 1 指将搜索窗口依次扩大 10%。

min_ neighbors：构成检测目标的相邻矩形的最小个数（默认值为 -1）。如果组成检测目标的小矩形的个数和小于 min_ neighbors -1 都会被排除。如果 min_ neighbors 为 0，则函数不做任何操作就返回所有的被检候选矩形框，这种设定值一般用在用户自定义对检测结果的组合程序上。

flags：操作方式。当前唯一可以定义的操作方式是 CV_ HAAR_ DO_ CANNY_ PRUNING。如果被设定，函数利用 Canny 边缘检测器来排除一些边缘很少或者很多的图像区域，因为这样的区域一般不含被检目标。人脸检测中通过设定阈值使用了这种方法，并因此提高了检测速度。

cvSize（50，50）：设定参数 min_ size。

min_ size：检测窗口的最小尺寸。默认的情况下被设为分类器训练时采用的样本尺寸（人脸检测中默认值是 20 ×20）。

函数 cvHaarDetectObjects 使用针对某目标物体训练的级联分类器在图像中找到包含目标物体的矩形区域，并且将这些区域作为一序列的矩形框返回。函数以不同比例大小的扫描窗口对图像进行几次搜索（察看 cvSetImagesForHaarClassifierCascade）。每次都要对图像中的这些重叠区域利用 cvRunHaarClassifierCascade 进行检测。有时候也会利用某些继承（Heuristics）技术，以减少分析的候选区域，例如利用 Canny 裁减（Prunning）方法。函数在处理和收集到候选的方框（全部通过级联分类器各层的区域）之后，接着对这些区域进行组合，并且返回一系列各个足够大的组合中的平均矩形。调节程序中的默认参数（scale_ factor =1. 1，min_ neighbors =3，flags =0）用于对目标进行更精确同时也是耗时较长的进一步检测。为了能对视频图像进行更快的实时检测，参数设置通常是：scale_ factor =1. 2，min_ neighbors = 2，flags = CV_ HAAR_ DO_ CANNY_ PRUNING，min_ size = < minimum possible face size >（例如，对于视频会议的图像区域）。

检测效果如图 9-4 所示。

实验证明，这种人脸检测的方法受光照的影响很小，不受类肤色模型的影响。

（3）人眼的检测　人脸检测之后，用和人脸检测相同的方法实现人眼的检测，在人眼检测时，为了实时性，我们也采用了相关的优化，根据人眼在人脸的位置特点，在左脸上半部分搜索左眼，在右脸上半部分搜索右眼，一开始我们是直接在整个人脸区域来搜索人眼，后来发现左右眼容易重叠，搜索易出错，然后才改进在左脸搜索左眼，在右脸搜索右眼，发现这样做识别效果很好。

左眼只在检测到的人脸图像的左半脸进行搜索和检测，右眼只在检测到的人脸图像的右

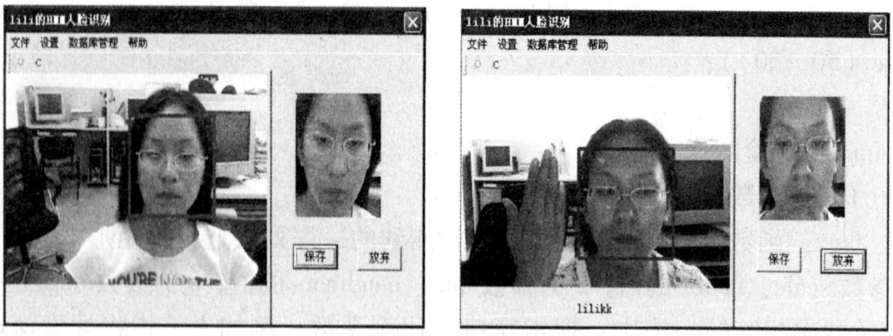

图 9-4　系统最终效果图

半脸进行搜索和检测，这样加快了速度，并且杜绝了对复杂背景图像中类眼睛的误检测和左右眼的相互影响，通过以下的函数设置在左半脸感兴趣的区域：

```
cvCreateImage (cvSize ( rect_ face. width / 2, rect_ face. height / 2), 8, 3 );
cvSetImageROI (img, lr);
cvCopy (img, left_ img);
```

在左半脸调用下面的函数检测左眼：

```
detect_ and_ draw_ eye (left_ img, rect_ leye, cascade_ leye, storage_ leye);
```

检测右眼的方法和左眼的类似。人眼的检测效果如图 9-4 所示，其中十字交叉就是人眼的定位效果。

该系统中检测人眼的目的是为了人脸图像的自动采集，从而提高人脸识别系统的性能，当检测到人眼，并且左右眼基本水平时，就把当前帧图像采集下来，显示在人脸识别系统的右边，可以点击保存，存入数据库，对人脸表情有很大变化和脸部有遮挡物的图像，可以选择放弃。

3. 基于 EHMM 的人脸识别算法的实现

(1) 建立 EHMM 人脸模型　根据人脸的五官特征顺序，我们采用简化的 EHMM 来描述人脸，人脸的 EHMM 如图 9-5 所示，与一维隐马尔可夫模型相对应的五个状态变成超状态。超状态模型表示的是人脸的垂直方向上的图像信息，同时嵌入状态模型表示的是人脸水平方向的信息。超状态之间的转移关系按照从上向下在相邻两个超状态之间进行。

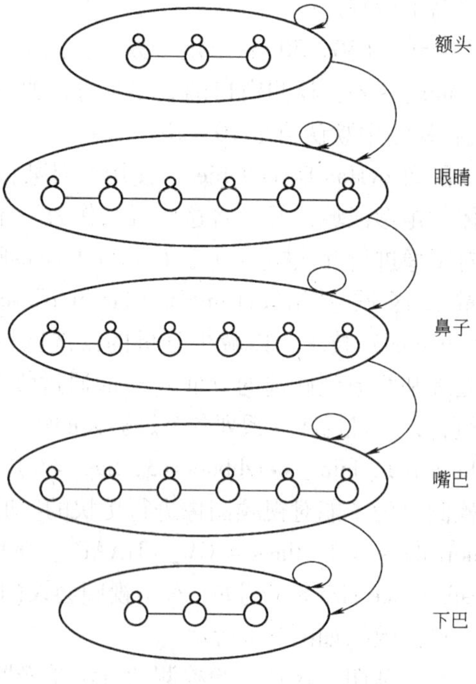

图 9-5　人脸的 EHMM

在进行 EHMM 人脸识别之前，从上到下的超状态数目选取、嵌入状态的状态数目选取、状态的转移概率矩阵选取以及由 HMM 产生的观察序列选取，对人脸识别是很必要的。该系统选定额头、眼睛、鼻子、嘴巴和下巴这五个显著区域隐含着的抽象状态来表示人脸从上到下的五个主要信息区域。嵌入状态的状态数选取主要考虑在给定的超状态中，从左到右想要得到的信息，嵌入状态的状态数分别为3、6、6、6、3，用来表示水平方向的抽象化状态。将这些状态数相加便得到共24个子状态。

确定了EHMM结构之后，下一个问题就是如何表示每个状态。实验中，每个状态的密度函数可采用包含一个或多个分量的混合高斯密度函数来表示。

（2）观察向量的提取　首先把人脸图像划分为图像块，形成图像块序列，然后取每一个图像块内像素点的灰度值或其变换系数组成一个观察向量，从而形成观察向量序列。该系统中，图像块采用遍历方法进行采样，就是在人脸图像平面上用一个大小为 $L_x \times L_y$ 的采样窗，从左到右、从上向下采样，相邻窗口在垂直方向和水平方向分别有 P_y 行、P_x 列重叠，来获取观察图像块。

如果直接取采样窗内图像块的像素点灰度值构造观察向量，则存在下述问题：第一，观察向量维数太大，计算分析量太大：第二，像素灰度值对光照条件变化、视点变迁以及其他噪声干扰影响太敏感。该系统中，观察向量由图像块的二维离散余弦变换（2D-Discrete Cosine Transform，2D-DCT）系数构成，因为2D-DCT的结果是能量分布向低频成分集中，变换后能量集中在左上角，对应于2D-DCT低频系数，因此只取2D-DCT左上角的低频系数组成观察向量，就可以表示人脸的主要特征。由采样图像块的2D-DCT低频系数构造观察向量可以降低对噪声和光照变化的敏感度，受图像姿态的影响也较小，另外很重要一点就是减少了观察向量的维数，计算量大大降低了。

（3）EHMM的训练和人脸识别　EHMM的训练和人脸识别的流程是和HMM的基本相似的，现简单介绍其流程。

1）训练：人脸识别的EHMM训练用的是概率最大可能性评估标准，EHMM的训练与一维HMM训练的过程相类似，其目的就是要为每一个人确定一组经过优化了的EHMM参数。每个模型用多幅图像进行训练，可以表示一个人的多个版本，如不同的表情、姿态、有无戴眼镜等。训练的流程如图9-6所示，计算按以下步骤进行：

①预处理工作，包括几何尺寸归一化处理、灰度均衡等，形成训练图像。

②对人脸图像进行采样，并对每个采样窗进行2D-DCT，由2D-DCT系数构成观察向量序列。

③设定EHMM的超状态数和每一个超状态中嵌入子HMM的状态数。该系统超状态取5个，子状态序列取（3，6，6，6，3），共24个子状态。

④根据超状态的个数和每个超状态内嵌入状态的个数以及模型的结构，将人脸均匀分割：首先，将人脸在垂直方向分割成 N_0 个超状态；然后，将属于这个

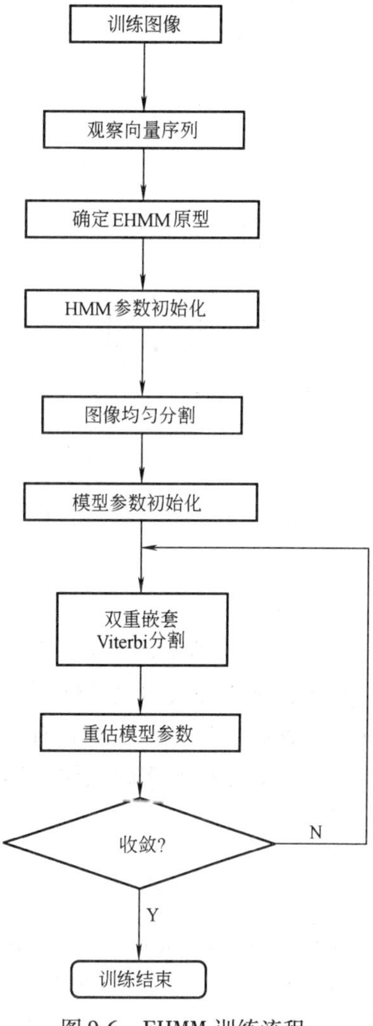

图9-6　EHMM训练流程

超状态的数据从左到右均匀分割成 N_1^k 个嵌入状态，分别与子状态相对应。

⑤根据状态数和图像均匀分割后得到的观察向量，初始化 EHMM 参数。通过双重嵌套的 Viterbi 算法，对图像重新进行分割。

⑥用 Baum-Welch 算法重估模型参数。

⑦当前后两次的迭代误差小于某个阈值时，迭代停止，EHMM 训练完毕。

对于连续隐马尔可夫模型，某个状态 j 的观察概率密度是由高斯概率密度函数的均值向量和方差向量来表征的。如果采用具有 M 个分量的混合高斯概率密度函数，则需要用 K 均值法将所有跟状态 j 有关的观测向量聚类 M 成类，每类分别求其均值和方差矩阵，作为各个高斯分量的均值和方差。采用混合高斯概率密度函数要优于采用单一高斯概率密度函数。

2）识别：人脸识别时，首先由待识别人脸图像构造观察向量序列，然后计算每一个训练模型产生该序列的最大似然值，具有最大似然值的模型即为待识别人脸图像所属对象。人脸识别流程如图 9-7 所示，可以用下列公式表示：

$$P(O^{(k)} \mid \lambda_m) = \max_n P(O^{(k)} \mid \lambda_n) \tag{9-7}$$

如果第 m 个模型 λ_m 产生序列 $O^{(k)}$ 的最大似然概率值取最大值，则将图像 k 归入第 m 类。

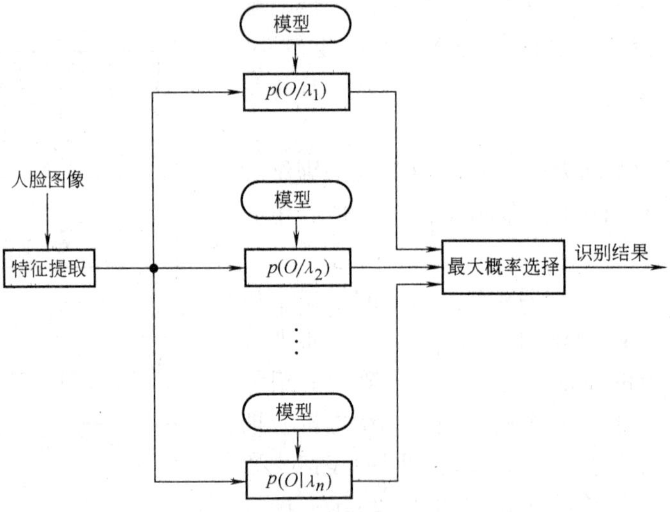

图 9-7　EHMM 人脸识别

最终的识别结果如图 9-4 所示。图 9-4 右边图片中，下方输出的字符串表示识别的结果，识别正确。在实验室条件下，采集 10 个人，每人 10 张人脸图像，每人每张图像的人脸旋转范围在 5°之内，其中 5 张有中度的表情变化，该系统把每人的前 5 张图像作为样本进行训练，每人剩余的 5 张图像作为测试图像，识别 48 张正确，识别率达 96%。

参考文献

[1] Parke F I. Computer Generated Animation of Faces[C]//Proceedings ACM ann Conference, 1972, 1: 451-457.

[2] Goldstion R J, Harmon L D. Lesk A B. Man-machine interaction in human face identification[J]. Bell Syst

Tech Journal,1972,51(2):399-427.

[3] Kaya Y, Kobayashi K. A Basic Study on Human Recognition[M]. In Frontiers of Pattern Recognition. New York: Academic Press,1971,265-289.

[4] Kanad T. Picture processing system by computer complex and recognition of human faces[R]. Kyoto: Kyoto University,1973 .

[5] Baron R J. Mechanisms of human facial recognition[J]. International Journal of Man-Machine Studies,1981, 15(2):137-178.

[6] Turk M, Pentland A. Eigenfaces for recognition[J]. Cognitive, Neuroscience,1991,3(1):71-86.

[7] Turk M, Pentland A. Face recognition using eigenfaces[C]//Proc. IEEE conf on Computer Vision and Pattern Recognition,1991:586-591.

[8] Belhumeur P N, Hespanha J P, Kriegman D J. Eigenfaces vs Fisherfaces: recognition using class specific linear projection [J]. IEEE transactions on Pattern Analysis and Machine Intelligence,1997,19(7):711-720.

[9] Biederman I, kalocsai P. Neural and Psychophysical Analysis of Object and FaceRecognition[M]. Berlion: Springer-Verlag, 1998:3-25.

[10] Wechsler H, Phillips P J, Bruce V. Face Recognition:From Theory to Applications[M]. Berlion:Springer-Verlag, 1998:3-25.

[11] Hill H, Bruce V. Effects of Lighting on Matching Facial Surfaces[J]. Journal of Experimental Psychology: Human Perception and Performance, 1996(22):986-1004.

[12] Bruce V. Recognition Faces[M]. London:Lawrence Erlbaum Associates,1998.

[13] 刘宏，李锦涛，苗军．多方法融合来解决人脸检测中的光照补偿[J]．系统仿真学报增刊,2001,13(11):486-489.

[14] Brunelli R, Poggio T. Feature recognition: Features versus templates [J]. IEEE Transactions on PAMI, 1993, 15(10): 1042-1052.

[15] Chen C W. Huamn face recognition using deformable templates and active contour[D]. China Taiwan: National Tsinghua University ,1991.

[16] Grudin M A. Compact multi-level representation of human faces for recognition[D]. Liverpool:Liverpool John Moores University ,1997.

[17] Ellis H, Jeeves M, Newcombe F. Aspects of Face Processing[M]. Dordrecht:Nijhoff, 1986:3-13.

[18] Knight B, Johnston A. The Role of Movement in Face Recognition[J]. Visual Cognition,1997(4):265-274.

[19] Turk M, Pentland M. Eigenfaces for Recognition[J]. Cognitive Neurosci, 1991,3(1):71-79.

[20] Tistarelli M , Grosso E. Active face recognition with a hybrid approach[J]. Pattern Recognition Letters, 1997 (18):933-946.

[21] Cottrell G W, Fleming M. Categorization of faces using unsupervised feature extraction[C]//Proc Int'l Neural Networks Conf. Paris, 1990:65-70.

[22] Samaria F, Young S. HMM-based architecture for face identification [J]. Image and Vision Computing, 1994,12 (8):537-543

[23] Lam K M,Yan H. An analytic-to-holistic approach for face recognition based on a single frontal view [J]. IEEE Trans. on PAM I,1998,20 (7).

[24] Samaria F. Face segmentation for identification using Hidden Markov Models[C]//British Machine Vision Conference. 1993.

[25] Samaria F. Face Recognition Using Hidden Markov Models [D]. University of Cambridge,1994.

[26] Samaria F, Fallside F. Face Identification and Feature Extraction Using Hidden Markov Models[M]//Image Processing:Theory and Applications, 1993:295-302.

[27] Samaria F, Fallside F. Automated Face Identification Using Hidden Markov Models[C]// Proceeding of the International Conference on Advanced Mechatronics,1993.

[28] Jain A K. Fundamentals of Digital Image Processing[M]. New Jersey:Prentice Hall,1989:569.

[29] Rao K,YIP P. Discrete Cosine Transform-Algorithms,Advantages, Applications[M]. New York:Academic Press, 1990.

[30] Ziad M, Martin D. Face Recognition Using the Discrete Cosine Transform[J]. International Journal of Computer Vision,2001,43(3):167-188.

[31] 何国辉,甘俊英. 人机自然交互中多生物特征融合与识别[J]. 计算机工程与设计,2006,27(6):955-959.

[32] Valentin D. Pattern Recognition [J]. Cognitive Neuroscience, 1994(27):1209-1230.

[33] 郑磊. 基于曲面及光谱的3D人脸识别算法研究[D]. 杭州:浙江大学,2005.

[34] 梁路宏,艾海舟,徐光,等. 人脸检测研究综述[J]. 计算机学报,2002(5):449-458.

[35] Kirby M,Sirovich L. Application of the Karhunen-Loeve procedure for the characterizing of human faces[J]. IEEE Transactions on Pattern Analysis Machine Intelligence,1990,1(12):103-108.

[36] Paul Viola,Michael Jones. Robust Real time Object Detection[C]// Second International Workshop on Statistical and Computational Theories of Vision—Modeling Learning, Computing, and Sampling Vancouver. Canada,2001.

[37] 严超,苏光大. 人脸特征的定位与提取[J]. 中国图象图形学报,1998,3(5):375-379.

[38] Hong Ziquan. Algebraic feature extraction of image for recognition[J]. Pattern Recognition,1991,24 (3):211-219.

第 10 章　面部表情识别系统

表情识别同样遵循传统的模式识别问题的框架，其流程如图 10-1 所示。

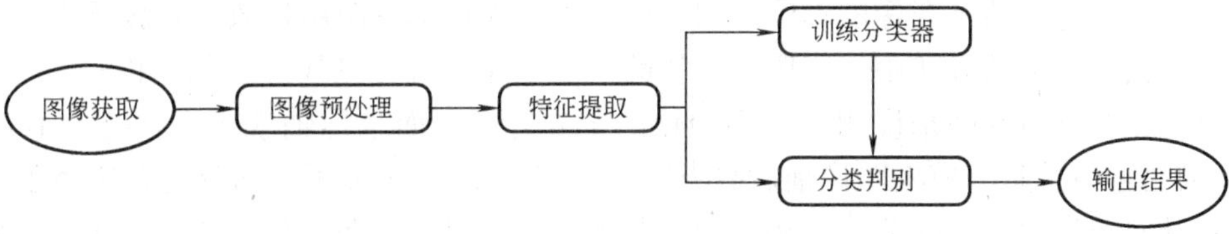

图 10-1　表情识别的一般流程

其中，各个步骤的具体工作包括：

（1）图像获取　通过摄像头等图像捕捉工具，获取静态图像或动态图像序列。

（2）图像预处理　图像的大小和灰度的归一化，头部姿态的矫正，图像分割等。

（3）特征提取　将点阵转化成更高级别的图像表述——形状、运动、颜色、纹理、空间结构。

（4）分类　包括训练（分类器设计阶段）和分类判别。根据心理学对于不同人种表情的普遍性和共同性的研究，目前的分类结果一般分为七类：中性表情、生气、厌恶、恐惧、高兴、悲伤和惊讶。

本章通过两个面部表情系统：基于静态图像的表情识别系统和实时的表情识别系统。详细介绍了表情识别系统的设计与实现流程。此外，还介绍了基于动态图像序列的面部表情识别方法。

10.1　概述

表情识别相对于人脸检测和识别而言，出现得相对较晚，所以它从一开始就利用了人脸检测和识别的很多现有方法。常用的表情识别方法有：

1. 基于几何特征的识别方法

在众多表情识别的方法中，基于几何特征的方法是运用比较多的方法之一。由于人的眼睛、嘴、眉毛以及脸颊含有丰富的表情信息，因此这些部位的特征点可作为重要的分类依据。在识别过程中，首先检测出这些特征点，然后将这些特征点之间的距离作为特征向量进行识别。另外，眼睛、嘴等部位的长度和宽度以及眉毛的弯曲程度，还有特征点之间的相互位置和形状，都可以用来作为特征向量，最后将这些可以描述人脸表情变化的特征向量综合起来构成一个几何特征向量组，并以此为依据进行识别。Y. L. Tian 对于选定的特征点分别测量他们之间的距离，并以此作为表情的特征向量。此外，模板匹配的方法也是一种重要的基于几何特征的识别方法，其中又以动态模板最为常用。动态模板是参数化的简单图元模型，根据先验知识定义的能量函数及相应的图像约束条件，指导其收敛过程，主要用于提取眼睛和嘴巴的轮廓。

由于成年人的表情变化很大，即使是同一个人的面部图像，由于光照、摄像机角度等的不同，也会有很大差异，很难用同一个模式来表达。不过，由于现在各种优秀的特征提取算法（如动态模板算法、活动轮廓算法等）的提出，使得人脸的几何特征描述越来越充分，因而在表情识别方面，基于几何特征的识别方法仍然是比较有效的。

2. 基于代数特征的识别方法

相对于几何特征来说，人脸图像的代数特征蕴含了极大的信息量，它虽然不如几何特征直观，但是由于它反映了图像的本质，因此很多研究人员都试图用代数的方法解决表情识别问题。基于代数特征的方法中，应用最广泛的就是主元分析（PCA）方法。主元分析就是要找到一个正交的维数空间来说明数据中变化的主要方向，而坐标轴就成了称之为 Holons 和 Eigenfaces 的近似人脸的模板图像轴。赵力庄等人将 Eigenface 多子空间分类方法用于面部表情识别；针对传统多子空间分类方法中的问题和缺点，提出了两种变维分类方法——静态变维分类方法和动态变维分类方法。程永清等人从代数理论导出矩阵的相似度概念，由此构造一种抽取图像特征的相似性判别函数，提出一套基于图像相似性判别函数的特征抽取和识别方法。此外，还有利用矩阵的奇异值分解（SVD）进行特征提取，这种方法具有稳定性、转置不变性、位移不变性和镜像变换不变性等特点。以上这些方法在人脸识别和表情识别领域都得到了广泛的应用。

3. 基于连接机制的识别方法

基于连接机制的识别方法在人脸及表情识别领域中也得到了很好的应用，有人利用神经网络的学习能力及分类能力，将人脸直接用灰度图（二维矩阵）表征，并送入神经网络分类器中。这种方法的优势在于保存了人脸图像中的材质信息及细微的形状信息，同时避免了较为复杂的特征提取工作。Kohonen 率先运用自相关记忆（全互连神经网络）存储和重建人脸图像。利用简单 Hebbian 学习律，人脸图像的自相关记忆将被创建，并存储在全互连神经网络的权值中。实验表明，在噪声存在，甚至人脸图像被部分遮挡的情况下，该网络能有效地重建人脸图像。这表明了自相关神经元具有识别能力。Millward 和 O' Toole 利用的则是 Widrow-Hoff 学习律，同样证明了自相关神经元具有识别能力。Cottrell 和 Fleming 采用了不同的网络拓扑结构——非线性前馈神经网络。该网络经 BP 算法训练后，用于人脸灰度图像的识别。马里兰大学动画研究中心计算机视觉实验室的 Rosenblum 设计了一种基于 RBF 网络结构的表情识别系统，在分析和解释运动模式时，采用了针对六种不同表情分别训练后的 RBF 网络。

4. 频率域特征

常用的一种频率域特征是 Gabor 小波。它是一组窄带带通滤波器，在空间域和频率域均有较好的分辨能力，有明显的方向选择和频率选择特性。和傅里叶变换相比，表情图像的 Gabor 小波分解是一种局部变换，因此某一局部测度的范围可以由 Gabor 小波滤波器的尺度大小来定义。Ye Jingfu 等人对人脸图像进行表情区的分割和归一化，然后用小波变换提取表情区的特征向量，最后识别了在不同光照下的六种表情。他们的实验证明小波特征对于光线变化和个体差异是不明显的。

5. 基于隐马尔科夫模型的识别方法

隐马尔科夫模型（HMM）用概率统计的方法来描述时变信号过程，具有十分健壮的数学结构，适用于动态过程时间序列建模，并具有强大的时序模式分类能力，理论上可处理任意长度的时序，它为 HMM 提供了一个非常广泛的应用范围。目前，HMM 已经成功地用于语音识别和手势识别，而人脸识别和表情识别是 HMM 的又一个新的应用领域。

一个 HMM 模型由两个随机过程组成，一个是马尔科夫链，由初始状态分布概率 $\pi=\{\pi_i\}$ 和转移概率矩阵 $\boldsymbol{A}=\{a_{ij}\}$ 描述，输出为状态序列，但是这个输出序列隐藏在模型中；另一个随机过程由 $B=\{b_j(O_t)\}$ 描述，输出为观察序列，但不一定是马尔科夫过程，这也是 HMM 名称的由来[11]。人的面部表情图像序列的特点同人的语音序列特点一样，是有时间顺序的、不可逆过程，因而在表情识别过程中一般采用无跨越从左到右的 HMM。金辉等采用隐马尔科夫的方法对表情进行分类，在对 HMM 进行训练时，设计眼部七种、嘴部七种共十四种 HMM，把各种表情的眼部和嘴部的 HMM 分开训练，这样就可以提高对混合表情的辨识能力。实验结果表明，HMM 在分析时序过程中，速度和识别结果都是非常理想的，与静止的单帧表情图像识别相比，动态时序分析的 HMM 的表情识别方法不论在理论与实验上都取得了显著的效果。尹星云等人根据 HMM 的基本理论和算法设计了一个人脸表情识别系统。该系统由两层 HMM 组成：低层由六个 HMM 组成，分别对应六种特定表情，人脸表情特征向量进入系统后，经过底层 HMM 初步识别，其结果组成高层 HMM 的观察向量，经过高层 HMM 解码，确认出表情，从而提高了系统的识别率，增强了系统的健壮性。Hadid 和 Pietikainen 将 HMM 方法与 PCA 方法进行了比较，试验结果表明，如果输入的图像序列中包含的帧数比较多，那么 HMM 方法识别率明显高于后者，但随着序列图像中帧数的减少，HMM 方法的识别率将明显下降；另外，如果用于识别的图像的分辨率不断降低的话，PCA 方法的识别率会大大下降，而 HMM 方法的识别率则没有那么敏感。

6. 运动特征

上面介绍的特征提取方法是针对静态图像或者动态图像序列中的某一帧进行的。然而表情识别的最大特点是，它是一个动态变化的过程，心理学研究表明，尽管人类可以依据一幅静态图像判别其中的人脸表情，但是大部分实验者在识别对动态序列图像的表情时，准确率明显增高。可见提取动态图像序列的运动特征，对于表情识别有着特殊的意义。

光流是指亮度模式引起的表面运动，是景物中可见点的三维速度向量在成像平面上的投影，它表示了景物表面上的点在图像中位置的瞬时变化；同时光流场携带了有关运动和结构的丰富信息。光流模型就是处理运动图像的有效方法，其基本思想是将运动图像函数 $f(x,y,t)$ 作为基本函数，根据图像强度守恒原理建立光流约束方程，通过求解光流约束方程，计算运动参数。Y. Dai 等人利用图像序列中连续两帧的差异以及 YIQ 表示空间中的 I 分量相结合，提取出人脸面部的运动和区域信息，在嘴部和眼部的光流投影直方图中，提取出了面部表情的运动特征，用以表情识别。

对输入的人脸图像，外界的干扰因素一般是比较多的，采用灰度不守恒的光流场基本方程显得更合适与可靠。实验表明，该方程具有计算精度高、易于实现等优点，有一定的实用价值。而且用光流计算的方法提取其运动特征，一方面反映了表情的变化实质，另一方面特征受光照不均匀性的影响较小，只要保证在同一组图像序列中光照强度基本不变即可，光照条件对各组之间的影响较小。

10.2 基于静态图像的面部表情识别系统

在计算机面部表情识别研究中，尽管相继提出了一些特征提取和识别方法，但主要还处在算法研究阶段；由于人脸不是刚体，很难建模，再加之受硬件约束、环境条件对图像质量的影响等，人脸识别从技术的成熟程度来讲，都很难在短时间内替代指纹识别技术作为身份唯一性的鉴别标准，表情识别更是距离实用还有较大的差距。从表情识别的发展与研究状况来看，主要可以分为两类研究：一类研究是对基于静态图像（单帧图像）的研究，这类研究只考虑单帧图像的空间信息和人脸的几何结构信息，干扰较小，可以不受检测效果的影响，对算法的鲁棒性要求相对较低；另一类研究是对基于实时动态图像识别方法的研究，这类方法考虑了表情图像的运动信息，把表情变化的时间和空间信息结合起来，反映了表情变化的本质，更符合实际应用的要求，但对算法的鲁棒性以及运行速度都有较高的要求。

本节基于视频图像的特点，将改进的主成分分析和支持向量机，应用于表情识别系统中，设计了基于静态图片（通过摄像头摄取的视频图像来截取图片）的表情识别软件系统。该系统可以对人脸图像进行预处理、表情区分割、特征提取和识别，最终分类结果为平静、高兴、悲伤、愤怒、生气、恐惧和惊奇这七类。

10.2.1 系统的总体设计

实现基于图像处理的面部特征提取与表情识别，要考虑到所使用的分类方法是否易于编程实现、软件系统是否方便应用，另外还要考虑程序运行的速度。为此，本系统采用基于表情区加权主成分分析（WPCA）的特征提取和识别方法，表情识别系统框图如图 10-2 所示。该方法的主要特点是，建立训练模板便捷，匹配和识别容易实现，流程相对简洁。

系统的设计思想确定之后，就可以对系统总体结构进行设计。系统主要分为两个部分：一部分是建立表情模板（子空间）；另一部分是匹配识别。两部分都要用到图像的读取、图像预处理、表情区分割、特征提取、匹配识别模块。对各部分介绍如下：

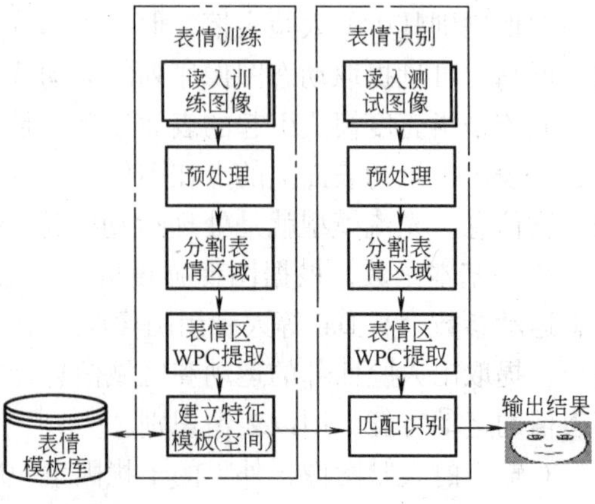

图 10-2 基于表情区 WPCA 的表情识别系统框图

（1）图像的读取模块　其中包括两部分图像的读取：CMU 表情库中的图像和我们实时采集的面部表情图像。

（2）图像预处理模块　对于人脸大小相同的灰度人脸图像，采用图像处理的基本方法，滤掉噪声、光照等的影响。

（3）表情区分割模块　先利用自适应二阶拉普拉斯算子得到多尺度边缘提取图像，再进行二值化，最后利用基于对称性的积分投影方法和人脸先验知识分割表情区。

（4）特征提取模块　该模块主要利用面部图像空间的相关性，提取图像的加权统计特征，换句话说，就是要得到映射模板，并保存到表情模板库中。

（5）匹配识别模块　将新样本映射到特征空间后，通过计算向量间的欧氏距离，得到模板间的相似度，最后应用最近邻法进行识别。

10.2.2 系统的算法设计

本系统提出了基于多特征融合的加权主成分分析方法，对于面部表情图像先在表情区划分的基础上提取高维局部自相关（HLAC）特征，再利用加权主成分分析进行降维和特征提取，其中权值的选择除了传统的优化方法，我们采用了基于 FACS 的快速确定方法。此外，对于面部表情图像识别面临的小样本模式分类问题，本系统尝试用 SVM 方法进行分类，选用 RBF 核函数和“一对多”的 SVM 改进算法。SVM 分类器有较强的推广能力，对于小样本训练集分类问题有自身的优势；但受到参数选择和训练速度等影响，应用于动态表情识别时还有一定距离。

1. 多特征融合的加权主成分分析

统计特征提取的关键之一就是关于正交基的选取问题，对整体面部图像提取主成分是不是就能最好地表征表情信息，仍然是需要探讨的。这里，为了更好地保留人脸图像中的表情信息，并对其进行有效压缩，我们采用了多特征融合的加权主成分分析方法。

（1）加权主成分分析的提出　第 6 章中已经介绍过基于 K-L 变换的主成分分析的基本原理，传统的主成分分析以寻找最小化训练样本的重建误差的变换 $\boldsymbol{U}$（主成分分析的特征向量）为目标：

$$J_1(\boldsymbol{U}) = \sum_{k=1}^{P} \| (\bar{a}_k + \boldsymbol{U}\boldsymbol{Y}_k) - a_k \|^2 = \sum_{k=1}^{P} ((\bar{a}_k + \boldsymbol{U}\boldsymbol{Y}_k) - a_k)^{\mathrm{T}}((\bar{a}_k + \boldsymbol{U}\boldsymbol{Y}_k) - a_k) \tag{10-1}$$

式中，a_k 为训练样本；$\boldsymbol{Y}_k$ 为训练样本的低维投影；$\bar{a}_k = a_k - (1/P)\sum_{i=1}^{P} a_i$。

但是，在表情识别中，人脸部件的局部几何形变则起到更为重要的作用。也就是说，面部不同区域在识别过程中起到的作用明显不同，考虑到各维特征在识别中所起的作用不同，可以为每一维特征指定一个系数来代表其重要程度，进而构造样本 x_m 的加权重建误差计算公式为

$$\begin{aligned} J_2(\boldsymbol{U}', x_m) & \sum\nolimits_j w_j((x_{0j} + \boldsymbol{U}\boldsymbol{Y}_{kj}) - x_{mj})^2 \\ &= \sum_{k=1}^{P} ((x_0 + \boldsymbol{U}\boldsymbol{Y}_k) - x_m)^{\mathrm{T}}\boldsymbol{W}((x_0 + \boldsymbol{U}\boldsymbol{Y}_k) - x_m) \end{aligned} \tag{10-2}$$

式中，$\boldsymbol{W}$ 为权值对角阵，$\boldsymbol{W} = \mathrm{Diagonal}\ [w_1, w_2, w_3, \cdots, w_n]$，$w_1 + w_2 + w_3 + \cdots + w_n = n$。接下来的目标是找到变换矩阵 $\boldsymbol{U}'$，使得所有训练样本的加权重建误差和 J_2（$\boldsymbol{U}$）最小化。

$$J_2(\boldsymbol{U}') = \sum\nolimits_m J_2(\boldsymbol{U}', x_m) = \sum\nolimits_m (x_m - x_0)^{\mathrm{T}}(\boldsymbol{U}'\boldsymbol{U}'^{\mathrm{T}} - I)\boldsymbol{W}(\boldsymbol{U}'\boldsymbol{U}'^{\mathrm{T}} - I)(x_m - x_0) \tag{10-3}$$

这样，加权主成分分析的基也就是变换矩阵 U'的列向量。

当然，可以通过寻优的方法直接计算加权主成分分析的变换矩阵 U'，不过这种方法运算比较麻烦，为此在实际中，给出了一个近似算法，对于一定的权值对角阵 $\boldsymbol{W}$，定义其加权协方差矩阵为

$$\boldsymbol{S} = \sum_{k=1}^{P} (x_k - x_0)\boldsymbol{W}(x_k - x_0)^{\mathrm{T}} \tag{10-4}$$

可以使用加权协方差矩阵 $\boldsymbol{S}$ 的特征向量作为变换矩阵 $\boldsymbol{U}'$。后边的实验也证明这种方法具有

很好的效果。

类似于主成分分析，定义 $\boldsymbol{U}'$为加权子空间的基，定义点 x 到加权子空间 $\boldsymbol{U}'$的距离为

$$d = \sqrt{\| (\boldsymbol{U}'\boldsymbol{U}'^{\mathrm{T}}x - x)^{\mathrm{T}}\boldsymbol{W}(\boldsymbol{U}'\boldsymbol{U}'^{\mathrm{T}}x - x) \|} \tag{10-5}$$

同理，可以依据点 x 到加权子空间 $\boldsymbol{U}'$的距离进行分类。

（2）权值的确定　我们知道，目前大多数面部分析与识别算法的心理学和生理学依据是 Ekman 等人在 1978 年提出的面部动作编码系统（FACS）。该系统源自对面部运动的解剖学的分析，能够测量和记录所有可观察到的面部行。它基于 44 个独立动作单元（AU）的面部动作，以及一些头部和眼睛的位置和运动。

值得注意的是，FACS 只是利用解剖学原理对面部各部位进行测量，还不是对情绪的测量，也就是说，情绪的表示并不是 FACS 的一部分，它是由一个单独的系统进行编码的。本系统为了进行表情的分析和识别研究，通过 FACS 解释规则和 FACS 中的 AU 组合对各种表情进行建模，也就是将每种表情与 AU 的线性加权相对应，见表 10-1。

表 10-1　利用 FACS 对于基本原型表情的建模

表情	AU 组合	详细描述
生气	AU4 + AU5 + AU7 + AU15 + AU24	额眉低垂 + 上眼睑上抬 + 眼睑紧凑 + 唇角下压 + 口唇压紧
厌恶	AU9 + AU10 + AU17	鼻纵起 + 上眼睑上抬 + 下巴上抬
恐惧	AU1 + AU2 + AU4 + AU5 + AU7 + AU20 + AU25	额眉心上抬 + 额眉梢上抬 + 额眉低垂 + 上眼睑上抬 + 眼睑紧凑 + 口唇前伸 + 两唇张开
愉快	AU6 + AU12 + AU25	面颊上抬 + 口角后拉 + 两唇张开
悲伤	AU1 + AU4 + AU7 + AU15 + AU17	额眉心上抬 + 额眉低垂 + 眼睑紧凑 + 唇角下压 + 下巴上抬
惊讶	AU1 + AU2 + AU5 + AU25 + AU26	额眉心上抬 + 额眉梢上抬 + 上眼睑上抬 + 两唇张开 + 下劾下垂

通过表 10-1 中对不同表情的定义，可以给出一个确定权值的简便算法，即根据组成各类表情的 AU 在不同选择面部区域的分布来确定。例如对于生气这种表情，包含了 5 个 AU，根据这些 AU 的组合帮助我们设定眉区、眼区和嘴部区域的权值，经过归一化，依次为 0.2、0.4、0.4。

（3）特征融合算法的设计　将特征融合的思想运用于表情识别，要解决的主要问题就是如何有效地融合面部表情的几何特征以及样本学习过程中提取的统计特征。需要特别指出的是，在本节之前，我们已经可以根据前面介绍的基于几何特征的提取方法，有效地进行面部表情区域的提取，并通过计算高维自相关特征，得到各个表情区域的纹理特征，以及通过加权主成分分析提取训练样本的统计特征来进行分类，将这三个步骤有效地结合，就是我们特征融合算法的基本思路。总的来说，算法分为两个部分：训练算法和识别算法。

1）训练算法：

①给定一个面部表情图像集，对每幅图像进行预处理，包括去除孤立的噪声点以及灰度均衡调整。

②利用二阶拉普拉斯算子进行边缘提取、图像二值化，利用对称性改进积分投影方法，确定眉、眼睛和嘴巴的水平坐标，并根据先验知识划分表情区；值得注意的是，此时原始训练样本的维数（图像的像素数）已经下降为表情区的维数。

③对三个不同表情区分别计算高维自相关特征，并将其作为下一步训练的样本。

④对三个不同表情区的自相关特征进行加权的 K-L 变换，得到由前 m 个特征向量组成的加权变换矩阵。

⑤将训练样本集中的每一幅图像进行表情区分割和高维自相关特征提取，通过加权变换矩阵映射到表情空间，并求出每一类面部表情图像在表情空间的聚类中心。

2）识别算法：

①对未知面部表情图像进行预处理，去除孤立的噪声点以及灰度均衡调整。

②利用边缘提取、图像二值化和对称性改进积分投影方法，确定眉、眼睛和嘴巴三个表情区。

③对三个不同的表情区分别计算高维自相关特征，并通过加权变换矩阵将其映射到表情空间。

④计算新的图像（表情空间中的一个点）到表情空间中各个聚类中心的距离，并根据近邻中心（Nearest Center）分类器进行归类。

2. 支持向量机表情分类

具体地说，利用支持向量机算法进行表情分类需要考虑以下三个方面的问题。

（1）确定多类别支持向量机分类方法　利用支持向量机（SVM）算法进行表情识别，首先要确定如何将两类别分类方法扩展到多类别分类方法。假定多类别分类问题有 k 个类别 $S=\{1, 2, \cdots, k\}$，训练样本为 $\{(x_i, y_i), i=1, 2, \cdots, l\}$，其中 $y_i \in S$。主要有以下三种方法可实现 SVM 的多类别分类：一对多分类器、一对一分类器和决策树分类器。这三种方法在第 7 章 7.2 节中曾经介绍过。本系统采用的是一对多分类器。它是用来构造 k 个 SVM 子分类器的。在构造第 j 个 SVM 子分类器时，将属于第 j 类别的样本数据标记为正类，不属于 j 类别的样本数据标记为负类。测试时，对测试数据分别计算各个子分类器的判别函数值，并选取判别函数值最大所对应的类别为测试数据的类别。

本系统将支持向量机和最近邻准则相结合作为表情识别的分类器。设有七类面部表情样本（平静、高兴、悲伤、厌恶、恐惧、惊奇、生气），每类样本都有一个对应的 SVM 分类器，将其与其他表情分开。经训练所得的七个 SVM 可以将面部表情样本分为七类。当输入一个新的测试样本时，该测试样本由七个 SVM 进行分类，会出现三种情况：其一，第 i 个 SVM 将测试样本判为第 i 类，即输出为 1，其余的 SVM 输出为 -1，则判断该样本属于面部表情库中的第 i 类表情；其二，多个 SVM 同时输出为 1，此时应用最近邻准则来判断类别，即计算这些 SVM 对应的表情样本与测试样本的欧氏距离 $D=\|x-y\|^2$，将测试样本判为与其距离最近的面部表情样本；其三，所有 SVM 将测试样本判为 -1，则判断该测试样本的类别不属于表情训练样本库中类别。

（2）核函数选择　在采用支持向量机对面部表情进行分类时，首先必须对 SVM 进行模型选择，即首先确定核函数类型。

这里，选择 RBF 核函数，其表达式为 $K(x_i, x_j) = \exp(-\gamma \|x_i - x_j\|^2), \gamma > 0$，主要原因有：

1）RBF 核函数可以把低维特征空间映射到高维特征空间，通过引入惩罚项解决线性不可分问题，而线性核函数主要是针对线性可分问题，而且带惩罚项的线性核函数是 RBF 核函数的一种特例。另外，Sigmoid 核函数表现出的性能也和带有特定参数（C, γ）的 RBF 核函数性能等价。

2）核函数参数个数也对 SVM 模型选择的复杂性带来影响，在这一点上，选择 RBF 核函数（只有一个参数 γ）显然要比选择多项式核函数更方便。

3）选择 RBF 核函数给数字处理也将带来一定的方便。我们知道，RBF 核函数是高斯函数，它的取值范围为（0，1），对于多项式核，当多项式的阶次比较大时，其取值有可能趋向无穷大［$(\gamma x_i^{\mathrm{T}} x_j + r) > 1$ 时］或零［$(\gamma x_i^{\mathrm{T}} x_j + r) < 1$ 时］，而 Sigmoid 核函数，只是在特定条件下才满足 Mercer 条件。

（3）模型参数 C 和 γ 的选择　关于 SVM 的研究表明，特征空间的维数与 SVM 的复杂度没有直接关系，核参数影响数据在特征空间分布的复杂程度，误差惩罚参数 C 通过调整给定特征空间中经验误差的水平来影响学习机器推广能力。参数 C 和 γ 的影响是同时存在的，只有综合考虑才能得到性能最优的 SVM。因此确定了 RBF 核函数后，必须对两个未知参数 C 和 γ 进行选择，使得对任意的未知面部表情图像，SVM 能做出准确分类。其中，误差惩罚参数 C 的作用是在确定的数据子空间中，调节学习机器置信范围和经验风险的比例，以使学习机器的推广能力最好。不同数据子空间中最优的 C 是不同的。在确定的数据子空间中，C 的取值小表示对经验误差的惩罚小，学习机器的复杂度小而经验风险值较大；反之亦然。前者称为“欠学习”现象，而后者则称为“过学习”。每个数据子空间至少存在一个合适的 C 使得 SVM 推广能力最好。当 C 超过一定值时，SVM 的复杂度达到了数据子空间允许的最大值，此时经验风险和推广能力几乎不再变化。

由统计学习理论可以知道，在训练分类器时，不能一味地追求经验风险最小（即训练误差最小），那样势必造成分类器过训练，使得分类器推广误差比较差。因此，在训练分类器时，可以采用交叉验证（Cross-validation）的方法，把训练样本集分成互不相交的两部分：其一为常规的训练集，用于调整 SVM 参数；其二为验证集（Valitation Set），用于评价 SVM 的推广误差。实际上，常常首先给出（C，γ）一个大概的取值范围，对其中的每一对（C，γ）取值，再分别采用交叉验证方法进行训练 SVM，这样可得到一组较优参数值。

3. 算法的程序实现

这里主要解决两个方面的问题：一是算法的速度改进问题；二是如何利用程序来实现相关算法。

（1）算法的速度改进　系统实现需要设计的算法包括通过人脸图像预处理、表情区分割、加权主成分特征提取和表情分类等算法。原有的一些算法需要较长的执行时间，运行效率低，因此有必要对原有算法进行改进，使之更适应视频图像处理的特点。

1）利用“三庭五眼”缩小积分投影的搜索范围：在实际运用中，为了提高特征提取的速度，还可以利用人脸结构特点的先验知识缩小积分投影范围。所谓人脸结构特点是指，人脸各个部分虽然没有绝对的标准，并在一定范围内变化，但它们之间有一定的比例关系，即通常所说的“三庭五眼”（参见第 2 章），这些先验知识给人脸图像中眼睛特征的定位提供了依据，可以据此确定在人脸图像的中间三分之一的矩形区域内（即“三庭”中的“眉毛到鼻孔”间）搜索水平灰度投影的谷值，得到眼睛的水平位置的确定值。这样不仅可以减少噪声的影响，也可以在一定程度上减少计算量。

由前面定位眼睛的方法和所得的灰度水平积分投影图可知，对面部表情图像进行水平灰度投影，通过对投影曲线的分析同样可以确定人脸图像中的嘴也对应水平积分投影曲线的谷值区域，由此可以粗略地检测出嘴的位置。这里，由先验知识知道两嘴角的位置大概位于眼睛瞳孔的下方，因此如果在长为两眼睛瞳孔的下方距离、宽为下巴以上 1/3 人脸距离的矩形区域计算水平投影的值，就可以根据其谷值比较准确地确定嘴的水平位置。

2）求取变换矩阵的快速算法：人们知道 $\boldsymbol{C}$ 是一个 $d\times d$ 的矩阵，其中 d 是训练图像的像素数，例如取 256×256 像素的训练图像，d 的值就高达 65536！因此求高维矩阵 $\boldsymbol{C}$ 的特征值和特征向量是计算量非常大的。这里通过矩阵的变换，得到快速的算法。

$$\boldsymbol{C} = \boldsymbol{A}\boldsymbol{A}^{\mathrm{T}}$$

式中

$$\boldsymbol{A} = \frac{1}{\sqrt{k}}[\overline{X}_1,\overline{X}_2,\cdots,\overline{X}_k] \tag{10-6}$$

矩阵 $\boldsymbol{A}\boldsymbol{A}^{\mathrm{T}}$ 的特征值 λ_l 和特征向量 u_l 满足：$\boldsymbol{A}\boldsymbol{A}^{\mathrm{T}}u_l=\lambda_l u_l$，$l=1$，2，…，$d$。

一般来说，训练过程中，面部表情图像的样本数不会高于图像的像素数 d，所以可以先求 $\boldsymbol{A}^{\mathrm{T}}\boldsymbol{A}$ 的特征向量 $\boldsymbol{u}_l'$：

$$\boldsymbol{A}^{\mathrm{T}}\boldsymbol{A}\boldsymbol{u}_l' = \lambda_l\boldsymbol{u}_l' \tag{10-7}$$

将等式两边同时左乘矩阵 $\boldsymbol{A}$，得 $\boldsymbol{A}\boldsymbol{A}^{\mathrm{T}}\boldsymbol{A}\boldsymbol{u}_l'=\boldsymbol{A}\lambda_l\boldsymbol{u}_l'=\lambda_l\boldsymbol{A}\boldsymbol{u}_l'$，因此得到

$$\boldsymbol{u}_l = \boldsymbol{A}\boldsymbol{u}_l' \tag{10-8}$$

这样求高维矩阵 $\boldsymbol{C}=\boldsymbol{A}\boldsymbol{A}^{\mathrm{T}}$ 的特征值和特征向量的问题就转化为：先求较低维的矩阵 $\boldsymbol{A}^{\mathrm{T}}\boldsymbol{A}$ 的特征值和特征向量，在将其特征向量左乘矩阵 $\boldsymbol{A}$，这样大大减小了计算量，所以称为求取变换矩阵 $\boldsymbol{U}$ 的快速算法。

（2）算法的程序实现　用多特征融合的加权主成分分析方法进行表情识别，在编程过程中一个重点就是求实矩阵的特征值和特征向量的问题，这里我们学习了计算方法中的相关知识，由于协方差矩阵为对称矩阵，所以先用豪斯霍尔德（Householder）矩阵把实对称矩阵变形到对称三角矩阵，并可积累变换矩阵。然后利用隐式 QL 算法，确定一个实对称三角矩阵的特征值和特征向量，此算法运行时间较短，占用内存较少，舍入误差也小。由于本书篇幅有限，这里对算法的具体实现过程不做详细的介绍，可以参见程序中 TRED（）和 TQLI（）两个函数。

1）TRED（A［］，N［］，D［］，E［］）使用说明

N：整型变量，输入参数，实对称矩阵的阶数；

A［］：$N\times N$ 个元素的二维实型数组，输入、输出参数，输入时存放实对称矩阵 $\boldsymbol{A}$，输出时存放积累的正交变换矩阵 $\boldsymbol{Q}$；

D［］：N 个元素的一维实型数祖，输出参数，存放变形后的三角对称矩阵的对角线元素；

E［］：N 个元素的一维实型数祖，输出参数，存放变形后的三角对称矩阵的非对角线元素，其中 E［1］=0；

2）TQLI（D［］，E［］，N，Z［］）使用说明

N：整型变量，输入参数，矩阵的阶数；

D［］：N 个元素的一维实型数祖，输入、输出参数，输入时存放对称三角矩阵的对角元素，输出时存放矩阵的特征值；

E［］：N 个元素的一维实型数祖，输出参数，存放对称三角对称矩阵的非对角线元素，其中 E［1］=0；

Z [ ]：$N \times N$ 个元素的二维实型数组，输入、输出参数，如果是求三角对称矩阵的特征向量，则输入为单位矩阵，若是求由一般对称矩阵变形到三角对称矩阵的一般对称矩阵的特征向量，则输入前面的 TRED 的输出矩阵 $\boldsymbol{A}$，输出时其第 K 列存放对应于特征值 $D(K)$ 的规范化特征向量。

10.2.3 系统的实现

本系统是利用 Microsoft Visual C++6.0 在 Windows 平台上开发的，系统运行时的界面如图 10-3 所示。

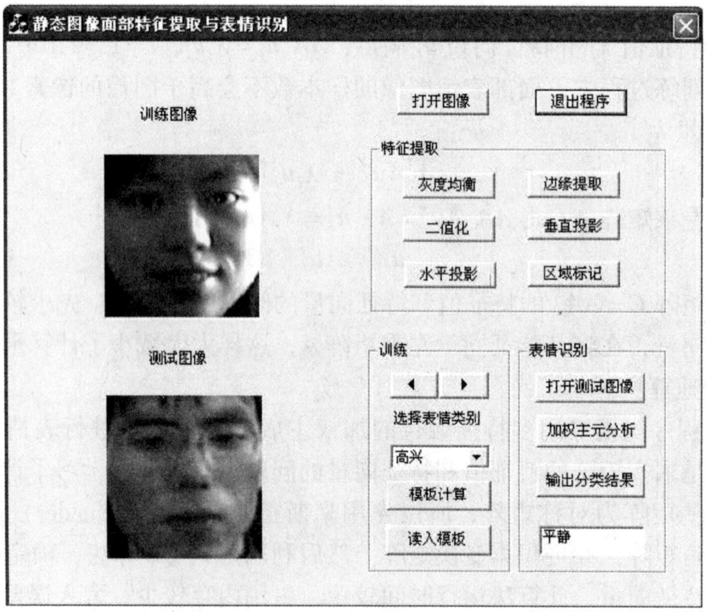

图 10-3 静态图片表情识别软件示意图

本系统是基于多特征融合的主成分分析算法来实现的。首先打开训练样本数据，通过边缘处理、二值化、对称投影进行表情区域的划分，然后进行特征提取，即模板训练，将计算后的相应模板保存到指定目录中。之后，将待识别的表情图像读入，系统首先载入模板，然后利用基于表情区域的加权主成分分析方法进行特征提取，并将提取到的特征向量送入分类器中分类，最终得到测试样本的表情类别结果，并显示出来。

本系统的实验数据来自 CKACFEID 人脸表情数据库，我们共取 100 幅训练样本，同时突出了不同类别的表情训练样本数目的不同，其中平静、高兴、惊奇三种表情图像各 20 幅，而悲伤、恐惧、厌恶、生气这几个相对不易表现的面部表情每种 10 幅图像。整个测试样本为包括训练样本在内的 400 幅图像，这样由于测试样本数比训练样本数大很多，就可以体现 SVM 的真实推广能力。具体识别结果如表 10-2 所示。

表 10-2 利用 SVM 分类器（RBF 核函数）对表情的分类结果

序号	类别	训练样本数	样本总数	正确识别数	识别正确率（%）
1	平静	20	80	69	86.3
2	高兴	20	80	74	92.5

（续）

序号	类别	训练样本数	样本总数	正确识别数	识别正确率（%）
3	悲伤	10	40	35	87.5
4	厌恶	10	40	33	82.5
5	惊奇	20	80	76	95
6	恐惧	10	40	35	87.5
7	生气	10	40	32	80
综合		100	400	354	88.5

10.3 基于主动表观模型的实时面部表情识别系统

人脸表情识别技术在人们的生活中得到了越来越广泛的应用，并带来了巨大的经济效益。目前主要应用在人机交互、安全、机器人制造、医疗、通信、教育及汽车驾驶等领域，并且将会越来越多地应用到人们日常的生活中。

10.3.1 系统设计

本系统的表情识别主要分为四步：表情图像的采集、对采集到的图像进行预处理、面部表情的特征提取和面部表情识别，具体流程如图 10-4 所示。

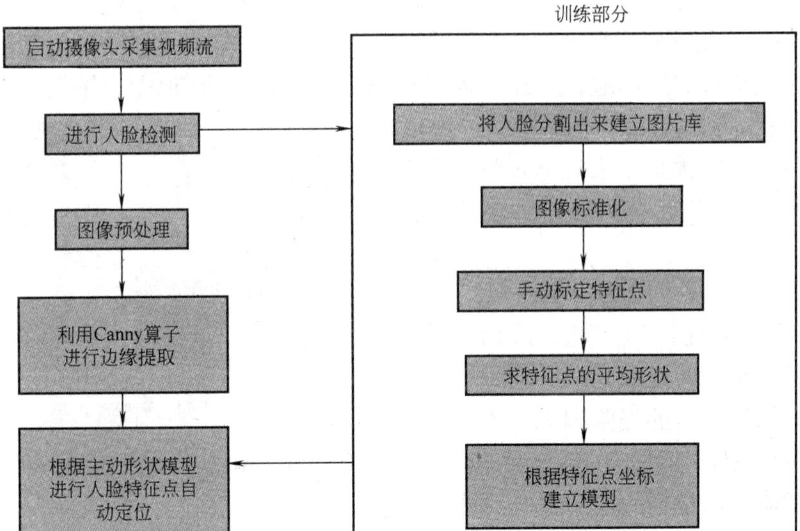

图 10-4 系统流程

本节所设计的识别系统分为训练和识别两大部分。在训练部分，首先将检测到的人脸分割出来建立图片库，然后对图片进行标准化处理，在得到的图片上手工标定特征点，将所有形状对齐后得到平均形状，作为识别部分的模板；在识别部分，首先对检测到的人脸进行图像预处理，利用 Canny 算子进行边缘提取，利用训练部分得到的人脸模板，采用主动形状模型（Active Shape Model，ASM）方法进行人脸特征点自动定位，对提取出的特征点利用最小二乘法设计分类器，再进行表情识别。

10.3.2 基于肤色模型的人脸检测

从摄像头获取的图像包含了很多非人脸部分，所以首先要将人脸单独提取出来。本系统采用基于色彩空间的人脸检测方法。研究表明，人脸的肤色模型在 YUV 的色彩空间中具有很好的聚合性，利用此性质建立肤色模型，对获取的图像进行肤色区域的搜索，从而确定人脸区域。从摄像头中获取的图像信息的颜色模型为 RGB 模型，需转换成 YUV 色彩模型，转换公式为

$$\begin{cases} Y = 0.299\text{Quarter}[n][m].r + 0.587\text{Quarter}[n][m].g + 0.114\text{Quarter}[n][m].b \\ U = -0.148\text{Quarter}[n][m].r - 0.289\text{Quarter}[n][m].g + 0.437\text{Quarter}[n][m].b \\ V = 0.615\text{Quarter}[n][m].r - 0.515\text{Quarter}[n][m].g - 0.100\text{Quarter}[n][m].b \end{cases} \tag{10-9}$$

式中，Quarter［n］［m］是坐标为（n，m）点的颜色值。通过对不同场景、不同条件下的多次训练，得出人脸肤色的检测阈值为：$Y>60$，$3.14/(180\times90)<R<3.14/(180\times170)$，其中 $R=\arctan(U/V)$。

采用肤色模型进行人脸检测的最大问题是不稳定和干扰大。对于用肤色模型检测出的人脸不稳定的情况，采用图像平均法和人脸的先验知识来解决。首先将一个像素的颜色值设为其上下左右像素颜色的平均值，再加上人脸形状和面积的先验知识作为排除其他疑似“人脸”物体的干扰。通过对于不同背景下的人脸检测结果表明，此方法对于人脸检测具有鲁棒性。人脸检测效果如图 10-5 所示。

图 10-5　人脸检测效果

对于用肤色模型检测出的人脸干扰大（主要是颈部干扰）的问题，采用图像标准化的方法来对提取到的人脸进行处理。首先利用人脸的先验知识，人脸的长宽比例约为 1:1.25。本系统利用肤色模型方法检测出的人脸图像的宽度信息和顶部信息都比较精确，故根据图像的宽度信息来确定人脸的长度。

10.3.3 人脸图像预处理

在本节所介绍的实时表情识别系统中，实时性要求比较高，因此需要在不增加系统开销的前提下，对图像进行必要的预处理来降低后续表情识别的复杂度。基于这个原则，本系统只对那些对后续工作有影响的部分进行预处理。如对提取的图像进行灰度化，来降低图像维度，减少计算量；利用图像增强方法为后续的边缘提取提高精度；对裁剪出的样本图像进行梯度照度修正，来克服光照对面部表情特征提取的干扰。

在人脸图像处理的过程中，光照成为影响后续处理的关键点，也是瓶颈所在。本系统用

图像的灰度值拟合出一个校正平面，用各点的灰度值减去这个校正平面的方法来克服光照的干扰，取得较好的效果。

设待处理的图像包含 n 个像素，每个像素的灰度为 $I(x_i, y_i)$ $(i=1, 2, \cdots, n)$，需要拟合的平面为 $z=ax+by+c$，满足 $I(x_i, y_i)$ 与平面 z 之间的差最小，即

$$(a,b,c) = \min \sum_{i=1}^{n} [I(x_i,y_i) - (ax_i + by_i + c)] \tag{10-10}$$

由最小二乘法可以解得

$$\boldsymbol{X} = (\boldsymbol{P}^{\mathrm{T}}\boldsymbol{P})^{-1}\boldsymbol{P}^{\mathrm{T}}\boldsymbol{Q} \tag{10-11}$$

式中

$$\boldsymbol{X} = \begin{pmatrix} a \\ b \\ c \end{pmatrix} \quad \boldsymbol{P} = \begin{pmatrix} x_1 & y_1 & 1 \\ x_2 & y_2 & 1 \\ & \vdots & \\ x_n & y_n & 1 \end{pmatrix} \quad \boldsymbol{Q} = \begin{pmatrix} I(x_1,y_1) \\ I(x_2,y_2) \\ \vdots \\ I(x_n,y_n) \end{pmatrix} \tag{10-12}$$

因为 $(P^{\mathrm{T}}P)^{-1}P^{\mathrm{T}}$ 仅与图像的尺度和形状有关，而在检测过程中使用固定尺度和形状的检测窗口，因此可以在检测之前，先计算 $(P^{\mathrm{T}}P)^{-1}P^{\mathrm{T}}$ 的值。求得拟合平面后，将图像中各像素灰度值与其上相应位置的 z 值相减得到修正后的灰度值 $I_C(x_i, y_i)$ $(i=1, 2, \cdots, n)$，对于 $I_C(x_i, y_i)$ 进行灰度直方图的均衡，即可得消除光照后人脸图像。照度修正消除了图像的一阶变化量，很大程度上减弱了脸部的阴影，其效果如图 10-6 所示。

a)　　b)　　c)

图 10-6　光照修正图像

a）原始图像　b）拟合平面图像　c）光照修正图像

10.3.4　特征点定位及特征提取

本系统采用 Canny 算子和主动表观模型相结合的方法进行特征点定位。利用 Canny 算子对边缘提取精确的优点，克服主动表观模型只对局部纹理匹配导致陷入局部最优解、偏离全局最优解（边界）的缺点，使两者有机地结合。

1. 用 Canny 算子法的边缘提取

Canny 于 1986 年提出了基于最优化算法的边缘检测算子，它相比其他的边缘检测算子有三大好处[4]：①好的信噪比，即非边缘点判为边缘点或将边缘点判为非边缘点的概率低；②好的定位性能，即检测出的边缘点要尽可能在实际边缘的中心；③对单一边缘具有唯一的

响应，并且对虚假边缘响应得到最大抑制。从本质上讲，Canny 边缘检测算子属于具有平滑功能的一阶微分算子。它具有很好的信噪比和检测精度。

在 Canny 算子边缘提取时，阈值设定是一个很大的困难。阈值过高会出现边界断断续续，阈值过低又会出现假轮廓，本系统采用双阈值算法来解决阈值设定的问题。双阈值算法对非极大值抑制图像设置两个阈值 r_1 和 r_2，且 $2r_1 = r_2$，从而可以得到两个阈值边缘图像 N_1 [i, j]和 N_2 [i, j]。由于 N_2 [i, j] 是使用高阈值得到的，因而含有很少的假边缘，但有间断（不闭合）。双阈值法要在 N_2 [i, j] 中把边缘连接成轮廓，当到达轮廓的端点时，该算法就在 N_1 [i, j] 的八邻域位置寻找可以连接到轮廓上的边缘，这样算法不断地在 N_1 [i, j]中收集边缘，直到将 N_2 [i, j] 连接起来为止。用 Canny 算子法检测边缘的具体过程如下：

1）用二维高斯滤波模板与灰度图像卷积，以减小噪声影响。

2）利用导数算子（如 Prewitt 算子、Sobel 算子）找到图像灰度沿着两个方向的导数 G_x、G_y，并求出梯度的大小和方向。

3）非极大值抑制。遍历图像，如果某个像素的灰度值与其梯度方向上前后两个像素的灰度值相比不是最大的，则将该像素值置 0，即不是边缘。

4）使用图像累计直方图计算两个阈值。灰度值大于高阈值的像素为边缘，小于低阈值的不是边缘。首先分别将高于高阈值和高于低阈值的点压栈，先将高于高阈值的点出栈，检查与前一个点的连续性，如果非连续，则在低阈值的栈中寻找该点八个邻域位置，将其连接到轮廓的边缘，这样不断搜索，直到将其连接起来。书中给出了利用 Canny 算子对预处理之后的人脸图像进行边缘提取的结果，如图 10-7 所示。在对人脸图像进行边缘提取时，采用 Canny 算子法能比较好地提取出连续的轮廓边缘，同时对于噪声有很好的抑制。更为重要的一点是，Canny 算子法是根据具体的灰度图像累计直方图，而且采用了双阈值算法，对于不同场景的人脸图像，可以得到稳定的边缘提取结果，保证了边缘的连通性。

2. 主动表观模型（AAM）

传统的特征点定位的方法只利用了图像的形状信息，而本系统采用的主动表观模型方法在传统的形状模型的基础上加入了图像的纹理信息，将形状和纹理两个统计模型进一步融合为表观模型。

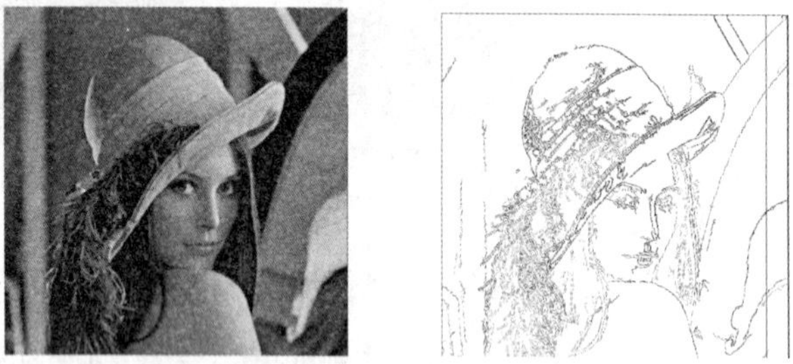

a)　　b)

图 10-7　用 Canny 算子进行边缘提取

a）原图　b）边缘提取图

首先，对给定的学习集 $L = \{(I_i, s_i) \mid i = 1,\cdots,m; s_i = (x_i^1, y_i^1, \cdots, x_i^N, y_i^N)^{\mathrm{T}}\}$ 进行训练，得到模型后用于后续识别。在人脸的图像上手动标定特征点，将所有形状对齐后计算平均形状 $\bar{S}$，将所有训练图像变形到平均形状，从而得到 $L' = \{(I_i, s_i', g_i) \mid i = 1,\cdots,m\}$，对所有的纹理进行主成分分析（PCA），从而得到如下统计模型：

$$g = \bar{g} + p_g b_g \tag{10-13}$$

式中，$\bar{g}$ 为平均纹理；p_g 为由 PCA 计算得到的纹理主成分特征向量形成的变换矩阵；b_g 为控制纹理变化的统计纹理参数。

在该算法中，利用人脸的局部纹理信息，即每个特征点在其邻域的亮度分布信息，来进行特征点定位。采用的邻域定义参考了 Coots 等人提出的 Profile 邻域，该邻域为特征点处法线方向上一定长度范围内的像素。然后对每个像素的亮度信息进行求导运算，用高斯分布建模作为局部纹理模型，与训练样本集协方差最小的像素即为候选点。将特征点自动更新后再进行循环，直到协方差小于设定的阈值。

3. Canny_AAM

主动表观模型（Appearance Active Model，AAM）算法相对于只利用形状模型的蛇模型匹配法和弹性图匹配法增加了纹理的信息，从而增加了定位的准确性。但其匹配的过程中，要综合考虑人脸轮廓及其非人脸轮廓部分像素点的纹理信息导致 ASM 算法的计算量很大，而且如果初始点偏离较大，会使特征点定位到非轮廓部分而导致定位失败，故本系统将主动表观模型和 Canny 边缘提取相结合，即充分利用了主动表观模型的优点，又克服了其计算复杂、定位不准的缺点。

本系统综合考虑了计算的复杂度和精确度的问题，首先在对人脸五官定位之前，先实现对人脸外部轮廓的定位。采用曲线拟合的方式，将定位的特征点拟合成曲线。将曲线外部的轮廓去掉，这样为后续的操作降低了复杂度。根据定位的特征点拟合的曲线为

$$f = 2*j \times width^2 + 4height \times i^2 - 4height \times width \times i - height \times width^2 \qquad (10\text{-}14)$$

进行处理后的人脸轮廓更接近于真实的人脸，而且去除了冗余之后使得计算复杂度大大降低，对于下一步的五官特征点定位的干扰也大大减小。

系统采用人脸先验知识和直方图投影的方法来定位人脸的具体五官。首先根据前人研究的三分图和四分图的人脸模型分割方法提出了混合分图人脸模型分割法，将每一个五官都定位在一个区域内，如图 10-8c 所示。此方法彻底克服了三分图和四分图中人的五官无法限定在一个区域内的缺点，对五官某个器官进行分析时，只需对该器官的所在区域进行分析即可。

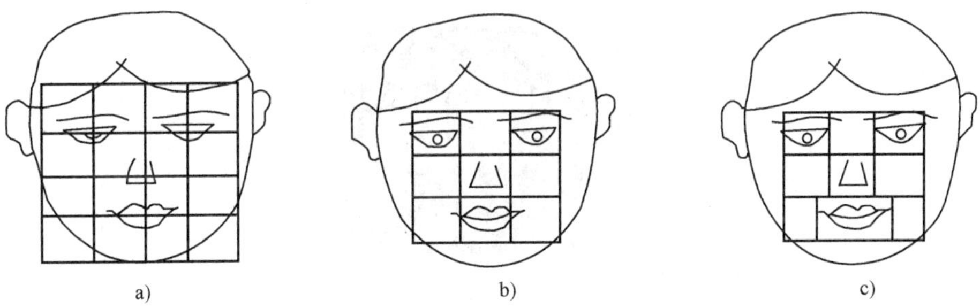

图 10-8　人脸分块模型

a）四分图　b）三分图　c）混合分图

对于整个人脸的轮廓图做水平投影（见图 10-9），即可将人脸五官的垂直位置进行大致定位，在定位好的人脸图像中，对指定模块做垂直轮廓投影，即可将人脸的五官精确定位。

通过投影，可以准确定位人脸五官的范围，然后利用主动表观模型的方法，对人脸的五官进行特征点定位和特征提取。经过特征点定位后，得到表征人脸表情信息的特征点并用矩形框标识出来，如图 10-10 所示。

结合了 Canny 算法的主动表观模型比传统主动表观模型算法提高了定位的精度，而且定位之前利用 Canny 算法降低了维度，使得计算复杂度大幅度降低，而且在特征点定位之前，

a)　　b)　　c)

图 10-9　人脸轮廓投影图

a）脸水平投影　b）嘴竖直投影　c）眼睛竖直投影

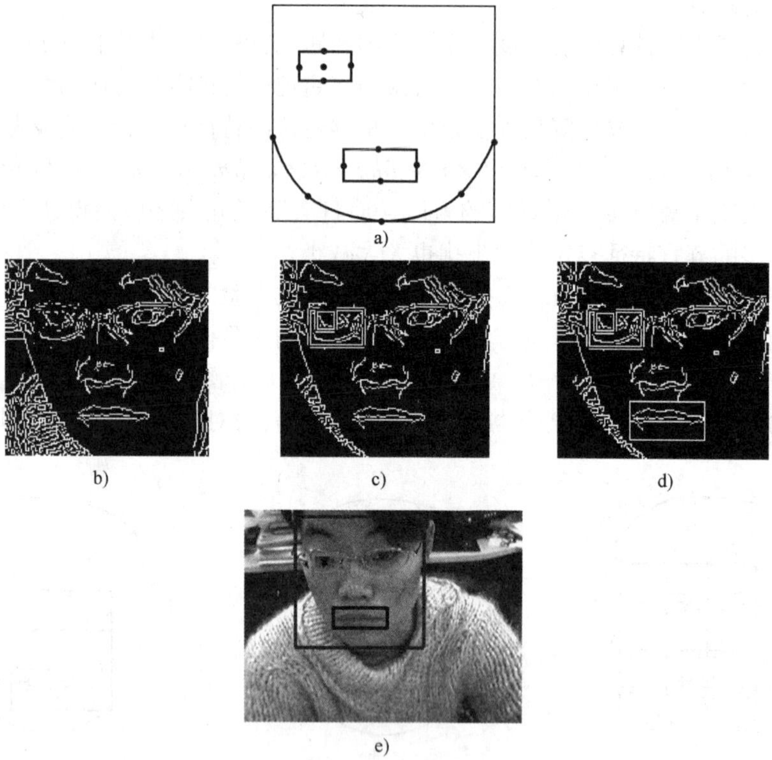

图 10-10　特征点定位

a）经过多次训练得到的平均模板　b）用 Canny 算子进行边缘提取

c）模板与边缘结合　d）AAM 迭代最终结果　e）定位结果原图显示

先进行边缘提取，使得边缘突出，减小搜索范围，提高了定位精度。

10.3.5　表情识别

系统采用最小二乘法设置识别分类器，对提取出来的特征点进行训练，确定分类器参数。本系统设计识别四种人类表情（平静，悲伤，高兴，惊讶），故设置四组参数，进行分类器训练。

$$\begin{cases} a_1x_1 + a_2x_2 + K = y_1 \\ b_1x_1 + b_2x_2 + K = y_2 \\ c_1x_1 + c_2x_2 + K = y_3 \\ d_1x_1 + d_2x_2 + K = y_4 \end{cases} \tag{10-15}$$

式中，x_i 代表提取的特征点的坐标；y_i 代表识别为某种表情，四种表情依次对应 1、2、3、4；a_i、b_i、c_i、d_i 分别为四类识别结果的参数。

应用上述方法设计了表情实时识别系统，并对若干个人分别在不同时间和场景中的表情进行识别试验。在本平台上每秒钟进行一次表情识别，采用每人 10min（600 张图片）的办法来进行识别效果的统计。统计结果见表 10-3。

表 10-3 训练人群和非训练人群识别率统计

	高兴	惊讶	悲伤	平静
训练人群（10 人，10min）	82.3%	98.6%	86.5%	85.0%
非训练人群（10 人，10min）	78.4%	95.0%	82.3%	80.4%

从识别结果看出，对于参与训练的人来说，识别率明显要高于没有经过训练的人，而对于四种表情的识别结果来看，惊讶的识别率最高，而高兴的识别率最低。

另外，为验证上述算法的普适性，将本系统在 CMU 人脸表情库（CMU-Pittsburgh AU-coded Face Expression Image Database）上进行了表情识别实验。实验中，随机抽取了 10 人的面部表情序列，其中 8 人的表情作为训练样本，其余 2 人的表情作为测试样本。识别结果与表 10-3 所列的结果大致相同，表明本系统采用的方法具有普适性。

本系统设计了一个拟合灰度平面，减轻了光照对人脸识别的干扰；采用 Canny 算子和主动表观模型相结合的方法，提高了特征点定位的精确度，降低了计算复杂度，实现了系统对于实时性的要求。但是本系统还存在系统稳定性不高、对特征点的定位不够详细、分类器设计过于简单的缺点，还有待进一步提高。

10.4 基于动态图像序列的面部表情识别

前面主要讨论了基于静止图像的静态面部表情识别算法，而大家知道，表情是经面部区域的运动而产生的，表情的动作变化是表情聚类的实质和核心。因此，基于静态图像的面部表情识别算法不可避免存在一些缺点：

1）用静止的单帧图像进行训练和识别，反映不出表情动作的变化，没有包含时间信息和运动信息；

2）取的特征是局部的和线性的；

3）扩展性不够好，对混合表情难以识别。

光流法是对运动图像序列分析的一种重要方法。光流是空间运动物体的被观测表面上的像素点运动的瞬时速度场，包含了物体与成像传感器系统之间相对运动的关系 。光流研究是计算机运动视觉的一个重要部分，是利用运动图像序列中的强度数据的时域变化和相关性，确定图像像素位置的运动情况。利用光流法可以有效地分析人脸面部表情变化的动态信息，提取能够反映面部表情变化的特征流，因此本节主要讨论基于光流法的动态表情识别算法。

本节介绍了两种改进的用于提取面部表情变化特征的光流算法，提出两种改进的用于表情分类识别的 HMM 算法，并在最后给出了几种改进算法的详细实验结果对比。

10.4.1 光流的基本计算方法

光流法是一种重要的运动图像分析方法，在最近 20 年得到了较大发展，研究者提出了多种不同的光流法作为改进算法，主要可以分为四类：时空梯度法、块匹配方法、基于能量方法和基于相位分析法，其中时空梯度法最为常见。

1. 时空梯度法

时空梯度法又称为微分法，它是利用图像序列灰度，即时空梯度函数，来计算每一图像点的速度向量。设 $I(x,y,t)$ 为 t 时刻图像点 (x,y) 的灰度；u、v 分别为该点光流向量沿 x 和 y 方向的两个分量，且有 $u=\mathrm{d}x/\mathrm{d}t$、$v=\mathrm{d}y/\mathrm{d}t$。根据图像灰度一致性假设，有 $\mathrm{d}(x,y,t)/\mathrm{d}t=0$，则

$$\boldsymbol{I}_x u+\boldsymbol{I}_y v+\boldsymbol{I}_t=0 \tag{10-16}$$

写成向量形式有

$$\nabla \boldsymbol{I}\cdot\boldsymbol{V}+\boldsymbol{I}_t=0 \tag{10-17}$$

式中，$\boldsymbol{I}_x$、$\boldsymbol{I}_y$、$\boldsymbol{I}_t$ 分别为参考像素点的灰度值沿 x、y、t 三个方向的偏导数；$\nabla\boldsymbol{I}$ 为图像灰度的空间梯度 $\nabla\boldsymbol{I}=(I_x,I_y)^{\mathrm{T}}$；$\boldsymbol{V}$ 为光流向量，$\boldsymbol{V}=(u,v)^{\mathrm{T}}$。

基本约束方程限定了 I_x、I_y、I_t 与光流向量的关系，由于该方程有两个未知数 u、v，则其解为非唯一。用一个方程来限定两个未知量，本来就是一个不适定问题，因而为求解 V 的两个分量必须附加另外的约束条件。

Lucas 和 Kanade 假设在一个小的空间邻域 Ω 上，运动向量保持恒定，然后使用加权最小二乘法（Weighed Least-squares）估计光流。在一个小的空间邻域 Ω 上，将光流估计误差定义为

$$\sum_{(x,y)\in\Omega} W^2(x)(I_x u+I_y v+I_t)^2 \tag{10-18}$$

式中，$W^2(x)$表示窗口权值函数，它使邻域中心区域对约束产生的影响比外围区域更大。式(10-18）的解为

$$\boldsymbol{U}=(\boldsymbol{A}^{\mathrm{T}}W^2\boldsymbol{A})^{-1}\boldsymbol{A}^{\mathrm{T}}W^2\boldsymbol{B} \tag{10-19}$$

式中，在 t 时刻的 n 个点 $X_i\in\Omega$ 下，$\boldsymbol{A}=[\nabla\boldsymbol{I}(X_1),\cdots,\nabla\boldsymbol{I}(X_n)]^{\mathrm{T}}$，$W=\mathrm{diag}[W(X_1),\cdots,W(X_n)]$，$\boldsymbol{B}=-[I_t(X_1),\cdots,I_t(X_n)]^{\mathrm{T}}$。

Horn 和 Schunck 将梯度方程式（10-17）和一速度场整体平滑约束组合在一起来约束待估速度 $V=(u,v)^{\mathrm{T}}$，最后得到了一个稠密的光流场。

上述算法的实现相对简单，计算复杂性较低，然而这种技术存在着严重缺陷。首先，图像灰度一致性假设对于许多自然图像序列来讲都是不合适的，尤其是在图像的遮挡边缘处和（或）当运动速度较高时，基于灰度一致性假设的约束方程式（10-9）存在着较大误差。其次，在图像的遮挡区域，速度场是突变的，而总体平滑约束则迫使所估计的光流场平滑地穿过这一区域，此过程平滑掉了有关物体形状的非常重要的信息。第三，时空梯度法的一个要求是 $I(x,y,t)$必须是可微的，这暗示着需对图像数据进行时空预平滑，以避免混叠效应；而

且数值微分的求取具有病态性，如果处理不当，将对最终的速度估计产生显著影响。

2. 匹配法

匹配法实质上是在图像序列的顺序图像对之间实施的一种对应，它将光流定义为使得不同时刻图像区域之间产生最佳拟合的位移。给定两帧顺序图像 I_1 和 I_2，对于图像 I_1 中的每个像素点(x,y)，以此像素为中心形成一个大小为$(2n+1)\times(2n+1)$的相关窗 W_c。围绕图像 I_2 中的对应像素点(x,y)建立一个尺寸为$(2N+1)\times(2N+1)$的搜索窗 W_s。搜索范围可根据有关两图像间最大可能位移的先验知识来确定。于是可用下面的误差平方总和（SSD）来计算搜索区域上的$(2N+1)\times(2N+1)$误差分布，即

$$\varepsilon(u,v)=\sum_{i,j=-n}^{n}[I_1(x+i,y+j)-I_2(x+u+i,y+v+j)]^2 \qquad -N\leqslant u,v\leqslant N \tag{10-20}$$

然后将此误差分布转换成指数形式的响应分布，得

$$R(u,v)=\exp[-k\varepsilon(u,v)] \qquad -N\leqslant u,v\leqslant N \tag{10-21}$$

式中，k 为正则化参数。在整个误差范围内，指数响应函数在 0 与 1 之间连续地变化。

响应分布搜索区域上的每个点均为“真匹配”的候选者。同时一个点的响应值的高低决定了其成为真匹配的可能性大小。假设两顺序图像帧的时间间隔为 1，搜索区域上每一点代表 $u-v$ 空间中的一个点，那么响应分布可以解释为速度空间中的一个概率分布，即每一点处的响应描述了对应速度值的似然。根据估计理论，利用加权最小二乘方法可得到真实速度的一个估计为

$$V_c=(u_c,v_c) \qquad u_c=\frac{\sum_u\sum_v R(u,v)u}{\sum_u\sum_v R(u,v)} \qquad v_c=\frac{\sum_u\sum_v R(u,v)v}{\sum_u\sum_v R(u,v)} \tag{10-22}$$

式中，加和是在 $-N\leqslant u$，$v\leqslant N$ 上实施的。与此估计相对应的协方差矩阵为

$$\boldsymbol{S}_c=\begin{bmatrix}\dfrac{\sum_u\sum_v R(u,v)(u-u_c)^2}{\sum_u\sum_v R(u,v)} & \dfrac{\sum_u\sum_v R(u,v)(u-u_c)(v-v_c)}{\sum_u\sum_v R(u,v)}\\ \dfrac{\sum_u\sum_v R(u,v)(u-u_c)(v-v_c)}{\sum_u\sum_v R(u,v)} & \dfrac{\sum_u\sum_v R(u,v)(v-v_c)^2}{\sum_u\sum_v R(u,v)}\end{bmatrix} \tag{10-23}$$

此协方差矩阵特征值的倒数可用作速度估计的置信测度。

对于这种匹配方法，有两个问题值得讨论。第一是有关置信测度概念的引入。在解释响应分布时，默许 SSD 表面是单峰的。然而对于近似周期性输入，特别是当搜索窗的尺寸大于灰度变化的尺寸时，SSD 表面将出现多个局部极小值，上面使用的加权最小二乘方法将“中和”这些峰值，从而产生不正确的速度估计。然而，此时获得的置信测度也是较低的。实际上，置信测度的大小反映了速度估计的可靠程度。可设一个阈值，用逆协方差矩阵的最小特征值作为相应速度估计的置信测度，而后用门限方法提取出“正确”的估计值。尽管这样做会使光流场的密度有所损失，然而却提高了估计精度。第二是有关正则化参数 k 值的选择。当搜索窗中的响应都很小时，最终的速度估计对 k 值的选取非常敏感。

3. 基于能量的方法

该方法认为光流是基于速度调谐滤波器的输出能量。由于速度调谐滤波器是在傅里叶域中设计的，这类技术也称为基于频率的方法。一个平移二维模式的傅里叶变换为

$$\hat{I}(k,w) = \hat{I}_0(k)\delta(w + V^{\mathrm{T}}k) \tag{10-24}$$

式中，$\hat{I}_0(k)$为$I(x,y,0)$的傅里叶变换；δ为狄拉克函数；w为时间频率；k为空间频率，$k=(k_x,k_y)^{\mathrm{T}}$。这表明与平移二维模式相关联的所有非零功率均位于通过频率空间原点的一个平面上,这是基于能量方法的一个基本出发点。

在此介绍一下 Heeger 的方法。他将光流估计公式化为时空能量与频率空间一平面的最小二乘拟合问题。局部能量用 Gabor 能量滤波器来提取,这些滤波器分属于几个空间尺度，每一尺度有 12 个滤波器，它们调谐于不同的空间定向和时间频率。理论上，对于单一平移运动,这些滤波器的响应集中在频率空间中一平面附近。对于平移白噪声,Heeger 导出了调谐于频率(k_x,k_y,w)的 Gabor 能量滤波器的预期响应，它是速度的函数,即

$$E(u,v) = \exp\left[\frac{-4\pi^2\sigma_x^2\sigma_y^2\sigma_t^2(uk_x + vk_y + w)^2}{(u\sigma_x\sigma_t)^2 + (v\sigma_y\sigma_t)^2 + (\sigma_x\sigma_y)^2}\right] \tag{10-25}$$

式中,σ_x、σ_y、σ_t 分别为 Gabor 滤波器高斯分量的标准偏差。

令 E_i 为滤波器的预期运动能量,它由式(10-22)给出,不同的 i 值对应于不同中心频率的滤波器;m_i 为测得的运动能量,即相应滤波器的输出;$\overline{m}_i$ 为与第 i 个滤波器同定向的滤波器族的输出之和;$\overline{E}_i$ 为对应的预测能量之和。使下式最小化可求得(u,v)的一个最小二乘估计：

$$f(u,v) = \sum_{i=1}^{12}\left[m_i - \overline{m}_i\frac{E_i(u,v)}{\overline{E}_i(u,v)}\right]^2 \tag{10-26}$$

Heeger 提出两条途径来最小化式(10-26),一是用牛顿法实现式(10-26) 的非线性最小化,二是采用并行搜索算法。

在基于能量的模型中，首先要对输入图像序列进行时空滤波处理，这是一种时间和空间整合。对于均匀的流场，要获得正确的速度估计，这种时空整合是非常必要的。然而，这样做会降低光流估计的空间和时间分辨率。尤其是当时空整合区域包含几个运动成分(如运动边缘)时,估计精度将会恶化。此外,基于能量的光流技术还存在高计算负载的问题。

4. 基于相位的方法

Fleet 和 Jepson 首次从概念上提出了相位信息用于光流计算的问题。因为速度是根据带通滤波器输出的相位特性确定的,因此称为相位方法。他们是根据与带通速度调谐滤波器输出中的等相位轮廓相垂直的瞬时运动来定义分速度的。带通滤波器是按照尺度、速度和定向来分离输入信号的。每一滤波器输出均为复值，表述如下：

$$R(x,y,t) = \rho(x,y,t)\exp(i\phi(x,y,t)) \tag{10-27}$$

式中,ρ 和 ϕ 分别为滤波器的输出幅值和相位角。于是，垂直于等相位轮廓的速度分量为

$$\boldsymbol{V}_n = s\boldsymbol{n} \tag{10-28}$$

速率 s 和法向单位向量 $\boldsymbol{n}$ 由下式给出

$$s = \frac{-\phi}{\|\nabla\phi\|} \qquad \boldsymbol{n} = \frac{\nabla\phi}{\|\nabla\phi\|} \tag{10-29}$$

式中，$\nabla\phi=(\phi_x,\phi_y)^{\mathrm{T}}$ 为相位梯度。这实质上是一种微分技术,只不过对象是相位而不是灰度。相位导数可用下式计算：

$$\phi_x(x,y,t) = \mathrm{Im}\frac{R^*(x,y,t)R(x,y,t)}{|R(x,y,t)|^2} \tag{10-30}$$

Fleet 和 Jepson 认为,带通滤波器输出的相位分量比幅值分量更稳定。然而，他们又指出，相位也可能不稳定，不稳定出现在相位奇点的邻域内。可用下列一个对滤波器瞬时频率和幅值变化的约束条件来检测其不稳定性：

$$\|\nabla \log R(x,y,t) - i(|k|,w)\| \leqslant \sigma_k T \tag{10-31}$$

式中,$(|k|,w)$表示滤波器调谐的时空频率;σ_k 为各向同性幅值谱的标准偏差;T 为一门限,用它来剔除不可靠的分速度测度。此约束条件使相位技术获得了较高的估计精度。

最后，根据来自不同滤波通道的法向速度估计，用一个线性速度模型拟合每个局部区域。在 5 × 5 邻域上收集满足稳定性约束的估计值，进而在最小二乘意义下确定最佳的线性速度模型。

基于相位的光流技术的综合性能是比较好的,速度估计比较精确,且具有较高的空间分辨率，对图像序列的适用范围也比较宽。同时，这里仍有几个问题值得讨论：

1）与基于能量的光流技术一样，基于相位的模型既有一定的生物合理性，又有较高的计算复杂性。

2）尽管相位技术用两帧图像就可计算光流，但要获得足够的估计精度，就必须有一定的整合时间，这个延迟将会降低边缘处运动估计的时间分辨率。

3）Fleet 和 Jepson 的方法对输入图像序列中的时间混叠比较敏感。

10.4.2 基于 Hessian 矩阵的改进光流算法

传统的光流计算方法主要是基于灰度守恒和光流场的平滑性假设,但这些假设在阴影、边界和遮挡性的地方不再成立,为此提出相应的改进算法。

1. *前向-后向光流方程*

考虑下列方程：

$$I(x,y,t) - I(x+\Delta x, y+\Delta y, t+\Delta t) = 0 \tag{10-32}$$

可以得到

$$\begin{aligned} I(x,y,t) &= I(x+\Delta x, y+\Delta y, t+\Delta t) \\ I(x,y,t+\Delta t) &= I(x-\Delta x, y-\Delta y, t) \end{aligned} \tag{10-33}$$

对式(10-29)、式(10-30)分别进行泰勒展开,并忽略二阶及二阶以上项,得

$$\begin{gathered} \frac{\partial I(x,y,t)}{\partial x}\Delta x + \frac{\partial I(x,y,t)}{\partial y}\Delta y + \frac{\partial I(x,y,t)}{\partial t}\Delta t = 0 \\ \frac{\partial I(x,y,t+\Delta t)}{\partial x}\Delta x + \frac{\partial I(x,y,t+\Delta t)}{\partial y}\Delta y + \frac{\partial I(x,y,t+\Delta t)}{\partial t}\Delta t = 0 \end{gathered} \tag{10-34}$$

即

$$I_x^t u + I_y^t v + I_t^t = 0 \tag{10-35a}$$

$$I_x^{t+\Delta t} u + I_y^{t+\Delta t} v + I_t^{t+\Delta t} = 0 \tag{10-35b}$$

式中，$I_x^t = \frac{\partial I(x,y,t)}{\partial x}$;$I_y^t = \frac{\partial I(x,y,t)}{\partial y}$;$I_t^t = \frac{\partial I(x,y,t)}{\partial t}$;

$I_x^{t+\Delta t} = \frac{\partial I(x,y,t+\Delta t)}{\partial x}$;$I_y^{t+\Delta t} = \frac{\partial I(x,y,t+\Delta t)}{\partial y}$;$I_t^{t+\Delta t} = \frac{\partial I(x,y,t+\Delta t)}{\partial t}$

式(10-35a)、式(10-35b)即为前向-后向光流方程,可以合并为一个新的光流方程,即

$$I'_x u + I'_y v + I'_t = 0 \tag{10-36}$$

式中,$I'_x = f_1(I^t_x, I^{t+\Delta t}_x)$,$I'_y = f_2(I^t_y, I^{t+\Delta t}_y)$,$I'_t = f_3(I^t_t, I^{t+\Delta t}_t)$。

取:$I'_x = \alpha I^t_x + (1-\alpha)I^{t+\Delta t}_x$,$I'_y = \alpha I^t_y + (1-\alpha)I^{t+\Delta t}_y$,$I'_t = \alpha I^t_t + (1-\alpha)I^{t+\Delta t}_t$,$\alpha$为一常数,根据性能指标式(10-36),可以求解出光流场(u,v)。

2. Hessian 矩阵

尽管 Lucas-Kanade 光流法计算简单,光流估计精度较高,但它有一个致命缺点,即它假定邻域Ω内各像素点光流保持恒定,而且光流计算依赖于窗口权重函数,这意味着如果在邻域Ω内存在严重违反光流约束方程的点或邻域Ω运动不连续,将使得估计的光流可靠性严重降低。为此,引入 Hessian 矩阵判断领域Ω内每点对于基本约束方程的"良态性"。

对式(10-36)分别对x、y求偏导,可得

$$I_{xx}u + I_{yx}v = -I_{tx} \qquad I_{xy}u + I_{yy}v = -I_{ty} \tag{10-37}$$

即

$$\begin{bmatrix} I_{xx} & I_{yx} \\ I_{xy} & I_{yy} \end{bmatrix}\begin{bmatrix} u \\ v \end{bmatrix} = -\begin{bmatrix} I_{tx} \\ I_{ty} \end{bmatrix} \tag{10-38}$$

定义 Hessian 矩阵为

$$\boldsymbol{H} = \begin{bmatrix} I_{xx} & I_{yx} \\ I_{xy} & I_{yy} \end{bmatrix} \tag{10-39}$$

Hessian 矩阵的条件数:$\mathrm{Cond}(\boldsymbol{H}) = \|\boldsymbol{H}\| \cdot \|\boldsymbol{H}^{-1}\| = |\lambda_{\max}|/|\lambda_{\min}|$,其中,$\lambda_{\max}$、$\lambda_{\min}$分别为 Hessian 矩阵$\boldsymbol{H}$的最大特征值和最小特征值,可以通过 Hessian 矩阵条件数大小来判断方程式(10-38)解的稳定性,如果 Hessian 矩阵的条件数很大,则方程式(10-38)为病态方程,对应的 Hessian 矩阵秩很小,其解不稳定,计算的光流不可靠;如果 Hessian 矩阵的条件数接近 1,对应的 Hessian 矩阵秩很大,方程式(10-38)为良态,其解鲁棒性较好。由此可以通过计算 Hessian 矩阵的条件数来剔除邻域Ω内的不可靠点。

3. 梯度阈值处理

在复杂场景运动目标检测中,由于场景和运动目标的灰度梯度可能相差不大,使得运动目标轮廓处于模糊状态,在光流场的计算中,只有在灰度变化较大的地方,才能够获得比较精确的解,其他位置得到的解往往是不可靠的,计算的轮廓处光流不准确,也即基本光流约束方程在灰度梯度很小时不成立。为此引入梯度约束条件,设定灰度梯度阈值T,在灰度梯度大于阈值T的像素点计算光流。

4. 基于 Hessian 矩阵的光流算法

Hessian 矩阵的条件数很好地刻画了线性方程式(10-38)解的稳定性,而且条件数越大,对应的 Hessian 矩阵的秩越小,为此可以先利用 Hessian 矩阵剔除邻域Ω内的不可靠点,并把各点对应条件数的倒数作为该点权值,其算法如下:

1)计算图像中每点的一阶和二阶梯度。

2)分别计算每点对应 Hessian 矩阵的秩 det(H)和条件数 Cond(H),设定阈值为τ,则:

$$W(X) = \begin{cases} 0 & \text{若 } \det(H) < \tau \\ 1/\mathrm{Cond}(H) & \text{若 } \det(H) \geqslant \tau \end{cases} \tag{10-40}$$

并对每个邻域 $\boldsymbol{\Omega}$ 内的 $W(X)$ 进行归一化处理。

3）采用加权最小二乘法求解式（10-35）中光流场（u，v）。

为了验证上述算法的有效性，本小节采用了一组合成图像序列和两组真实图像序列进行实验。其中，合成图像序列相邻帧间的真实光流已知，通过采用上述算法对其估计光流，然后与真实光流比较，作出定量评估。对于光流场 $\boldsymbol{V}=(u,v)^{\mathrm{T}}$，把它写出一个三维的方向向量 $\boldsymbol{V}=\frac{1}{\sqrt{u^2+v^2+1}}(u,\ v,\ 1)^{\mathrm{T}}$，真实光流 $\boldsymbol{V}_{\mathrm{c}}$ 和估计光流 $\boldsymbol{V}_{\mathrm{e}}$ 之间的光流角误差可以表示为

$$\psi_E=\arccos\ (\boldsymbol{V}_{\mathrm{c}}\cdot\boldsymbol{V}_{\mathrm{e}}) \tag{10-41}$$

平均误差为

$$AE=\frac{1}{N}\sum_{i=1}^{N}\psi_E(i) \tag{10-42}$$

式中，N 为光流场的像素个数。对光流场标准角偏差定义为

$$SD=\sqrt{\frac{1}{N}\sum_{i=1}^{N}(\psi_E(i)-AE)^2} \tag{10-43}$$

参照 Barron 等人的做法，本小节亦在估计光流之前，采用了标准差为 1.5 像素/帧的时空高斯滤波器平滑图像序列，这有助于削弱时间噪声和输入中的量化效应。

图 10-11a、b 分别是 Translating Trees 图像序列的第 7、8 帧，该图像序列以 1.73 ~2.26 的流速向右运动，运动方向平行于水平轴。图 10-11c 所示是利用本小节所述方法计算的第 8、9 帧之间的光流场。可以看出，光流方向基本跟真实光流一致，大小有些差别，表 10-4 给出了本小节所述改进算法和其他方法计算的光流平均角误差和标准角偏差的对照。

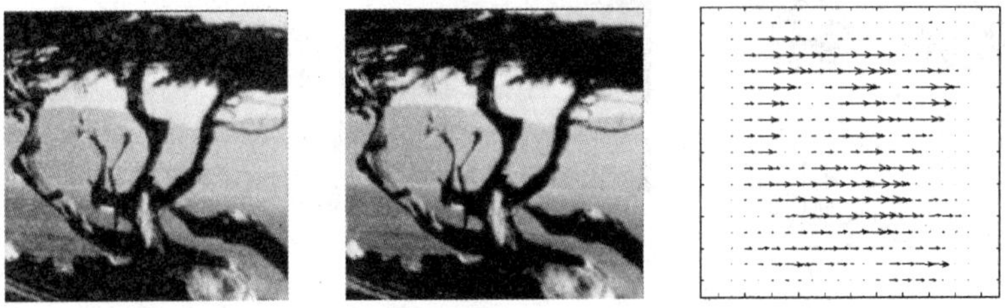

a) b) c)

图 10-11 Translating Trees 图像序列与光流场

a）第 7 帧图像 b）第 8 帧图像 c）光流场

表 10-4 对 Translating Trees 序列，本小节介绍的改进算法与其他算法比较

算 法	流速平均角误差/（°）	流速标准角偏差/（°）	密度（%）
Horn 和 Schunck（原有的）	38.72	27.67	100
Horn 和 Schunck（改进的）	2.02	2.27	100
Lucas 和 Kanade（$\lambda_2>1.0$）	0.66	0.67	100
本小节介绍的方法	0.61	0.62	100

图 10-12 所示是 Rubic Cube 序列实验结果，其中图 10-12a、b 为 Rubic Cube 序列中的第 9、10 帧，图 10-13a 是采用标准 Lucas 和 Kanade 光流法得到的 Rubic Cube 序列中第 9、10 帧光流场，噪声含量比较多；图 10-13b 为采用本小节方法得到的光流场，显然该光流场比较准确地反映了 Rubic Cube 图像序列的运动信息，比图 10-13a 噪声少得多。

a)　　b)

图 10-12　Rubic Cube 图像序列中第 9、10 帧图像

a）第 9 帧图像　b）第 10 帧图像

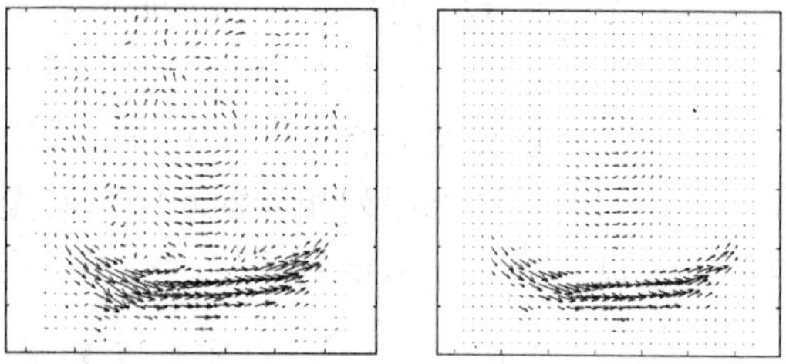

a)　　b)

图 10-13　计算的 Rubic Cube 光流场

a）基于 Hessian 矩阵光流法　b）基于 Lucas 和 Kanade 法

利用本节方法对卡耐基梅隆大学的人脸表情库进行测试，图 10-14 所示为一愤怒表情序列图像。其中，图 10-14a、b 所示分别为该序列图像的第 11、13 帧，愤怒表情主要体现在眼睛、眉毛和嘴巴：眉毛紧皱、上下眼皮紧张，眼睛可能鼓起、上下嘴唇紧闭，图 10-14c 所示为采用本小节方法计算的光流场。图 10-15 所示为一惊奇表情序列图像。其中，图 10-15a、b 所示分别为该序列图像的第 5、6 帧，惊奇表情主要体现在眼睛睁大、上眼皮抬高、下眼皮下落、嘴巴张开、下颚下落，从图 10-15c 可以看出，该光流场基本反映了眼睛及嘴巴的运动趋势。但由于人脸运动为非刚体运动，其运动过程中发生了变形，导致图像灰度值发生严重变化，因此相对于刚体运动的光流场估计，非刚体运动光流场估计准确度稍差。

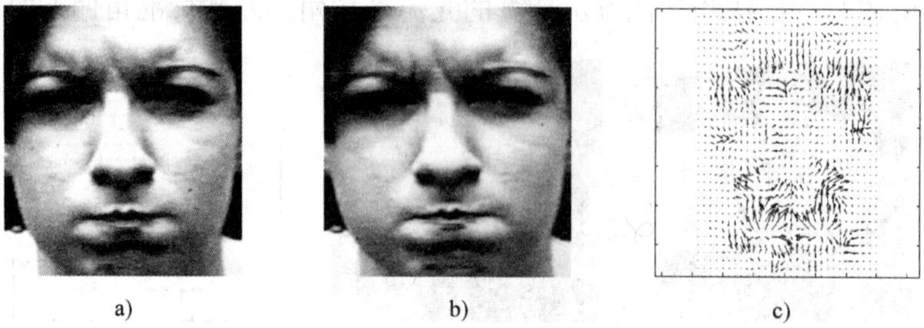

a)　　b)　　c)

图 10-14　愤怒表情图像序列与光流场

a）第 11 帧图像　b）第 13 帧图像　c）光流场

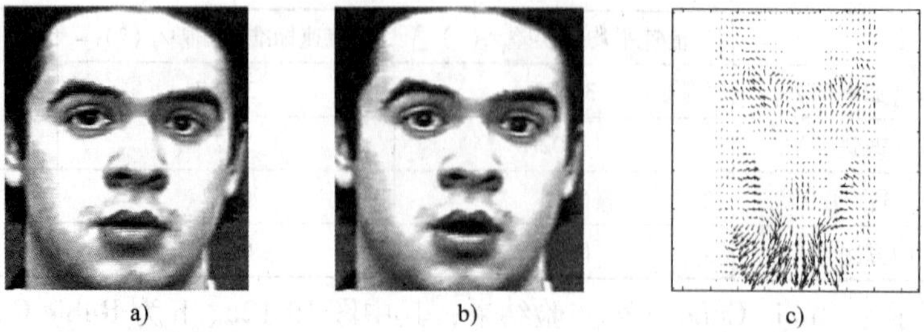

a)　　b)　　c)

图 10-15　惊奇表情图像序列与光流场

a）第 5 帧图像　b）第 6 帧图像　c）光流场

本小节详细讨论了光流法在面部表情序列图像分析中的应用，利用改进的光流算法计算了面部表情图像的光流场，针对传统光流法在阴影、边界和遮挡性的地方灰度守恒和光流场的平滑性假设不再成立这一问题，引入前向-后向光流方程，计算其 Hessian 矩阵，并把 Hessian 矩阵的条件数与 Lucas-Kanade 光流法中的加权阵相结合，有效地消除局部邻域中不可靠的约束点，同时进一步提高光流约束方程解的稳定性。

10.4.3 散度-旋度样条约束下的非刚体光流算法

Horn-Schunck 光流法是基于灰度一致性假设前提下得到的稠密光流场，当光源不恒定或运动物体存在形变时，光流计算将不准确。人脸运动是典型的非刚体运动，采用传统光流法必然会导致光流场计算的不精确，从而影响面部表情的识别率。为此，Richard P. Wildes 等人基于流体运动的连续方程提出了一种适合计算流体运动光流场的扩展光流算法。该算法对光源变化、运动物体的形变具有较好的鲁棒性。本小节在扩展光流方程的基础上，通过引入散度-旋度样条（div-curl Splines）作为附加约束条件，进一步深入讨论了非刚体运动光流场的计算方法，并将该算法用于计算面部表情序列光流场。通过实验表明，该方法具有较好的性能。

1. 扩展光流方程

由流体力学可知，所有流体的运动都遵循如下连续方程：

$$\frac{\partial \rho}{\partial t} + \mathrm{div}(\rho V) = 0 \tag{10-44}$$

式中，ρ 为流体密度；V 为流速；$\mathrm{div}V$ 为速度场，$\mathrm{div}V = \partial u/\partial x + \partial v/\partial y + \partial w/\partial z$，$V=$（$u$，$v$，$w$）散度。式（10-44）可进一步展开成

$$\frac{\partial \rho}{\partial t} + \nabla \rho^{\mathrm{T}} V + \rho \mathrm{div} V = 0 \tag{10-45}$$

如果用图像灰度 I 代替流体密度 ρ，并进一步展开可得到：

$$I_x u + I_y v + I_t + I u_x + I v_y = 0 \tag{10-46}$$

其中 $V=$（u，v）为二维速度场，则式（10-46）即为扩展光流约束方程，与基本光流约束方程比较，扩展光流约束方程增加了 $I\mathrm{div}V$ 项。

2. div-curl 样条约束

式（10-46）中含有两个未知数，为了求解速度场（u，v），必须引入附加约束条件。Horn-Schunck 光流法引入一阶正则化函数 $E_2 = \iint(\|\nabla u\|^2 + \|\nabla v\|^2)\mathrm{d}x\mathrm{d}y$，不难证明，在求解光流场时，该正则化函数等价于一阶 Div-curl 样条函数 $E_2 = \iint(\|\mathrm{div}V\|^2 + \|\mathrm{curl}V\|^2)\mathrm{d}x\mathrm{d}y$，其中，$\mathrm{curl}V = v_x - u_y$。

为求解式（10-46）光流场，本文引入一阶和二阶 div-curl 样条函数作为附加约束条件，这样可以得到如下目标函数：

$$J_1 = \iint\left\{(I_x u + I_y v + I_t + I u_x + I v_y)^2 + \alpha\|\mathrm{div}V\|^2 + \beta\|\mathrm{curl}V\|^2\right\}\mathrm{d}x\mathrm{d}y \tag{10-47}$$

$$J_2 = \iint\left\{(I_x u + I_y v + I_t + I u_x + I v_y)^2 + \alpha\|\nabla\ \mathrm{div}V\|^2 + \beta\|\nabla\ \mathrm{curl}V\|^2\right\}\mathrm{d}x\mathrm{d}y \tag{10-48}$$

其中，式（10-47）附加约束项为一阶 div-curl 样条函数，式（10-48）附加约束项为二阶 div-curl 样条函数。α、β 分别为散度与旋度约束项的平滑参数。

3. div-curl 样条约束下的光流数值解

（1）一阶 div-curl 样条约束下的光流数值解　由变分原理可知，式（10-49）对应的欧拉方程（Euler-Lagrange Equations）为

$$F_u - \frac{\partial}{\partial x}F_{u_x} - \frac{\partial}{\partial y}F_{u_y} = 0 \tag{10-49a}$$

$$F_v - \frac{\partial}{\partial x}F_{v_x} - \frac{\partial}{\partial y}F_{v_y} = 0 \tag{10-49b}$$

式中，F 为式（10-43）中的被积函数，由此可以得到

$$I\frac{\partial}{\partial x}\left[(I_x u + I_y v + I_t + Iu_x + Iv_y)\right] + \frac{\partial}{\partial x}\left[\alpha(u_x + v_y)\right] + \frac{\partial}{\partial y}\left[\beta(u_y - v_x)\right] = 0 \tag{10-50a}$$

$$I\frac{\partial}{\partial y}\left[(I_x u + I_y v + I_t + Iu_x + Iv_y)\right] + \frac{\partial}{\partial y}\left[\alpha(u_x + v_y)\right] + \frac{\partial}{\partial x}\left[\beta(v_x - u_y)\right] = 0 \tag{10-50b}$$

进一步可整理为

$$\alpha u_{xx} + \beta u_{yy} + (\alpha - \beta)v_{xy} = -I(I_{tx} + I_{xx}u + I_{xy}v + 2I_x u_x + I_y v_x + I_x v_y + Iu_{xx} + Iv_{xy}) \tag{10-51a}$$

$$\beta v_{xx} + \alpha v_{yy} + (\alpha - \beta)u_{xy} = -I(I_{ty} + I_{xy}u + I_{yy}v + I_y u_x + I_x u_y + 2I_y v_y + Iu_{xy} + Iv_{yy}) \tag{10-51b}$$

利用有限差分法求解式(10-51)，可以得到

$$\begin{aligned}&(2\alpha + 2\beta)u_{i,j} + 2I^2 u_{i,j} - II_{xx}u_{i,j} - II_{xy}v_{i,j} = 2\alpha\overline{u_{i,j}^x} + 2\beta\overline{u_{i,j}^y} + 2I^2\overline{u_{i,j}^x} + (\alpha - \beta)\Delta_{xy}v_{i,j} + \\ &I(I_{tx} + 2I_x\Delta_x u_{i,j} + I_y\Delta_x v_{i,j} + I_x\Delta_y v_{i,j} + I\Delta_{xy}v_{i,j})\end{aligned} \tag{10-52a}$$

$$\begin{aligned}&(2\alpha + 2\beta)v_{i,j} + 2I^2 v_{i,j} - II_{yy}v_{i,j} - II_{xy}u_{i,j} = 2\alpha\overline{v_{i,j}^y} + 2\beta\overline{v_{i,j}^x} + 2I^2\overline{v_{i,j}^y} + (\alpha - \beta)\Delta_{xy}u_{i,j} + \\ &I(I_{ty} + 2I_y\Delta_y v_{i,j} + I_y\Delta_x u_{i,j} + I_x\Delta_y u_{i,j} + I\Delta_{xy}u_{i,j})\end{aligned} \tag{10-52b}$$

式中，$u_x = \Delta_x u_{i,j} = \frac{1}{2}(u_{i+1,j} - u_{i-1,j})$；$u_y = \Delta_y u_{i,j} = \frac{1}{2}(u_{i,j+1} - u_{i,j-1})$；$v_x = \Delta_x v_{i,j} = \frac{1}{2}(v_{i+1,j} - v_{i-1,j})$；$v_y = \Delta_y v_{i,j} = \frac{1}{2}(v_{i,j+1} - v_{i,j-1})$；$\overline{u_{i,j}^x} = \frac{1}{2}(u_{i+1,j} + u_{i-1,j})$；$\overline{u_{i,j}^y} = \frac{1}{2}(u_{i,j+1} + u_{i,j-1})$；$\overline{v_{i,j}^x} = \frac{1}{2}(v_{i+1,j} + v_{i-1,j})$；$\overline{v_{i,j}^y} = \frac{1}{2}(v_{i,j+1} + v_{i,j-1})$；$u_{xx} = 2(\overline{u_{i,j}^x} - u_{i,j})$；$u_{yy} = 2(\overline{u_{i,j}^y} - u_{i,j})$；$v_{xx} = 2(\overline{v_{i,j}^x} - v_{i,j})$；$v_{yy} = 2(\overline{v_{i,j}^y} - v_{i,j})$。

把式(10-52)写成如下紧凑形式：

$$\boldsymbol{AV} = \overline{\boldsymbol{V}}\boldsymbol{K} + \boldsymbol{B} \tag{10-53}$$

其中，$\boldsymbol{V} = [u_{i,j}, v_{i,j}]^{\mathrm{T}}$；$\boldsymbol{A} = I\begin{bmatrix}2I - I_{xx} & -I_{xy}\\ -I_{xy} & 2I - I_{yy}\end{bmatrix} + (2\alpha + 2\beta)\boldsymbol{E}$；$\overline{\boldsymbol{V}} = \begin{bmatrix}\overline{u_{i,j}^x} & \overline{u_{i,j}^y}\\ \overline{v_{i,j}^y} & \overline{v_{i,j}^x}\end{bmatrix}$；$\boldsymbol{K} = \begin{bmatrix}2\alpha + 2I^2\\ 2\beta\end{bmatrix}$；

$\boldsymbol{B} = \begin{bmatrix}(\alpha - \beta)\Delta_{xy}v_{ij} + I(I_{tx} + 2I_x\Delta_x u_{i,j} + I_y\Delta_x v_{i,j} + I_x\Delta_y v_{i,j} + I\Delta_{xy}v_{i,j})\\ (\alpha - \beta)\Delta_{xy}u_{ij} + I(I_{ty} + 2I_y\Delta_y v_{i,j} + I_y\Delta_x u_{i,j} + I_x\Delta_y u_{i,j} + I\Delta_{xy}u_{i,j})\end{bmatrix}$，$\boldsymbol{E}$ 为单位矩阵。

采用迭代法，把式(10-53)写成如下迭代形式：

$$\boldsymbol{V}^{n+1} = \boldsymbol{A}^{-1}\left[\overline{\boldsymbol{V}}^n\boldsymbol{K} + \boldsymbol{B}(\boldsymbol{V}^n)\right] \tag{10-54}$$

式(10-54)为基于一阶 div-curl 样条约束下的非刚体运动光流迭代公式。

(2)二阶 div-curl 样条约束下光流数值解　与式(10-48)对应的欧拉方程式为

$$F_u - \frac{\partial}{\partial x}F_{u_x} + \frac{\partial^2}{\partial x^2}F_{u_{xx}} + \frac{\partial^2}{\partial x \partial y}F_{u_{xy}} + \frac{\partial^2}{\partial y^2}F_{u_{yy}} = 0 \tag{10-55a}$$

$$F_v - \frac{\partial}{\partial y}F_{v_y} + \frac{\partial^2}{\partial x^2}F_{v_{xx}} + \frac{\partial^2}{\partial x \partial y}F_{v_{xy}} + \frac{\partial^2}{\partial y^2}F_{v_{yy}} = 0 \tag{10-55b}$$

式中,$\boldsymbol{F}$ 为式(10-48)中的被积函数。由式(10-54)可以得到

$$\alpha \frac{\partial^4 u}{\partial x^4} + \beta \frac{\partial^4 u}{\partial y^4} + (\alpha+\beta)\frac{\partial^4 u}{\partial x^2 \partial y^2} + (\alpha-\beta)\frac{\partial^4 v}{\partial x^3 \partial y} + (\alpha-\beta)\frac{\partial^4 v}{\partial x \partial y^3}$$
$$= I\frac{\partial}{\partial x}(I_x u + I_y v + I_t + I u_x + I v_y) \tag{10-56a}$$

$$\alpha \frac{\partial^4 v}{\partial y^4} + \beta \frac{\partial^4 v}{\partial x^4} + (\alpha+\beta)\frac{\partial^4 v}{\partial x^2 \partial y^2} + (\alpha-\beta)\frac{\partial^4 u}{\partial x^3 \partial y} + (\alpha-\beta)\frac{\partial^4 u}{\partial x \partial y^3}$$
$$= I\frac{\partial}{\partial y}(I_x u + I_y v + I_t + I u_x + I v_y) \tag{10-56b}$$

式中,$\frac{\partial^4 u}{\partial x^4} = 6u_{i,j} + (u_{i+2,j} - 4u_{i+1,j} - 4u_{i-1,j} + u_{i-2,j}) = 6u_{i,j} + u^x_{i,j}$

$$\frac{\partial^4 u}{\partial y^4} = 6u_{i,j} + (u_{i,j+2} - 4u_{i,j+1} - 4u_{i,j-1} + u_{i,j-2}) = 6u_{i,j} + u^y_{i,j}$$

$$\frac{\partial^4 v}{\partial x^4} = 6v_{i,j} + (v_{i+2,j} - 4v_{i+1,j} - 4v_{i-1,j} + v_{i-2,j}) = 6v_{i,j} + v^x_{i,j}$$

$$\frac{\partial^4 v}{\partial y^4} = 6v_{i,j} + (v_{i,j+2} - 4v_{i,j+1} - 4v_{i,j-1} + v_{i,j-2}) = 6v_{i,j} + v^y_{i,j}$$

$$\frac{\partial^4 u}{\partial x^2 \partial y^2} = 4(u_{i,j} + \overline{u_{i,j}} - \overline{u^x_{i,j}} - \overline{u^y_{i,j}}),\ \frac{\partial^4 v}{\partial x^2 \partial y^2} = 4(v_{i,j} + \overline{v_{i,j}} - \overline{v^x_{i,j}} - \overline{v^y_{i,j}})$$

$$(\alpha-\beta)\left(\frac{\partial^4 u}{\partial x^3 \partial y} + \frac{\partial^4 u}{\partial x \partial y^3}\right) = (\alpha-\beta)\Big[-u_{i+1,j+1} - u_{i-1,j-1} + u_{i+1,j-1} + u_{i-1,j+1} +$$
$$\frac{1}{4}(u_{i+2,j+1} - u_{i+2,j-1}) - \frac{1}{4}(u_{i-2,j+1} - u_{i-2,j-1}) + \frac{1}{4}(u_{i+1,j+2} - u_{i-1,j+2}) - \frac{1}{4}(u_{i+1,j-2} - u_{i-1,j-2})\Big]$$
$$= (\alpha-\beta)[-4\Delta_{xy}u_{i,j} + 2\Delta_{xy}u_{i,j} + 2\Delta_{xy}u_{i,j}] = 0$$

$$(\alpha-\beta)\left(\frac{\partial^4 v}{\partial x^3 \partial y} + \frac{\partial^4 v}{\partial x \partial y^3}\right) = 0 \tag{10-57}$$

同样,采用有限差分法求解式(10-54),可以得到

$$(10\alpha + 10\beta - II_{xx} + 2I^2)u_{i,j} - II_{xy}v_{i,j} = -4(\alpha+\beta)\overline{u_{i,j}} - \alpha u^x_{i,j} - \beta u^y_{i,j} +$$
$$4(\alpha+\beta)(\overline{u^x_{i,j}} + \overline{u^y_{i,j}}) + 2I^2\,\overline{u^x_{i,j}} + I(I_{tx} + 2I_x\Delta_x u_{i,j} + I_y\Delta_x v_{i,j} + I_x\Delta_y v_{i,j} + I\Delta_{xy}v_{i,j}) \tag{10-58a}$$

$$(10\alpha + 10\beta - II_{yy} + 2I^2)v_{i,j} - II_{xy}u_{i,j} = -4(\alpha+\beta)\overline{v_{i,j}} - \alpha v^y_{i,j} - \beta v^x_{i,j} +$$
$$4(\alpha+\beta)(\overline{v^x_{i,j}} + \overline{v^y_{i,j}}) + 2I^2\,\overline{v^y_{i,j}} + I(I_{ty} + 2I_y\Delta_y v_{i,j} + I_y\Delta_x u_{i,j} + I_x\Delta_y u_{i,j} + I\Delta_{xy}u_{i,j}) \tag{10-58b}$$

式中,$u^x_{i,j} = u_{i+2,j} - 4u_{i+1,j} - 4u_{i-1,j} + u_{i-2,j}$,$u^y_{i,j} = u_{i,j+2} - 4u_{i,j+1} - 4u_{i,j-1} + u_{i,j-2}$

$$v^x_{i,j} = v_{i+2,j} - 4v_{i+1,j} - 4v_{i-1,j} + v_{i-2,j},\ v^y_{i,j} = v_{i,j+2} - 4v_{i,j+1} - 4v_{i,j-1} + v_{i,j-2}$$

$$\overline{u_{i,j}} = u_{i+1,j+1} + u_{i-1,j+1} + u_{i+1,j-1} + u_{i-1,j-1},\ \overline{v_{i,j}} = v_{i+1,j+1} + v_{i-1,j+1} + v_{i+1,j-1} + v_{i-1,j-1}$$

把式(10-58)写成如下紧凑形式：

$$AV = V^* K_1 + \bar{V} K_2 + B \tag{10-59}$$

式中，
$$A = I\begin{bmatrix} 2I - I_{xx} & -I_{xy} \\ -I_{xy} & 2I - I_{yy} \end{bmatrix} + (10\alpha + 10\beta)E;$$

$$V^* = \begin{bmatrix} u_{i,j}^x & u_{i,j}^y \\ v_{i,j}^y & v_{i,j}^x \end{bmatrix};\bar{V} = \begin{bmatrix} \overline{u_{i,j}^x} & \overline{u_{i,j}^y} \\ \overline{v_{i,j}^y} & \overline{v_{i,j}^x} \end{bmatrix};K_1 = \begin{bmatrix} -\alpha \\ -\beta \end{bmatrix};K_2 = \begin{bmatrix} 4(\alpha+\beta)+2I^2 \\ 4(\alpha+\beta) \end{bmatrix};$$

$$B = \begin{bmatrix} -4(\alpha+\beta)\overline{u_{i,j}} + I(I_{tx} + 2I_x\Delta_x u_{i,j} + I_y\Delta_x v_{i,j} + I_x\Delta_y v_{i,j} + I\Delta_{xy}v_{i,j}) \\ -4(\alpha+\beta)\overline{v_{i,j}} + I(I_{ty} + 2I_y\Delta_y v_{i,j} + I_y\Delta_x u_{i,j} + I_x\Delta_y u_{i,j} + I\Delta_{xy}u_{i,j}) \end{bmatrix}。$$

同样，式（10-59）可以写成如下迭代形式：

$$V^{n+1} = A^{-1}\lfloor V^{*n}K_1 + \bar{V}^n K_2 + B(V^n)\rfloor \tag{10-60}$$

式（10-60）即为基于二阶 div-curl 样条约束下的非刚体运动光流迭代公式。

4. div-curl 样条约束下非刚体光流法的进一步考虑

利用式（10-54）或式（10-60）可以求解面部表情运动序列光流场，为保证计算的准确度能进一步提高，对散度与旋度约束项的平滑参数 α、β 进行了自适应选取，同时对光流数值解进行了限制。

（1）α、β 自适应选取　考虑到 α、β 控制目标函数附加约束中的一阶或二阶散度、旋度项，α 或 β 越大，则对应的散度或旋度样条约束对光流估计的贡献越大，反之亦然。所以 α、β 的选取必须充分考虑到运动物体的运动特性，为此对 α、β 进行自适应选取。

对一阶 div-curl 约束下的光流算法，选择

$$\alpha = \frac{|\mathrm{div}V|}{|\mathrm{div}V| + |\mathrm{curl}V|} \qquad \beta = \frac{|\mathrm{curl}V|}{|\mathrm{div}V| + |\mathrm{curl}V|} \tag{10-61}$$

对二阶 div-curl 约束下的光流算法，选择

$$\alpha = \frac{|\nabla\mathrm{div}V|}{|\nabla\mathrm{div}V| + |\nabla\mathrm{curl}V|} \qquad \beta = \frac{|\nabla\mathrm{curl}V|}{|\nabla\mathrm{div}V| + |\nabla\mathrm{curl}V|} \tag{10-62}$$

这样，散度和旋度约束项参数 α、β 比较合理地反映图像中各点的散度、旋度分布。

（2）光流数值解的进一步限制　式（10-54）和式（10-60）解的稳定性取决于矩阵 $\boldsymbol{A}$。如果 $\boldsymbol{A}$ 的条件数 Cond(A) 很大，则式（10-54）和式（10-60）为病态方程，其解不稳定，计算出的光流场不可靠。为此，作如下处理：

1）如果 Cond(A) $< \tau$（τ 为阈值），则按照式（10-55）和式（10-60）计算光流；

2）如果 Cond(A) $\geqslant \tau$，则 $V^{n+1} = V^n$。

5. 实验结果及分析

为了验证上述算法的有效性，本小节采用了一组合成图像序列和 CMU 人脸表情库图像序列进行实验。合成图像序列相邻帧间的真实光流已知，通过采用改进算法对其估计光流，然后与真实光流比较，作出定量评估。采用了标准差为 1.5 像素/帧的时空高斯滤波器平滑图像序列，这有助于削弱时间噪声和输入中的量化效应。分别采用一阶、二阶 div-curl（散度-旋度）样条约束下非刚体光流法计算 Translating Trees 图像序列的第 7、8 帧对应光流，

该图像序列以 1.73 ~2.26 的流速向右运动，运动方向平行于水平轴。图 10-16a、b 所示分别是利用上述一阶和二阶 div-curl 样条约束光流法计算的第 7、8 帧之间的光流场。可以看出，光流方向基本跟真实光流方向一致，大小稍有差别，表 10-5 给出了本小节改进算法和其他方法计算的光流平均角误差和标准角偏差的对照。

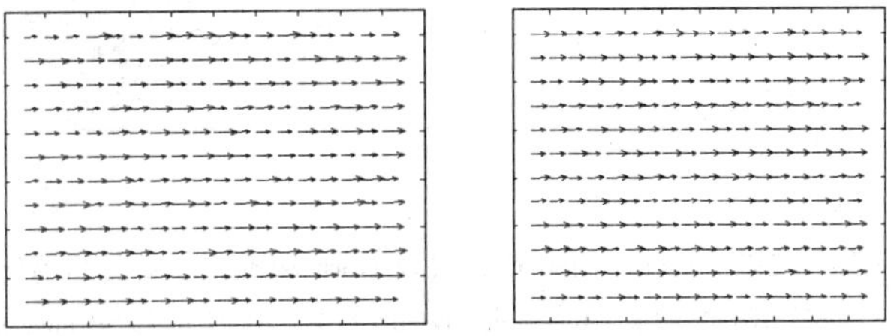

a)　　　　b)

图 10-16　基于 div-curl 样条约束光流法计算的 Translating Trees 序列光流场

a）第 7 帧光流场　b）第 8 帧光流场

表 10-5　对 Translating Trees 序列，本小节改进算法与其他算法比较

算　　法	流速平均角误差/（°）	流速标准角偏差/（°）	密度（%）
Horn 和 Schunck（原有的）	38.72	27.67	100
Horn 和 Schunck（改进的）	2.02	2.27	100
本小节改进算法（一阶 div-curl 约束）	1.68	1.90	100
本小节改进算法（二阶 div-curl 约束）	1.54	1.76	100

然后，利用从卡内基梅隆大学的人脸表情库中抽取的惊奇表情图像序列进行光流计算，惊奇表情主要表现在嘴巴张开、眼睛睁大、眉毛上升等。图 10-15a、b 所示为惊奇表情中的第 5、6 帧图像，图 10-17a、b 所示分别为采用一阶、二阶 div-curl 样条约束下非刚体光流法计算的光流场。图 10-17c 所示则为 Horn 和 Schunck 光流法计算的光流场。从计算结果可以看出，采用本小节改进算法可以比较有效地计算出惊奇表情的运动特征（眼睛和嘴巴运动），特别是计算基于二阶 div-curl 约束下的光流法，计算的结果干扰信息比较少（见图 10-17b），而用 Horn 和 Schunck 光流法计算，结果不理想，干扰信息过多（见图 10-17c）。

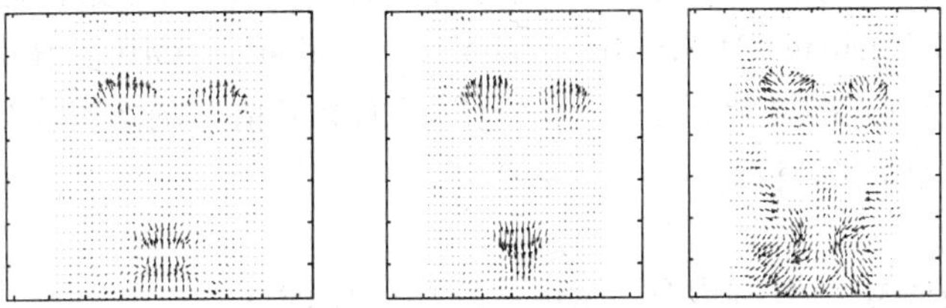

a)　　　　b)　　　　c)

图 10-17　一阶和二阶 div-curl 约束光流法及 Horn 和 Schunck 法的惊奇表情光流场

a）一阶 div-curl 约束　b）二阶 div-curl 约束　c）Horn 和 Schunck 法

图 10-14 所示为愤怒表情图像序列中的连续两帧图像，图 10-18 所示分别为采用采样一阶、二阶散度-旋度约束方法和 Horn 和 Schunck 光流法计算的光流场，显然，用本小节提出

的改进方法计算的光流场优越于 Horn 和 Schunck 光流法。

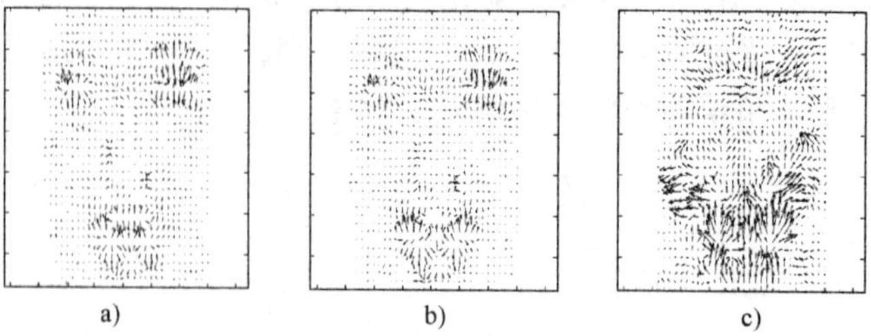

图 10-18 一阶和二阶 div-curl 约束光流法及 Horn 和 Schunck 法的愤怒表情光流场
a）一阶 div-curl 约束 b）二阶 div-curl 约束 c）Horn 和 Schunck 法

6. 小结

考虑到人脸运动是典型的非刚体运动，采用传统光流法必然会导致光流场计算的不精确，本小节引入 div-curl 样条函数作为扩展光流约束方程的附加约束条件，并给出了一阶和二阶 div-curl 样条约束下光流的数值解，同时为有效提高光流场计算的精度，自适应选取了散度和旋度平滑参数，并且通过计算光流求解方程中系数矩阵 **A** 的条件数，进一步判断光流解的稳定性。实验结果表明，上述的两种改进方法均能有效提高面部表情序列图像光流场计算的准确度。

10.4.4 基于改进 MMI 的 HMM 算法的面部表情识别

隐马尔可夫模型（HMM）是由 Baum 等人在 19 世纪 60 年代提出的，目前在模式识别与图像处理等领域得到了广泛的应用。由于 HMM 具有很强的动态时间序列建模能力，因此在处理时间序列问题上，HMM 得到广泛的关注。传统的 HMM 参数估计方法采用 Baum-Welch 算法，它实际上是一种最大似然法（ML）。此外，人们还提出了其他训练算法，如最大互信息（Maximum Mutual Information）法、最小分类误差（Minimum Classification Error）法、校正训练（Corrective Training）法、最大模型距离（Maximum model distance）法等，各种方法都具有其自身的优点和缺点。参考文献［22，23］中提出的基于 MMI 训练算法将所有训练样本等同考虑，而实际上在整个训练过程中，不同训练样本对 HMM 参数估计的贡献是不相同的，基于这种情况，本小节定义了一个更为合理的 MMI 准则函数，称之为改进的最大互信息准则（Improved Maximum Mutual Information Estimation，IMMIE）函数，推导了 HMM 参数重估公式，并结合改进的光流算法，把它应用于面部表情识别。实验结果表明，该方法比 MMI 和 Baum-Welch 法性能更好。

1. IMMIE 函数

本小节考虑的 HMM 均指连续隐马尔可夫模型（CHMM）。

设 HMM 表示为

$$\lambda = (\pi, A, B) \tag{10-63}$$

式中，π 为初始状态概率，$\pi = \{\pi_i\}$，本小节只考虑左右结构的 HMM，因此有 $\pi_1 = 1, \pi_i = 0(i \neq 1)$；$A$ 为状态转移概率，$A = \{a_{ij}\}$；B 为观察向量的混合高斯概率密度函数，$B = \{b_j(o)\}$。

设 Λ 为 HMM 模型集，$\Lambda = \{\lambda_1, \lambda_2, \cdots, \lambda_V\}$，$V$ 为 HMM 个数；N_v 和 M_v 分别为模型 λ_v

的状态数和每个状态所包含的高斯混合元个数，则训练样本集为

$$O = \{O_1^1, O_2^1, \cdots, O_{K_1}^1; O_1^2, O_2^2, \cdots, O_{K_2}^2; \cdots; O_1^V, O_2^V, \cdots, O_{K_V}^V\} \tag{10-64}$$

式中，O_k^v 为模型 λ_v 的第 k 个训练样本；K_v 为模型 λ_v 的训练样本数，且有 $O_k^v = \{o_{k,1}^v, o_{k,2}^v, \cdots, o_{k,T_k^v}^v\}$；$T_k^v$ 为观察序列 O_k^v 的长度（$v = 1,\cdots,V; k = 1,\cdots \max(K_1,\cdots,K_V)$）。最大互信息准则可以表示为

$$\begin{aligned} M(\Lambda) &= \log P(\Lambda \mid O) \\ &= \sum_{v=1}^{V}\sum_{k=1}^{K_v} \log P(\lambda_v \mid O_k^v) \\ &= \sum_{v=1}^{V}\sum_{k=1}^{K_v} \log \frac{P(\lambda_v)P(O_k^v \mid \lambda_v)}{\sum_{u=1}^{V} P(\lambda_u)P(O_k^v \mid \lambda_u)} \end{aligned} \tag{10-65}$$

假定 $P(\lambda_v) = 1/V$，即每个 HMM 等概率出现，则式（10-65）可进一步写成

$$\begin{aligned} M(\Lambda) &= \sum_{v=1}^{V}\sum_{k=1}^{K_v} \log \frac{P(O_k^v \mid \lambda_v)}{\sum_{u=1}^{V} P(O_k^v \mid \lambda_u)} \\ &= \sum_{v=1}^{V}\sum_{k=1}^{K_v} \left\{ \log P(O_k^v \mid \lambda_v) - \log \sum_{u=1}^{V} P(O_k^v \mid \lambda_u) \right\} \end{aligned} \tag{10-66}$$

式（10-66）把每个模型对某一模型 λ_v 的影响同等对待，而实际上在各个训练样本下，每个模型对某一模型 λ_v 的参数估计的贡献是不同的，因此本小节引入加权而得到改进 MMI 准则函数为

$$M(\Lambda) = \sum_{v=1}^{V} D(\lambda_v, \Lambda) = \sum_{v=1}^{V}\sum_{k=1}^{K_v} \left\{ \log P(O_k^v) - \varepsilon \log\left(\sum_{u=1}^{V} P(O_k^v \mid \lambda_u)^{\eta} \right)^{\frac{1}{\eta}} \right\} \tag{10-67}$$

式中，$0 < \varepsilon < 1$，$\eta > 0$。

对比式（10-66）、式（10-67）式可知，参数 η 的引入可以有效控制不同样本作用下每个模型对当前模型的影响程度，使得不同样本对模型参数训练的贡献不同；当 $\eta = 1$、$\varepsilon = 1$ 时，式（10-66）和式（10-67）等同，改变 η 值，各个模型对某个模型 λ_v 影响程度也发生变化，其中 $P(O_k^v \mid \lambda_u)$ 越大，则在该样本下，模型 λ_u 对模型 λ_v 的参数估计影响越大，η 值越大，这种影响就进一步加强，反之亦然；参数 ε 引入则可以有效控制所有模型对当前模型 λ_v 参数估计的综合影响程度，特别是，当 $\varepsilon = 0$ 时，式（10-67）退化成最大似然准则，此时基于式（10-67）的 HMM 模型参数估计算法等同于标准的 Baum-Welch 算法。

2. 基于 IMMIE 的 HMM 参数估计算法

为了估计 HMM 参数，下面讨论有约束优化问题。

$$\begin{cases} M(\Lambda) = \sum_{v=1}^{V}\sum_{k=1}^{K_v} \left\{ \log P(O_k^v) - \varepsilon \log\left[\sum_{u=1}^{V} P(O_k^v \mid \lambda_u)^{\eta} \right]^{\frac{1}{\eta}} \right\} = \max \\ \text{约束条件：} \quad \sum_{j=1}^{N_v} a_{ij}^v = 1 \quad \sum_{l=1}^{M_v} C_{jl}^v = 1 \end{cases} \tag{10-68}$$

为求解优化问题式（10-68），构造拉格朗日函数为

$$L(\Lambda, d, e) = M(\Lambda) + \sum_{v=1}^{V}\sum_{i=1}^{N_v} d_i^v \left(1 - \sum_{j=1}^{N_v} a_{ij}^v\right) + \sum_{v=1}^{V}\sum_{j=1}^{N_v} e_j^v \left(1 - \sum_{l=1}^{M_v} C_{jl}^v\right) \tag{10-69}$$

式中，d_i^v、e_i^v 为拉格朗日乘子；a_{ij}^v为模型 λ_v 状态 i 转移到状态 j 的概率；C_{jl}^v为模型 λ_v 时状态 j 中第 l 个高斯混合元的混合系数；μ_{jl}^v和 Σ_{jl}^v分别为与模型 λ_v 时状态 j 中第 l 个高斯混合密度函数 $N(o,\mu_{jl}^v,\Sigma_{jl}^v)$对应的均值向量和协方差矩阵（取对角型）。

令 $\frac{\partial L}{\partial a_{ij}^v}=0$、$\frac{\partial L}{\partial C_{jl}^v}=0$、$\frac{\partial L}{\partial \mu_{jl}^v}=0$、$\frac{\partial L}{\partial (\Sigma_{jl}^v)^{-1}}=0$，得到

$$\frac{\partial M(\Lambda)}{\partial a_{ij}^v}-d_i^v=0 \qquad \frac{\partial M(\Lambda)}{\partial C_{jl}^v}-e_j^v=0 \qquad \frac{\partial M(\Lambda)}{\partial \mu_{jl}^v}=0 \qquad \frac{\partial M(\Lambda)}{\partial (\Sigma_{jl}^v)^{-1}}=0$$

即

$$\frac{\partial M(\Lambda)}{\partial a_{ij}^v}=\sum_{k=1}^{K_v}\frac{1}{P(O_k^v\mid\lambda_v)}\frac{\partial P(O_k^v\mid\lambda_v)}{\partial a_{ij}^v}-\varepsilon\sum_{p=1}^{V}\sum_{k=1}^{K_p}\frac{1}{P(O_k^p\mid\lambda_v)}\frac{P(O_k^p\mid\lambda_v)^\eta}{\sum_{u=1}^{V}P(O_k^p\mid\lambda_u)^\eta}\frac{\partial P(O_k^p\mid\lambda_v)}{\partial a_{ij}^v} \tag{10-70a}$$

$$\frac{\partial M(\Lambda)}{\partial C_{jl}^v}=\sum_{k=1}^{K_v}\frac{1}{P(O_k^v\mid\lambda_v)}\frac{\partial P(O_k^v\mid\lambda_v)}{\partial C_{jl}^v}-\varepsilon\sum_{p=1}^{V}\sum_{k=1}^{K_p}\frac{1}{P(O_k^p\mid\lambda_v)}\frac{P(O_k^p\mid\lambda_v)^\eta}{\sum_{u=1}^{V}P(O_k^p\mid\lambda_u)^\eta}\frac{\partial P(O_k^p\mid\lambda_v)}{\partial C_{jl}^v} \tag{10-70b}$$

$$\frac{\partial M(\Lambda)}{\partial \mu_{jl}^v}=\sum_{k=1}^{K_v}\frac{1}{P(O_k^v\mid\lambda_v)}\frac{\partial P(O_k^v\mid\lambda_v)}{\partial \mu_{jl}^v}-\varepsilon\sum_{p=1}^{V}\sum_{k=1}^{K_p}\frac{1}{P(O_k^p\mid\lambda_v)}\frac{P(O_k^p\mid\lambda_v)^\eta}{\sum_{u=1}^{V}P(O_k^p\mid\lambda_u)^\eta}\frac{\partial P(O_k^p\mid\lambda_v)}{\partial \mu_{jl}^v} \tag{10-70c}$$

$$\frac{\partial M(\Lambda)}{\partial (\Sigma_{jl}^v)^{-1}}=\sum_{k=1}^{K_v}\frac{1}{P(O_k^v\mid\lambda_v)}\frac{\partial P(O_k^v\mid\lambda_v)}{\partial (\Sigma_{jl}^v)^{-1}}-\varepsilon\sum_{p=1}^{V}\sum_{k=1}^{K_p}\frac{1}{P(O_k^p\mid\lambda_v)}\frac{P(O_k^p\mid\lambda_v)^\eta}{\sum_{u=1}^{V}P(O_k^p\mid\lambda_u)^\eta}\frac{\partial P(O_k^p\mid\lambda_v)}{\partial (\Sigma_{jl}^v)^{-1}} \tag{10-70d}$$

而

$$P(O\mid\lambda)=\sum_{i=1}^{N}\sum_{j=1}^{N}\alpha_t(i)a_{ij}b_j(o_{t+1})\beta_{t+1}(j) \tag{10-71}$$

$$\begin{aligned}\frac{\partial P(O_k^v\mid\lambda_v)}{\partial a_{ij}^v}&=\sum_{t=1}^{T_k^v-1}\alpha_{k,t}^{vv}(i)b_j^v(o_{k,t+1}^v)\beta_{k,t+1}^{vv}(j)\\&=\frac{1}{a_{ij}^v}\sum_{t=1}^{T_k^v-1}\alpha_{k,t}^{vv}(i)\alpha_{ij}^v b_j^v(O_{k,t+1}^v)\beta_{k,t+1}^{vv}(j)\\&=\frac{1}{a_{ij}^v}\sum_{t=1}^{T_k^v-1}P(O_k^v,s_t=i,s_{t+1}=j\mid\lambda_v)\end{aligned} \tag{10-72a}$$

$$\frac{\partial P(O_k^v \mid \lambda_v)}{\partial C_{jl}^v} = \frac{\partial \sum_{i=1}^{N_v} \sum_{j=1}^{N_v} \alpha_{k,t}^{vv}(i) a_{ij}^v \sum_{m=1}^{M_v} C_{jm}^v N(o_{k,t+1}^v, \Sigma_{jm}^v, \mu_{jm}^v) \beta_{k,t+1}^{vv}(j)}{\partial C_{jl}^v}$$

$$= \sum_{t=1}^{T_k^v-1} \sum_{i=1}^{N_v} \alpha_{k,t}^{vv}(i) a_{ij}^v \beta_{k,t+1}^{vv}(j) N(o_{k,t+1}^v, \mu_{jl}^v, \Sigma_{jl}^v) + \pi_j N(o_{k,1}^v, \mu_{jl}^v, \Sigma_{jl}^v)$$

$$= \frac{1}{C_{jl}^v} \sum_{t=1}^{T_k^v-1} \sum_{i=1}^{N_v} \alpha_{k,t}^{vv}(i) a_{ij}^v b_j^v(o_{k,t+1}^v) \beta_{k,t+1}^{vv}(j) \frac{C_{jl}^v N(o_{k,t+1}^v, \mu_{jl}^v, \Sigma_{jl}^v)}{\sum_{m=1}^{M_v} C_{jm}^v N(o_{k,t+1}^v, \mu_{jm}^v, \Sigma_{jm}^v)} +$$

$$\frac{1}{C_{jl}^v} \pi_j b_j^v(o_{k,1}^v) \beta_{k,1}^{vv}(j) \frac{C_{jl}^v N(o_{k,1}^v, \mu_{jl}^v, \Sigma_{jl}^v)}{\sum_{m=1}^{M_v} C_{jm}^v N(o_{k,1}^v, \mu_{jm}^v, \Sigma_{jm}^v)}$$

$$= \frac{1}{C_{jl}^v} \sum_{t=1}^{T_k^v} \alpha_{k,t}^{vv}(j) \beta_{k,t}^{vv}(j) \frac{C_{jl}^v N(o_{k,t}^v, \mu_{jl}^v, \Sigma_{jl}^v)}{\sum_{m=1}^{M_v} C_{jl}^v N(o_{k,t}^v, \mu_{jm}^v, \Sigma_{jl}^v)} \tag{10-72b}$$

$$\frac{\partial P(O_k^v \mid \lambda_v)}{\partial \mu_{jl}^v} = \frac{\partial \sum_{i=1}^{N_v} \sum_{j=1}^{N_v} \alpha_{k,t}^{vv}(i) \alpha_{ij}^v \sum_{m=1}^{M_v} C_{jm}^v N(o_{k,t+1}^v, \Sigma_{jm}^v, \mu_{jm}^v) \beta_{k,t+1}^{vv}(j)}{\partial \mu_{jl}^v}$$

$$= \sum_{t=1}^{T_k^v-1} \sum_{i=1}^{N_v} \alpha_{k,t}^{vv}(i) \alpha_{ij}^v C_{jl}^v N(o_{k,t+1}^v, \mu_{jl}^v, \Sigma_{jl}^v) \beta_{k,t+1}^{vv}(j) \Sigma_{jl}^{v^{-1}} (o_{k,t+1}^v - \mu_{jl}^v) +$$

$$\pi_j C_{jl}^v N(o_{k,1}^v, \mu_{jl}^v, \Sigma_{jl}^v) \beta_{k,1}^{vv}(j) \Sigma_{jl}^{v^{-1}} (o_{k,1}^v - \mu_{jl}^v)$$

$$= \sum_{t=1}^{T_k^v-1} \sum_{i=1}^{N_v} \alpha_{k,t}^{vv}(i) a_{ij}^v b_j^v(o_{k,t+1}^v) \beta_{k,t+1}^{vv}(j) \frac{C_{jl}^v N(o_{k,t+1}^v, \mu_{jl}^v, \Sigma_{jl}^v)}{\sum_{m=1}^{M_v} C_{jm}^v N(o_{k,t+1}^v, \mu_{jm}^v, \Sigma_{jm}^v)} \Sigma_{jl}^{v^{-1}} (o_{k,t+1}^v - \mu_{jl}^v) +$$

$$\pi_j b(o_{k,1}^v) \beta_{k,1}^{vv}(j) \frac{C_{jl}^v N(o_{k,1}^v, \mu_{jl}^v, \Sigma_{jl}^v)}{\sum_{m=1}^{M_v} C_{jm}^v N(o_{k,1}^v, \mu_{jm}^v, \Sigma_{jm}^v)} \Sigma_{jl}^{v^{-1}} (o_{k,1}^v - \mu_{jl}^v)$$

$$= \sum_{t=1}^{T_k^v} \alpha_{k,t}^{vv}(j) \beta_{k,t}^{vv}(j) \frac{C_{jl}^v N(o_{k,t}^v, \mu_{jl}^v, \Sigma_{jl}^v)}{\sum_{m=1}^{M_v} C_{jm}^v N(o_{k,t}^v, \mu_{jm}^v, \Sigma_{jm}^v)} \Sigma_{jl}^{v^{-1}} (o_{k,t}^v - \mu_{jl}^v) \tag{10-72c}$$

$$\frac{\partial P(O_k^v \mid \lambda_v)}{\partial (\Sigma_{jl}^v)^{-1}} = \frac{\partial \sum_{i=1}^{N_v} \sum_{j=1}^{N_v} \alpha_{k,t}^{vv}(i) a_{ij}^v \sum_{m=1}^{M_v} C_{jm}^v N(o_{k,t+1}^v, \Sigma_{jm}^v, \mu_{jm}^v) \beta_{k,t+1}^{vv}(j)}{\partial (\Sigma_{jl}^v)^{-1}}$$

$$= \sum_{t=1}^{T_k^v-1} \sum_{i=1}^{N_v} \alpha_{k,t}^{vv}(i) a_{ij}^v \beta_{k,t+1}^{vv}(j) \frac{C_{jl}^v N(o_{k,t+1}^v, \mu_{jl}^v, \Sigma_{jl}^v)}{2} \left[\Sigma_{jl}^v - (o_{k,t+1}^v - \mu_{jl}^v)(o_{k,t+1}^v - \mu_{jl}^v)^{\mathrm{T}} \right] +$$

$$\pi_j \beta_{k,1}^{vv}(j) \frac{C_{jl}^v N(o_{k,1}^v, \mu_{jl}^v, \Sigma_{jl}^v)}{2} \left[\Sigma_{jl}^v - (o_{k,1}^v - \mu_{jl}^v)(o_{k,1}^v - \mu_{jl}^v)^{\mathrm{T}} \right]$$

$$= \sum_{t=1}^{T_k^v-1} \sum_{i=1}^{N_v} \alpha_{k,t}^{vv}(i) a_{ij}^v b_j^v(o_{k,t+1}^v) \beta_{k,t+1}^{vv}(j)$$

$$\frac{C_{jl}^{v}N(o_{k,t+1}^{v},\mu_{jl}^{v},\Sigma_{jl}^{v})\left[\Sigma_{jl}^{v}-(o_{k,t+1}^{v}-\mu_{jl}^{v})(o_{k,t+1}^{v}-\mu_{jl}^{v})^{\mathrm{T}}\right]}{2\sum_{m=1}^{M_v}C_{jl}^{v}N(o_{k,t+1}^{v},\mu_{jm}^{v},\Sigma_{jl}^{v})}+$$

$$\pi_j b_j^{v}(o_{k,1}^{v})\beta_{k,1}^{vv}(j)\frac{C_{jl}^{v}N(o_{k,1}^{v},\mu_{jl}^{v},\Sigma_{jl}^{v})\left[\Sigma_{jl}^{v}-(o_{k,1}^{v}-\mu_{jl}^{v})(o_{k,1}^{v}-\mu_{jl}^{v})^{\mathrm{T}}\right]}{2\sum_{m=1}^{M_v}C_{jl}^{v}N(o_{k,1}^{v},\mu_{jm}^{v},\Sigma_{jl}^{v})}$$

$$=\sum_{t=1}^{T_k^v}\alpha_{k,t}^{vv}(j)\beta_{k,t}^{vv}(j)\frac{C_{jl}^{v}N(o_{k,t}^{v},\mu_{jl}^{v},\Sigma_{jl}^{v})\left[\Sigma_{jl}^{v}-(o_{k,t}^{v}-\mu_{jl}^{v})(o_{k,t}^{v}-\mu_{jl}^{v})^{\mathrm{T}}\right]}{2\sum_{m=1}^{M_v}C_{jm}^{v}N(o_{k,t}^{v},\mu_{jm}^{v},\Sigma_{jm}^{v})} \quad (10\text{-}72\text{d})$$

同理有

$$\frac{\partial P(O_k^p\mid\lambda_v)}{\partial a_{ij}^{v}}=\frac{1}{a_{ij}^{v}}\sum_{t=1}^{T_v^p-1}P(O_k^p,s_t=i,s_{t+1}=j\mid\lambda_v) \quad (10\text{-}73\text{a})$$

$$\frac{\partial P(O_k^p\mid\lambda_v)}{\partial C_{jl}^{v}}=\frac{1}{C_{jl}^{v}}\sum_{t=1}^{T_k^p}\alpha_{k,t}^{vp}(j)\beta_{k,t}^{vp}(j)\frac{C_{jl}^{v}N(o_{k,t}^{p},\mu_{jl}^{v},\Sigma_{jl}^{v})}{\sum_{m=1}^{M_v}C_{jm}^{v}N(o_{k,t}^{p},\mu_{jm}^{v},\Sigma_{jm}^{v})} \quad (10\text{-}73\text{b})$$

$$\frac{\partial P(O_k^p\mid\lambda_v)}{\partial\mu_{jl}^{v}}=\sum_{t=1}^{T_k^p}\alpha_{k,t}^{vp}(j)\beta_{k,t}^{vp}(j)\frac{C_{jl}^{v}N(o_{k,t}^{p},\mu_{jl}^{v},\Sigma_{jl}^{v})}{\sum_{m=1}^{M_v}C_{jm}^{v}N(o_{k,t}^{p},\mu_{jm}^{v},\Sigma_{jm}^{v})}\Sigma_{jl}^{v^{-1}}(o_{k,t}^{v}-\mu_{jl}^{v}) \quad (10\text{-}73\text{c})$$

$$\frac{\partial P(O_k^p\mid\lambda_v)}{\partial(\Sigma_{jl}^{v})^{-1}}=\sum_{t=1}^{T_k^v}\alpha_{k,t}^{vp}(j)\beta_{k,t}^{vp}(j)\frac{C_{jl}^{v}N(o_{k,t}^{p},\mu_{jl}^{v},\Sigma_{jl}^{v})[\Sigma_{jl}^{v}-(o_{k,t}^{p}-\mu_{jl}^{v})(o_{k,t}^{p}-\mu_{jl}^{v})^{\mathrm{T}}]}{2\sum_{m=1}^{M_v}C_{jm}^{v}N(o_{k,t}^{p},\mu_{jm}^{v},\Sigma_{jm}^{v})}$$

$$(10\text{-}73\text{d})$$

式中，$\alpha_{k,t}^{vv}(i)$ 和$\beta_{k,t}^{vv}(i)$ 分别为给定第 v 类中第 k 个样本在模型为 λ_v 时，t 时刻处于状态 i 的前向概率和后向概率；$\alpha_{k,t}^{vp}(i)$ 和 $\beta_{k,t}^{vp}(i)$ 分别为给定第 p 类中第 k 个样本在模型为 λ_v 时，t 时刻处于状态 i 的前向概率和后向概率。由$\partial M(\Lambda)/\partial a_{ij}^{v}-d_i^{v}=0$ 得

$$\sum_{k=1}^{K_v}\frac{1}{P(O_k^v\mid\lambda_v)}\frac{1}{a_{ij}^{v}}\sum_{t=1}^{T_k^v-1}P(O_k^v,s_t=i,s_{t+1}=j\mid\lambda_v)-\varepsilon\sum_{p=1}^{V}\sum_{k=1}^{K_p}\frac{1}{P(O_k^p\mid\lambda_v)}\frac{P(O_k^p\mid\lambda_v)^{\eta}}{\sum_{u=1}^{V}P(O_k^p\mid\lambda_u)^{\eta}}\times$$

$$\frac{1}{a_{ij}^{v}}\sum_{t=1}^{T_k^p-1}P(O_k^p,s_t=i,s_{t+1}=j\mid\lambda_v)=d_i^{v} \quad (10\text{-}74)$$

从而有

$$\sum_{k=1}^{K_v}\sum_{t=1}^{T_k^v-1}\xi_t^{v}(O_k^v,i,j)-\varepsilon\sum_{p=1}^{V}\sum_{k=1}^{K_p}\sum_{t=1}^{T_k^p-1}\varphi(O_k^p,\lambda_v)\xi_t^{v}(O_k^p,i,j)=a_{ij}^{v}d_i^{v} \quad (10\text{-}75)$$

式中，$\xi_t^{v}(O_k^v,i,j)$ 和$\xi_t^{v}(O_k^p,i,j)$ 为过渡概率，$\xi_t^{v}(O_k^v,i,j)=P(s_t=i,s_{t+1}=j\mid O_k^v,\lambda_v)$，$\xi_t^{v}(O_k^p,i,j)=P(s_t=i,s_{t+1}=j\mid O_k^p,\lambda_v)$；$\varphi(O_k^p,\lambda_v)$ 为相对输出概率，$\varphi(O_k^p,\lambda_v)=P(O_k^p\mid\lambda_v)^{\eta}/\left[\sum_{u=1}^{V}P(O_k^p\mid\lambda_u)^{\eta}\right]$。

将式(10-67)两边对 j 求和,并注意到 $\sum_{j=1}^{N_v} a_{ij}^v = 1$,可得

$$d_i^v = \sum_{k=1}^{K_v}\sum_{t=1}^{T_k^v-1}\sum_{l=1}^{N_v}\xi_t^v(O_k^v,i,l) - \varepsilon\sum_{p=1}^{V}\sum_{k=1}^{K_p}\sum_{t=1}^{T_k^p-1}\sum_{l=1}^{N_v}\varphi(O_k^p,\lambda_v)\xi_t^v(O_k^p,i,l) \tag{10-76}$$

把上式代入式(10-75),可得

$$a_{ij}^v = \frac{\sum_{k=1}^{K_v}\sum_{t=1}^{T_k^v-1}\xi_t^v(O_k^v,i,j) - \varepsilon\sum_{p=1}^{V}\sum_{k=1}^{K_p}\sum_{t=1}^{T_k^p-1}\varphi(O_k^p,\lambda_v)\xi_t^v(O_k^p,i,j)}{\sum_{k=1}^{K_v}\sum_{t=1}^{T_k^v-1}\sum_{l=1}^{N_v}\xi_t^v(O_k^v,i,l) - \varepsilon\sum_{p=1}^{V}\sum_{k=1}^{K_p}\sum_{t=1}^{T_k^p-1}\sum_{l=1}^{N_v}\varphi(O_k^p,\lambda_v)\xi_t^v(O_k^p,i,l)} \tag{10-77}$$

由 $\partial M(\Lambda)/\partial C_{jl}^v - e_j^v = 0$,得

$$\sum_{k=1}^{K_v}\frac{1}{P(O_k^v \mid \lambda_v)}\frac{1}{C_{jl}^v}\sum_{t=1}^{T_k^v}\alpha_{k,t}^{vv}(j)\beta_{k,t}^{vv}(j)\frac{C_{jl}^v N(o_{k,t}^v,\mu_{jl}^v,\Sigma_{jl}^v)}{\sum_{m=1}^{M_v}C_{jm}^v N(o_{k,t}^v,\mu_{jm}^v,\Sigma_{jm}^v)} - \varepsilon\sum_{p=1}^{V}\sum_{k=1}^{K_p}\frac{1}{P(O_k^p \mid \lambda_v)}\times$$

$$\frac{P(O_k^p \mid \lambda_v)^\eta}{\sum_{u=1}^{V}P(O_k^p \mid \lambda_u)^\eta}\cdot\frac{1}{C_{jl}^v}\sum_{t=1}^{T_k^p}\alpha_{k,t}^{vp}(j)\beta_{k,t}^{vp}(j)\frac{C_{jl}^v N(o_{k,t}^p,\mu_{jl}^v,\Sigma_{jl}^v)}{\sum_{m=1}^{M_v}C_{jm}^v N(o_{k,t}^p,\mu_{jm}^v,\Sigma_{jm}^v)} = e_j^v \tag{10-78}$$

从而

$$\sum_{k=1}^{K_v}\sum_{t=1}^{T_k^v}\gamma_t^v(O_k^v,i,l) - \varepsilon\sum_{p=1}^{V}\sum_{k=1}^{K_p}\sum_{t=1}^{T_k^p}\varphi(O_k^p,\lambda_v)\gamma_t^v(O_k^p,j,l) = C_{jl}^v e_j^v \tag{10-79}$$

$$\gamma_t^v(O_k^v,j,l) = \frac{\alpha_{k,t}^{vv}(j)\beta_{k,t}^{vv}(j)}{P(O_k^v \mid \lambda_v)}\frac{C_{jl}^v N(o_{k,t}^v,\mu_{jl}^v,\Sigma_{jl}^v)}{\sum_{m=1}^{M_v}C_{jm}^v N(o_{k,t}^v,\mu_{jm}^v,\Sigma_{jm}^v)}$$

式中, $\gamma_t^v(O_k^p,j,l)$ 为混合输出概率。

$$\gamma_t^v(O_k^p,j,l) = \frac{\alpha_{k,t}^{vp}(j)\beta_{k,t}^{vp}(j)}{P(O_k^p \mid \lambda_v)}\frac{C_{jl}^v N(o_{k,t}^p,\mu_{jl}^v,\Sigma_{jl}^v)}{\sum_{m=1}^{M_v}C_{jm}^v N(o_{k,t}^p,\mu_{jm}^v,\Sigma_{jm}^v)}$$

将式(10-79)两边同时对 l 求和,并注意到 $\sum_{l=1}^{M_v} C_{jl}^v = 1$,得

$$e_j^v = \sum_{k=1}^{K_v}\sum_{t=1}^{T_k^v}\sum_{m=1}^{M_v}\gamma_t^v(O_k^v,j,m) -$$

$$\varepsilon\sum_{p=1}^{V}\sum_{k=1}^{K_p}\sum_{t=1}^{T_k^p}\sum_{m=1}^{M_v}\varphi(O_k^p,\lambda_v)\gamma_t^v(O_k^p,j,m) \tag{10-80}$$

把式(10-80)代入式(10-79),得

$$C_{jl}^v = \frac{\sum_{k=1}^{K_v}\sum_{t=1}^{T_k^v}\gamma_t^v(O_k^v,j,l) - \varepsilon\sum_{p=1}^{V}\sum_{k=1}^{K_p}\sum_{t=1}^{T_k^p}\varphi(O_k^p,\lambda_v)\gamma_t^v(O_k^p,j,l)}{\sum_{k=1}^{K_v}\sum_{t=1}^{T_k^v}\sum_{m=1}^{M_v}\gamma_t^v(O_k^v,j,m) - \varepsilon\sum_{p=1}^{V}\sum_{k=1}^{K_p}\sum_{t=1}^{T_k^p}\sum_{m=1}^{M_v}\varphi(O_k^p,\lambda_v)\gamma_t^v(O_k^p,j,m)} \tag{10-81}$$

由$\partial M(\Lambda)/\partial\mu_{jl}^{v}=0$得

$$\sum_{k=1}^{K_v}\frac{1}{P(O_k^v\mid\lambda_v)}\sum_{t=1}^{T_k^v}\alpha_{k,t}^{vv}(j)\beta_{k,t}^{vv}(j)\frac{C_{jl}^{v}N(o_{k,t}^{v},\mu_{jl}^{v},\Sigma_{jl}^{v})}{\sum_{m-1}^{M_v}C_{jm}^{v}N(o_{k,t}^{v},\mu_{jm}^{v},\Sigma_{jm}^{v})}\Sigma_{jl}^{v^{-1}}(o_{k,t}^{v}-\mu_{jl}^{v})-\varepsilon\sum_{p=1}^{V}\sum_{k=1}^{K_p}\frac{1}{P(O_k^p\mid\lambda_v)}\times$$

$$\frac{P(O_k^p\mid\lambda_v)^{\eta}}{\sum_{u=1}^{V}P(O_k^p\mid\lambda_u)^{\eta}}\sum_{t=1}^{T_k^p}\alpha_{k,t}^{vp}(j)\beta_{k,t}^{vp}(j)\frac{C_{jl}^{v}N(o_{k,t}^{p},\mu_{jl}^{v},\Sigma_{jl}^{v})}{\sum_{m=1}^{M_v}C_{jm}^{v}N(o_{k,t}^{p},\mu_{jm}^{v},\Sigma_{jm}^{v})}\Sigma_{jl}^{v^{-1}}(o_{k,t}^{p}-\mu_{jl}^{v})=0\tag{10-82}$$

也即

$$\sum_{k=1}^{K_v}\sum_{t=1}^{T_k^v}\gamma_t^v(O_k^v,j,l)\Sigma_{jl}^{v^{-1}}(o_{k,t}^{v}-\mu_{jl}^{v})-\varepsilon\sum_{p=1}^{V}\sum_{k=1}^{K_p}\sum_{t=1}^{T_k^p}\varphi(O_k^p,\lambda_v)\gamma_t^v(O_k^p,j,l)\Sigma_{jl}^{v^{-1}}(o_{k,t}^{p}-\mu_{jl}^{v})=0\tag{10-83}$$

所以

$$\mu_{jl}^{v}=\frac{\sum_{k=1}^{K_v}\sum_{t=1}^{T_k^v}\gamma_t^v(O_k^v,j,l)o_{k,t}^{v}-\varepsilon\sum_{p=1}^{V}\sum_{k=1}^{K_p}\sum_{t=1}^{T_k^p}\varphi(O_k^p,\lambda_v)\gamma_t^v(O_k^p,j,l)o_{k,t}^{p}}{\sum_{k=1}^{K_v}\sum_{t=1}^{T_k^v}\gamma_t^v(O_k^v,j,l)-\varepsilon\sum_{p=1}^{V}\sum_{k=1}^{K_p}\sum_{t=1}^{T_k^p}\varphi(O_k^p,\lambda_v)\gamma_t^v(O_k^p,j,l)}\tag{10-84}$$

由$\partial M(\Lambda)/\partial(\Sigma_{jl}^{v})^{-1}=0$得

$$\sum_{k=1}^{K_v}\frac{1}{P(O_k^v\mid\lambda_v)}\sum_{t=1}^{T_k^v}\alpha_{k,t}^{vv}(j)\beta_{k,t}^{vv}(j)\frac{C_{jl}^{v}N(o_{k,t}^{v},\mu_{jl}^{v},\Sigma_{jl}^{v})\left[\Sigma_{jl}^{v}-(o_{k,t}^{v}-\mu_{jl}^{v})(o_{k,t}^{v}-\mu_{jl}^{v})^{\mathrm{T}}\right]}{2\sum_{m-1}^{M_v}C_{jm}^{v}N(o_{k,t}^{v},\mu_{jm}^{v},\Sigma_{jm}^{v})}-$$

$$\varepsilon\sum_{p=1}^{V}\sum_{k=1}^{K_p}\frac{1}{P(O_k^p\mid\lambda_v)}\cdot\frac{P(O_k^p\mid\lambda_v)^{\eta}}{\sum_{u=1}^{V}P(O_k^p\mid\lambda_u)^{\eta}}\sum_{t=1}^{T_k^p}\alpha_{k,t}^{vp}(j)\beta_{k,t}^{vp}(j)$$

$$\frac{C_{jl}^{v}N(o_{k,t}^{p},\mu_{jl}^{v},\Sigma_{jl}^{v})\left[\Sigma_{jl}^{v}-(o_{k,t}^{p}-\mu_{jl}^{v})(o_{k,t}^{p}-\mu_{jl}^{v})^{\mathrm{T}}\right]}{2\sum_{m-1}^{M_v}C_{jm}^{v}N(o_{k,t}^{p},\mu_{jm}^{v},\Sigma_{jm}^{v})}=0\tag{10-85}$$

也即

$$\sum_{k=1}^{K_v}\sum_{t=1}^{T_k^v}\gamma_t^v(O_k^v,j,l)\left\{\Sigma_{jl}^{v}-(o_{k,t}^{v}-\mu_{jl}^{v})(o_{k,t}^{v}-\mu_{jl}^{v})^{\mathrm{T}}\right\}$$

$$\varepsilon\sum_{p=1}^{V}\sum_{k=1}^{K_p}\sum_{t=1}^{T_k^p}\varphi(O_k^p,\lambda_v)\gamma_t^v(O_k^p,j,l)\left\{\Sigma_{jl}^{v}-(o_{k,t}^{p}-\mu_{jl}^{v})(o_{k,t}^{p}-\mu_{jl}^{v})^{\mathrm{T}}\right\}=0\tag{10-86}$$

因此

$$\Sigma_{jl}^{v}=\frac{\sum_{k=1}^{K_v}\sum_{t=1}^{T_k^v}\gamma_t^v(O_k^v,j,l)(o_{k,t}^{v}-\mu_{jl}^{v})(o_{k,t}^{v}-\mu_{jl}^{v})^{\mathrm{T}}-}{\sum_{k=1}^{K_v}\sum_{t=1}^{T_k^v}\gamma_t^v(O_k^v,j,l)-}\rightarrow$$

$$\rightarrow \frac{\varepsilon \sum_{p=1}^{V} \sum_{k=1}^{K_p} \sum_{t=1}^{T_k^p} \varphi(O_k^p, j, l) \gamma_t^v(O_k^p, j, l)(o_{k,t}^p - \mu_{jl}^v)(o_{k,t}^p - \mu_{jl}^v)^{\mathrm{T}}}{\varepsilon \sum_{p=1}^{V} \sum_{k=1}^{K_p} \sum_{t=1}^{T_k^p} \varphi(O_k^p, \lambda_v) \gamma_t^v(O_k^p, j, l)} \tag{10-87}$$

式(10-77)、式(10-81)、式(10-84)、式(10-87)即为改进的 HMM 参数重估算法。重新考虑式(10-66)，当 $\eta \to \infty$ 时，有

$$\begin{aligned} M^*(\Lambda) &= \sum_{v=1}^{V} \sum_{k=1}^{K_v} \left\{ \log P(O_k^v) - \varepsilon \log \max_u \left[P(O_k^v \mid \lambda_u) \right] \right\} \\ &= \sum_{v=1}^{V} \sum_{k=1}^{K_v} \log P(O_k^v \mid \lambda_v) - \varepsilon \sum_{v=1}^{v} \sum_{k=1}^{\bar{K}_v} \log P(\bar{O}_k^v \mid \lambda_v) \end{aligned} \tag{10-88}$$

设 $A_v = \{ O_k^n \mid v = \underset{u}{\mathrm{argmax}} P(O_k^n \mid \lambda_u), O_k^n \in O \}$，不妨记 $A_v = \{ \bar{O}_1^v, \bar{O}_2^v, \cdots, \bar{O}_{\bar{K}_v}^v \}$，则 $\bar{O}_k^v \in A_v$；$\bar{K}_v$ 为 A_v 中样本数。

对比式(10-66)和式(10-88)可以发现，对于式(10-66)，所有 HMM 参数估计必须同时进行，对于式(10-88)，各个 HMM 参数可以单独估计，其算法流程等同于 Baum-Welch 算法。

要使 $M^*(\Lambda) = \max$，可重复上述推导过程，得到

$$a_{ij}^v = \frac{\sum_{k=1}^{K_v} \sum_{t=1}^{T_k^v - 1} \xi_t^v(O_k^v, i, j) - \varepsilon \sum_{k=1}^{\bar{K}_v} \sum_{t=1}^{\bar{T}_k^v - 1} \xi_t^v(\bar{O}_k^v, i, j)}{\sum_{k=1}^{K_v} \sum_{t=1}^{T_k^v - 1} \sum_{l=1}^{N_v} \xi_t^v(O_k^v, i, l) - \varepsilon \sum_{k=1}^{\bar{K}_v} \sum_{t=1}^{\bar{T}_k^v - 1} \sum_{l=1}^{N_v} \xi_t^v(\bar{O}_k^v, i, l)} \tag{10-89}$$

$$C_{jl}^v = \frac{\sum_{k=1}^{K_v} \sum_{t=1}^{T_k^v} \gamma_t^v(O_k^v, j, l) - \varepsilon \sum_{k=1}^{\bar{K}_v} \sum_{t=1}^{\bar{T}_k^v} \gamma_t^v(\bar{O}_k^v, j, l)}{\sum_{k=1}^{K_v} \sum_{t=1}^{T_k^v} \sum_{m=1}^{M_v} \gamma_t^v(O_k^v, j, m) - \varepsilon \sum_{k=1}^{\bar{K}_v} \sum_{t=1}^{\bar{T}_k^v} \sum_{m=1}^{M_v} \gamma_t^v(\bar{O}_k^v, j, m)} \tag{10-90}$$

$$\mu_{jl}^v = \frac{\sum_{k=1}^{K_v} \sum_{t=1}^{T_k^v} \gamma_t^v(O_k^v, j, l) o_{k,t}^v - \varepsilon \sum_{k=1}^{\bar{K}_v} \sum_{t=1}^{\bar{T}_k^v} \gamma_t^v(\bar{O}_k^v, j, l) \bar{o}_{k,t}^v}{\sum_{k=1}^{K_v} \sum_{t=1}^{T_k^v} \gamma_t^v(O_k^v, j, l) - \varepsilon \sum_{k=1}^{\bar{K}_v} \sum_{t=1}^{\bar{T}_k^v} \gamma_t^v(\bar{O}_k^v, j, l)} \tag{10-91}$$

$$\Sigma_{jl}^v = \frac{\sum_{k=1}^{K_v} \sum_{t=1}^{T_k^v} \gamma_t^v(O_k^v, j, l)(o_{k,t}^v - \mu_{jl}^v)(o_{k,t}^v - \mu_{jl}^v)^{\mathrm{T}} - \varepsilon \sum_{k=1}^{\bar{K}_v} \sum_{t=1}^{\bar{T}_k^v} \gamma_t^v(\bar{O}_k^v, j, l)(\bar{o}_{k,t}^v - \mu_{jl}^v)(\bar{o}_{k,t}^v - \mu_{jl}^v)^{\mathrm{T}}}{\sum_{k=1}^{K_v} \sum_{t=1}^{T_k^v} \gamma_t^v(O_k^v, j, l) - \varepsilon \sum_{k=1}^{\bar{K}_v} \sum_{t=1}^{\bar{T}_k^v} \gamma_t^v(\bar{O}_k^v, j, l)} \tag{10-92}$$

在参数重估过程中，为保证 $\sum_{j=1}^{N} a_{ij} = 1$、$\sum_{l=1}^{M} C_{jl} = 1$，必须对每次估计的参数进行归一化处理：$a_{ij}^v = a_{ij}^{v'} / \sum_{j=1}^{N_v} a_{ij}^{v'}$、$C_{jl}^v = C_{jl}^{v'} / \sum_{l=1}^{M_v} C_{jl}^{v'}$，其中 $a_{ij}^{v'}$、$C_{jl}^{v'}$ 为重估值。

至此,改进的 HMM 重估算法基本完成,下面概括整个算法步骤如下:

1）HMM 参数初始化。采用经典 Baum-Welch 算法估计 HMM 参数，把估计结果作为本小节 IMMIE 算法中 HMM 参数的初始值。

2）考虑到训练初期，训练样本在各个模型下输出概率相差不是很明显，而在训练后期，样本输出概率相差明显，因此对参数 η 进行自适应变化，即 $\eta(loop) = c^{loop}$，其中，c 为一常数，$c>1$；$loop$ 为迭代步骤。

3）对每个训练样本，分别计算前向概率、后向概率、过渡概率、相对输出概率和混合输出概率，并对训练样本集重新分配，得到 A_v。

4）利用式（10-77）、式（10-81）、式（10-84）、式（10-87）或式（10-89）~式（10-91）对 HMM 参数重估，并进行归一化处理。

5）判断参数估计是否达到预定迭代步数或精度，若是，则结束，否则转步骤（2）。

3. IMMIE 参数估计算法在面部表情识别中的应用

面部表情识别系统的训练和识别流程如图 10-19 所示。

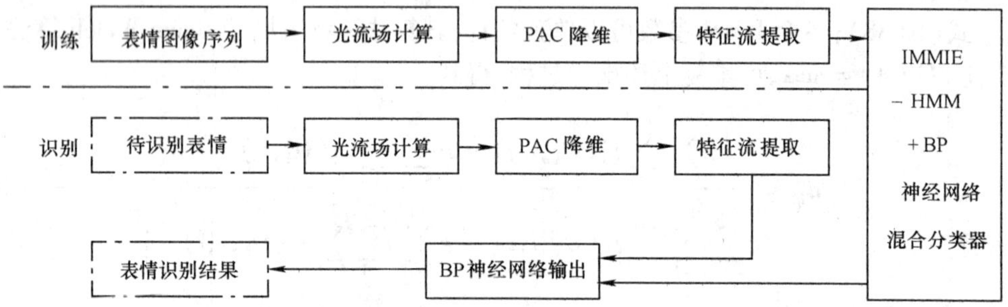

图 10-19　基于 IMMIE 的 HMM 算法面部表情识别系统的训练和识别流程

为了提取面部表情的动态特征，先采用前面的改进光流法对面部表情图像序列计算光流场，得到表征面部表情变化的时间和空间信息。在得到光流场后，分别对水平方向 u 和垂直方向 v 的运动图像进行归一化和标准化，采用 PCA 法分别求取 u 方向和 v 方向的基底，表情图像的特征向量是有 u 和 v 分量的投影系数串联得到。对于含有某种表情变化的图像序列，先依次求出各帧图像中的速度场在各自 u、v 基底上的投影，并把 u、v 串联起来构成面部表情特征向量，整个序列就是面部表情特征流，用来作为 HMM 输入信号。

尽管 HMM 具有很强的时间信息处理能力，但是 HMM 也有自身缺点：首先，由于训练准则和算法的限制，使得它对模式的识别能力较差，虽然本小节对改变了 HMM 训练准则，使得 HMM 识别能力有所提高，但其识别能力相对于神经网络等分类器来说还是有差别；其次，HMM 的拓扑结构和观测向量概率密度函数形式的先验选择往往和实际有出入；再有，认为状态序列由一个一阶马尔可夫链产生也不一定妥当等。与 HMM 相比，BP 神经网络却具有很强的模式分类能力，且对输入的统计特性不必作出先验假设。

为了充分利用 HMM 和 BP 神经网络的优点，本小节构建了基于 IMMIE 的 HMM 和 BP 神经网络混合分类器，把 BP 神经网络作为二次分类器（见图 10-20），其训练过程如下：

1）利用改进光流算法，计算面部表情图像序列的光流场，为降低数据维数，本小节对光流场利用主成分分析（PCA）进行数据压缩，得到面部表情的特征向量序列。

2）对上述得到的特征向量序列，利用 IMMIE 算法训练 HMM。

3）把各个 HMM 输出概率组合成一个新的向量，并把它作为 BP 网络的输入信号，训练 BP 网络分类器。

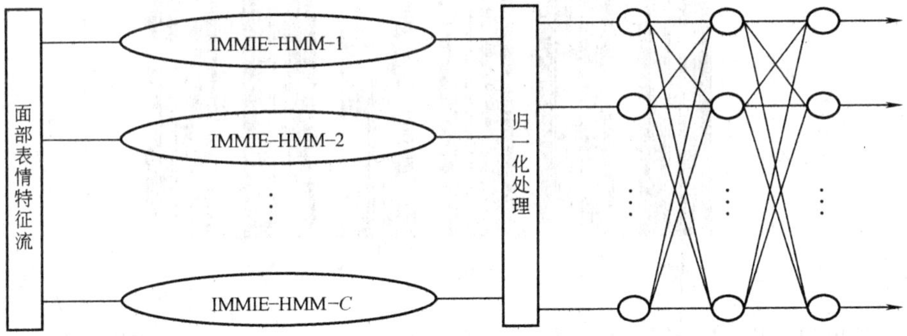

图 10-20　IMMIE-HMM/BP 神经网络混合分类器

4. 实验结果及分析

在 CMU 人脸数据库中随机抽取了 14 个人的面部表情图像序列，并把 10 人的面部表情图像序列作为训练样本，其余 4 个人的面部表情图像序列作为测试样本。针对每种表情图像分别构建了不同的 HMM，各个 HMM 均选择左右结构，其状态数为 4，各个状态取高斯混合元个数为 $M=3$，分别利用式（10-78）、式（10-81）、式（10-84）、式（10-87）和式（10-89）～式（10-92）训练 HMM。把 HMM 输出作为 BP 神经网络分类器的输入信号，再训练 BP 神经网络分类器。其中，BP 神经网络输入输出节点均为 6 个，其隐节点数通过实验调整。为便于比较，同时采用 Baum-Welch 法训练 HMM，其测试结果如图 10-21、图 10-22 所示，其中 IMMIE1 指基于式（10-77）、式（10-81）、式（10-84）、式（10-87）的 HMM 训练算法，IMMIE2 指基于式（10-90）～式（10-93）的 HMM 训练算法，MMIE 指基于式（10-66）的 HMM 训练算法。

图 10-21 所示为采用基于 Hessian 矩阵的光流算法提取面部表情的光流场，并采用 PCA 压缩得到面部表情特征流，构建了 IMMIE-HMM/BP 神经网络分类器。Ⅰ、Ⅱ、Ⅲ、Ⅳ分别为采用 IMMIE1/BP 神经网络、IMMIE2/BP 神经网络、IMMIE/BP 神经网络和 Baum-Welch/BP 神经网络四种方法的识别结果。方法Ⅴ为采用 Lucas-Kanade 光流法提取表情特征流和采用 Baum-Welch/BP 神经网络分类器得到的识别结果。

图 10-22 所示为采用非刚体光流算法提取面部表情光流场和采用 PCA 压缩得到面部表情特征流，构建了 IMMIE-HMM/BP 神经网络分类器。Ⅰ、Ⅱ、Ⅲ、Ⅳ、Ⅴ分别为 IMMIE1/BP 神经网络 + 一阶 div-curl 约束光流法、IMMIE1/BP 神经网络 + 二阶 div-curl 约束光流法、IMMIE2/BP 神经网络 + 一阶 div-curl 约束光流法、IMMIE2/BP 神经网络 + 二阶 div-curl 约束光流法和 Baum-Welch/BP 神经网络 + Lucas-Kanade 光流法的五种方法识别结果。

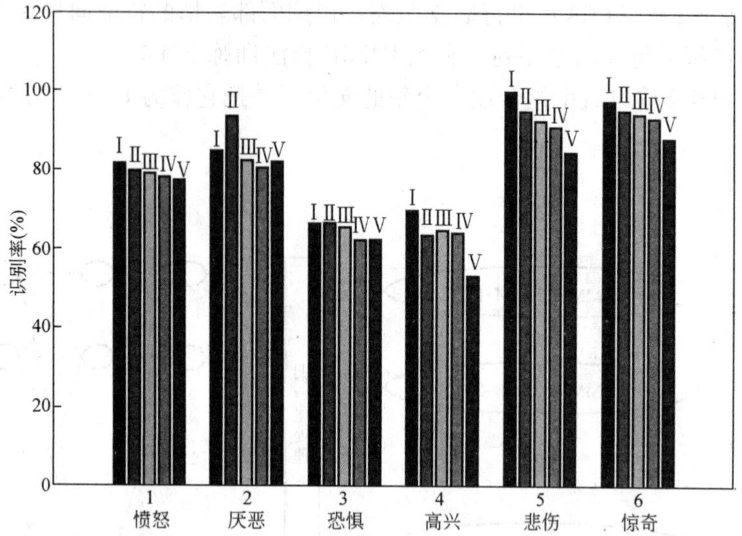

图 10-21 基于 Hessian 矩阵光流法的表情特征提取下，IMMI 法与其他方法的比较

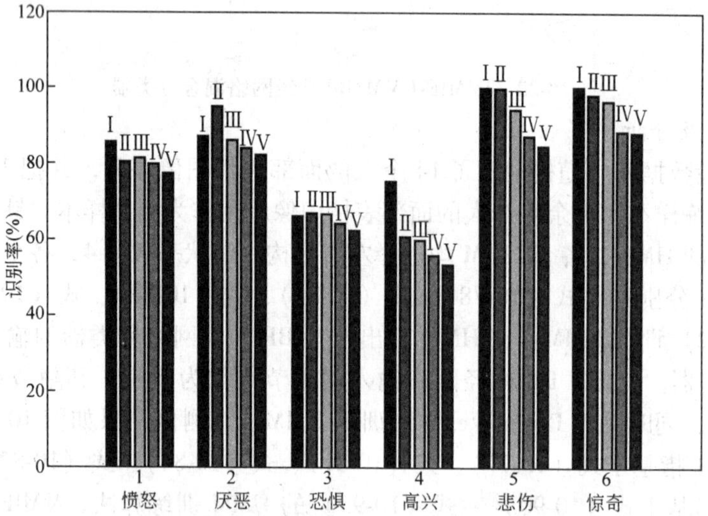

图 10-22 基于非刚体光流法的表情特征提取下，IMMI 法与其他方法的比较

由图 10-21、图 10-22 可以看出，四种方法对悲伤、惊奇两类识别率较高。这主要是因为这两类有着较之于其他类别更明显的几何特征，如惊奇表情的眼睛张开得比较大，上眼皮被抬高，下眼皮下落，其嘴巴也大幅张开，以至于唇和齿分开。相比之下，高兴和恐惧这两类识别率普遍较低，只有 60% 左右，主要是因为高兴和恐惧在表现时脸部器官有较多相似运动特征，如两者的嘴巴部分都处于张开状态，且张开程度相似。在试验中发现，影响高兴识别率的主要是恐惧，而影响恐惧类表情识别率的除了高兴外，还有厌恶和愤怒两类表情。此外，由图也可看出，本节提出的两种方法（Ⅰ和Ⅱ）比其他方法（Ⅲ、Ⅳ和Ⅴ）对各类表情的识别效果均有不同程度的提高。由于测试时采用的是陌生人脸的六类表情，这些人脸在训练样本中未出现，由这点可以进一步体现该方法的鲁棒性。

如图 10-23、图 10-24 所示，所有结果均是在采用 10 个人的表情图像序列作为训练样本时得到的，为了进一步探讨参与训练人数和测试结果的关系，我们进行了如下实验，分别采用6~10个人的样本参与训练分类器，其余人的表情图像序列作为测试样本，其结果如图10-23、图10-24所示。

图10-23中，“+”“o”“x”“□”表示的曲线分别为IMMIE1/BP神经网络、IMMIE2/BP神经网络、MMIE/BP神经网络和Baum-Welch/BP神经网络方法在采用Hessian矩阵光流法提取表情特征流后得到的分类结果，“▽”为采用Lucas-Kanade光流法提取表情特征流，并采用Baum-Welch/BP神经网络分类器得到的识别结果。如图10-24所示的“+”“o”“x”“□”“▽”分别为IMMIE1/BP神经网络+一阶div-curl约束光流法、IMMIE1/BP神经网络+二阶div-curl约束光流法、IMMIE2/BP神经网络+一阶div-curl约束光流法、IMMIE2/BP神经网络+二阶div-curl约束光流法和Baum-Welch/BP神经网络+Lucas-Kanade光流法等五种方法在不同训练样本集下的识别结果。

由图10-23、图10-24可知，随着参与训练的人数增加，各种方法识别率呈上升趋势，本小节提出的IMMIE/BP神经网络分类器明显优于其他分类器，特别是相对于Baum-Welch/BP神经网络+Lucas-Kanade光流法，这种优势就更为明显，可以预见，随着参加训练人数的继续增加，采用改进方法的识别率有望能进一步提高。

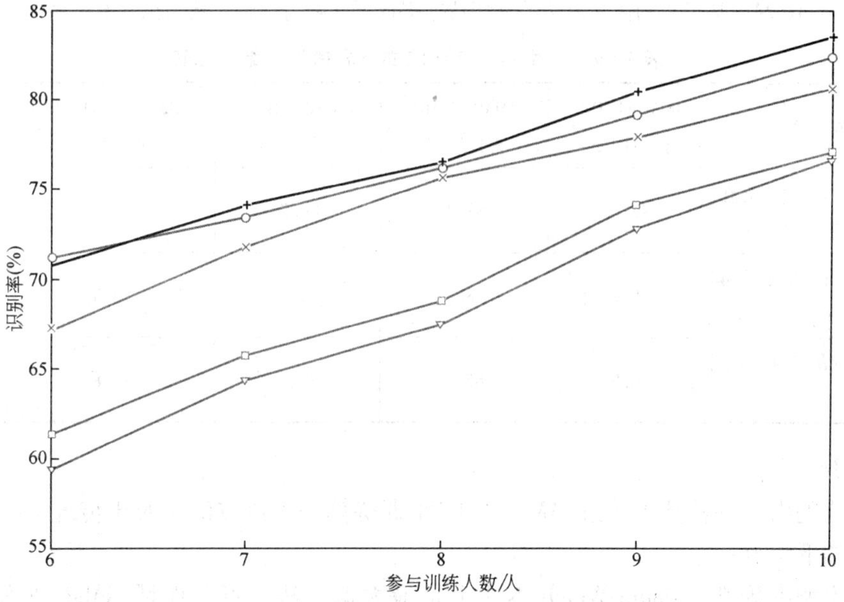

图10-23　基于Hessian矩阵光流法的表情特征提取下，参与训练人数与识别率关系曲线

表10-6给出了不同方法在训练分类器人数为10时所有表情类的识别结果。同时，引入参考文献[24]所述的作为对比。参考文献[24]采用弹性图匹配法，使用了9个人的表情图像训练分类器，对陌生人脸表情的测试结果是65%左右，由于提取的只是表情图像的几何特征，参考文献[24]提供的方法实质上是一种静态的表情识别方法，而本节所述的方法是一种动态表情识别方法，因此识别效果有明显提高。同时，本节采用的是改进的HMM训练方法，因此本节所述的方法较之其他动态方法(IMMIE+BP神经网络和Baum－Welch+BP神经网络)也有明显改善。

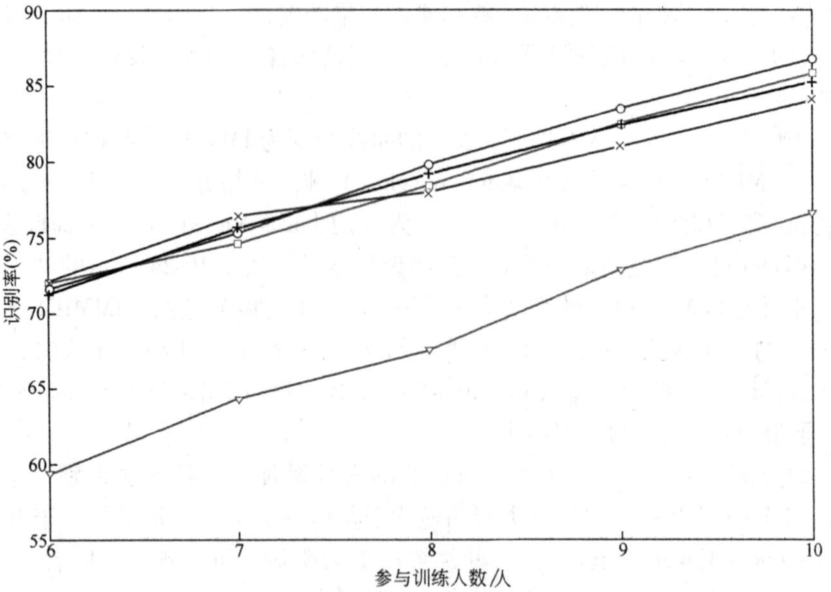

图 10-24 基于非刚体光流法的表情特征提取下，参与训练人数与识别率关系曲线

表 10-6 采用不同方法的面部表情识别结果比较 (%)

识别率	IMMIE1/BP 神经网络	IMMIE2/BP 神经网络	MMIE/BP 神经网络	Baum-Welch/BP 神经网络	参考文献[24]
基于 Hessian 矩阵光流法	83.5	82.4	80.2	77.1	65
一阶 div-curl 约束下非刚体光流法	85.2	84	81.4	78.5	
二阶 div-curl 约束下非刚体光流法	86.8	85.8	82.5	79.8	

5. 小结

本小节提出了一种基于改进 MMI 的 HMM 训练算法，该方法相对于传统 Baum-Welch 算法，具有如下优点：

（1）模型准确性 Baum-Welch 本质上是最大似然法，若要保证 HMM 训练的准确性，则需要大量样本。IMMIE 算法充分利用了所有训练样本，因此在相同训练样本集下，采用改进 MMI 的 HMM 训练算法得到的模型更为精确。

（2）过训练 对于 Baum-Welch 法，每个 HMM 训练只利用了本类样本，由于受样本数量的限制且样本分布单一，往往使得 HMM 出现过训练，从而降低 HMM 泛化能力。而 IMMIE 算法，每个 HMM 训练不仅利用了本类样本，而且利用了其他类样本，这样使得参与训练的样本分布更为广泛合理，从而可以避免 HMM 出现过训练，提高了 HMM 的泛化能力。

（3）识别能力 Baum-Welch 训练 HMM 只利用本类样本，因此该方法只是注重对本类样本的建模能力，而忽略了对其他类样本的鉴别能力，如果出现与本类样本相似的其他类样本，则该 HMM 就很难对该样本作出准确分类。IMMIE 算法则不仅利用了本类样本，而且充分考虑了竞争类样本，把竞争类样本作为惩罚项引入了准则函数，从而可以大大提高识别能力。

（4）训练的不平衡性　对于 Baum-Welch 方法，如果某类样本很少或缺少，则与该类对应的 HMM 训练不充分或无法训练，不能有效对该类样本建模。而 IMMIE 算法则可有效避免这类情况发生，而且如果某类样本缺少时，还可以利用其竞争类的样本对该类 HMM 进行反向训练，这是与 Baum-Welch 一个显著的区别。

10.4.5　基于改进 MMD 的 HMM 算法的面部表情识别

最大互信息法和最小鉴别信息法都以减少 HMM 分类误差作为间接目标，但是这两种方法都很难从理论上证明训练后的 HMM 能够有效降低错误率。参考文献[25-27]提出了一种基于最大模型距离（MMD）的 HMM 训练方法。该方法能够使得训练过程自动聚焦于那些易混淆样本，可以有效地提高 HMM 对己类和非己类样本的识别率。

本小节对参考文献[25-27]所用模型距离进行了修正，重新定义了最大模型距离准则。考虑到竞争样本在某些模型下输出概率非常小，其对模型参数估计的影响也非常小，完全可以被忽略不计，基于这种考虑，本小节引入最佳竞争模型集代替原有模型距离定义中的所有竞争模型，并通过引入参数来控制竞争模型集对当前 HMM 模型参数估计的综合影响程度，重新修正了模型距离定义，称之为改进的最大模型距离（Improved Maximum Model Distance，IMMD），并基于该 IMMD 推导了新的 HMM 训练算法，并将该 HMM 训练算法应用于面部表情识别。采用光流算法提取面部表情特征序列，最后基于改进 HMM 算法和 BP 神经网络构建了一个混合分类器，实验结果表明了该方法的有效性。

1. IMMD 准则函数

设 HMM 表示为 $\lambda=(\pi,A,B)$，其中 π 为初始状态概率，$\pi=\{\pi_i\}$；A 为状态转移概率，$A=\{a_{ij}\}$；B 为观察向量的混合高斯概率密度函数，$B=\{b_j(o)\}$。设 Λ 为 HMM 模型集，$\Lambda=\{\lambda_1,\lambda_2,\cdots,\lambda_V\}$；$V$ 为 HMM 模型个数；N_v 和 M_v 分别为模型 λ_v 的状态数和每个状态所包含的高斯混合元个数，则训练样本集为

$$O=\{O_1^1,\cdots,O_{K_1}^1;O_1^2,\cdots,O_{K_2}^2;\cdots;O_1^V,\cdots,O_{K_V}^V\}$$

式中，O_k^v 为模型 λ_v 的第 k 个训练样本，K_v 为模型 λ_v 的训练样本数，且有 $O_k^v=\{o_{k,1}^v,o_{k,2}^v,\cdots,o_{k,T_k^v}^v\}$，$T_k^v$ 为样本 O_k^v 的观察向量序列长度。最大模型距离（MMD）准则可以表示为

$$\begin{aligned}D(\Lambda)&=\sum_{v=1}^{V}D(\lambda_v,\Lambda)\\&=\sum_{v=1}^{V}\frac{1}{K_v}\sum_{k=1}^{K_v}\frac{1}{T_k^v}\left\{\log P(O_k^v\mid\lambda_v)-\log\left[\frac{1}{V-1}\sum_{\substack{u=1\\u\neq v}}^{V}P(O_k^v\mid\lambda_u)\right]\right\}\end{aligned}\tag{10-93}$$

本小节将 $D(\lambda_v,\Lambda)$ 修改为

$$\begin{aligned}&D(\lambda_v,\Lambda)\\&=\frac{1}{K_v}\sum_{k=1}^{K_v}\frac{1}{T_k^v}\left\{\log P(O_k^v\mid\lambda_v)-\varepsilon\log\left[\frac{1}{V_k^v}\sum_{\lambda\in\Lambda_k^v}P(O_k^v\mid\lambda)^{\eta}\right]^{\frac{1}{\eta}}\right\}\end{aligned}\tag{10-94}$$

式中，$0<\varepsilon<1$；Λ_k^v 为样本 O_k^v 的最佳竞争模型集，$\Lambda_k^v=\left\{\lambda_i\left|\frac{P(O_k^v\mid\lambda_i)}{\sum_{j=1}^{V}P(O_k^v\mid\lambda_j)}>THR,\ i\neq v\right.\right\}$；

$0 < THR < 1$；V_k^v 为 Λ_k^v 中模型个数。从而得到 IMMD 准则函数为

$$D(\Lambda) = \sum_{v=1}^{V} \frac{1}{K_v} \sum_{k=1}^{K_v} \frac{1}{T_k^v} \left\{ \log P(O_k^v \mid \lambda_v) - \varepsilon \log \left[\frac{1}{V_k^v} \sum_{\lambda \in \Lambda_k^v} P(O_k^v \mid \lambda)^{\eta} \right]^{\frac{1}{\eta}} \right\} \tag{10-95}$$

对比式（10-93）和式（10-95）可知：

1）若 $\varepsilon = 1$，且 $THR = 0$，则式（10-93）与式（10-95）等同。

2）式（10-95）用最佳竞争模型集代替了式（10-93）中的所有竞争模型，对于 HMM 分类器来说，如果正确模型的输出概率能大于最佳竞争模型子集的输出概率，则该 HMM 就能作出正确分类，此时完全可以不考虑其他竞争模型的影响。因此，从这个角度考虑，采用最佳竞争模型集代替所有竞争模型更为合理。

3）最佳竞争模型集的引入可以进一步减少计算量，最佳竞争模型集大小由 THR 值控制。

4）改变 η 大小，可以调整不同竞争模型的影响程度。

5）参数 ε 的引入可以控制最佳竞争模型集的整体影响程度，特别是，$\varepsilon = 0$ 时，该方法退化为经典的 Baum-Welch 方法。

2. 基于 IMMD 的 HMM 参数估计算法

考虑有约束优化问题，得

$$\begin{cases} D(\Lambda) = \sum_{v=1}^{V} \frac{1}{K_v} \sum_{k=1}^{K_v} \frac{1}{T_k^v} \left\{ \log P(O_k^v \mid \lambda_v) - \varepsilon \log \left[\frac{1}{V_k^v} \sum_{\lambda \in \Lambda_k^v} P(O_k^v \mid \lambda)^{\eta} \right]^{\frac{1}{\eta}} \right\} = \max \\ \text{约束条件：} \quad \sum_{j=1}^{N_v} a_{ij}^v = 1 \quad \sum_{l=1}^{M_v} C_{jl}^v = 1 \end{cases} \tag{10-96}$$

构造拉格朗日函数为

$$L(\Lambda, d, e) = D(\Lambda) + \sum_{v=1}^{V} \sum_{i=1}^{N_v} d_i^v \left(1 - \sum_{j=1}^{N_v} a_{ij}^v\right) + \sum_{v=1}^{V} \sum_{j=1}^{N_v} e_j^v \left(1 - \sum_{l=1}^{M_v} C_{jl}^v\right) \tag{10-97}$$

式中，d_i^v、e_i^v 为拉格朗日乘子；a_{ij}^v为模型 λ_v 状态 i 转移到状态 j 的概率；C_{jl}^v为模型 λ_v 时状态 j 中第 l 个高斯混合元的混合系数；μ_{jl}^v和 Σ_{jl}^v分别为与模型 λ_v 时状态 j 中第 l 个高斯混合密度函数 $N(o, \mu_{jl}^v, \Sigma_{jl}^v)$ 对应的均值向量和协方差矩阵（取对角型）。

令 $\frac{\partial L}{\partial a_{ij}^v} = 0$、$\frac{\partial L}{\partial C_{jl}^v} = 0$、$\frac{\partial L}{\partial \mu_{jl}^v} = 0$、$\frac{\partial L}{\partial (\Sigma_{jl}^v)^{-1}} = 0$，得到

$$\frac{\partial D(\Lambda)}{\partial a_{ij}^v} - d_i^v = 0 \qquad \frac{\partial D(\Lambda)}{\partial C_{jl}^v} - e_j^v = 0 \qquad \frac{\partial D(\Lambda)}{\partial \mu_{jl}^v} = 0 \qquad \frac{\partial D(\Lambda)}{\partial (\Sigma_{jl}^v)^{-1}} = 0$$

并且

$$\frac{\partial D(\Lambda)}{\partial a_{ij}^v} = \frac{1}{K_v} \sum_{k=1}^{K_v} \frac{1}{T_k^v} \frac{1}{P(O_k^v \mid \lambda_v)} \frac{\partial P(O_k^v \mid \lambda_v)}{\partial a_{ij}^v} - \varepsilon \sum_{\substack{p=1 \\ p \neq v}}^{V} \frac{1}{K_p} \sum_{k=1}^{K_p} \frac{1}{T_k^p} \frac{1}{P(O_k^p \mid \lambda_v)} \frac{P(O_k^p \mid \lambda_v)^{\eta} \delta(\Lambda_k^p, \lambda_v)}{\sum_{\lambda \in \Lambda_k^p} P(O_k^p \mid \lambda)^{\eta}} \frac{\partial P(O_k^p \mid \lambda_v)}{\partial a_{ij}^v} \tag{10-98a}$$

$$\frac{\partial D(\Lambda)}{\partial C_{jl}^{v}} = \frac{1}{K_v}\sum_{k=1}^{K_v}\frac{1}{T_k^v}\frac{1}{P(O_k^v \mid \lambda_v)}\frac{\partial P(O_k^v \mid \lambda_v)}{\partial C_{jl}^{v}} - \varepsilon\sum_{\substack{p=1\\p\neq v}}^{V}\frac{1}{K_p}\sum_{k=1}^{K_p}\frac{1}{T_k^p}\frac{1}{P(O_k^p \mid \lambda_v)}\frac{P(O_k^p \mid \lambda_v)^{\eta}\delta(\Lambda_k^p,\lambda_v)}{\sum_{\lambda\in\Lambda_k^p}P(O_k^p \mid \lambda)^{\eta}}\frac{\partial P(O_k^p \mid \lambda_v)}{\partial C_{jl}^{v}} \tag{10-98b}$$

$$\frac{\partial D(\Lambda)}{\partial \boldsymbol{\mu}_{jl}^{v}} = \frac{1}{K_v}\sum_{k=1}^{K_v}\frac{1}{T_k^v}\frac{1}{P(O_k^v \mid \lambda_v)}\frac{\partial P(O_k^v \mid \lambda_v)}{\partial \boldsymbol{\mu}_{jl}^{v}} - \varepsilon\sum_{\substack{p=1\\p\neq v}}^{V}\frac{1}{K_p}\sum_{k=1}^{K_p}\frac{1}{T_k^p}\frac{1}{P(O_k^p \mid \lambda_v)}\frac{P(O_k^p \mid \lambda_v)^{\eta}\delta(\Lambda_k^p,\lambda_v)}{\sum_{\lambda\in\Lambda_k^p}P(O_k^p \mid \lambda)^{\eta}}\frac{\partial P(O_k^p \mid \lambda_v)}{\partial \boldsymbol{\mu}_{jl}^{v}} \tag{10-98c}$$

$$\frac{\partial D(\Lambda)}{\partial (\boldsymbol{\Sigma}_{jl}^{v})^{-1}} = \frac{1}{K_v}\sum_{k=1}^{K_v}\frac{1}{T_k^v}\frac{1}{P(O_k^v \mid \lambda_v)}\frac{\partial P(O_k^v \mid \lambda_v)}{\partial (\boldsymbol{\Sigma}_{jl}^{v})^{-1}} - \varepsilon\sum_{\substack{p=1\\p\neq v}}^{V}\frac{1}{K_p}\sum_{k=1}^{K_p}\frac{1}{T_k^p}\frac{1}{P(O_k^p \mid \lambda_v)}\frac{P(O_k^p \mid \lambda_v)^{\eta}\delta(\Lambda_k^p,\lambda_v)}{\sum_{\lambda\in\Lambda_k^p}P(O_k^p \mid \lambda)^{\eta}}\frac{\partial P(O_k^p \mid \lambda_v)}{\partial (\boldsymbol{\Sigma}_{jl}^{v})^{-1}} \tag{10-98d}$$

式中$\delta(\Lambda_k^p, \lambda_v) = \begin{cases}1 & 若\ \lambda_v \in \Lambda_k^p \\ 0 & 若\ \lambda_v \notin \Lambda_k^p\end{cases}$，而

$$\frac{\partial P(O_k^v \mid \lambda_v)}{\partial a_{ij}^{v}} = \frac{1}{a_{ij}^{v}}\sum_{t=1}^{T_v^k-1}P(O_k^v, s_t = i, s_{t+1} = j \mid \lambda_v) \tag{10-99a}$$

$$\frac{\partial P(O_k^p \mid \lambda_v)}{\partial a_{ij}^{v}} = \frac{1}{a_{ij}^{v}}\sum_{t=1}^{T_v^p-1}P(O_k^p, s_t = i, s_{t+1} = j \mid \lambda_v) \tag{10-99b}$$

$$\frac{\partial P(O_k^v \mid \lambda_v)}{\partial C_{jl}^{v}} = \frac{1}{C_{jl}^{v}}\sum_{t=1}^{T_k^v}\alpha_{k,t}^{vv}(j)\beta_{k,t}^{vv}(j)\frac{C_{jl}^{v}N(o_{k,t}^{v}, \boldsymbol{\mu}_{jl}^{v}, \boldsymbol{\Sigma}_{jl}^{v})}{\sum_{m=1}^{M_v}C_{jm}^{v}N(o_{k,t}^{v}, \boldsymbol{\mu}_{jm}^{v}, \boldsymbol{\Sigma}_{jm}^{v})} \tag{10-100a}$$

$$\frac{\partial P(O_k^p \mid \lambda_v)}{\partial C_{jl}^{v}} = \frac{1}{C_{jl}^{v}}\sum_{t=1}^{T_k^p}\alpha_{k,t}^{vp}(j)\beta_{k,t}^{vp}(j)\frac{C_{jl}^{v}N(o_{k,t}^{p}, \boldsymbol{\mu}_{jl}^{v}, \boldsymbol{\Sigma}_{jl}^{v})}{\sum_{m=1}^{M_v}C_{jm}^{v}N(o_{k,t}^{p}, \boldsymbol{\mu}_{jm}^{v}, \boldsymbol{\Sigma}_{jm}^{v})} \tag{10-100b}$$

$$\frac{\partial P(O_k^v \mid \lambda_v)}{\partial \boldsymbol{\mu}_{jl}^{v}} = \sum_{t=1}^{T_k^v}\alpha_{k,t}^{vv}(j)\beta_{k,t}^{vv}(j)\frac{C_{jl}^{v}N(o_{k,t}^{v}, \boldsymbol{\mu}_{jl}^{v}, \boldsymbol{\Sigma}_{jl}^{v})}{\sum_{m=1}^{M_v}C_{jm}^{v}N(o_{k,t}^{v}, \boldsymbol{\mu}_{jm}^{v}, \boldsymbol{\Sigma}_{jm}^{v})}\boldsymbol{\Sigma}_{jl}^{v-1}(o_{k,t}^{v} - \boldsymbol{\mu}_{jl}^{v}) \tag{10-101a}$$

$$\frac{\partial P(O_k^p \mid \lambda_v)}{\partial \boldsymbol{\mu}_{jl}^{v}} = \sum_{t=1}^{T_k^p}\alpha_{k,t}^{vp}(j)\beta_{k,t}^{vp}(j)\frac{C_{jl}^{v}N(o_{k,t}^{p}, \boldsymbol{\mu}_{jl}^{v}, \boldsymbol{\Sigma}_{jl}^{v})}{\sum_{m=1}^{M_v}C_{jm}^{v}N(o_{k,t}^{p}, \boldsymbol{\mu}_{jm}^{v}, \boldsymbol{\Sigma}_{jm}^{v})}\boldsymbol{\Sigma}_{jl}^{v-1}(o_{k,t}^{p} - \boldsymbol{\mu}_{jl}^{v}) \tag{10-101b}$$

$$\frac{\partial P(O_k^v \mid \lambda_v)}{\partial(\Sigma_{jl}^v)^{-1}} = \sum_{t=1}^{T_k^v} \alpha_{k,t}^{vv}(j)\beta_{k,t}^{vv}(j) \frac{C_{jl}^v N(o_{k,t}^v, \mu_{jl}^v, \Sigma_{jl}^v)[\Sigma_{jl}^v - (o_{k,t}^v - \mu_{jl}^v)(o_{k,t}^v - \mu_{jl}^v)^{\mathrm{T}}]}{2\sum_{m=1}^{M_v} C_{jm}^v N(o_{k,t}^v, \mu_{jm}^v, \Sigma_{jm}^v)}$$

(10-102a)

$$\frac{\partial P(O_k^p \mid \lambda_v)}{\partial(\Sigma_{jl}^v)^{-1}} = \sum_{t=1}^{T_k^v} \alpha_{k,t}^{vp}(j)\beta_{k,t}^{vp}(j) \frac{C_{jl}^v N(o_{k,t}^p, \mu_{jl}^v, \Sigma_{jl}^v)[\Sigma_{jl}^v - (o_{k,t}^p - \mu_{jl}^v)(o_{k,t}^p - \mu_{jl}^v)^{\mathrm{T}}]}{2\sum_{m=1}^{M_v} C_{jm}^v N(o_{k,t}^p, \mu_{jm}^v, \Sigma_{jm}^v)}$$

(10-102b)

式中，$\alpha_{k,t}^{vv}(j)$ 和 $\beta_{k,t}^{vv}(j)$ 分别为给定第 v 类中第 k 个样本在模型为 λ_v 时，t 时刻处于状态 i 的前向概率和后向概率；$\alpha_{k,t}^{vp}(j)$ 和 $\beta_{k,t}^{vp}(j)$ 分别为给定第 p 类中第 k 个样本在模型为 λ_v 时，t 时刻处于状态 i 的前向概率和后向概率。

由 $\partial D(\Lambda)/\partial a_{ij}^v - d_i^v = 0$，得

$$\frac{1}{K_v}\sum_{k=1}^{K_v}\frac{1}{T_k^v}\frac{1}{P(O_k^v \mid \lambda_v)}\frac{1}{a_{ij}^v}\sum_{t=1}^{T_k^v-1}P(O_k^v, s_t = i, s_{t+1} = j \mid \lambda_v) -$$

$$\varepsilon\sum_{\substack{p=1\\p\neq v}}^{V}\frac{1}{K_p}\sum_{k=1}^{K_p}\frac{1}{T_k^p}\frac{1}{P(O_k^p \mid \lambda_v)}\frac{P(O_k^p \mid \lambda_v)^\eta\delta(\Lambda_k^p, \lambda_v)}{\sum_{\lambda\in\Lambda_k^p}P(O_k^p \mid \lambda)^\eta}\frac{1}{a_{ij}^v}\sum_{t=1}^{T_k^p-1}P(O_k^p, s_t = i, s_{t+1} = j \mid \lambda_v) = d_i^v$$

(10-103)

从而

$$\frac{1}{K_v}\sum_{k=1}^{K_v}\sum_{t=1}^{T_k^v-1}\tilde{\xi}_t^v(O_k^v, i, j) - \varepsilon\sum_{\substack{p=1\\p\neq v}}^{V}\frac{1}{K_p}\sum_{k=1}^{K_p}\sum_{t=1}^{T_k^p-1}\tilde{\xi}_t^v(O_k^p, i, j)\varphi(O_k^p, \lambda_v) = a_{ij}^v d_i^v \quad (10\text{-}104)$$

式中，$\tilde{\xi}_t^v(O_k^v, i, j)$、$\tilde{\xi}_t^v(O_k^p, i, j)$ 为过渡概率，$\tilde{\xi}_t^v(O_k^v, i, j) = (1/T_k^v)P(s_t = i, s_{t+1} = j \mid O_k^v, \lambda_v)$，$\tilde{\xi}_t^v(O_k^p, i, j) = (1/T_k^p)P(s_t = i, s_{t+1} = j \mid O_k^p, \lambda_v)$；$\varphi(O_k^p, \lambda_v)$ 为相对输出概率，$\varphi(O_k^p, \lambda_v) = P(O_k^p \mid \lambda_v)^\eta\delta(\Lambda_k^p, \lambda_v)/[\sum_{\lambda\in\Lambda_k^p}P(O_k^p \mid \lambda)^\eta]$。

将式（10-104）两边对 j 求和，并注意到 $\sum_{j=1}^{N_v}a_{ij}^v = 1$，可得

$$d_i^v = \frac{1}{K_v}\sum_{k=1}^{K_v}\sum_{t=1}^{T_k^v-1}\sum_{l=1}^{N_v}\tilde{\xi}_t^v(O_k^v, i, l) - \varepsilon\sum_{\substack{p=1\\p\neq v}}^{V}\frac{1}{K_p}\sum_{k=1}^{K_p}\sum_{t=1}^{T_k^p-1}\sum_{l=1}^{N_v}\varphi(O_k^p, \lambda_v)\tilde{\xi}_t^v(O_k^p, i, l) \quad (10\text{-}105)$$

把式（10-105）代入式（10-104），得

$$a_{ij}^v = \frac{\frac{1}{K_v}\sum_{k=1}^{K_v}\sum_{t=1}^{T_k^v-1}\tilde{\xi}_t^v(O_k^v, i, j) - \varepsilon\sum_{\substack{p=1\\p\neq v}}^{V}\frac{1}{K_p}\sum_{k=1}^{K_p}\sum_{t=1}^{T_k^p-1}\varphi(O_k^p, \lambda_v)\tilde{\xi}_t^v(O_k^p, i, j)}{\frac{1}{K_v}\sum_{k=1}^{K_v}\sum_{t=1}^{T_k^v-1}\sum_{l=1}^{N_v}\tilde{\xi}_t^v(O_k^v, i, l) - \varepsilon\sum_{\substack{p=1\\p\neq v}}^{V}\frac{1}{K_p}\sum_{k=1}^{K_p}\sum_{t=1}^{T_k^p-1}\sum_{l=1}^{N_v}\varphi(O_k^p, \lambda_v)\tilde{\xi}_t^v(O_k^p, i, l)} \quad (10\text{-}106)$$

由 $\partial D(\Lambda)/\partial C_{jl}^{v} - e_{j}^{v} = 0$，得

$$\frac{1}{K_v}\sum_{k=1}^{K_v}\frac{1}{T_k^v}\frac{1}{P(O_k^v \mid \lambda_v)}\frac{1}{C_{jl}^v}\sum_{t=1}^{T_k^v}\alpha_{k,t}^{vv}(j)\beta_{k,t}^{vv}(j)\frac{C_{jl}^v N(o_{k,t}^v,\mu_{jl}^v,\Sigma_{jl}^v)}{\sum_{m=1}^{M_v}C_{jm}^v N(o_{k,t}^v,\mu_{jm}^v,\Sigma_{jm}^v)} -$$

$$\varepsilon\sum_{\substack{p=1\\p\neq v}}^{V}\frac{1}{K_p}\sum_{k=1}^{K_p}\frac{1}{T_k^p}\frac{1}{P(O_k^p \mid \lambda_v)}\frac{P(O_k^p \mid \lambda_v)^{\eta}\delta(\Lambda_k^p,\lambda_v)}{\sum_{\lambda\in\Lambda_k^p}P(O_k^p \mid \lambda)^{\eta}}$$

$$\frac{1}{C_{jl}^v}\sum_{t=1}^{T_k^p}\alpha_{k,t}^{vp}(j)\beta_{k,t}^{vp}(j)\frac{C_{jl}^v N(o_{k,t}^p,\mu_{jl}^v,\Sigma_{jl}^v)}{\sum_{m=1}^{M_v}C_{jm}^v N(o_{k,t}^p,\mu_{jm}^v,\Sigma_{jm}^v)} = e_j^v \tag{10-107}$$

从而

$$\frac{1}{K_v}\sum_{k=1}^{K_v}\sum_{t=1}^{T_k^v}\tilde{\gamma}_t^v(O_k^v,j,l) - \varepsilon\sum_{\substack{p=1\\p\neq v}}^{V}\frac{1}{K_p}\sum_{k=1}^{K_p}\sum_{t=1}^{T_k^p}\varphi(O_k^p,\lambda_v)\tilde{\gamma}_t^v(O_k^p,j,l) = C_{jl}^v e_j^v \tag{10-108}$$

其中，$\tilde{\gamma}_t^v(O_k^v,j,l)$、$\tilde{\gamma}_t^v(O_k^p,j,l)$ 为混合输出概率，$\tilde{\gamma}_t^v(O_k^v,j,l) = \frac{1}{T_k^v}\frac{\alpha_{k,t}^{vv}(j)\beta_{k,t}^{vv}(j)}{P(O_k^v \mid \lambda_v)} \times \frac{C_{jl}^v N(o_{k,t}^v,\mu_{jl}^v,\Sigma_{jl}^v)}{\sum_{m=1}^{M_v}C_{jm}^v N(o_{k,t}^v,\mu_{jm}^v,\Sigma_{jm}^v)}$；$\tilde{\gamma}_t^v(O_k^p,j,l) = \frac{1}{T_k^p}\frac{\alpha_{k,t}^{vp}(j)\beta_{k,t}^{vp}(j)}{P(O_k^p \mid \lambda_v)}\frac{C_{jl}^v N(o_{k,t}^p,\mu_{jl}^v,\Sigma_{jl}^v)}{\sum_{m=1}^{M_v}C_{jm}^v N(o_{k,t}^p,\mu_{jm}^v,\Sigma_{jm}^v)}$。

将式（10-108）两边同时对 l 求和，并注意到 $\sum_{l=1}^{M_v}C_{jl}^v = 1$，得

$$e_j^v = \frac{1}{K_v}\sum_{k=1}^{K_v}\sum_{t=1}^{T_k^v}\sum_{m=1}^{M_v}\tilde{\gamma}_t^v(O_k^v,j,m) - \varepsilon\sum_{\substack{p=1\\p\neq v}}^{V}\frac{1}{K_p}\sum_{k=1}^{K_p}\sum_{t=1}^{T_k^p}\sum_{m=1}^{M_v}\varphi(O_k^p,\lambda_v)\tilde{\gamma}_t^v(O_k^p,j,m) \tag{10-109}$$

把式（10-101）代入式（10-100），得

$$C_{jl}^v = \frac{\frac{1}{K_v}\sum_{k=1}^{K_v}\sum_{t=1}^{T_k^v}\tilde{\gamma}_t^v(O_k^v,j,l) - \varepsilon\sum_{\substack{p=1\\p\neq v}}^{V}\frac{1}{K_p}\sum_{k=1}^{K_p}\sum_{t=1}^{T_k^p}\varphi(O_k^n,\lambda_v)\tilde{\gamma}_t^v(O_k^p,j,l)}{\frac{1}{K_v}\sum_{k=1}^{K_v}\sum_{t=1}^{T_k^v}\sum_{m=1}^{M_v}\tilde{\gamma}_t^v(O_k^v,j,m) - \varepsilon\sum_{\substack{p=1\\p\neq v}}^{V}\frac{1}{K_p}\sum_{k=1}^{K_p}\sum_{t=1}^{T_k^p}\sum_{m=1}^{M_v}\varphi(O_k^p,\lambda_v)\tilde{\gamma}_t^v(O_k^p,j,m)} \tag{10-110}$$

由 $\partial D(\Lambda)/\partial \mu_{jl}^{v} = 0$，得

$$\frac{1}{K_v}\sum_{k=1}^{K_v}\frac{1}{T_k^v}\frac{1}{P(O_k^v \mid \lambda_v)}\sum_{t=1}^{T_k^v}\alpha_{k,t}^{vv}(j)\beta_{k,t}^{vv}(j)\frac{C_{jl}^v N(o_{k,t}^v,\mu_{jl}^v,\Sigma_{jl}^v)}{\sum_{m=1}^{M_v}C_{jm}^v N(o_{k,t}^v,\mu_{jm}^v,\Sigma_{jm}^v)}\Sigma_{jl}^{v-1}(o_{k,t}^v - \mu_{jl}^v) -$$

$$\varepsilon\sum_{\substack{p=1\\p\neq v}}^{V}\frac{1}{K_p}\sum_{k=1}^{K_p}\frac{1}{T_k^p}\frac{1}{P(O_k^p \mid \lambda_v)}\frac{P(O_k^p \mid \lambda_v)^{\eta}\delta(\Lambda_k^p,\lambda_v)}{\sum_{\lambda\in\Lambda_k^p}P(O_k^p \mid \lambda)^{\eta}}$$

$$\sum_{t=1}^{T_k^p} \alpha_{k,t}^{vp}(j)\beta_{k,t}^{vp}(j) \frac{C_{jl}^v N(o_{k,t}^p, \mu_{jl}^v, \Sigma_{jl}^v)}{\sum_{m=1}^{M_v} C_{jm}^v N(o_{k,t}^p, \mu_{jm}^v, \Sigma_{jm}^v)} \Sigma_{jl}^{v-1}(o_{k,t}^p - \mu_{jl}^v) = 0 \tag{10-111}$$

从而

$$\frac{1}{K_v}\sum_{k=1}^{K_v}\sum_{t=1}^{T_k^v}\tilde{\gamma}_t^v(O_k^v,j,l)(O_{k,t}^v - \mu_{jl}^v) - \varepsilon\sum_{\substack{p=1\\p\neq v}}^{V}\frac{1}{K_p}\sum_{k=1}^{K_p}\sum_{t=1}^{T_k^p}\varphi(O_k^p,\lambda_v)\tilde{\gamma}_t^v(o_k^p,j,l)(o_{k,t}^p - \mu_{jl}^v) = 0 \tag{10-112}$$

所以

$$\mu_{jl}^v = \frac{\frac{1}{K_v}\sum_{k=1}^{K_v}\sum_{t=1}^{T_k^v}\tilde{\gamma}_t^v(O_k^v,j,l)o_{k,t}^v - \varepsilon\sum_{\substack{p=1\\p\neq v}}^{V}\frac{1}{K_p}\sum_{k=1}^{K_p}\sum_{t=1}^{T_k^p}\varphi(O_k^p,\lambda_v)\tilde{\gamma}_t^v(O_k^p,j,l)o_{k,t}^p}{\frac{1}{K_v}\sum_{k=1}^{K_v}\sum_{t=1}^{T_k^v}\tilde{\gamma}_t^v(O_k^v,j,l) - \varepsilon\sum_{\substack{p=1\\p\neq v}}^{V}\frac{1}{K_p}\sum_{k=1}^{K_p}\sum_{t=1}^{T_k^p}\varphi(O_k^p,\lambda_v)\tilde{\gamma}_t^v(O_k^p,j,l)} \tag{10-113}$$

由 $\partial D(\Lambda)/\partial(\Sigma_{jl}^v)^{-1} = 0$，得

$$\frac{1}{K_v}\sum_{k=1}^{K_v}\frac{1}{T_k^v}\frac{1}{P(O_k^v \mid \lambda_v)}\sum_{t=1}^{T_k^v}\alpha_{k,t}^{vv}(j)\beta_{k,t}^{vv}(j)\frac{C_{jl}^v N(o_{k,t}^v,\mu_{jl}^v,\Sigma_{jl}^v)[\Sigma_{jl}^v - (o_{k,t}^v - \mu_{jl}^v)(o_{k,t}^v - \mu_{jl}^v)^{\mathrm{T}}]}{2\sum_{m=1}^{M_v}C_{jm}^v N(o_{k,t}^v,\mu_{jm}^v,\Sigma_{jm}^v)} -$$

$$\varepsilon\sum_{\substack{p=1\\p\neq v}}^{V}\frac{1}{K_p}\sum_{k=1}^{K_p}\frac{1}{T_k^p}\frac{1}{P(O_k^p \mid \lambda_v)}\frac{P(O_k^p \mid \lambda_v)^{\eta}\delta(\Lambda_k^p,\lambda_v)}{\sum_{\lambda\in\Lambda_k^p}P(O_k^p \mid \lambda)^{\eta}}$$

$$\sum_{t=1}^{T_k^p}\alpha_{k,t}^{vp}(j)\beta_{k,t}^{vp}(j)\frac{C_{jl}^v N(o_{k,t}^p,\mu_{jl}^v,\Sigma_{jl}^v)[\Sigma_{jl}^v - (o_{k,t}^p - \mu_{jl}^v)(o_{k,t}^p - \mu_{jl}^v)^{\mathrm{T}}]}{2\sum_{m=1}^{M_v}C_{jm}^v N(o_{k,t}^p,\mu_{jm}^v,\Sigma_{jm}^v)} = 0 \tag{10-114}$$

从而

$$\frac{1}{K_v}\sum_{k=1}^{K_v}\sum_{t=1}^{T_k^v}\frac{1}{2}\tilde{\gamma}_t^v(O_k^v,j,l)[\Sigma_{jl}^v - (o_{k,t}^v - \mu_{jl}^v)(o_{k,t}^v - \mu_{jl}^v)^{\mathrm{T}}] -$$

$$\varepsilon\sum_{\substack{p=1\\p\neq v}}^{V}\frac{1}{K_p}\sum_{k=1}^{K_p}\sum_{t=1}^{T_k^p}\frac{1}{2}\varphi(O_k^p,\lambda_v)\tilde{\gamma}_t^v(O_k^p,j,l)[\Sigma_{jl}^v - (o_{k,t}^p - \mu_{jl}^v)(o_{k,t}^p - \mu_{jl}^v)^{\mathrm{T}}] = 0 \tag{10-115}$$

所以

$$\Sigma_{jl}^v = \frac{\frac{1}{K_v}\sum_{k=1}^{K_v}\sum_{t=1}^{T_k^v}\tilde{\gamma}_t^v(O_k^v,j,l)(o_{k,t}^v - \mu_{jl}^v)(o_{k,t}^v - \mu_{jl}^v)^{\mathrm{T}} - \varepsilon\sum_{\substack{p=1\\p\neq v}}^{V}\frac{1}{K_p}\sum_{k=1}^{K_p}\sum_{t=1}^{T_k^p}\varphi(O_k^p,\lambda_v)\tilde{\gamma}_t^v(O_k^p,j,l)(o_{k,t}^p - \mu_{jl}^v)(o_{k,t}^p - \mu_{jl}^v)^{\mathrm{T}}}{\frac{1}{K_v}\sum_{k=1}^{K_v}\sum_{t=1}^{T_k^v}\tilde{\gamma}_t^v(O_k^v,j,l) - \varepsilon\sum_{\substack{p=1\\p\neq v}}^{V}\frac{1}{K_p}\sum_{k=1}^{K_p}\sum_{t=1}^{T_k^p}\varphi(O_k^p,\lambda_v)\tilde{\gamma}_t^v(O_k^p,j,l)} \tag{10-116}$$

重新考虑式（10-94），当 $\eta\to\infty$ 时，有

$$D^*(\lambda_v,\Lambda) = \frac{1}{K_v}\sum_{k=1}^{K_v}\frac{1}{T_k^v}\left\{\log P(O_k^v \mid \lambda_v) - \varepsilon\log\max_{\lambda\in\Lambda_k^v} P(O_k^v \mid \lambda)\right\}$$
$$= \frac{1}{K_v}\sum_{k=1}^{K_v}\frac{1}{T_k^v}\left\{\log P(O_k^v \mid \lambda_v) - \varepsilon\log\max_{\lambda\in\Lambda} P(O_k^v \mid \lambda)\right\} \quad (10\text{-}117)$$

从而有

$$D^*(\Lambda) = \sum_{v=1}^{V} D(\lambda_v,\Lambda)$$
$$= \sum_{v=1}^{V}\frac{1}{K_v}\sum_{k=1}^{K_v}\frac{1}{T_k^v}\left\{\log P(O_k^v \mid \lambda_v) - \varepsilon\log\max_{\lambda\in\Lambda} P(O_k^v \mid \lambda)\right\}$$
$$= \sum_{v=1}^{V}\left\{\frac{1}{K_v}\sum_{k=1}^{K_v}\frac{1}{T_k^v}\log P(O_k^v \mid \lambda_v) - \varepsilon\frac{1}{\overline{K}_v}\sum_{k=1}^{\overline{K}_v}\frac{1}{\overline{T}_k^v}\log P(\overline{O}_k^v \mid \lambda_v)\right\} \quad (10\text{-}118)$$

设 $A_v = \{O_k^n \mid v = \arg\max_{u\neq n} P(O_k^n \mid \lambda_u),\ n \neq v,\ O_k^n \in O\}$，不妨记 $A_v = \{\overline{O}_1^v, \overline{O}_2^v, K, \overline{O}_{\overline{K}_v}^v\}$，则有 $\overline{O}_k^v \in A_v$。

对比式（10-95）和式（10-118）可以发现，对于式（10-96），所有 HMM 参数估计必须同时进行，对于式（10-110），各个 HMM 参数可以单独估计，其算法流程等同于 Baum-Welch 算法。要使 $D^*(\Lambda) = \max$，可重复上述推导过程，可得到

$$a_{ij}^v = \frac{\dfrac{1}{K_v}\sum_{k=1}^{K_v}\sum_{t=1}^{T_k^v-1}\tilde{\xi}_t^v(O_k^v,i,j) - \varepsilon\dfrac{1}{\overline{K}_v}\sum_{k=1}^{\overline{K}_v}\sum_{t=1}^{\overline{T}_k^v-1}\tilde{\xi}_t^v(\overline{O}_k^v,i,j)}{\dfrac{1}{K_v}\sum_{k=1}^{K_v}\sum_{t=1}^{T_k^v-1}\sum_{l=1}^{N_v}\tilde{\xi}_t^v(O_k^v,i,l) - \varepsilon\dfrac{1}{\overline{K}_v}\sum_{k=1}^{\overline{K}_v}\sum_{t=1}^{\overline{T}_k^v-1}\sum_{l=1}^{N_v}\tilde{\xi}_t^v(\overline{O}_k^v,i,l)} \quad (10\text{-}119)$$

$$C_{jl}^v = \frac{\dfrac{1}{K_v}\sum_{k=1}^{K_v}\sum_{t=1}^{T_k^v}\tilde{\gamma}_t^v(O_k^v,j,l) - \varepsilon\dfrac{1}{\overline{K}_v}\sum_{k=1}^{\overline{K}_v}\sum_{t=1}^{\overline{T}_k^v}\tilde{\gamma}_t^v(\overline{O}_k^v,j,l)}{\dfrac{1}{K_v}\sum_{k=1}^{K_v}\sum_{t=1}^{T_k^v}\sum_{m=1}^{M_v}\tilde{\gamma}_t^v(O_k^v,j,m) - \varepsilon\dfrac{1}{\overline{K}_v}\sum_{k=1}^{\overline{K}_v}\sum_{t=1}^{\overline{T}_k^v}\sum_{m=1}^{M_v}\tilde{\gamma}_t^v(\overline{O}_k^v,j,m)} \quad (10\text{-}120)$$

$$\mu_{jl}^v = \frac{\dfrac{1}{K_v}\sum_{k=1}^{K_v}\sum_{t=1}^{T_k^v}\tilde{\gamma}_t^v(O_k^v,j,l)o_{k,t}^v - \varepsilon\dfrac{1}{\overline{K}_v}\sum_{k=1}^{\overline{K}_v}\sum_{t=1}^{\overline{T}_k^v}\tilde{\gamma}_t^v(\overline{O}_k^v,j,l)\overline{o}_{k,t}^v}{\dfrac{1}{K_v}\sum_{k=1}^{K_v}\sum_{t=1}^{T_k^v}\tilde{\gamma}_t^v(O_k^v,j,l) - \varepsilon\dfrac{1}{\overline{K}_v}\sum_{k=1}^{\overline{K}_v}\sum_{t=1}^{\overline{T}_k^v}\tilde{\gamma}_t^v(\overline{O}_k^v,j,l)} \quad (10\text{-}121)$$

$$\Sigma_{jl}^v = \frac{\dfrac{1}{K_v}\sum_{k=1}^{K_v}\sum_{t=1}^{T_k^v}\tilde{\gamma}_t^v(O_k^v,j,l)(o_{k,t}^v-\mu_{jl}^v)(o_{k,t}^v-\mu_{jl}^v)^{\mathrm{T}} - \varepsilon\dfrac{1}{\overline{K}_v}\sum_{k=1}^{\overline{K}_v}\sum_{t=1}^{\overline{T}_k^v}\tilde{\gamma}_t^v(\overline{O}_k^v,j,l)(\overline{o}_{k,t}^v-\mu_{jl}^v)(\overline{o}_{k,t}^v-\mu_{jl}^v)^{\mathrm{T}}}{\dfrac{1}{K_v}\sum_{k=1}^{K_v}\sum_{t=1}^{T_k^v}\tilde{\gamma}_t^v(O_k^v,j,l) - \varepsilon\dfrac{1}{\overline{K}_v}\sum_{k=1}^{\overline{K}_v}\sum_{t=1}^{\overline{T}_k^v}\tilde{\gamma}_t^v(\overline{O}_k^v,j,l)}$$
$$(10\text{-}122)$$

在参数重估过程中，为保证 $\sum_{j=1}^{N} a_{ij} = 1$、$\sum_{l=1}^{M} C_{jl} = 1$，必须对每次估计的参数进行归一化处

理：$a_{ij}^{v} = a_{ij}^{v'} \Big/ \sum\limits_{j=1}^{N_v} a_{ij}^{v'}$、$C_{jl}^{v} = C_{jl}^{v'} \Big/ \sum\limits_{l=1}^{M_v} C_{jl}^{v'}$，其中 $a_{ij}^{v'} C_{jl}^{v'}$ 为重估值。

至此，IMMDE 算法基本完成，整个算法概括如下：

1）HMM 参数初始化。采用经典 Baum-Welch 算法估计 HMM 参数，把估计结果作为本小节 IMMDE 算法中 HMM 参数的初始值。

2）在训练初期，由于训练样本在各个模型下输出概率相差不是很明显，而在训练后期样本输出概率相差明显，因此对参数 η 进行自适应变化，即 $\eta(loop) = c^{loop}$，其中 c 为一常数，$c>1$；$loop$ 为迭代步骤。

3）对每个训练样本，分别计算前向概率、后向概率、过渡概率、相对输出概率和混合输出概率，并计算每个训练样本的最佳竞争模型集 Λ_k^v，重新分配各个模型训练样本集 A_v。

4）利用式（10-106）、式（10-110）、式（10-113）、式（10-116）和式（10-119）~式（10-123），重估 HMM 参数，并归一化处理。

5）判断参数估计是否达到预定迭代步数或预定精度，若是，则结束，否则转步骤 2）。

3. IMMD 参数估计算法在面部表情识别中的应用

基于 IMMD 算法的面部表情识别系统流程如图 10-25 所示。

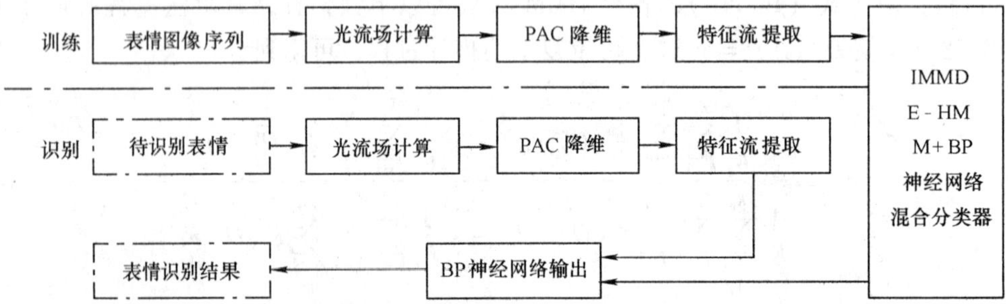

图 10-25　基于 IMMD 的 HMM 算法面部表情识别系统训练和识别流程

同 10.4.3 节一样，先采用改进光流法对面部表情图像序列计算光流场，得到表征面部表情变化的光流场。在得到光流场后，分别对水平方向 u 和垂直方向 v 的运动图像进行归一化和标准化，采用 PCA 法分别求取 u 方向和 v 方向的基底，表情图像的特征向量是有 u 和 v 分量的投影系数串联得到。对于含有某种表情变化的图像序列，先依次求出各帧图像中的速度场在各自 u、v 基底上的投影，并把 u、v 串联起来构成面部表情特征向量，整个序列就是面部表情特征流，用来作为 HMM 输入信号。

为了充分利用 HMM 和 BP 神经网络的优点，本小节仿照 10.4.3 节构建了基于 IMMIE 的 HMM 和 BP 神经网络混合分类器，把 BP 神经网络作为二次分类器（见图 10-26），其算法过程如下：

1）利用改进光流算法计算面部表情图像序列的光流场，并对光流场利用主成分分析（PCA）进行数据压缩，得到面部表情的特征向量序列。

2）对上述得到的特征向量序列，利用 IMMDE 算法训练 HMM。

3）把各个 HMM 输出概率组合成一个新的向量，并把它作为 BP 神经网络的输入信号，训练 BP 神经网络分类器。

4. 实验结果及分析

从 CMU 人脸数据库中，随机抽取了 14 个人的面部表情图像序列，并把 10 人的面部表

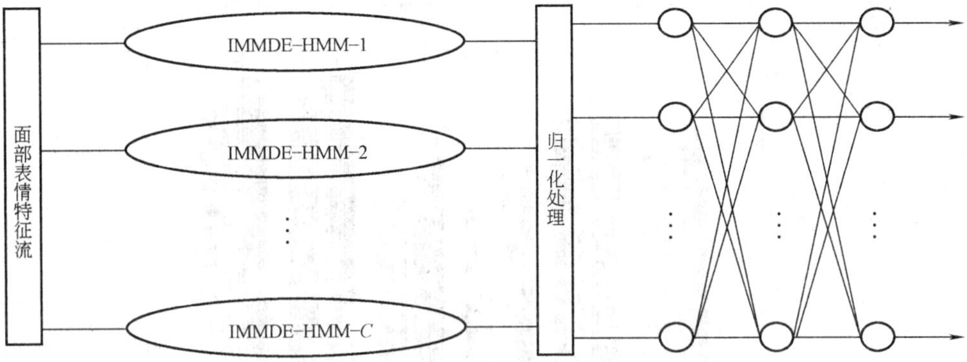

图 10-26　IMMDE-HMM/BP 神经网络混合分类器

情图像序列作为训练样本，其余 4 个人的面部表情图像作为测试样本。对每种表情图像分别构建了不同的 HMM，HMM 均选择左右结构，其状态数为 4，各个状态取高斯混合元个数为 $M=3$，分别利用式（10-106）、式（10-110）、式（10-113）、式（10-116）和式（10-118）~式（10-122）训练 HMM。把 HMM 输出作为 BP 神经网络分类器的输入信号，再训练 BP 神经网络分类器。其中，BP 神经网络输入输出节点均为 6 个，其隐节点数通过实验调整。为便于比较，同时采用 Baum-Welch 法训练 HMM，其测试结果如图 10-27、图 10-28 所示。其中，IMMDE1 指基于式（10-106）、式（10-110）、式（10-113）、式（10-116）的 HMM 训练算法，IMMDE2 指基于式（10-118）~式（10-122）的 HMM 训练算法，MMDE 指基于式（10-93）的 HMM 训练算法。

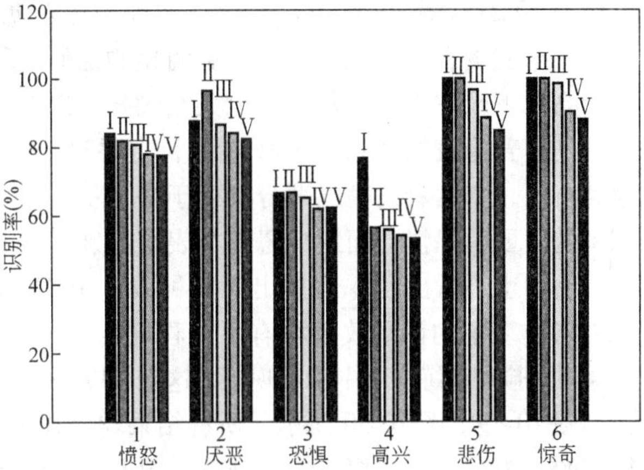

图 10-27　基于 Hessian 矩阵光流法的表情特征提取下，IMMD 法与其他方法的比较

图 10-27 所示为采用基于 Hessian 矩阵的光流算法提取面部表情光流场，经 PCA 变换得到面部表情特征流，构建了 IMMDE-HMM/BP 神经网络分类器。Ⅰ、Ⅱ、Ⅲ、Ⅳ分别为采用 IMMDE1/BP 神经网络、IMMDE2/BP 神经网络、MMDE/BP 神经网络和 Baum-Welch/BP 神经网络四种方法的识别结果。方法Ⅴ为采用 Lucas-Kanade 光流法提取表情特征流，采用 Baum-Welch/BP 神经网络分类器得到的识别结果。

图 10-28 所示为采用非刚体光流算法提取面部表情光流场和采用 PCA 变换得到面部表情特征流，构建了 IMMIE-HMM/BP 神经网络分类器。Ⅰ、Ⅱ、Ⅲ、Ⅳ、Ⅴ分别为采用 IMMDE1/BP 神经网络 + 一阶 div-curl 约束光流法、IMMDE1/BP 神经网络 + 二阶 div-curl 约束光流法、IMMDE2/BP 神经网络 + 一阶 div-curl 约束光流法、IMMDE2/BP 神经网络 + 二阶 div-curl 约束光流法和 Baum-Welch/BP 神经网络 + Lucas-Kanade 光流法的五种方法的识别结果。

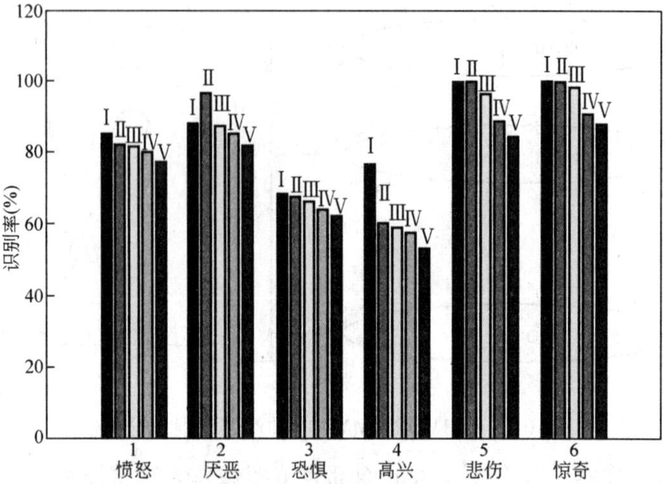

图 10-28　基于非刚体光流法的表情特征提取下，
IMMD 法与其他方法的比较

由图 10-27、图 10-28 可以看出，四种方法对悲伤、惊奇、厌恶三类识别率较高，这主要是因为这三类有着较之其他类别更明显的几何特征，如惊奇表情的眼睛张得比较大，上眼皮被抬高，下眼皮下落，其嘴巴也大幅张开，以至于唇和齿分开。相比之下，高兴和恐惧这两类识别率普遍较低，只有 60% 左右，主要是因为高兴和恐惧在表现时脸部器官有较多相似运动特征，如两者的嘴巴部分都处于张开状态，且张开程度相似，在试验中发现影响高兴识别率的主要是恐惧，而影响恐惧类表情识别率的除了高兴外，还有厌恶和愤怒两类表情。此外，由图也可看出，本节提出的两种改进 HMM 方法（Ⅰ和Ⅱ）比其他方法（Ⅲ、Ⅳ和Ⅴ）对各类表情的识别效果均有不同程度的提高。由于测试时采用的是陌生人脸的六类表情，这些人脸在训练样本中未出现，由这点可以进一步体现本节所述方法的鲁棒性。

如图 10-29、图 10-30 所示，所有结果均是在采用 10 个人的表情图像序列作为训练样本时得到的。为了进一步探讨参与训练人数和测试结果的关系，分别采用 6 ~ 10 个人的样本参与训练分类器，其余人的表情图像序列作为测试样本，其结果如图 10-29、图 10-30 所示。

如图 10-29 所示，“ + ”“o”“x”“□ ”表示的曲线分别为采用 IMMDE1/BP 神经网络、IMMDE2/BP 神经网络、MMDE/BP 神经网络和 Baum-Welch/BP 神经网络方法在采用 Hessian 矩阵光流法提取表情特征流后得到的分类结果，“▽”为采用 Lucas-Kanade 光流法提取表情特征流，并采用 Baum-Welch/BP 神经网络分类器得到的识别结果。如图 10-30 所示，“ + ”“o”“x”“□ ”“▽”分别为 IMMDE1/BP 神经网络 + 一阶 div-curl 约束光流法、IMMDE1/BP 神经网络 + 二阶 div-curl 约束光流法、IMMDE2/BP 神经网络 + 一阶 div-curl 约束光流法、IMMDE2/BP 神经网络 + 二阶 div-curl 约束光流法和 Baum-Welch/BP 神经网络 + Lucas-Kanade 光流法等五种方法在不同训练样本集下的识别结果。

如图 10-29、图 10-30 所示，随着参与训练的人数增加，各种方法识别率呈上升趋势，在参与训练人数较少时（6 人），本节所述的改进的 HMM 方法能达到 70% 以上的识别率，而其他方法则识别率只有 60% ~70%，随着参与训练人数的增多，本节所述的方法一直保持较高识别率，可以预见，随着参与训练人数的继续增多，本节所述的改进的 HMM 方法识别率还会进一步提高。

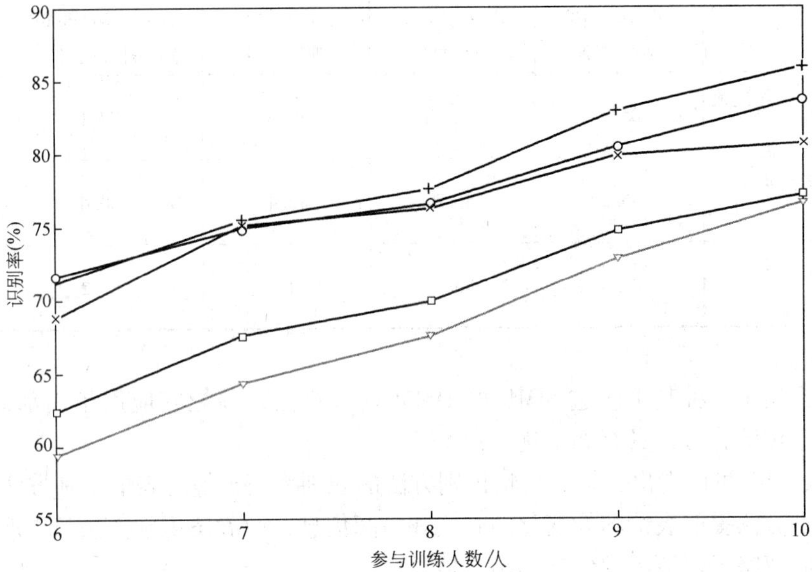

图 10-29 基于 Hessian 矩阵光流法的表情特征提取下，参与训练人数与识别率关系曲线

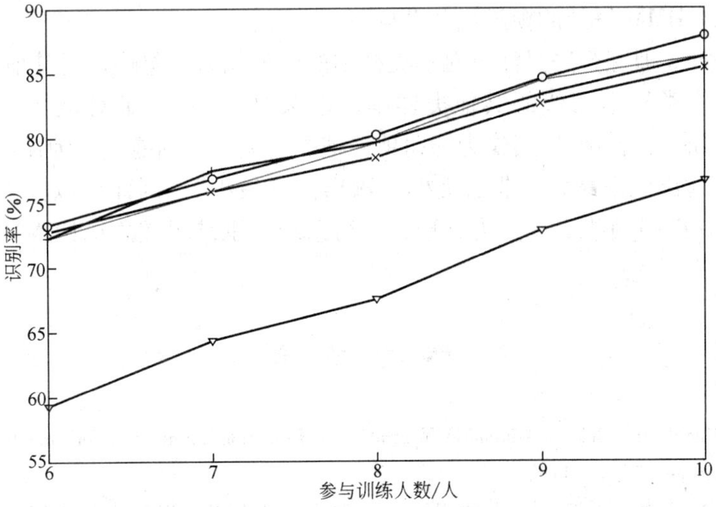

图 10-30 基于非刚体光流法的表情特征提取下，参与训练人数与识别率关系曲线

表 10-7 为各种方法在参与训练的人数为 10 时所有表情类的识别结果。同时引入参考文献[24]所述的作为对比。参考文献[24]提供的方法实质上是一种静态的表情识别方法，而本节所述的改进方法是一种动态表情识别方法，因此识别效果有明显提高。同时，采用的是改进的 HMM 训练方法，因此该方法较之其他动态方法（MMIE + BP 神经网络和 Baum-Welch + BP 神经网络方法）也有一定改善。

表 10-7　采用不同方法的面部表情识别结果比较　(%)

识别率	IMMDE1/BP 神经网络	IMMDE2/BP 神经网络	MMDE/BP 神经网络	Baum-Welch/BP 神经网络	参考文献 [24]
基于 Hessian 矩阵光流法	85.9	83.65	80.6	77.1	
一阶 div-curl 约束下非刚体光流法	86.2	85.3	82.4	80.6	65
二阶 div-curl 约束下非刚体光流法	87.8	86.4	84.5	83.2	

5. 小结

本小节提出了一种基于改进 MMD 的 HMM 训练算法，并把它应用于面部表情识别中。该方法相对于传统算法，具有如下优点：

1）从表 10-7 可以看出，动态表情识别方法的识别率高于静态表情识别方法，这主要是因为动态识别方法提取表情图像变化的时间和空间信息，而静态识别方法只提取表情图像的空间信息，而忽略了表情图像变化的动态信息。

2）由于采用了改进的光流算法用于提取面部表情特征流，使得提取的表情运动信息更为准确，从而保证了识别效果的提高。

3）IMMDE1 和 IMMDE2 训练算法充分利用了所有训练样本，在相同训练样本集下，采用改进 MMD 训练 HMM 得到的模型更为精确。

4）Baum-Welch 训练算法只注重对本类样本的建模能力，忽略了对其他类样本的鉴别能力，如果出现与本类样本相似的其他类样本，则该 HMM 就很难对该样本作出准确分类。IMMDE 方法引入最佳竞争模型集作为惩罚项，把提高模型鉴别能力作为模型参数优化目标，使得“己类模型输出概率最大，非己类模型输出概率最小”，因而可以大大提高识别能力；同时，由于 MMD 准则函数定义更为合理，使得系统识别结果较之原始 MMD 法有明显的改善。

参考文献

[1] TianYingli, Rudolf M, Bolle. Automatic Neutral Face Detection Using Location and Shape Features [J]. Computer Science, 2001 (11).

[2] 赵力庄, 高文, 陈熙霖. Eigenface 的变维分类方法及其在表情识别中的应用 [J]. 计算机学报, 1999, 22 (6): 627-632.

[3] 程永清, 庄永明, 杨靖宇. 基于矩阵相似度的图像特征抽取和识别 [J]. 计算机研究与发展, 1992 (11): 42-48.

[4] 刘向东, 陈兆乾. 人脸识别技术的研究 [J]. 计算机研究与发展, 2004, 41 (7): 1076-1080.

[5] Bouattour H, Fogelman - Soulie H, Viennet E. Solving the human face recognition task using neural Nets [C] // Aleksander J, Taylor J, et al. Proc. Artificial Neural Networks. Amsterdan: North-Holland, 1992: 1595-1598.

[6] Kohonen T. Associative Memory: A System Theoretic Approach [M]. Berlin: Springer, 1977.

[7] Millward R, O'Toole A J. Recognition Memory Transfer between Spatial-Frequency analyzed faces [M]

//Ellis H D, Jeeves M A, Newcombe F, et al. Aspects in Face Processing. Netherlands, Dordrecht: Martinus Nijhoff Publisher, 1986: 34-44.

[8] Cottrell G W, Fleming M. Categorization of faces using unsupervised feature extraction [C] //Proc Int'l Neural Networks Conf. Paris, 1990: 65-70.

[9] Rosenblum M, Yacoob Y, Davis L. Human emotion recognition from motion using a radial basis function network architecture [C] // Proceedings International Conference on Automatic Face-and-Gesture - Recognition. Zurich, 1995: 1111-1113.

[10] Ye Jingfu, Zhan Yongzhao, Song Shunlin. Facial expression features extraction based on Gabor wavelet transformation [C] // IEEE International Conference on Systems. Man and Cybernetics. 2004, 10: 2215-2219.

[11] Samaria F, Young S. HMM-based architecture for face identification [J]. Image and Vision Computing, 1994, 12 (8): 537-543.

[12] 金辉,高文. 基于 HMM 的面部表情图像序列的分析与识别 [J]. 自动化学报, 2002, 28 (4): 646-651.

[13] 尹星云,王洵, 董兰芳, 等. 用隐马尔可夫模型设计人脸表情识别系统 [J]. 电子科技大学学报, 2003, 32 (6): 725-728.

[14] Hadid A, Pietikainen M. From Still Image to Video-Based Face Recognition: An Experimental Analysis [C] //Proceedings of the Sixth IEEE International Conference on Automatic Face and Gesture Recognition, 2004.

[15] Dai Y, Shibata Y, Hashimoto K, et al. Facial Expression Recognition of Person without Language Ability based on the Optical Flow Histogram [C] //Proceedings of ICSP, 2000: 1209-1212.

[16] 朱永生, 张优云. 支持向量机分类器中几个问题的研究 [J]. 计算机工程与应用, 2003 (13): 36-38.

[17] Lucas B D, Kanade T. An iterative image registration technique with an application to stero vision [C] // Proceeding of the International Joint Conf. On Artifical Intelligence, 1981.

[18] Horn B K P, Schunck B G. Determining optical flow [J]. Artificial Intelligence, 1981 (17): 185-203.

[19] Hegger D J. Model for the extraction of image flow [J]. J. Opt. Soc. Am., 1987 (A4): 1455-1471.

[20] Fleet D J, Jepson A D. Computation of component image velocity from local phase information [J]. International Journal of Comput vision, 1990 (1): 77-104.

[21] Barron J L, Fleet D J. Performance of optical flow techniques [J]. Int. Jounrnal on Computer Vision, 1994 (12): 43 - 77.

[22] Bahl L R, Brown P F, Souza P V, et al. Maximum mutual information estimation of hidden markov model parameters for speech recognition [C] // Proc. ICASSP86′. 1986: 49-52.

[23] Assaf Ben-Yishai, David Burshtein. A Discriminative Training Algorithm for hidden Markov Models [J]. IEEE Trans. Speech and Audio Processing, 2004, 12 (3): 204-217.

[24] Hai Hong, Hartmut Neven, Christoph von der Malsburg. Online Facial Expression Recognition Based on Personalized Galleries [C] //Proceedings of Third International Conference on Automatic Face and Gesture Recognition. 2002.

[25] Hong Q Y, Kwong S. Discriminative training for speaker identification based on maximum model distance algorithm [C] // ICASSP, Montreal, Canada, 2004: 17-21.

[26] Hong Q Y, Kwong S. Maximum model distance discriminative training for text-independent speaker verification [C] //The 30th annual conference of the IEEE industrial electronics society. Busan, Korea, 2004: 2-6.

[27] 贺前华,陆以勤，韦岗．一种新的 HMM 训练方法［J］．电子学报，2000，28（9）：56-58.

[28] Cottrell G W，Fleming M．EMPATH：Face，emotion，and gender recognition using holons［C］//Advances in Neural Information Processing Systems，San Mateo：Morgan Kanfmam 1991：564-571.

[29] Calder A J，Burton A M，Paul Miller，et al．A principal component analysis of facial expression［J］．Vision Research，2001，41（9）：1179-1208.

[30] Kaya Y，Kobayashi K．A Basic Study on Human Recognition［C］//Frontiers of Pattern Recognition，New York：Academic，1971，265-289.

[31] 刘芳.基于图像处理的面部特征提取与表情识别方法研究［D］．北京：北京科技大学，2005.

[32] 高文,金辉．面部表情图像的分析与识别［J］．计算机学报，1997，20（9）：782-789.

[33] 李梦东,阮秋琦．利用变形模板提取嘴部特征的算法［J］．北方交通大学学报，2002，26（2）：11-14.

[34] Kanade T．Computer recognition of human faces［J/OL］．Interdisciplinary Systems Research，1977（47）．www．ri．cmu．edu/pub-files/pub3/kanade_take0_1977_1/kanade_take0_1977_1．pdf.

第 11 章　人脸合成实例

本章通过三个实例：基于视频的人脸表情合成、三维虚拟人脸模型和虚拟人脸部年龄仿真，来进一步阐述人脸合成与表情合成的方法，并给出具体的实现过程。首先，以 Candide 模型作为人脸模型框架，在 Visual C ++ 环境中结合 OpenGL 技术，采用线积分卷积法进行纹理的向量场映射，通过控制 AU 所对应的 FAP 来实现表情的合成，完成了一个具有皮肤纹理和面部表情变化的特定人脸模型。在此基础上，把人脸表情建模模块与表情识别模块相结合，构建了一个实时表情信息获取与重构平台，此平台能够较准确地识别三种基本表情（高兴、平静、惊讶），并对所识别表情进行实时重现，实现了基于视频的人脸表情建模。然后，进一步结合 3DS MAX 模型，依据特征点与网格模型的思想，合成了一个更具真实感的三维虚拟人脸，并对其进行脸部特征调整及表情变化。

11.1　基于视频的人脸表情合成

视频信息对人类的信息交流尤为重要，在网络视频传输，尤其是无线视频传输中，为了充分利用有限的网络带宽，必须对视频信息进行图像压缩。为此，人们提出了人脸表情参数化的面部压缩思想，力图在发送端，从实际视频实时提取面部形状、表情参数，在接收端实时恢复相应的参数，得到面部的表情结果。

图像处理、计算机视觉和计算机图形学是计算机科学中与人类的视觉感知直接相关的学科，其中人脸的识别、处理、生成一直是研究的热点和难点。在图像处理中，主要对图像进行各种转换、分析，获取满足不同场合要求的、高质量的图像或形变结果。计算机视觉主要利用人工智能或训练学习等机制，对人脸图像或视频进行分析、识别，提取人脸的全局、局部、静态及动态特征。计算机图形学主要从人脸的生理机理和几何结构出发，模拟虚拟人物，并实时模拟虚拟人物的人脸表情。本节着眼于不同学科的交叉和融合，结合表情识别模块，以计算机图形学进行人脸建模与表情合成。

11.1.1　Candide 模型

Candide 模型由 Linköping 大学的 Mikael Rydfalk 在 1987 年建立。Candide 模型是一个中性模型，即它不是特定人的网格模型。此模型包括 113 个关键点和 168 个三角面片，控制参数由静态人脸定义参数（FDP）和动态人脸动画参数（FAP）组成。静态参数用来描述不同人脸之间的差异，动态参数则用于控制脸部的动作。此模型关键点比较少，可以快速地描述人脸静态特征和脸部动作，并且根据动态参数可以进行动作编码，在视频但输方面应用较广泛。它是一个面向 FACS 的参数化模型，仅由少量的三角形（约 100 个）定义，便于快速计算和重构。

在建立三维网格模型时，首先要定义顶点和表面，每一个三角形表面的顶点都是按照逆时针的顺序来定义的，如图 11-1 所示。

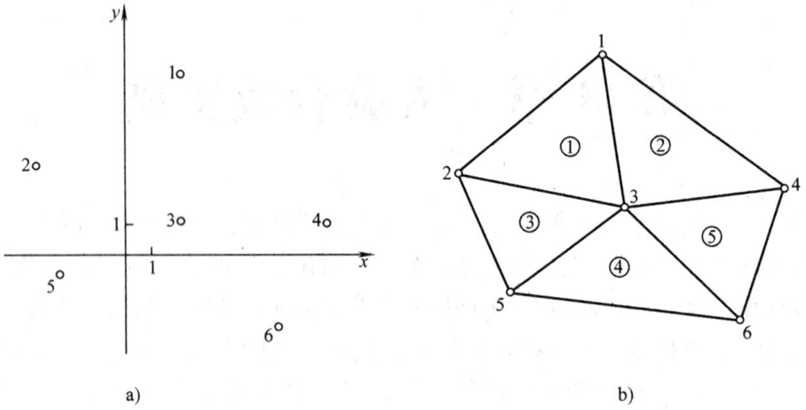

图 11-1　三维网格模型中的顶点和面
a）顶点示例　b）表面与顶点的关系

在真实度方面，一个三维人脸模型应该符合两个标准：静态真实感和动态真实感。静态真实感是指静止的人脸从任一角度看都具有真实感；动态真实感是指人脸的动作和毛发到达逼真自然的程度。这里，我们只讨论静态真实感的设计。实验证明，100 个三角形已经足够构建一个完整的人脸网格模型，并可以适应不同的人脸贴图。表 11-1 列出了 Candide 模型 76 个顶点（编号：0 ~ 75）的三维坐标[1]。

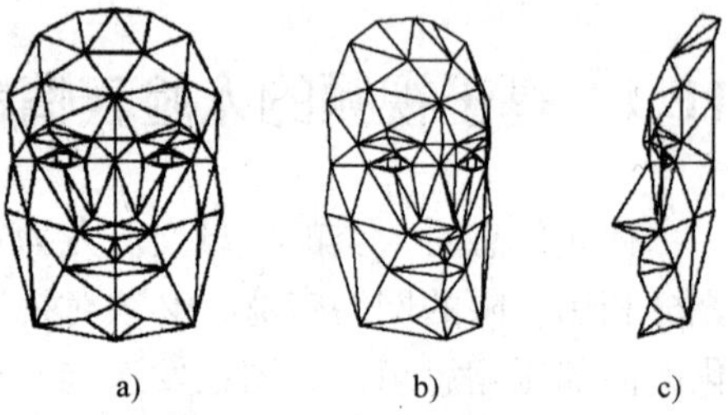

图 11-2　包含 76 个节点的 Candide 模型
a）正面的 Candide 模型　b）向右转过 30°　c）向左转过 90°

在 Visual C ++ 环境下，借助 OpenGL 图形库，初步得到的 Candide 模型如图 11-2a 所示。通过编程可以实现网格模型按不同对称轴的旋转，即可以得到不同角度的网格视图。图 11-2b、c 分别为向右转过 30°和向左转过 90°的 Candide 模型。

表 11-1　Candide 模型顶点列表

顶点编号	X	Y	Z	注释	顶点编号	X	Y	Z	注释
0	0	250	40	左半边脸	11	50	245	10	
1	40	190	90		12	105	215	20	
2	0	130	120		13	100	150	70	
3	0	70	130		14	146	130	20	
4	0	40	120		15	120	70	70	
5	0	-50	180		16	90	92	110	
6	0	-70	130		17	30	70	120	
7	0	-100	137		18	90	80	110	
8	0	-120	138		19	70	60	100	
9	0	-160	120		20	108	40	80	
10	0	-210	140		21	70	53	104	

（续）

顶点编号	X	Y	Z	注释	顶点编号	X	Y	Z	注释
22	70	34	103		49	-90	92	110	
23	40	40	100		50	-30	70	120	
24	70	30	100		51	-90	80	110	
25	30	-40	110		52	-70	60	100	
26	50	-60	104		53	-108	40	80	
27	120	-40	50		54	-70	53	104	
28	150	-30	20		55	-70	34	103	
29	140	40	20		56	-40	40	100	
30	110	-190	60		57	-70	30	100	
31	70	-110	80		58	-30	340	110	
32	40	-180	100		59	-50	-60	104	
33	10	-90	136		60	-120	-40	50	
34	-40	190	90	右半边脸	61	-150	-30	20	
35	0	130	120		62	-140	40	20	
36	0	70	130		63	-110	-190	60	
37	0	40	120		64	-70	-110	80	
38	0	-50	180		65	-40	-180	100	
39	0	-70	130		66	-10	-90	136	
40	0	-100	137	下嘴唇最高点	67	80	50	95	瞳孔
41	0	-120	138		68	80	35	95	
42	0	-160	120		69	-80	50	95	
43	0	-210	140		70	-80	35	95	
44	-50	245	10		71	61	50	102	
45	-105	215	20		72	61	35	102	
46	-100	150	70		73	-61	50	102	
47	-146	130	20		74	-61	35	102	
48	-120	70	70		75	0	-100	50	嘴部张开的背景

11.1.2 标准人脸模型到特定人脸模型的变换

1. 特征点的变换

（1）全局变换　三维人脸模型上的任意一点 P（X，Y，Z）以无穷小的欧拉角向其目标点 P'（X'，Y'，Z'）作刚性运动，可以描述为

$$\begin{bmatrix} X' \\ Y' \\ Z' \end{bmatrix} = \begin{bmatrix} 1 & -\Delta\theta_Z & \Delta\theta_Y \\ \Delta\theta_Z & 1 & -\Delta\theta_X \\ -\Delta\theta_Y & \Delta\theta_X & 1 \end{bmatrix} \begin{bmatrix} S_X & 0 & 0 \\ 0 & S_Y & 0 \\ 0 & 0 & S_Z \end{bmatrix} \begin{bmatrix} X \\ Y \\ Z \end{bmatrix} + \begin{bmatrix} T_X \\ T_Y \\ T_Z \end{bmatrix} \tag{11-1}$$

式中，θ_X、θ_Y 和 θ_Z 是围绕 X、Y 和 Z 轴的旋转角度；S_X、S_Y 和 S_Z 分别是比例因子；$(T_X, T_Y, T_Z)^T$ 是平移向量。全局变换可以等价地看成是对这 9 个刚性运动参数的估计。进行垂直影射后，可以通过计算三维人脸模型到二维人脸中心的距离来得到平移向量。让 P_l、P_r、P_c、P_m 分别代表左眼中心点、右眼中心点、两眼的中点以及嘴部的中心点，P_l'、P_r'、P_c'、P_m'是三维人脸模型中二维投影的相关特征。对比例因子 S_X 和 S_Y 进行了如下的定义：$S_X = \| P_l - P_r \| / \| P_l' - P_r' \|$，$S_Y = \| P_c - P_m \| / \| P_c' - P_m' \|$。在平面帧中，脸的深度是不可见的，为了确保自动性，S_Z 将应用线性膨胀性取 S_X 和 S_Y 的平均值。头部的倾斜角度 θ_Z 可以通过测量线段 P_lP_r 和二维水平轴之间的夹角获得。θ_Y 可以应用基于横截面的方法来获得。至于 θ_X，由于缺少深度信息，所以我们假设头部与 X 轴是平行的，即 $\theta_X = 0$。

（2）局部变换　4 个脸部特征，如本系统中的眉毛、下巴、眼睛和嘴，将分别得到变换，如图 11-3 所示。8 个眉毛节点（黑色圆点）用来代替提取出的 8 个眉毛特征点。在下巴替换中，三维人脸模型的 5 个下巴节点（黑色圆点）通过伸缩运动与提取出的二维下巴轮廓相吻合。通过对人体测量学和肌肉运动的研究，中间的三个圆点是与上面的两个方形节点相连的，而另外两个圆点也和对角的方形节点相连。嘴部变换包括仿射转换（Affine Transformation）和轮廓转换。所有的嘴部节点包括在一个矩形内（见图 11-3），通过二维仿射转换得到，这需要计算已经提取的平面嘴部和二维嘴部对于三维人脸模型投射之间的差别，其中投射是在平移、比例和旋转三方面进行的。

仿射转换不能保证嘴部轮廓的匹配，为了保证上半嘴唇的自然形状，所有轮廓上的节点需要通过一个常数转换成提取的二维轮廓，该参数是通过估计平面人脸上半嘴唇外部轮廓线中间点和投射到三维人脸模型的二维中相应点之间的距离得到的。眼部转换的原则与嘴部转换的原则一致。对人脸模型处于两个椭圆中的眼部各节点进行仿射转换，然后根据已经提取的眼部轮廓来调整人脸模型的眼皮。然而，眼睛必须作为两个独立的物体来处理，即用两组独立的参数集合。另外，这里应用了线性插值来调试这些非边界节点。

2. 非特征点的变换

在完成对特征点的三维坐标调整之后，模型调整即为确定非特征点的位置。我们利用适当的插值算法来计算非特征点的三维坐标。非特征点调整可采用的方法有自由变形、径向基函数内插、弹性匹配等。其中，自由变形算法较为复杂，径向基函数内插具有良好的平滑性，但需注意保证内插的平稳性。

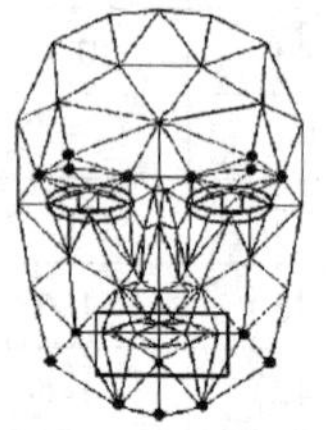

图 11-3　Candide 模型的特征点示意图

本系统利用径向基插值算法计算非特征点的三维坐标。这样，问题就转化为已知特征点 x_i 的位移 f_i，$s(x_i) = f(x_i)$，$i = 1, 2, \cdots, N$，求径向基函数（RBF），即

$$s(x) = p(x) + \sum_{i=1}^{N} \lambda_i \varphi(\| x - x_i \|) \tag{11-2}$$

式中，s 为径向基函数；自变量 x 为对应网格顶点的三维坐标，因变量为此点的位移量；p 为低阶多项式；λ_i 为 RBF 系数，即网格调整需要确定的模型参数；基函数 φ（ ）为一个实函数。x_i 是 RBF 中心，一般为与模型特征点对应的空间坐标。

令低阶多项式 p 的基为 $p = \{p_1, \cdots, p_l\}$，对应的系数为 $c = \{c_1, \cdots, c_l\}$，则式（11-2）以矩阵形式表示为

$$\begin{bmatrix} A & p \\ p^{\mathrm{T}} & 0 \end{bmatrix}\begin{bmatrix} \lambda \\ c \end{bmatrix} = \begin{bmatrix} f \\ 0 \end{bmatrix} \tag{11-3}$$

式中，$A=[A_{ij}]$；$A_{ij}=\varphi(\|x_i-x_j\|)$；$p_{ij}=p_j(x_i)$；$i, j=1,2,\cdots,N$。

由此，线性方程可解得 λ、c，从而确定了模型所有网格点的径向基函数 $s(x)$。对于 RBF 的选取，在我们的实验中，选用了高斯函数，α 取为 1/64，即

$$\varphi(r) = \mathrm{e}^{-\alpha r^2} \qquad \alpha > 0 \tag{11-4}$$

11.1.3 纹理贴图

构建完网格模型之后，要给网格加上纹理，就要使用纹理映射技术。纹理映射技术是真实感技术的一个重要方面，人脸表面的纹理具有颜色和几何纹理双重属性。

在贴纹理前，必须确定纹理与人脸的相对关系，即在场景中生成实体时，要同时用到纹理坐标和几何坐标。对于一个二维纹理来说，纹理坐标在 X 和 Y 方向上都是 0.0～1.0。这样，在设计纹理时就要小心，要使其左右、上下各边能够很好地拼为一体，即要实现纹理图像的无缝拼接。在应用中，首先选择一个图像，由于被用作纹理图像的宽和高必须是 2 的幂，所以在预处理部分，须将其转换为符合要求大小的格式，如 256×256 像素，并将对应的分量依次读入缓存区。

在初始化时，对纹理映射的各种参数进行设置，要对相对的几何坐标同时给出对应的纹理坐标，我们采用了线积分卷积法来进行纹理的向量场映射。设向量场中任一点处的局部特性，由一个卷积和函数 $k(w)$ 沿一条从该点开始向前向后跟踪出的一段流线积分的结果决定，则定点 (x, y) 的纹理值 $I(x, y)$ 可由下式得出：

$$I(x,y) = \frac{\sum_{i=0}^{k} f(x_i,y_i)h_i}{\sum_{i=0}^{k} h_i} \tag{11-5}$$

式中，$I(x, y)$ 为 (x, y) 出发向前向后跟踪的流线段所经过的像素；$f(x_i, y_i)$ 为像素点 (x_i, y_i) 处的输入纹理；h_i 为流线段穿过像素 (x_i, y_i) 时在其内的长度。经这样处理后，就可以实现具有较强的真实感人脸纹理。

在我们的系统中，人脸位于一个 256×256 像素的纹理贴图的中心，该图可以从 CIF 视频帧中自动获得。考虑到处理的方便，人脸需要尽可能地出现在纹理贴图的中心位置。事实上，在视频帧中，人脸的位置很难真正处于中心位置，因为讲话者会随机地晃动，所以对视频帧中人脸的位置需要加以研究。

我们将水平和垂直轴分为三段，其中水平方向上为 $L_T/2$ 和 $(L_X-L_T/2)$，垂直方向上为 $L_T/2$ 和 $(L_Y-L_T/2)$。这里 $L_T/2$ 表示纹理贴图的一半宽度（此处为 128 像素），L_X 和 L_Y 分别是 CIF 视频帧的宽度和高度。这四个标记可以将视频帧分解为九个区域。根据中心人脸 (C_Y, C_X) 相对于这些区域的位置，可以决定如何进行纹理贴图。例如，如果 $C_X < L_T/2$，并且 $C_Y < L_T < 2$，则坐标 $(L_T/2, L_T/2)$ 可以认为是纹理贴图的中心；而当 $L_T/2 < C_X < L_X - L_T/2$，并且 $L_T/2 < C_Y < L_Y - L_T/2$ 时，纹理贴图的中心被认为在 (C_Y, C_X)。根据自动产生的纹理贴图，三维人脸模型的纹理坐标可以通过将三维坐标系映射进入到纹理空间而得到。根据以上和前面的处于人脸模型转换中的个性化三维节点坐标，最终可以合成一个特定的三维人脸模型。我

们从视频中截取了一张二维人脸，纹理贴图的示意如图 11-4 所示。按照上述纹理贴图的原则和算法，最终纹理贴图的结果如图 11-5 所示。

a) b) c)

图 11-4 纹理贴图示意

a）Candide 模型 b）视频截图 c）合成示意

a) b) c)

图 11-5 纹理贴图结果

a）合成结果 b）向右转过 30° c）向左转过 90°

11.1.4 面部表情的运动计算及表情合成

人脸建模与表情合成是计算机图形学领域的一个研究热点，吸引了许多图形学工作者，也取得了一些巨大的成果。FACS 包含 44 组 AU（动作单元），可以以单独或者组合的方式表现人脸的各种表情。每一个 AU 都是由面部的一束或几束肌肉伸缩产生的，同时每一表情可表示为若干个 AU 共同作用的结果。我们借用 FACS 中 AU 的概念，AU 代表面部表情的一个微小的变化。这种变换取决于对肌肉的微小并且明显的驱动。使用 AU 向量（AU Vector，AUV）代表人物产生的面部动作。AUV 表示 AU 向量的集合。当一个 AUV 被激活后，它描述了其涉及的顶点将如何进行运动[1]。表 11-2 是六种基本表情的 AU 组合。

表 11-2 六种基本表情的 AU 组合

表 情	AU	表 情	AU
高兴	AU16 + AU12	恐惧	AU12 + AU1
悲伤	AU1 + AU15	愤怒	AU27 + AU4 + AU9
惊奇	AU26 + AU1	厌恶	AU12 + AU4 + AU9

如表 11-2 所示，我们分别选择了最具有代表性的，并且对表情的变化起主导作用的 12 组 AU 作为合成人脸面部表情的 12 个基本单元。每一个 AU 控制了不同的节点，例如，AU1 控制的节点有 4 个，分别为 17、50、15、48；AU9 控制的节点有 19 个，分别为 5、25、58、26、59、33、66、16、49、17、50、18、51、22、55、68、70、72、74。每个节点的三维坐标见表 11-3。

表 11-3 AU 和所对应的节点

编 号	节点个数	节 点
AU1	4	17, 50, 15, 48
AU2	8	16, 49, 18, 51, 15, 48, 17, 50
AU16	3	40, 8, 9
AU27	8	40, 8, 9, 10, 30, 63, 32, 65
AU4	4	17, 50, 16, 49, 18, 51, 15, 48, 21, 54, 67, 69, 71, 73
AU9	19	5, 25, 58, 26, 59, 33, 66, 16, 49, 17, 50, 18, 51, 22, 55, 68, 70, 72, 74
AU10	7	7, 25, 58, 26, 59, 33, 66
AU20	9	8, 31, 64, 32, 65, 33, 66, 26, 59
AU12	12	31, 64, 25, 58, 26, 59, 22, 55, 68, 70, 72, 74
AU18	7	31, 64, 33, 66, 7, 40, 8
AU45	12	21, 54, 22, 55, 67, 69, 71, 73, 68, 70, 72, 74
AU17	4	9, 8, 7, 40

在确定好需要控制的 AU 后，要统计代表 AU 运动的运动向量所包含的节点在每一种表情中，相对于初始状态（中性状态）的位置变化。根据参考文献[2]所述的分类和统计方法，我们可以将 AU 与 FAP 的对应关系进行归纳总结。MPEG-4 的 FAP 与 FACS 的关系是相辅相成的，这里不再赘述每一个相关列表中的详细内容，仅列举其中的几项来说明面部表情运动计算的过程。每个 AU 都对应着一个到多个 FAP，见表 11-4。

表 11-4 FAP 到 AU 的映射关系

编 号	FAP
AU1	Raise_l_i_eyebrow(F31) + raise_r_i_eyebrow(F32)
AU2	Raise_l_o_eyebrow(F35) + raise_r_o_eyebrow(F36)

通过分析表情与 AU 的对应关系，可以找出表情和 FAP 之间的对应关系，见表 11-5。

表 11-5 表情所对应的 FAP 描述

表 情	FAP 描述
高兴	F3, F4, F5, F6, F7, F12, F13, F19, F20, F21, F22, F33, F34, F41, F42, F53, F54
悲伤	F19, F20, F21, F22, F31, F32, F33, F34, F35, F36

我们通过描述脸部区域相关点的运动来度量实际图像中的 FAP。这种方法为表情分析和动画合成提供了很好的桥梁作用，见表 11-6。

表 11-6 FAP 的变量模型

FAP	描 述	注 释
Raise_l_i_eyebrow(F31)	D5 = s(18, 24)	左眉毛的右端与左眼的右眼角之间的空间距离
Raise_l_o_eyebrow(F35)	D7 = s(16,21)	左眉毛的左端与左眼的左眼角之间的空间距离

根据参考文献[3]，我们可以获得每一个 FAP 对应于不同情感状态的平均值和标准方差值，见表 11-7。表中，“—”表示统计数据还不完整。

表 11-7　FAP 的统计数据

FAP	数据	生气	悲伤	高兴	厌恶	恐惧	吃惊
Raise_l_i_eyebrow(F31)	平均值	-83	85	24	-80	104	224
	均方差	48	55	22	53	69	103
Raise_l_o_eyebrow(F35)	平均值	-66	—	25	-82	—	54
	均方差	35	—	22	54	—	31

计算 FAP 每个变量的变化范围步骤如下：

定义 $m_{i,j}$ 和 $s_{i,j}$ 分别代表 FAP 中每个 F_j 的平均值和标准方差，则每个 F_j 的变化范围 $X_{i,j}$ 可以由式（11-6）得到。最终的变化值见表 11-8。

$$\begin{cases} X_{i,j} = [\max(0, m_{i,j} - s_{i,j}), m_{i,j} + s_{i,j}] \\ X_{i,j} = [m_{i,j} - s_{i,j}, \min(0, m_{i,j} + s_{i,j})] \end{cases} \tag{11-6}$$

表 11-8　不同表情所对应的 FAP 变化范围

表　情	FAP 的变化范围
高兴	F4 ∈ [22,124], F31 ∈ [-131, -25], F32 ∈ [-136, -34], F33 ∈ [-189, -109], F34 ∈ [-183, -105], F35 ∈ [-101, -31], F36 ∈ [-108, -32], F37 ∈ [29,85]
悲伤	F19 ∈ [-26, -41], F20 ∈ [-270, -52], F21 ∈ [-265, -41], F22 ∈ [-270, -52], F31 ∈ [30,140], F32 ∈ [26,134]

11.1.5　实时表情信息获取与表情重构的实现

本小节介绍实时表情信息获取与重构平台，此平台使用计算机对视频流中的人脸实现实时的表情信息获取与表情重构。这里提到的表情信息获取，包括人脸及面部器官检测和表情识别（Facial Expression Recognition），其中人脸及面部器官检测是进行表情识别的基础。所谓表情重构（Facial Expression Reformation）是指利用计算机建立人脸模型，通过建立面部动作模型，模拟面部骨骼、肌肉运动，再现面部表情，从而表达虚拟人的喜怒哀乐。

实时重构平台的结构如下：

1）人脸及面部器官检测。人脸检测就是从包含人脸的环境中将人脸检测出来。面部器官检测是从已检测出的人脸中，将人的面部器官提取出来，这是表情信息获取过程中关键的一步，因为接下来的表情识别要以面部器官的运动趋势作为研究对象。本平台采用基于肤色模型和复合高斯模型的人脸及面部器官检测方法。

2）表情识别。在提取出面部器官之后，根据面部器官的相邻帧间信息，对面部器官的运动趋势进行分析，使用 HMM 实现实时的表情识别。

3）表情重构。这是本系统的重点工作。以 Candide 模型作为通用模型，对网格进行纹理贴图后，依据 FACS，通过控制 AU 来改变人脸模型的面部表情，完成对人脸表情的重构。

下面将详细介绍系统所实现的各功能的模块。

1. 表情识别模块

基于肤色的人脸检测方法对环境的稳定性要求比较高，但实现速度较快。通过实验比较众多的肤色模型，本平台采用了 YCbCr 颜色空间的肤色模型，在这一空间中，肤色呈现出良好的聚类性。因为肤色模型对光照比较敏感，受环境影响较明显，所以肤色模型稳定性较差，利用复合高斯模型对这一问题进行修正。复合高斯模型是由多个高斯函数的线性组合来模拟肤色分布，参数的增加使得复合高斯模型有更多的灵活性，更加适合用来描述复杂的分布情况。肤色的概率密度函数（PDF）可以定义为

$$\begin{aligned} & P(\bar{x}_s(i,j)/W_s, c_s, \mu_{sk}, \boldsymbol{\Sigma}_{sk}, \pi_{sk}) \\ &= \sum_{k=1}^{c_s} \pi_{sk} G(\bar{x}_s(i,j)/k) \\ &= (2\pi)^{-1} \sum_{k=1}^{c_s} \pi_{sk} \left| \boldsymbol{\Sigma}_{sk} \right|^{-1} \exp[-\lambda_{sk}^2(i,j)/2] \end{aligned} \tag{11-7}$$

式中，c_s 表示模型中高斯分量的数量；π_{sk}是一个复合系数，$\boldsymbol{\Sigma}_{k=1}^{c_s}\pi_{sk}=1$；高斯分量为 $G(\bar{x}_s(i,j)/k)$都有均值μ_{sk}和协方差矩阵 $\boldsymbol{\Sigma}_{sk}$。该复合概率密度函数的参数可以通过期望最大化（Expectation Maximization，EM）算法获得。

在实际操作时，先通过大量样本，训练出高斯复合模型的各个参数，然后针对每一个像素点，将其值代入高斯模型计算其属于肤色的概率，当计算得到的概率大于某一阈值时，认为其是肤色点，否则不是。

接下来进行面部器官检测。在定位面部器官之前，需要使用直方图均衡化、梯度照度修正和均方差标准化三步来实现光线的平衡化，使光线在人脸上的分布较为均匀。

眼睛的定位是其他器官定位的基础。通过人脸检测得到的人脸区域转化为灰度图，并用合适的阈值对其进行二值化后，可得到将面部器官与肤色分开的二值化图。然后，用下面的规则来搜索眼睛：

1）左右眼块的大小 R_1 和 R_2 相差不大；

2）左右单眼宽 W_1 和 W_2 与双眼中心距离 D 之比在一定范围之内；

3）左右眼的重心高度 H_1 和 H_2 相差不大；

4）左右眼宽高之比在一定范围内。

实验表明，通过上述四条规则的约束，总可以找到一对满足条件的连通区域，而这对连通区域恰好就是由两只眼睛所形成的区域。在找到了两只眼睛后，采用局部搜索的方法定位两个眼角点，即在眼睛所对应的局部区域中，搜索最左和最右的两个点作为左右眼角点，搜索最上和最下的两个点作为上眼皮上顶点和下眼皮下顶点。对于虹膜中心点的定位，采用了传统的积分投影的方法。在准确定位眼睛的基础上，又对嘴巴、眉毛和鼻孔进行了定位。

在检测出各个面部器官后，下面的任务就是分析面部表情。我们通过分析面部器官的运动信息来进行表情识别。

因为人类具有相同的面部骨骼及肌肉分布，即使是不同的人，对于同一种表情也会有相

似的面部器官运动趋势，所以通过分析面部器官的运动信息，可以达到较好的表情识别效果。FACS作为一个通用的人脸动画编码规范，是表情重构工作的重要依据，同时通过分析FACS中AU与人脸表情的关系，可以发现，对一些完全不同的表情，某些面部器官的运动状态仍会存在一些相似之处。针对这一特点，表情识别应该采用一种能够有效描述状态与观察态之间关系的方法，HMM方法就是这样一种方法。

我们对每一种面部器官的动作建立一个HMM。先观察连续几帧间的同一器官的运动状态，根据HMM可以得出最佳的表情状态序列，然后统计出这一表情序列中各个表情状态的百分比，再根据各个器官的统计结果进行加权。一般而言，嘴部的运动最明显，对情感的表示也较为准确，所以赋予的权值较大，眼睛和眉毛的权值相对较小。通过加权得出综合的表情状态百分比，取比率最高的作为识别结果。下面介绍针对一种器官确定HMM参数的过程。HMM可以通过以下参数来描述：

1）N表示模型中的状态个数。令状态空间为$S=\{S_1, S_2, \cdots, S_N\}$，每一个状态对应一种表情状态。

2）M表示每一个状态可观察到的不同符号数。各个符号为$V=\{V_1, V_2, \cdots, V_M\}$，每一种符号对应该器官的一种运动状态。

3）状态转移概率分布$A=\{a_{ij}\}$（其中，$a_{ij}=P[q_{t+1}=S_j \mid q_t=S_i]$，$1\leqslant i,j\leqslant N$）描述了各种表情之间的转移概率，状态转移概率分布由经验值预先设定。

4）状态j中可见符号的概率分布$B=\{b_j(k)\}$（其中，$b_j(k)=P[$在t时刻出现符号为$V \mid q_t=S_j]$，$1\leqslant j\leqslant N$，$1\leqslant k\leqslant M$）描述了在一种表情状态中，一种器官各个运动状态的概率分布。

5）初始状态分布$\pi=\{\pi_j\}$，其中$\pi_j=P[q_1=S_j]$，$1\leqslant j\leqslant N$。初始状态分布也由经验值预先确定。

我们利用前向-后向算法解出最佳状态，定义：

①前向变量：

$$\alpha_t(i)=P(O_1O_2\cdots O_t, q_t=S_i \mid \lambda) \tag{11-8}$$

初始条件：$\alpha_1(i)=\pi_i b_i(O_1)$，$1\leqslant i\leqslant N$

归纳：

$$\alpha_{t+1}(j) = \left[\sum_{i=1}^{N}\alpha_t(i)a_{ij}\right]b_j(O_{t+1}) \qquad 1\leqslant t\leqslant T-1, 1\leqslant j\leqslant N \tag{11-9}$$

结果：

$$P(O \mid \lambda) = \sum_{i=1}^{N}\alpha_T(i) \tag{11-10}$$

②后向变量：

$$\beta_t(i)=P(O_{t+1}O_{t+2}\cdots O_T \mid q_t=S_i, \lambda) \tag{11-11}$$

初始条件：$\beta_T(i)=1$，$1\leqslant i\leqslant N$

归纳：

$$\beta_t(i) = \sum_{j=1}^{N}\alpha_{ij}b_j(O_{t+1})\beta_{t+1}(j) \qquad t = T-1, T-2,\cdots,1, 1\leqslant i\leqslant N \tag{11-12}$$

③变量：

$$\gamma_t(i) = \frac{\alpha_t(i)\beta_t(i)}{P(O|\lambda)} = \frac{\alpha_t(i)\beta_t(i)}{\sum_{i=1}^{N}\alpha_t(i)\beta_t(i)} \qquad \sum_{i=1}^{N}\gamma_t(i) = 1 \tag{11-13}$$

问题的解即表情状态 q_t：

$$q_t = \arg\max_{1\leqslant i\leqslant N}[\gamma_t(i)] \qquad 1\leqslant t\leqslant T \tag{11-14}$$

在得到状态序列 q_t 后，就可按照上面提到的方法对各个状态序列中的统计结果进行加权综合，得出表情识别结果。

2. 表情重构模块

选择 Candide 模型作为通用模型，它是一个基于图形数据的人脸模型。通过定义模型的顶点、表面、AUV，并选择尽量少的特征点，且涵盖尽量多的面部表情信息，借助 OpenGL 图形库，得到 Candide 模型。为了适应一个特定的人脸，需要对一般人脸模型进行变形，这一过程包括对特征点进行的变换和对非特征点进行的变换。对人脸模型变换后，对纹理贴图进行一些细致处理。对于二维人脸照片，从中恢复出视点参数，依据已构造的脸部模型，计算出脸部模型上每个顶点在纹理图像中的颜色信息，以增强人脸的真实感。

此模块仍然选用图 11-2 所示的包含 76 个节点的 Candide 模型作为通用模型，在程序中，定义 m_iX [76]、m_iY [76]、m_iZ [76] 来表示节点的坐标位置，并在初始化网格模型时，依据表 11-1 中各点的坐标，在函数 InitFaceMesh ( ) 中对这些坐标点赋值：

```
m_iX [0] =0;
m_iY [0] =250;
m_iZ [0] =40;
m_iX [1] =40;
m_iY [1] =190;
m_iZ [1] =90;
m_iX [2] =0;
m_iY [2] =130;
m_iZ [2] =120;
m_iX [3] =0;
m_iY [3] =70;
m_iZ [3] =130;
……
```

绘制模型时选择绘制三角形，这样的三角形有 100 个，用 TRIANGLE g_Triangle [ ] 来表示构成三角形的顶点号：

```
TRIANGLE g_Triangle [ ] =
{
        {12, 11, 1},
        {11, 0, 1},
        {1, 0, 34},
        {0, 44, 34},
```

{44, 45, 34},

……

}

例如，{12, 11, 1} 表示由 12 号、11 号和 1 号三个顶点绘制的一个三角形。

在进行纹理贴图时，把二维图像依照各点的坐标与网格模型中的三角形顶点匹配，并把纹理图一块一块地贴到网格模型上。

FACS 是表情识别的重要依据，也是表情重构的基础。我们选择了 FACS 中对表情变化起主导作用的 12 组 AU 作为合成面部表情的 12 个基本单元。依照 MPEG-4 中对中性人脸的定义，可以认为中性人脸的表情表现为平静，把此时的 AU 值作为各个 AU 的初始状态。对比“平静”状态，“高兴”时，改变的 AU 有 AU1、AU2、AU12，“惊讶”时，改变的 AU 有 AU1、AU12、AU27。在确定好需要控制的 AU 后，要统计代表 AU 运动的运动向量所包含的节点在每一种表情中，相对于初始状态（平静）的位置变化。程序实现时，12 组 AU 在初始状态时，初始值均设为 0，12 组 AU 与 Candide 模型的 76 个节点的坐标值相关联，当表情识别模块识别出表情变化时，表情重构模块将按照所识别的表情，改变相应的 AU 值，随着 AU 值的改变，Candide 模型的节点坐标也发生改变，OpenGL 中使用一系列函数对图形进行重新绘制。由于绘制模型时使用的是三角形的顶点数组 TRIANGLE g_Triangle [ ]，虽然随着 AU 值的改变，Candide 模型的节点坐标发生改变，但顶点号并没有变化，所以只是改变了一些三角形的形状，并没有改变各个三角形的总体构成，也没有改变人脸网格模型的结构，而且纹理贴图与网格模型之间的关系也没有发生变化。

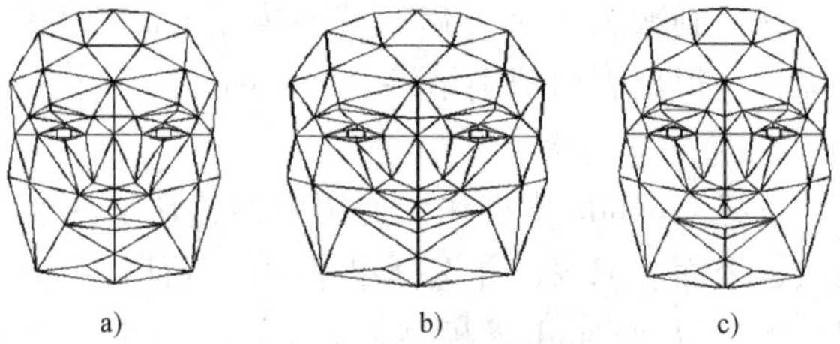

图 11-6　平静、高兴、惊讶状态的网格模型

a）平静　b）高兴　c）惊讶

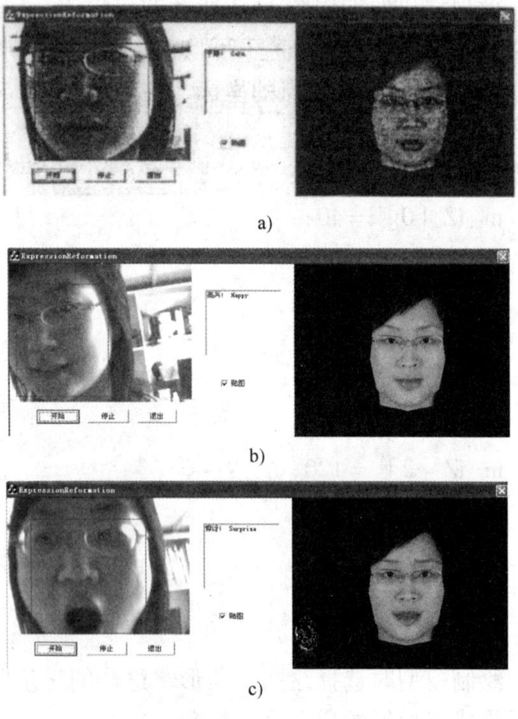

图 11-7　实时表情信息获取与重构平台实验结果

a）平静　b）高兴　c）惊讶

我们对最具有代表性的三种表情——平静、高兴、惊讶进行重构。三个表情状态的网格模型如图 11-6 所示。

3. 实验结果

图 11-7 是实验结果片断，依次为平静、高兴、惊讶。

实验以每秒 15 帧的速率，在 Pentium Ⅳ 2.0GHz CPU 且没有任何特殊硬件的 PC 上，对于 10 个不同人的不同表情统计识别结果表明，识别的正确率达到 70% 左右，对所识别表情，可以准确地进行实时表情重现。这表明所提出的方法是有效可行的。未来工作要在表情识别的准确性上继续进行研究。

实时表情信息获取与重构平台的应用前景十分广泛。例如，网络视频中，应用此平台可以只传送人脸表情参数，而不需实时传送大量的视频信息，这样就节约了网络带宽，同时能够得到较准确的人脸面部信息。娱教（Edutainment）技术中，教师可以通过此平台来判断学生当前的情绪变化，与学生进行情感交互。在智能交通系统中，可以依此判别驾驶员是否处于疲劳驾驶状态，并及时警示这类现象，避免由此引发的交通事故。情感机器人是人工智能和人工心理理论不断发展的产物，将实时表情信息获取与重构平台模块移植到单片机或机器人身上，是让机器拥有识别、理解和表现人类情感的能力的重要一步。

11.1.6 小结

本节实现了一个基于视频的人脸表情合成实例。本实例以 Candide 模型作为人脸模型框架，通过进行标准人脸模型到特定人脸模型的变换及纹理贴图，完成了一个具有皮肤纹理的特定人脸模型。通过控制 12 组 AU，结合 MPEG-4 中的 FAP 定义，对特定人脸模型赋予了面部表情的变化。最后介绍了实时表情信息获取与表情重构平台的实现，此平台把人脸表情建模模块与表情识别模块结合起来，实现基于视频的人脸表情合成。

11.2 三维虚拟人脸模型

人脸建模就是使用图形建模工具建立人脸的三维模型，或者直接从真实环境中获取人脸的三维模型。在上一节中，人脸建模与表情建模依据的是 Candide 模型，Candide 模型的优点是利用较少数目的顶点达到人脸建模及模拟人脸表情的目的。但是，由于顶点数目的局限性，Candide 模型距离真实人脸仍然存在很大的差距，而且 Candide 模型只能表现人脸的正面特征，没有提供一个 360°视角。本节将结合 3DS MAX 模型，根据特征点、网格模型的思想，建立一个更具有真实感的三维虚拟人脸模型。

11.2.1 三维人脸模型的建立

人脸三维数据的获取是形成个性化人脸模型的基础，常用的有激光扫描仪、结构光、被动立体视觉等基于计算机视觉的方法。激光扫描（Laser Scanner）可以同时获得大量的准确的三维数据和纹理信息。目前，世界上许多研究小组正在应用激光扫描仪进行人脸三维数据的提取研究。使用三维激光扫描仪扫描真实人脸采集数据时，用扫描仪围绕人头部旋转 360°进行扫描，得到人脸的三维几何信息和纹理信息，然后构造出具有纹理的三维人脸网格模型。三维人脸网格模型由若干三维网格点（Vertex）和网格点围成的多边形面片（Facet）构成，网格模型的规模（模型中网格点和面片的数量）决定了网格模型的真实感和细腻程度，同时网格模型的规模也会影响模拟运动的计算量。图 11-8 所示是一个中等规模的三维人脸网格模型。该模型具有 1294 个网格点和 2403 个面片。

使用激光扫描等基于计算机视觉的方法得到个性化模型，虽然形态逼真，但是有如下缺点：

1）获取的人脸三维数据信息只有人脸的形状而没有结构信息，而且数据的噪声比较大，直接用于人脸动画比较困难。

2）成本比较高，很难普及。

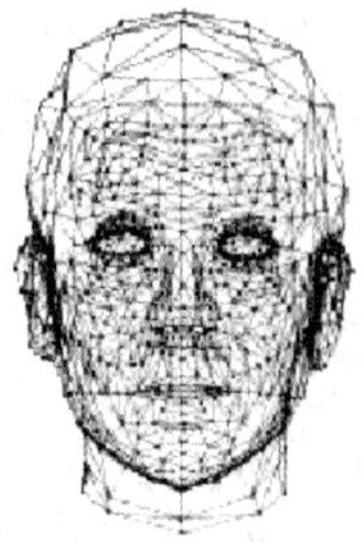

图 11-8　一个中等规模的三维人脸网格模型

因此，为了得到可用于动画的个性化的人脸模型，一般是从一个结构化的人脸网格模型开始，通过基于计算机视觉的方法或基于图像的方法得到个性化人脸的信息，再去拟合、变形标准模型，贴上纹理，得到特定人脸的三维模型。许多研究人员从普通的摄像机获取的多个图像出发，进行个性化人脸建模的探索。从一幅图像重构真实的人脸形状和纹理，本身是一个病态问题，且需要大量的计算，速度很慢。从正面和侧面图像提取特征点信息，对标准模型进行变形，是得到个性化人脸比较常用的一种方法。从任意两幅图像重建人脸，当人的皮肤很光滑（如儿童、年轻人）时，边角检测很难实现，往往会失败。从多幅图像重构三维人脸模型的方法也很常见，但需要的计算时间较长。

出于上述原因，我们采用 3DS MAX 建立三维人脸模型。虽然 3DS MAX 模型没有用激光扫描得到的三维人脸模型精确，但是数据处理思想与方法几乎完全相同。图11-9 为笔者采用的 3DS MAX 模型，包括不同视角的网格模型与贴上纹理的模型。

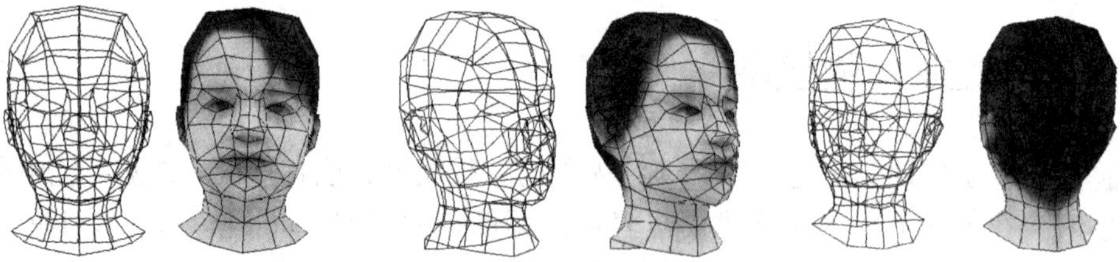

a)　　b)　　c)

图 11-9　3DS MAX 人脸模型

a）人脸模型　b）人脸模型的侧面效果　c）人脸模型的背面效果

仍然采用 Visual C ++ 作为编程软件平台，用 OpenGL 来建模进行绘制。OpenGL 中对点、线和多边形的定义都是通过对顶点坐标的定义来获得的，而所有的几何物体最终都是按顶点的定义顺序来进行绘制的。此模型包含 212 个顶点，如图 11-10 所示。

这里用二维数组来定义顶点为 vertices [212] [3]，其类型为 GLfloat。例如，{-1.40009e-06f、-0.0804332f、0.34856f} 表示了点（-1.40009e-06，-0.0804332，0.34856），这一点是鼻尖的位置。绘制模型时选择绘制三角形，这样的三角形有 410 个，用二维数组定义这些面为 face_indicies [410] [6]（410 表示有 410 个三角形面，6 表示组成三角形的三个顶点号和对应的纹理坐标号），类型为 BYTE。模型构造的部分代码如下：

```
static GLfloat vertices [212][3] = {
```

```
{ -0.232686f, -0.0423582f,0.176818f},
{ -0.217849f,0.184267f,0.21862f},
{ -1.09337e-06f,0.0412963f,0.296763f},
……
}
static BYTE face_indicies[410][6] = {
    {42,47,24 ,0,1,2},
{49,211,48,3,4,5},
{8,6,7,6,7,8},
{0,38,59,9,10,11},
……
}
```

图 11-10　3DS MAX 人脸模型的顶点分布

11.2.2　特征点的选取

根据投影知识，如果知道一个点的两面(正面、侧面)投影，则可以确定该点的空间位置。根据投影原理，我们从人脸的正面、侧面照片出发，可以从中抽取出反映人脸形状的特征点的信息，确定出人脸特征点的三维位置，如图 11-11 所示。由于所定义的脸部特征点都具有显著的视觉特征，例如侧面图像中的鼻尖是整个脸型中最右端的点，所以可以使用图像分析的方法来确定特征点的位置。首先需要确定一个基准点，这个基准点应该和标准模型的基准点相同，这里选用下巴作为基准，其他点相对于基准点的空间位置则可确定。对于一些特定的区域，如嘴唇、眼睛等，通过构造二维的形变模型，并将特征点提取与模型变换相结合，可以提高提取精度，以及消除图像噪声可能带来的误差。

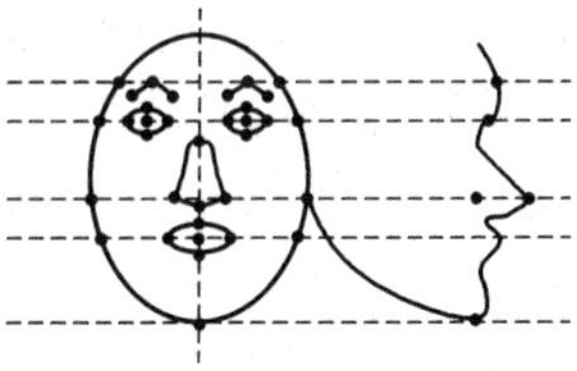

图 11-11　正面和侧面图像中特征点的对应关系

在特征点提取之前，通常要规范化图像，使得两图中的人脸等高。图像的规范化和模型的整体变换将为后续的几何适配奠定良好的基础。同时，根据规范化后的图像可估计特定人脸的宽度、高度和深度，其中宽度 l_x、高度 l_y 由正面人脸图像决定，深度 l_z 由侧面人脸图像决定。l_x = 面颊间的宽度；l_y = 头顶和下巴间的高度；l_z = 鼻尖和后脑勺间的深度。由此可以估算人脸的高度、宽度、深度之比，并对网格模型进行整体变换。令垂直图像方向为 Z 方向，记高宽比为 t_{yx}，高深比为 t_{yz}，T_{yx}、T_{yz} 分别为原模型的高宽比、高深比，模型所在坐标系原点为 $O(o_x, o_y, o_z)$，对于每一个网格点 $V(v_x, v_y, v_z)$，记其变换后的新位置为 $V'(v'_x, v'_y, v'_z)$，则有

$$\begin{cases} v'_x = v_x t_{yx} / T_{yx} \\ v'_y = v_y \\ v'_z = v_z t_{yz} / T_{yz} \end{cases} \tag{11-15}$$

人脸的特征点愈多，则描述人脸的形状愈精确，但是特征点增多会造成编码时间延长。因此，在特征点多少和编码时间之间存在着一种平衡关系，需要进行折中，看对哪方面的要求更多一点。

11.2.3 纹理映射

1. 纹理拼接图的产生

在计算机图像合成、计算机视觉以及三维人脸模型中，需要将多视角图像拼接融合后的静态纹理图像映射到三维模型上，生成栩栩如生的三维实体。由于设备的机械限制，广角的场景需要不同角度的成像进行平滑无缝的拼接融合，从显微镜、望远镜、手提摄像机到卫星成像系统也都需要图像融合技术来构造一幅图片所不能表现的全景图。对于这些图像的拼接融合，目前普遍的研究方法是通过两幅图像间的匹配特征点估计图像间的点变换关系，然后分别通过对两幅图像重采样注册到一幅更大的空白图像中形成合成图像，并在注册的过程中对两幅图像的交接边界处进行颜色平滑过渡，最后形成一张采样融合的包含两幅图像信息的图像。

整个算法主要包含三步：特征点的提取和匹配；图像间点变换的估计；交接边界处的颜色无缝过渡。对每步算法的研究虽然取得了一些成果，但还没有形成一种稳健的完全自动的拼接融合技术。Richard Szeliski 以手动确定不少于 4 对特征点[8]，并以特征点像素的亮度误差构造优化函数来估计图像间的点变换关系，取得了比较好的平面和深度场景融合效果，但此算法以亮度误差来做点变换估计，这对图像的光照变化非常敏感，而且整个算法的自动化程度不够。Pollefey 详细研究了特征点自动提取和匹配问题[9]，但没有针对图像处理做更深入的研究。Peter J 分别运用多分辨率样条技术和单调函数插值技术对图像的交接处进行了有效的颜色平滑过渡[10]，不过这是在特征点匹配和点变换的准确估计基础上完成的。

纹理映射能赋予三维人脸模型以真实感。由于采用的人脸模型是 360° 整体头部模型，所以需要可以构成环视效果的头部纹理图片与之对应。这就要先对正面图像和侧面图像进行无缝拼接，生成视点无关纹理图。输入的是三幅图像，需经过组合才能得到高分辨率的纹理拼接图。由于正向视图能提供高精度的脸部特征，所以要求正向视图保持不变，对侧向视图，首先沿预定义的脸部变形特征线进行变形，由于眼睛是人脸视图的关键，我们沿眼角裁剪图像，并加以拼接，沿眼角点垂线裁剪图像，并与正视图的对应左右眼角点垂线相互拼接。在侧面图像中定义了对应的脸部变形特征线。图 11-12 中，图 a 是正向视图中眼角及沿眼角点垂线的示意，图 b、c 给出了裁剪线在侧向视图中的对应位置。

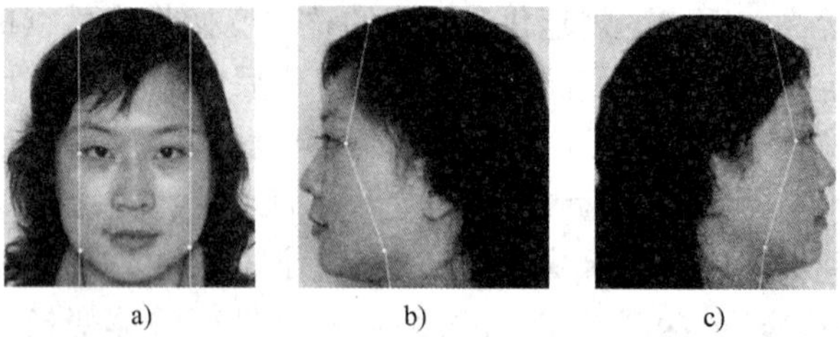

图 11-12 不同方向视图的特征线对应关系
a）正向视图 b）左侧视图 c）右侧视图

对侧面图像进行变形的准则是，将侧向视图中定义的变形特征线变换到正视图中对应变形特征线的位置，即沿左右图像的每一条扫描线作横向压缩或拉伸，使其变形后的脸部变形特征线与正向视图中的脸部变形特征线相重合。因此需对脸部变形特征线的两侧的图像像素进行重采样变换。左右视图的变形准则是将侧向视图中定义的变形特征线变换到正视图中对应变形特征线的位置，即沿左右图像的每一条扫描线作横向压缩或拉伸。图 11-13 是侧向视图的变换示意及初步得到的纹理拼接图。

正侧视图都只在一定视角范围内给出较好的人脸纹理。由于正面和侧面图像的光照条件

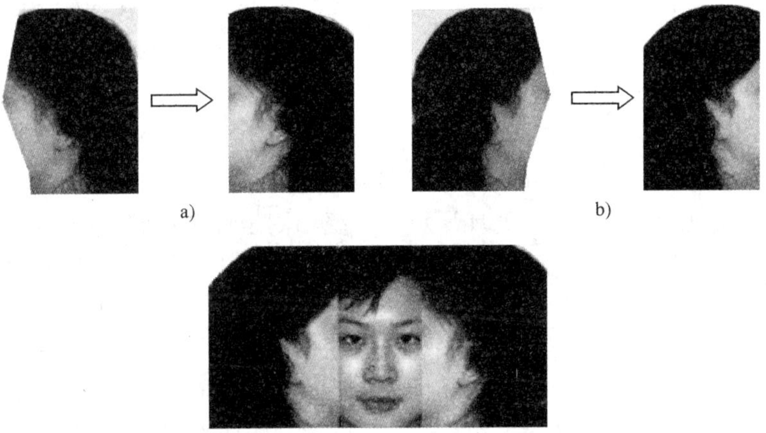

a)　　　　b)

c)

图 11-13　侧向视图的变换及初步纹理拼接图的产生

a）左侧视图变换　b）右侧视图变换　c）纹理拼接图

和拍摄角度不同，简单的拼接会使皮肤颜色在拼接边界的变化很大，出现裂缝，如图 11-13c 所示。为了消除裂缝，一般采用多分辨率样条技术，实现图像之间的光滑拼接，该方法又叫图像金字塔法。图像金字塔可以看作代表原始图像的不同分辨率的一组图像的集合，高层的图像来自底层图像，底层的图像就是原始图像。高斯金字塔的第 n 层通过低通滤波和缩小，从第 $n-1$ 层中产生，拉普拉斯金字塔的第 n 层是把高斯金字塔的第 $n+1$ 层扩大，再和高斯金字塔的第 n 层求差得到。递归建立高斯和拉氏金字塔后，在返回过程中，求和重建图像得到了无缝拼接的图像。这里对分段特征线执行分段线性变换。而使用更高阶的特征曲线能对侧向视图执行更光滑的变形。最后遵循上面的图像变形规则，进而用多分辨率样条技术进行光滑，形成一张较大的无缝的纹理拼接图，正确给出特定人脸网格顶点的纹理坐标，如图 11-14 所示。

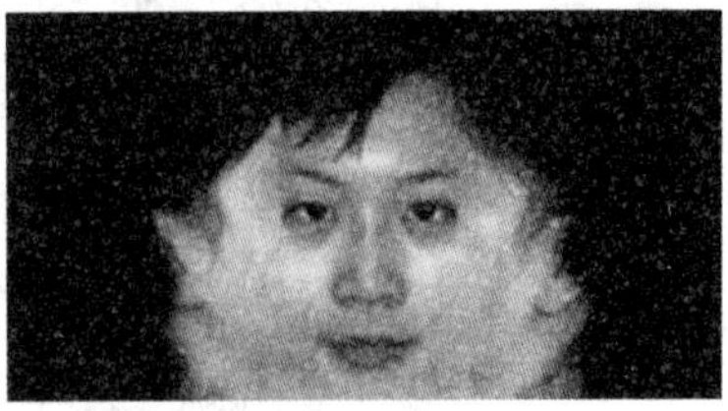

图 11-14　经光滑处理的最终纹理拼接图

2. 纹理坐标

计算纹理坐标时，将每一个网格顶点（x，y，z）在正面、右侧、左侧图像上投影，记投影点位置分别为（x_f，y_f）、（z_r，y_r）、（z_l，y_l）。正视图中左右眼角点的 x 坐标分别为 f_1、f_2，右侧图中的后脑勺边界和右眼角的 x 坐标分别为 r_1、r_2，左侧面图中的左眼角和后脑勺边界的 x 坐标分别为 l_1、l_2，并且记正面、右侧图像在纹理拼接图中裁剪的宽度分别为 w_1、w_2。我们容易计算网格顶点在未实施图像变形前在纹理拼接图中的纹理坐标，具体是

$$\begin{cases}\begin{cases}x_{\text{texcoord}} = (x_f - f_1 + w_2) & \text{若投影点位于正视裁剪图上}\\ x_{\text{texcoord}} = (z_r - r_1) & \text{否则若投影点位于右视裁剪图上}\\ x_{\text{texcoord}} = (z_l - l_1 + w_1 + w_2) & \text{否则投影点位于左视裁剪图上}\end{cases}\\ y_{\text{texcoord}} = y_f\end{cases} \tag{11-16}$$

然后遵循图像的变形特征线的变形，计算出网格顶点在变形纹理图像上的纹理坐标。程序中使用二维数组来定义纹理坐标 textures [225] [2]，其类型为 GLfloat。由于绘制网格模

型时选择了三角形，在进行纹理贴图时，使用 glTexCoord2f（）函数把纹理图中的坐标映射到对应的三角形顶点的坐标。实验结果表明，纹理映射的结果比较理想。

11.2.4 特定虚拟人脸模型的实现

本节用 Visual C++结合 OpenGL 和 3DS MAX 完成了一个具有真实感的三维虚拟人脸模型。该模型可以实现如下功能：360°环形可视，绕不同坐标轴旋转，网格/纹理转换，更换纹理，表情变化，模型外观变化等。图 11-15 是程序运行的界面。图 11-16 是三维虚拟人脸模型的网格图，与图 11-8 中的 3DS MAX 人脸网格模型对比，我们可以看到，在 3DS MAX 中，网格模型以三角形、四边形等不同多边形构成，而在使用 Visual C++编程绘制的模型中，则全部由三角形构成。OpenGL 中，对点、线和多边形的定义都是通过对顶点坐标的定义来获得的，而所有的几何物体最终都是按顶点的定义顺序来进行绘制的。绘制模型时，选择绘制三角形是因为三角形是最简单的而且很有规则的图形，也是构成平面时最基础的多边形，易于通过控制顶点来控制三角形的形变，并且同时带动相邻三角形的形状变化，从而改变人脸模型的结构。此外，为了观察方便，使用 Visual C++绘制的虚拟人脸模型采用只绘制单面的方法，避免了 3DS MAX 网格模型同时显示前面和后面的视觉误差。

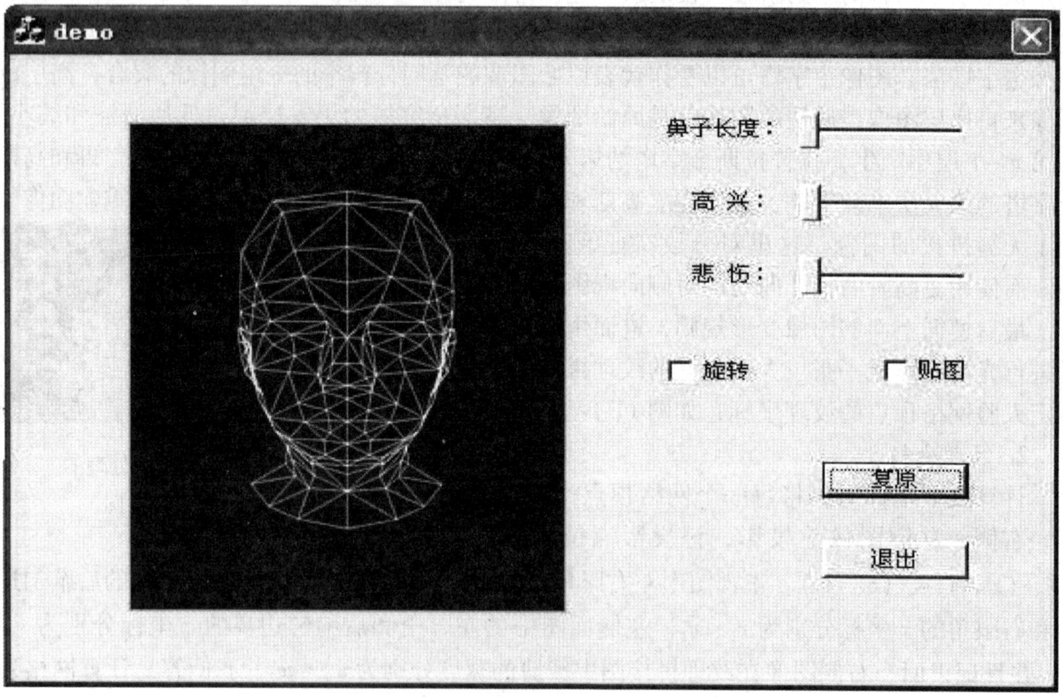

图 11-15　三维虚拟人脸模型运行界面

图 11-17 是程序运行中有关三维虚拟人表情变化的部分画面。其中，图 a 是虚拟人的平静状态，图 b 是高兴时的微笑模样，图 c 是悲伤时撅起嘴的样子。由于我们在表情合成时采用了特征点变换的方法，所以可以根据改变特征点的位置来“制作”出一些不常出现在人脸面部的特殊表情。例如，图 d 是左半边脸悲伤撅嘴、右半边脸高兴微笑的复合表情。

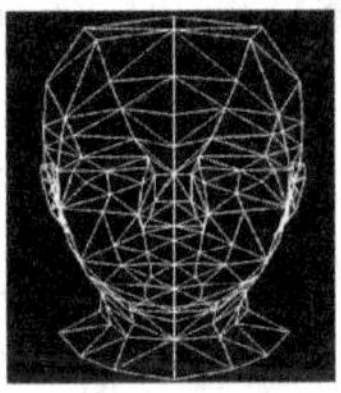

图 11-16 网格/纹理转换中的网格模型

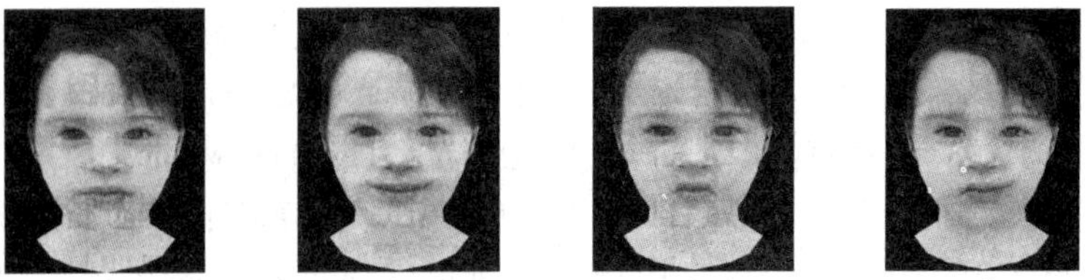

a) b) c) d)

图 11-17 表情变化

a）平静 b）高兴 c）悲伤 d）复合表情

与表情变化方法类似，可以通过特征点变换对人脸模型进行形变，我们通过改变鼻子的坐标点位置，对人脸模型的鼻子进行了形变，模拟了“匹诺曹”的形象，如图 11-18 所示，其中，图 a 是原始人脸模型，图 b 是鼻子拉伸的效果，图 c 是夸张的鼻子拉伸效果。

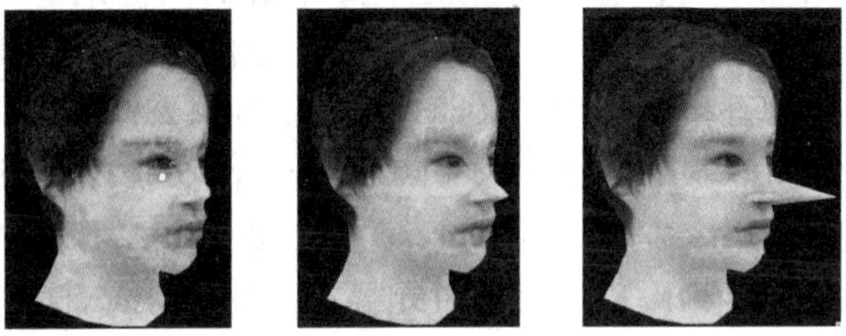

a) b) c)

图 11-18 模型外观变化

a）原始人脸模型 b）鼻子拉伸 c）夸张的鼻子拉伸效果

11.2.5 小结

本小节结合 3DS MAX 模型，依据特征点与网格模型的思想，建立了一个更具真实感的三维虚拟人脸模型，并且完成了复杂三维虚拟人脸模型的脸部特征调整及表情变化。该模型可以实现 360°环形可视、绕不同坐标轴旋转、网格/纹理转换、更换纹理、表情变化、模型外观变化等功能。

11.3 虚拟人脸的年龄仿真

人的年龄是一个随时间变化的长期的过程，在人的外部表现比较明显，如人脸轮廓的变化、人脸皮肤的变化等。老化是一个不可避免的过程，随着年龄的增长，人脸外貌会产生很大的变化。而虚拟人模拟真实人年龄老化的研究具有广泛的应用价值，例如协助公安部门抓捕通缉犯。通常，当刑事案件发生后，可以根据嫌疑犯的特征和目击证人的描述迅速锁定若干个最可疑的人，对于在逃的要发通缉令进行通缉。但是一般情况下，可获得的通缉犯照片都是几年或很多年之前拍摄的，茫茫人海之中寻找这样的人犹如大海捞针。可以考虑利用通缉犯照片生成虚拟人，再进行年龄仿真得到与疑犯最为接近的图片。

11.3.1 年龄老化特征的相关研究

Pessa 等[12]通过研究人类头骨的变化，发现上颌骨的最大高度与眼窝高度的比值在青年时期（15～24 岁）最大，而在婴儿时期（1～12 个月）和老年时期（53～76 岁）时较小，并且上颌骨的垂直高度从青年时期到老年时期有明显的减少。该项发现认为人脸的老化过程呈现一种非线形或者多样化的趋势。尽管由于精确测量数据的获得很困难，在实际应用中不易实现，但是这个物理模型从宏观角度促进对人脸老化过程的理解。研究主要侧重于外形的变化，没有涉及纹理（比如皱纹、斑点等）的变化，因而据此重建出来的图像真实性不强。

I. Pitanguy 等人[13]基于人体测量学理论，通过测量人脸器官与骨骼的大小，量化年龄变化对人脸的影响。为了避免外在条件的干扰，实验对象仅限于中产阶级的白人妇女，共 50 人，年龄范围为 25～65 岁，每个人选取两个不同历史时期的照片（拍摄时间差异不少于 8 年）。

荣建群[14]从人脸画像角度，总结了人脸不同年龄的图像细节规律。少年时期，人脸脸型特征主要为小脸、短圆、小下巴、皮肤光滑有弹性；青年时期，人脸脸型特征表现为竖向拉长、下巴稍尖、柔和感消失、边沿变硬、皮肤较光滑、伴随青春痘等皮肤纹理变化；中年时期，人脸脸型特征为边沿棱角更清晰、颧骨突出两颊有下凹、肌肉出现松垂、下颌稍前凸、皮肤光泽度降低、颜色变深、有皱纹出现；老年时期，人脸脸型特征表现为两颊下凹明显、面部肌肉松垂加重、胖人双下巴及下颌前凸明显、皮肤光泽度更低、皱纹多、伴随老年斑等皮肤纹理变化。图 11-19 为参考文献[14]总结出的人脸不同年龄面部特征的变化规律。

Hussein[15]提出了一种新的人脸模拟方法。该方法结合基于人体测量学的变形技术和 BRDF（双向反射分布函数）图像技术，从人脸外形与纹理两个方面模拟人脸图像。图 11-20 为参考文献［15］中列出的外形变化与纹理变化的结果。

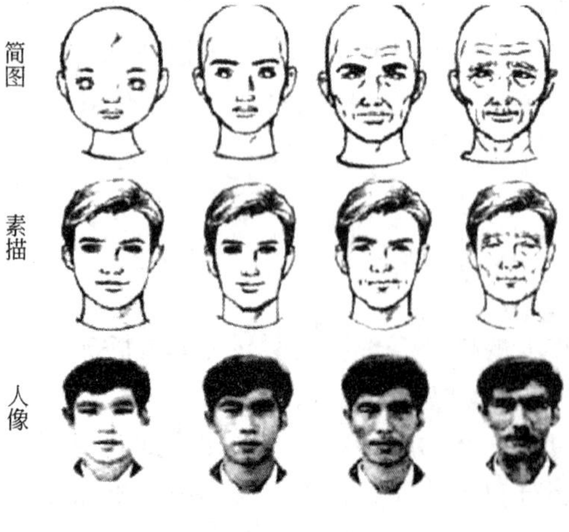

图 11-19　人脸衰老过程中的特征变化描述和画像效果

图 11-20　Hussein 人脸纹理叠加示意图

11.3.2 Dirichlet 自由变形算法

1. 自由变形算法的基本原理

1986 年，杨伯翰大学（Brigham Young University）的 Sederberg 和 Parry 提出了一种崭新的自由变形（Free From Deformation，FFD）算法。

变形在数学上可以看作一个由 R^3 到 R^3 的映射 $X=F(x)$，其定义域是待变形物体表面所包围的实体，其值域是变形后的实体。所以，关键问题是如何构造此映射，使模型的构造具有较好的直观性、交互性和透明性。

Sederberg 和 Parry 使用了三变量张量积 Bernstein 多项式和一个控制框架来构造映射 $F(x)$，其算法如下：

1）在一个包围待变形物体的长方体中，构造局部坐标系 $O'-STU$，如图 11-21 所示。

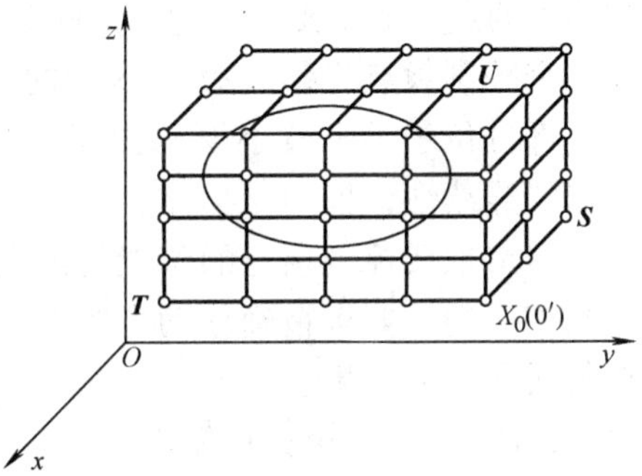

图 11-21 构造局部坐标系和控制框架

图中，X_0（O'）是局部坐标系的原点；$\boldsymbol{S}$、$\boldsymbol{T}$、$\boldsymbol{U}$ 是轴向量。笛卡儿坐标 $O-XYZ$ 中任意一点 X 在局部坐标系中具有坐标（s，t，u）。

$$X = X_0 + s\boldsymbol{S} + t\boldsymbol{T} + u\boldsymbol{U} \tag{11-17}$$

式中，X_0 为局部坐标系的原点。

$$s = \frac{\boldsymbol{T}\times\boldsymbol{U}\cdot(X-X_0)}{\boldsymbol{T}\times\boldsymbol{U}\cdot\boldsymbol{S}} \qquad t = \frac{\boldsymbol{S}\times\boldsymbol{U}\cdot(X-X_0)}{\boldsymbol{S}\times\boldsymbol{U}\cdot\boldsymbol{T}} \qquad u = \frac{\boldsymbol{S}\times\boldsymbol{T}\cdot(X-X_0)}{\boldsymbol{S}\times\boldsymbol{T}\cdot\boldsymbol{U}} \tag{11-18}$$

显然，对控制框架内的任意点，其局部坐标满足：$0\leqslant(s, t, u)\leqslant 1$。

2）在长方体上构造控制顶点网格 $P_{i,j,k}$，分别沿 $\boldsymbol{S}$、$\boldsymbol{T}$ 和 $\boldsymbol{U}$ 三个方向用平行于 $\boldsymbol{O'TU}$、$\boldsymbol{O'SU}$ 和 $\boldsymbol{O'ST}$ 坐标面的等距截面，将 $\boldsymbol{O'S}$、$\boldsymbol{O'T}$ 和 $\boldsymbol{O'U}$ 等分为 l、m 和 n 个区间，则 $P_{i,j,k}$ 可以表示为

$$P_{i,j,k} = O' + \frac{i}{l}\boldsymbol{S} + \frac{j}{l}\boldsymbol{T} + \frac{k}{l}\boldsymbol{U}$$
$$i = 0,1,\cdots,l; j = 0,1,\cdots,m; k = 0,1,\cdots,n \tag{11-19}$$

框架内任意一点的笛卡儿坐标 X 可表示为

$$X(s,t,u) = \sum_{i=0}^{l}\sum_{j=0}^{m}\sum_{k=0}^{n} P_{i,j,k}B_{il}(s)B_{jm}(t)B_{kn}(u) \tag{11-20}$$

式中，B_{il}（s）、B_{jm}（t）和 B_{kn}（u）分别为 l、m 和 n 次 Bernstein 多项式。

在建立了物体与框架的相互关系之后，用户可通过改变 $P_{i,j,k}$ 的位置得到新的控制顶点 $P'_{i,j,k}$ 和变形后的控制框架。若原控制框架的任一点 X 所对应的局部坐标为（s，t，u），则该点在框架变形后所对应的笛卡儿坐标 X_{ffd} 变形规则确定为

$$X_{\mathrm{ffd}} = \sum_{i=0}^{l}\sum_{j=0}^{m}\sum_{k=0}^{n} P'_{i,j,k}B_{il}(s)B_{jm}(t)B_{kn}(u) \tag{11-21}$$

式（11-21）表明，由新的控制顶点计算变形后的物体时，应首先确定原控点框架内任意一点 X 所对应的局部坐标（s，t，u）。一般地说，此过程应根据原控制顶点和式（11-20）

来解非线性方程组。在用 Bernstein 多项式来表示变形映射时，若原控制顶点满足式（11-19），则其局部坐标可用式（11-18）确定。

控制顶点 $P_{i,j,k}$实际上就是 Bernstein 多项式的系数，与 Bezier 曲线、曲面一样，变形与控制顶点存在非常密切的关系。由于 Bernstein 多项式的性质，移动一个控制顶点将影响框架内的整个空间。因此，变形区域为框架内所有的点。实际上，变形只施加于框架内待变形物体上的点，即需要计算的仅是框架内变形物体上的点。当整个物体都位于框架内时，移动一个控制顶点将影响整个物体的形状。为使变形局部化，可采用较小的框架。当物体的一部分位于某个较小框架内时，将获得局部变形。此时框架与物体相交，为保持物体表面的连续性，框架与物体相交面上的框架顶点应保持不变，为保持切向向量或曲率连续，需对框架控制顶点的位置提出更严格的要求。因为物体的变形是由框架控制顶点的移动产生的，要求精确移动物体上的一个给定的点将是非常困难的，需要反复试验才能获得所期望的效果。

2. Dirichlet 自由变形算法

FFD 算法的优点是：可与任何实体造型系统一起使用；可对任何形式、任何幂次的曲面进行变形，可整体也可局部使用；可应用曲面或多边形模型；可估计体积变化的程度，并存在一类保持体积不变的变换；参数曲线、曲面经 FFD 变换后仍是曲线、曲面；可应用于大多数功能性曲面。

尽管 FFD 算法有许多优点，但是 FFD 算法仅用长方体作为框架，严重地束缚了 FFD 算法的应用范围。因此，研究人员相继提出了许多扩展自由变形算法，从不同的角度来继承 FFD 算法的优点，克服其缺点，扩展 FFD 算法的应用范围。

Coquillart 提出的扩展 FFD 算法[17]可以使用非长方体控制框架，从而扩展了可能产生的变形。Kalar 等提出的有理 FFD 算法[18]给每个控制顶点都附加了权值，用户可以通过移动控制顶点或者修改权值来控制变形，与 FFD 相比，权因子提供了另一个控制变形的自由度。FFD 通过移动控制顶点使控制框架产生变形，从而使物体产生变形，是一种间接变形的方法，难以准确控制物体的形状。Hsu 等提出的直接 FFD 算法[19]，可以让用户直接操作物体上的点，而不是控制顶点，由物体上点的位置变化，再计算物体上其他点的变化。控制顶点是非均匀分布的，因此可以在变化较复杂的区域应用较多的控制顶点。以上各种改进的 FFD 算法都对 FFD 算法的功能进行了某种扩展，但是并没有在本质上有所突破。FFD 用了长方体局部坐标系，因此控制框架也必须是长方体的，这显然与要变形物体的多样性相违背。

Dirichlet（狄里克斯）自由变形算法（DFFD）[20]是 Moccozet 在 1997 年提出的，是 FFD 算法的各种改进算法中非常成功的一种，也是目前应用最广泛的一种算法。该算法抛弃了对控制框架拓扑结构的限制，采用更为一般的 Sibson 局部坐标系，从根本上克服了 FFD 算法的局限性，使用更灵活通用。Dirichlet 自由变形算法首次结合计算几何知识（Delaunay 三角划分和 Voronoi 图）来实现。本小节将结合这两个计算几何知识来详细介绍 Dirichlet 自由变形算法的思想及实现。

（1）Voronoi 图的基本概念　设 p_1、p_2 是平面上两点，L 是线段$\overline{p_1p_2}$的垂直平分线，L 将平面分成 L_L 和 L_R 两部分，位于 L_L 内的点 p_L 具有特性：$d(p_L, p_1) < d(p_L, p_2)$，其中 $d(p_L, p_i)$表示 p_L 与 p_i（$i=1, 2$）之间的欧几里得距离。这意味着，位于 L_L 内的点比平面

上其他点更接近 p_1，换句话说，L_L 内的点比平面上其他点更接近于 p_1 的点的轨迹，记为 $V(p_1)$，如图 11-22 所示。如果用 $H(p_1, p_2)$ 表示半平面 L_L，而 $L_R = H(p_2, p_1)$，则有 $V(p_1) = H(p_1, p_2)$，$V(p_2) = H(p_2, p_1)$。

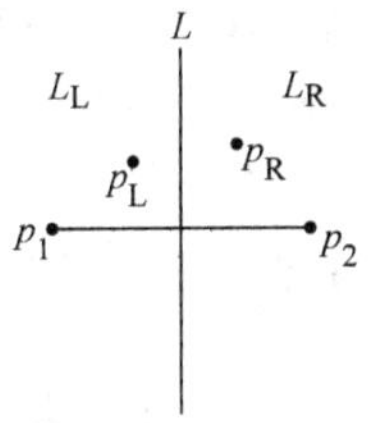

图 11-22　$V(p_1)$，$V(p_2)$ 的图示

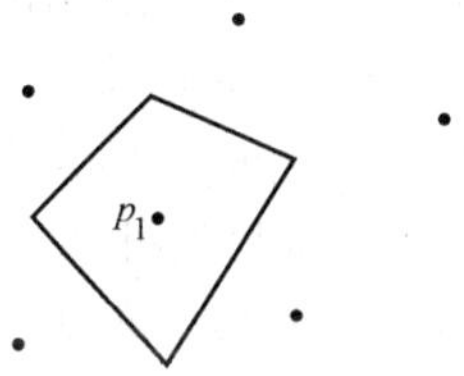

图 11-23　$n=6$ 的一种 $V(p_1)$

给定平面上的 n 个点的点集 S，$S = \{p_1, p_2, \cdots, p_n\}$。定义 $V(p_i) = \cap H(p_i, p_j)$，$(i \neq j)$，即 $V(p_i)$ 表示比其他点更接近 p_i 的点的轨迹是 $n-1$ 个半平面的交，它是一个不多于 $n-1$ 条边的凸多边形域，称为关联于 p_i 的 Voronoi 多边形或关联于 p_i 的 Voronoi 域。图 11-23 中表示关联于 p_i 的 Voronoi 多边形，它是一个四边形，而 $n=6$。

对于 S 中的每个点都可以做一个 Voronoi 多边形，这样的 n 个 Voronoi 多边形组成的图称为 Voronoi 图，记为 Vor(S)，如图 11-24 所示。该图中的顶点和边分别成为 Voronoi 顶点和 Voronoi 边。显然，$|S| = n$ 时，Vor (S) 划分平面成 n 个多边形域，每个多边形域 $V(p_i)$包含 S 中的一个点，而且只包含 S 中的一个点。Vor(S) 的边是 S 中某点的垂直平分线上的一条线段或者半条直线，从而为该点所在的两个多边形域所共有。Vor(S) 中有的多边形域是无界的。

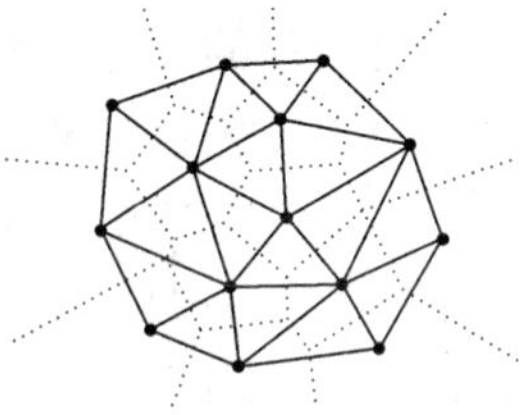

图 11-24　Voronoi 图及其对偶图

下面介绍几个重要 Voronoi 图的定理：

[定理 11-1]　每个 Voronoi 点恰好是三条 Voronoi 边的交点，如图 11-24 所示。

[定理 11-2]　设 v 是 Vor(S) 的顶点，则圆 $C(v)$ 内不含其他的点。

[定理 11-3]　Voronoi 图的直线对偶图是 S 的一个三角剖分。

结论：点集 S 的最近意义下的 Voronoi 图，其 Voronoi 点的数目等于点集 S 三角剖分的三角形数目，而 Voronoi 多边形的数目等于点集 S 点的数目。如果点集 S 存在最远意义下的 Voronoi 图，那么 Voronoi 点的数目等于点集凸壳的三角剖分的三角形数目，而 Voronoi 多边形的数目等于凸壳顶点数目。在本节所述的算法的实现中，采用最近意义的 Voronoi 图，则其对偶图为网格点三角剖分的结果。因此，可以根据点集三角划分的结果来反过来求 Voronoi 图。

（2）Delaunay 三角剖分　在 Dirichlet 自由变形算法中，需要应用到散乱点的 Delaunay 三角剖分算法。它是由俄国数学家 Delauany 于 1934 年提出的。可以用 Delaunay 三角剖分求其对偶 Voronoi 图，进而求 Sibson 坐标。所以 Delaunay 三角剖分是整个算法的基础，它的优劣将直接影响到整个算法的质量。本节将详细介绍本书所应用的三维数据点的 Delaunay 三角剖分算法。

Delaunay 三角网格可以定义为：有公共边的 Voronoi 多边形称为相邻的 Voronoi 多边形，连接所有相邻的 Voronoi 多边形的生长中心所形成的三角网格称为 Delaunay 三角网格。

由图 11-24 可以知道，无论是最近意义下的 Voronoi 图，还是最远意义下的 Voronoi 图，都与点集的三角剖分有着密切的关系。最近意义下 Voronoi 图的对偶图就是点集的一种三角剖分，因而由点集的三角剖分可以计算 Voronoi 图；最远意义下 Voronoi 图的对偶图是点集凸壳（凸多边形）的一种三角剖分，由点集凸壳三角剖分不仅仅是构造 Voronoi 图的准备工作，而且它本身有许多应用。在本书的应用中采用前者，首先对点集进行三角剖分，然后由三角剖分的结果再生成 Voronoi 图。

Delaunay 三角网格的外边界是一个凸多边形，它由节点集中的凸集形成，通常称为凸壳。它具有以下两个非常重要的性质：

1）空外接圆性质：在由点集 S 所形成的 Delaunay 三角网格中，其每个三角形的外接圆均不包含点集 S 中的其他任意点。扩展到三维空间，每个四面体的外接球体均不包含点集 S 中的其他任意点。

2）最大最小角准则：在由点集 S 所能形成的三角网格中，Delaunay 三角网格中三角形的最小角度是最大的，即对任意相邻的两个三角形所构成的四边形来说，三角剖分要求该四边形的一条对角线所分成的两个三角形的六个内角中的最小值将大于另外一条对角线所构成的两个三角形的六个内角中的最小值，此准则使得三角剖分尽可能避免产生那种狭长的、具有尖锐内角的病态三角形。但是到了三维（及更高维）空间，最大最小角准则不再成立，这时会生成拓扑质量非常差的 Sliver 单元，即体积相当薄的单元。

无论是在理论上还是在应用上，平面凸域内散乱数据点的 Delaunay 三角剖分算法都已非常成熟，不少学者对此作出了贡献：Sibson 从 Delaunay 三角剖分定义出发，提出了依据 Thiessen 区域准则进行优化的三角剖分方法[21]；Cline 与 Renka 等提出的方法[22]是：首先对散乱数据点进行排序，再依次对散乱数据点进行三角剖分处理，以最小内角最大准则进行优化。对散乱数据点实行预排序，可大大缩短三角剖分的时间。Lawson 和 Cline-Renka 三角剖分方法在具体算法及数据结构上不尽相同，但它们的运行效率都比较高，故获得了广泛的应用。

二维空间的 Delaunay 三角剖分算法有很多种，但是扩展到三维空间，相应的算法和研究文献比较少。本书采用广泛应用的 Bowyer-Watson 算法[23]，它可以应用于多维空间。Bowyer-Watson 算法是通过顺序添加点到已经存在的 Delaunay 三角剖分来实现的，通常它从一个简单的包括将要进行剖分的所有点的超三角形开始。其算法实现如下：

步骤 1：加入一个新的节点，找出所有外接圆包含新加入节点的三角形（见图 11-25），并将这些三角形删除，形成一个空腔。

步骤 2：将空腔的节点与新加入的节点连接，形成新的 Delaunay 三角网格，如图 11-25 所示。

步骤 3：调整数据结构，用新生成的三角形的数据填充被删除三角形的数据，余者添加在数组的尾部。

步骤 4：返回步骤 1，直至所有的节点都加入为止。

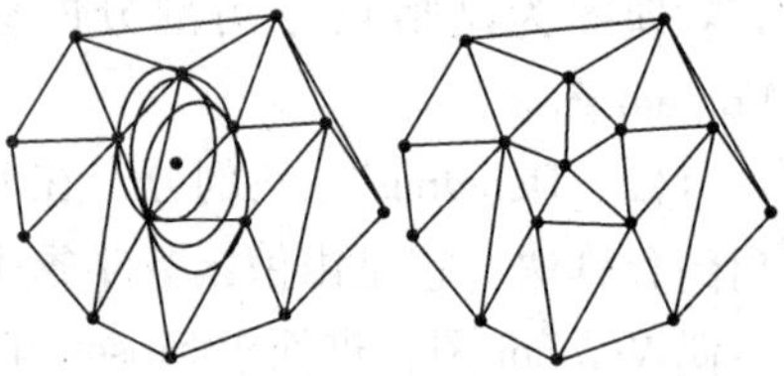

图 11-25　Bowyer-Watson 算法

（3）Sibson 局部坐标　DFFD 算法中，待变形物体表面上的点只受其 Sibson 邻居的控制点控制，所以在三维的 Sibson 局部坐标系下，假设 P 为控制点集合，并记 $V(P)$ 是 P 的 Voronoi 图，p 是点集 P 的凸壳中的一点，$P' = P \cup \{p\}$，$V(P')$ 是 P' 的 Voronoi 图。

设 P 的子集 $P_n = \{p_i \mid i=0, 1, 2, \cdots, n, 且 p_i \in P'\}$，$P_n$ 称为 p 相对于 P 的 Sibson 邻居（自然邻居）集合，又记 $P_n' = P_n U \{p\}$。

由于 Sibson 坐标既反映了空间点的 Sibson 邻居与该点之间的空间位置关系，也反映了 Sibson 邻居之间的空间位置关系，具有良好的空间插值特性。因此，把 Sibson 坐标作为 Sibson 邻居对点 p 的运动影响系数，用（U_0，U_1，…，U_n）表示 Sibson 坐标。根据 P_n 和 P_n'，$n+1$ 维向量 $U=$（U_0，U_1，…，U_n）可唯一地确定物体表面上的点 p，由 p_0，p_1，…，p_n 的线形组合可得

$$p = \sum_{i=0}^{n} U_i p_i \qquad \sum_{i=0}^{n} \boldsymbol{U}_i = 1 \qquad \forall i \in [0,n], \boldsymbol{U}_i > 0 \tag{11-22}$$

$$U_i = \frac{\mathrm{VOL}(V(P_n)(p_i) \cap V(P_n')(p))}{\mathrm{VOL}(V(P_n')(p))} \tag{11-23}$$

式中，VOL（）为返回给定 Voronoi 元的体积；$V(P)(p)$ 表示在 Voronoi 图 $V(P)$ 中点 p 所在的 Voronoi 元。向量 $\boldsymbol{U}_i$ 是构造点 p 的 Sibson 坐标。当移动控制点时，物体上的点 p 也会发生位移，使物体产生变形。发生变形后，p 点的新的空间位置由 DFFD 算法计算，得

$$p' = p + \Delta p = p + \sum_{i=0}^{n} \boldsymbol{U}_i \Delta p_i \tag{11-24}$$

式中，p 和 p' 分别是点 p 在变形前后的空间位置；Δp 和 Δp_i 分别是点 p 及其 Sibson 邻居 p_i 的位移，Δp_i 可等于 0。

下面以二维的情况为例来说明如何计算点的 Sibson 局部坐标。图 11-26 是点集 $P=\{p_1, p_2, p_3, p_4\}$ 的 Voronoi 图，p 是点集 P 的凸包内任意一点；图 11-27 是加入点 p 后的 Voronoi 单元，由于 p_1、p_2、p_3、p_4 所在的 Voronoi 单元都与 p 所在的 Voronoi 单元相邻，所以它们都是 Sibson 的邻居；图 11-28 是图 11-26 和图 11-27 的叠加，表示加入点 p 之后 Voronoi 图的变化，阴影部分为 p_2 对点 p 所在的 Voronoi 单元的贡献，该贡献在点 p 所在 Voronoi 单元中的比例就是 p_2 相对于点 p 的 Sibson 局部坐标值。

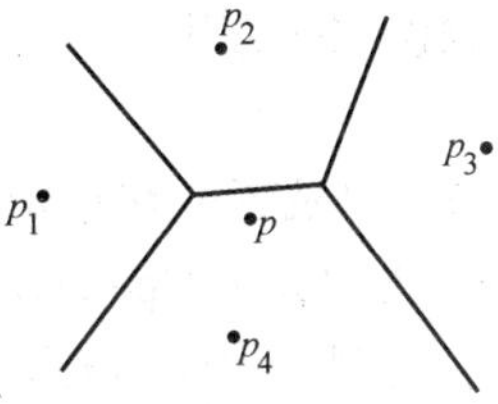

图 11-26　由 $p_1 \sim p_4$ 生成的 Voronoi 图

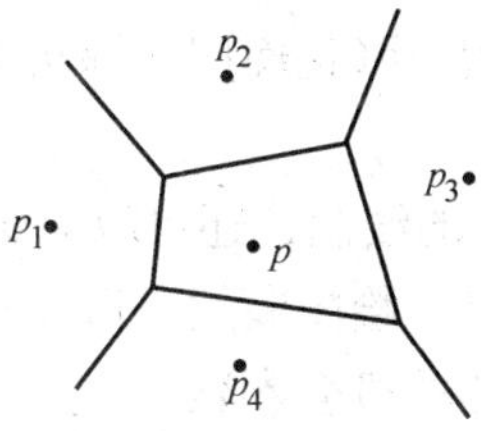

图 11-27　由 p、$p_1 \sim p_4$ 生成的 Voronoi 图

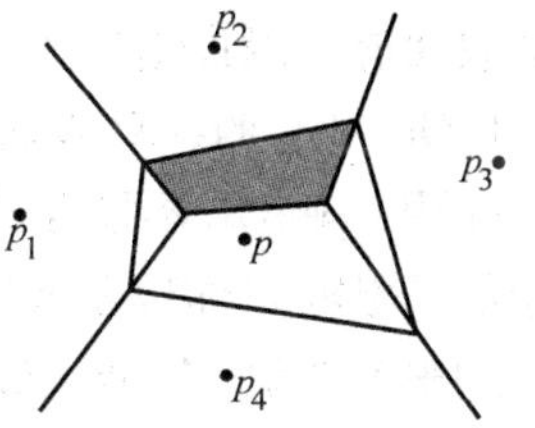

图 11-28　点 p_2 对点 p 的 Voronoi 图做的贡献

（4）使用 DFFD 算法对物体进行变形的基本步骤

1）设计控制点集合。控制点集合是一些点的集合，不需要在控制点的集合上定义特殊拓扑结构。控制点可以在待变物体的表面上，也可以在待变物体的内部，但是物体需要变形的部分必须在控制点集合的凸包内。

2）计算控制点的 Sibson 局部坐标。针对物体上的每个点确定其 Sibson 邻居集合，利用

式（11-22）和式（11-23）计算其 Sibson 局部坐标值。

3）对物体进行变形。移动控制点，可以使用任意方法移动一个或一组控制点，可见有多种实现途径。然后根据式（11-24）可以计算出物体上点变化的位移和新位置，从而得到物体变形结果。

11.3.3 Dirichlet 自由变形算法在三维空间中的应用

由 11.3.2 节内容可知，Dirichlet 自由变形算法在二维空间比较直观，推广到三维空间以后，涉及的 Delaunay 三角剖分和 Voronoi 图的生成由面变成体，数据量加大，算法复杂度加深。Dirichlet 自由变形算法在三维空间的实现步骤如下：

1）设计控制点集合，控制点可以在待变物体的表面上，也可以在物体的内部，但是物体需要变形的部分必须包含在控制点集合的凸包内。

2）对设计好的控制点进行三角剖分，并保存剖分结果的四面体集合。对物体上的每个点遍历控制点的四面体集合，进而找出影响该物体点的控制点集合，即与每个物体点相应的 Sibson 邻居集合。

3）对单个点物体的 Sibson 邻居集合，进行 Delaunay 三角剖分，根据三角剖分结果，求物体点所在的 Voronoi 单元和 Voronoi 单元的体积。

4）计算每个控制点剖分物体点 Voronoi 单元所生成的 Voronoi 单元及相应的体积，由每个控制点剖分求得的体积与物体点 Voronoi 单元体积之比即为控制点相对于物体点的 Sibson 坐标值。

5）对物体上的所有点进行 3）、4）的操作，求出每个物体点的 Sibson 邻居的坐标值。

6）移动控制点，可以用任意方法移动一个或一组控制点，然后查找受到影响的物体点，并根据上一步的 Sibson 坐标值计算出物体点的新位置，从而达到物体的变形。

11.3.4 应用 Dirichlet 自由变形算法生成特定人脸模型

Candide 模型是一个没有纹理贴图的标准模型，为了得到逼真的人脸模型，必须对其进行变形，并进行纹理贴图。由于 Candide 模型是一个前半部脸的模型，以及 OpenGL 有强大的拾取功能，因此提出了一种只使用一张正面照片即可生成特定人脸模型的方法。

1. OpenGL 的拾取功能介绍

应用 OpenGL 不仅可以控制物体的绘制，还可以对物体进行标记，以及区分在指定区域上绘制了哪些物体以及返回绘图信息。绘图模式、选择模式、反馈模式构成了 OpenGL 开发三维图形的基础。绘图模式中，物体的机会参数、光照与材质参数、纹理参数等构成了交互式程序的绘制基础。选择模式为用户提供了一种拾取物体的机制，反馈模式将绘图信息加以组织，并返回给应用程序，成为程序设计的重要资料和用户所需的信息。

在反馈模式下，每个被光栅化的图元均产生一组数据，并由 OpenGL 将它们存放入反馈数组中。每个数组均有一个标记，该标记说明了基元的类型，接着是描述基元的顶点坐标值、颜色和纹理等信息。在退出反馈模式之后，这些数据就被写入反馈数组中。

与选择模式相同的是，反馈模式不对像素作任何光栅化操作，也不向帧缓存写入任何绘图信息，因而在应用反馈模式之前，必须绘制一次需要反馈信息的物体。

应用反馈模式的基本步骤：

1）确定反馈信息的信息类别和反馈数组，通过 glFeedbackBuffer（）函数来完成。

2）将 glRenderMode（）函数的参数设置为 GL_FEEDBACK，使 OpenGL 进入反馈模式。

3）重新绘制物体，并按要求插入标记。

4）反馈数组的建立。

建立反馈数组的 glFeedbackBuffer 函数如下：

void glFeedbackBuffer（GLsizei size，GLenum type，Glfloat ＊buffer）；其中，size：表示能够写进反馈数组的数据的最大个数；type：定义返回数据的类型，取值含义见表 11-9。

表 11-9　type 取值含义

取　　值	含　　义
GL_2D	只返回顶点的几何坐标（x，y）
GL_3D	只返回顶点的几何坐标（x，y，z）
GL_3D_COLOR_TEXTURE	返回顶点的几何坐标（x，y，z）、颜色和纹理值
GL_4D_COLOR_TEXTURE	返回顶点的几何坐标（x，y，z，w）、颜色和纹理值

2. 人脸模型变形

本书应用 OpenGL 的反馈模式，使用鼠标选择特征点，并移动到照片的实际位置，这样就可以从一张二维的照片中获取特征点（即控制点）的三维数据，以及纹理坐标数据。

本书对 11.3.2 节所述算法进行了改进，提高了算法的效率，并大大压缩了计算变形所耗用的时间。其改进如下：

1）由于 Candide 模型是相对通过鼻尖、下巴尖的竖直轴严格对称的，并且需要变形的部位和数据也都相对该轴严格对称，所以可以只对左半脸或右半脸应用 Dirichlet 自由变形算法，然后根据对称轴以及变形的位置计算出另外一半的变形数据，这样将数据量压缩了一半，大大节省了控制点的设计所费时间以及运算耗费的时间。

2）在控制点的设计上，人的脸部变化是由多个器官共同作用实现的，人脸的不同器官变形的幅度与形状各不相同，所以需要根据器官定义不同的控制域。本书参考 MPEG-4 的 FDP 分组方式对 Candide 模型进行了控制区域划分，如图 11-29 所示。由于 DFFD 算法只考虑了点的空间位置，没有考虑点的连接关系，所以在人脸变形时，会产生一些不希望的变形。为了避免这种情况的发生，将控制点分为三层来处理。Level1 为全局控制点，Level2、Level3 为各个器官的控制点。属于 Level1 的控制点运动将导致 Level2 控制点的位置移动。而 Level2、Level3 控制点的移动共同决定器官上其他点的运动。

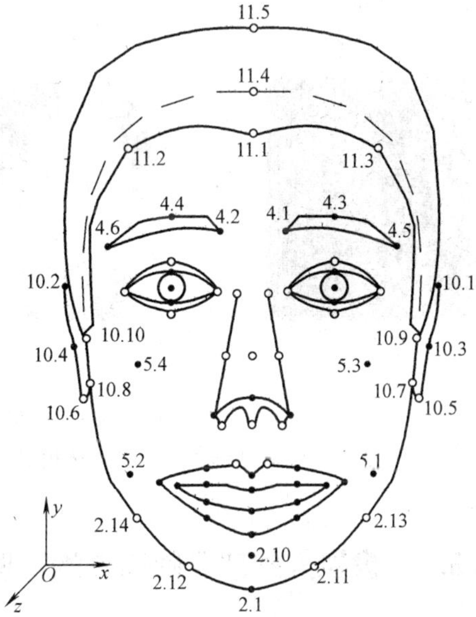

图 11-29　功能域的划分

3）为了加强或减弱某些 Sibson 邻居对三维空间点的运动影响，本书给 Sibson 坐标的分量赋予权值 w_i，由此得到加权的 DFFD 算法为

$$p' = p + \Delta p = p + \sum_{i=0}^{n} w_i U_i \Delta p_i \tag{11-25}$$

4）此外，为了加快对控制点的选择以及权值的确定，引入了直接自由变形的思想。直接变形算法的变形过程与 DFFD 算法的刚好相反，其核心思想是：选择物体上的一个点，将该点移至所要求的位置，反算出控制顶点的位置变化，并计算物体上其他的点。该算法求解过程需要计算矩阵的广义逆矩阵。为了避免求解广义逆矩阵，本书对该算法加以改进，并与 DFFD 算法相融合，取得了较好的效果。该方法如下：利用 OpenGL 的拾取功能，在开始特征点（即本书所述的控制点）的选择时，每个区域多选择一个非特征点，记录该点的数据。然后利用该点数据，形成一个闭合反馈，不断调整控制点以及权值分量，直到满足所设定的阈值。采用这种方式，避免了盲目地选择控制点，大大缩短了控制点设计时间。该算法流程如图 11-30 所示。

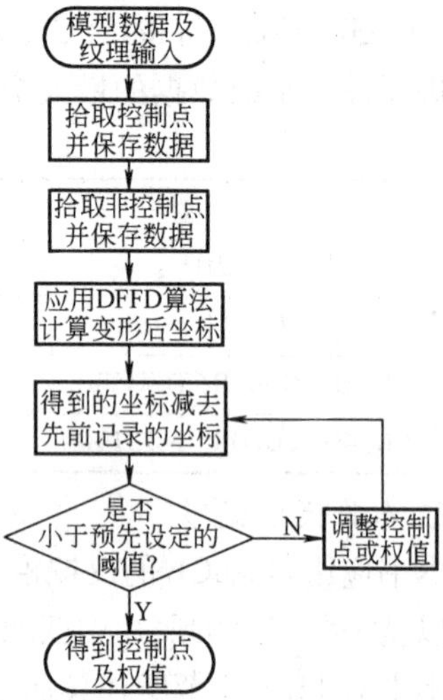

图 11-30　求解控制点及权值的算法流程

实验结果如图 11-31 所示。其中，图 a 为原始模型，图 b 为输入模型，图 c 为变形后的特定人脸模型，可以看出还有一些细微的差异，大致与输入照片一致，可以通过进一步修改控制点和权值，使其更接近真实人脸。

然后，根据先前选取特征点所获得的纹理坐标及得到的特定人脸模型的顶点坐标，在 XY 平面投影，计算其他特征点的纹理坐标，并进行纹理贴图，结果如图 11-32 所示。最后将模型数据输入到 .obj 文件，便于其他模块的工作以及重复性的读取。

a)　　b)　　c)

图 11-31　实验结果

a）原始模型　b）输入模型　c）特定人脸模型

图 11-32　纹理贴图

11.3.5　虚拟人脸部年龄仿真的实现

本小节运用 11.3.3 节提出的改进的 DFFD 算法，实现虚拟人脸部结构的年龄变化。由于控制点已在 11.3.3 节中设计完成，本小节只需确定不同年龄阶段的控制点的逼近函数，即可由特征点的位移计算出非特征点的位移变化，然后针对纹理进行相应处理，得到最终目标年龄的仿真结果。这里重点对特征点逼近函数进行介绍。

采用 RBF 神经网络逼近不同年龄段人脸特征点之间的函数，RBF 神经网络是较常用的神经网络。

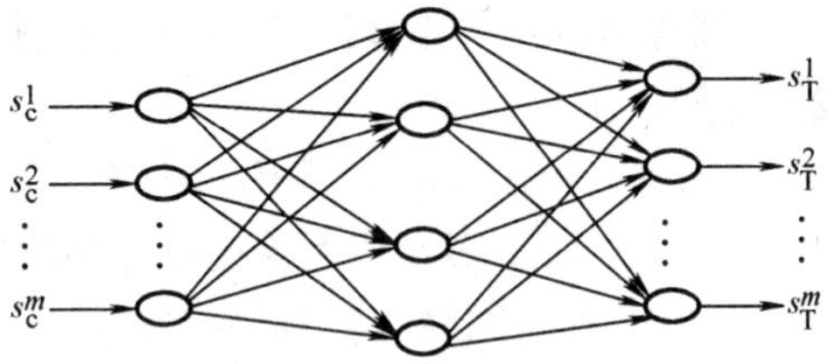

图 11-33　RBF 神经网络

图 11-33 所示为一个多输入多输出且具有 M 个隐层神经元的 RBF 神经网络模型，本书所研究的系统为多输入多输出系统。对于一个有 K 维输入、M 个隐含层单元的网络，可以得出对于某个输入样本 $X_N = [s_C^1,\cdots,s_C^m]^{\mathrm{T}}$（$s_N^i$ 表示第 i 个特征值）网络的输出为 $Y_T = [s_T^1,\cdots,s_T^m]^{\mathrm{T}}$：

$$y_j = \sum_{i=1}^{m} w_{ij} R_i(x) \qquad j = 1,2,\cdots,p \tag{11-26}$$

式中，w_{ij}为隐层第 i 个节点到输出层第 j 个节点之间的连接权值；m、p 分别为隐层和输出层节点个数；R_i 为径向基函数，即

$$R_i(\|\boldsymbol{X} - v_i\|) = (\|\boldsymbol{X} - v_i\|^2 + \sigma_i^2)^{\frac{1}{2}} \tag{11-27}$$

其中，$\boldsymbol{X}$ 是 n 维输入向量；v_i 是第 i 个基函数的中心，它与 $\boldsymbol{X}$ 的维数相同；σ_i 是第 i 个基函数的宽度；范数 $\|X - v_i\|$ 表示 $\boldsymbol{X}$ 和 v_i 间的距离，通常取欧几里得距离。

本书采用 K 均值聚类方法和梯度下降法来训练 RBF 神经网络：

（1）用 K 均值法确定聚类中心 v_i

1）随机选择初始中心 $v_i(0)(i=1,\cdots,m)$，给出初始学习率 $a(0)$；

2）计算第 k 步的最小距离：

$$d_i(k) = \|x(k) - v_i(k-1)\| \tag{11-28}$$

3）求最小距离的节点 q：

$$q = \arg\,[\min d_i(k)] \tag{11-29}$$

4）更新中心

$$v_i(k) = v_i(k-1) \quad i \neq q;\quad v_q(k) = v_q(k-1) + \alpha(k)[x(k) - v_q(k-1)] \tag{11-30}$$

5）重新计算第 q 个节点的距离

$$d_q(k) = \|x(k) - v_q(k-1)\| \tag{11-31}$$

6）修正学习率

$$\alpha(k+1) = \frac{\alpha(k)}{1 + \mathrm{int}[k/m]} \tag{11-32}$$

（2）用梯度下降法来确定 w_{ij}

1）随机选择初始权值 w_{ij}（0）；

2）用梯度下降法得到 w_{ij}的更新式为

$$w_{ij}(k+1) = w_{ij}(k) + \eta R_i(k)(y_i(k) - y_j'(k)) \tag{11-33}$$

式中，η 为学习步长；$y_j(k)$ 和 y_j'（k）分别是网络输出层第 j 个节点的实际输出和理想输出。

人脸特征点函数逼近是指神经网络的输出与目标年龄段人脸特征点相符，本书以人脸库

中手动得到的人脸特征点向量 $\boldsymbol{F}_C$ 为样本，再以此作为 RBF 神经网络的输入进行学习。年龄仿真功能实现具体步骤如下：

1）训练 RBF 神经网络：对于已有目标年龄人像的图像，手动选取特征点向量 $\boldsymbol{F}(N)$，构成训练样本集

$$S=\{[\boldsymbol{F}_C(0),\boldsymbol{F}_T(0)],\cdots,[\boldsymbol{F}_C(N),\boldsymbol{F}_T(N)]\} \tag{11-34}$$

式中，$\boldsymbol{F}_T(k)$ 表示第 k 个人脸在目标年龄段的特征点向量。用 K 均值聚类方法和梯度下降法来训练 RBF 神经网络，直到网络收敛。

2）目标年龄段人脸特征点向量计算：对需求取的人脸图像手动选取得到其特征点向量 $\boldsymbol{F}_C$；以 $\boldsymbol{F}_C$ 作为 RBF 神经网络的输入，得到 RBF 神经网络的输出 $\boldsymbol{F}_T$。

3）根据特征点的位移计算出非特征点的位移。

4）处理纹理贴图，生成或消除皱纹等年龄特征信息。

最后效果如图 11-34 所示。

图 11-34　虚拟人年龄仿真效果图

参考文献

[1] Rydfalk M Candide. A Parameterized Face [R]. LiTH-ISY-I-0866. Dept. of Electrical Engineering, Linköping University, Sweden: 1987 (17).

[2] Raouzaiou A, Tsapatsoulis N, Karpouzis K, et al. Parameterized Facial Expression Synthesis Based on MPEG-4 [J]. Journal on Applied Signal Processing, 2002 (10), 1021-1038.

[3] Lam Kin-Man, Yan Hong. An Analytic-to-Holistic Approach for Face Recognition Based on a Single Frontal View [J]. IEEE Trans on PAMI, 1998, 20 (7): 673-686.

[4] 祝智庭，邓鹏，孙莅文. 娱教技术：教育技术的新领地 [J]. 中国电化教育，2005 (5): 11-14.

[5] 涂序彦. 智能机器人、情感机器人、拟人机器人 [J]. 华中科技大学学报：自然科学版，2004，(S1): 1-4.

[6] Lee W, Gu J, Magnenat-Thalmann N. Generating Animatable 3D Virtual Humans from Photographs [M]. Paris: Euro graphics, 2000.

[7] Horace HS Ip, Yin Lijin. Constructing a 3D Individual Head Model from Two Orthogonal Views [J]. The Visual Computer, 1996 (12): 254-266.

[8] Richard Szeliski. Video Mosaics for Virtual Environments [J]. IEEE Computer Graphics and Applications, 1996, 16 (2): 22-30.

[9] Peter J Burt, Edward H Adelson. A Multiresolution Spline with Application to Image Mosaics [J]. ACM Transactions on Graphics, 1983, 2 (4): 217-236.

[10] 赵薇. 基于三维人脸建模的和谐人机交互相关理论及技术研究［D］. 北京：北京科技大学，2002.
[11] Pessa J E, Zadoo V P, Yuan C, et al. Concertina effect and facial aging: nonlinear aspects of youthfulness and skeletal remodeling, and why, perhaps, infants have jowls［J］. Plastic and Reconstructive Surgery, 1999, 103 (2): 635-644.
[12] Pitanguy I, Leta F, Pamplona D, et al. Defining and measuring aging parameters［J］. Applied Mathematics and Computation, 1996, 78 (2, 3): 217-227.
[13] 荣建群. 口述记忆组合画像年龄和表情变化的修整［R］. 郑州：河南省公安厅刑事科学技术研究所，2002.
[14] Hussein H K. Towards Realistic Facial Modeling and Re-Rendering of Human Skin Aging Animation［C］// Proceedings the Shape Modeling International, 2002: 205-212.
[15] Sederberg T W, Parry S R. Free Form Deformation of Solid Geometric Models［C］// Proceedings SIGGRAPH' 86, 1986: 151-160.
[16] Coquillart S. Extended Free-Form Deformation: A Sculpturing Tool for 3D Geometric Modeling［J］. Proceedings of the SIGGRAPH (ACM Computer Graphics), 1990, 24 (4): 187-196.
[17] Prem Kalra, Angelo Mangili, Nadia Magnenat-Thalmann, et al. Simulation of facial muscle actions based on rational free form deformations［J］. ACM Computer Graphics (Proceedings of the SIGGRAPH), 1992: 11 (3): 59-69.
[18] Hsu W M, Hugues J F, Kaufman H. Direct manipulation of Free-Form Deformations［C］// Proceedings SIGGRAPH. ACM SIGGRAPH Computer Graphics, 1992, 26 (2): 177-184.
[19] Laurent Moccozet, Nadia Magnenat Thalmann. Dirichlet Free-Form Deformations and their Application to Hand Simulation［C］// Proceedings Computer Animation' 97 1997: 93-102.
[20] Sibson R. Locally Equiangular Triangulations［J］. Computer Journal, 1978, 21 (3): 243-245.
[21] Cline A K, Renka R J. A constrained two-dimensional triangulation and the solution of closest node problems in the presence of barriers［J］. SIAM J, 1990, 27 (5): 130-132.
[22] Watson D F. Computing the n-dimensional Delaunay tessellation with application to Voronoi Polytopes［J］. The Computer J, 1981, 24 (2): 167-172.
[23] 郭际香. 自由变形算法研究及其在头像生成系统中的应用［D］. 成都：电子科技大学，2006.
[24] 夏利民，戴汝为. 基于 Boosting 模糊分类的滚动轴承故障诊断［J］. 模式识别与人工智能，2003，16 (3): 323-327.

附录 缩 略 语

AAM	Appearance Active Model	主动表观模型
AFFEX	System for Identifying Affect Expression by Holistic Judgment	表情辨别整体判断系统
ANN	Artificial Neural Network	人工神经网络
AU	Action Unit	动作单元
BAN	Bayesian Network Augmented Naive Bayes	扩展朴素贝叶斯的贝叶斯网络
BMN	Bayesian Multi-Net	贝叶斯多网络
BN	Bayesian Network	贝叶斯网络
BP	Back Propagation	反向传播
CCD	Charge Coupled Device	电荷耦合器件
CPLD	Complex Programmable Logic Device	复杂可编程逻辑器件
CPT	Conditional Probability Table	条件概率表
CT	Computed Tomography	电子计算机 X 射线断层扫描技术简称
CVM	Convergent Validation Method	会聚性证明法
DAM	Direct Appearance Model	直接表观模型
DCT	Discrete Cosine Transform	离散余弦变换
2DDCT	2 Dimension Discrete Cosine Transform	二维离散余弦变换
DFFD	Dirichlet Free Form Deformation	Dirichlet 自由变形算法
2DPCA	2 dimension Principal Component Analysis	二维主成分分析
DOG	Difference-of-Gaussian	高斯差分
EBN	Embedded Bayesian Networks	嵌入式贝叶斯网络
EGM	Elastic Graph Matching	弹性图匹配
EHMM	Embedded Hidden Markov Model	嵌入式隐马尔科夫模型
EM	Expectation Maximization	期望最大化算法
ERP	Event-Related Brain Potential	事件相关脑电位
FACS	Facial Action Coding System	面部运作编码系统
FAP	Facial Animation Parameters	人脸动画参数
FAPU	Facial Animation Parameter Unit	人脸动画参数单元
FDA	Fisher Discriminant Analysis	Fisher 线性判别分析
FDP	Facial Definition Parameters	人脸定义参数
FE	Facial Expression	面部表情
FEAT	Facial Expression Analysis Tool	面部表情分析工具
FFD	Free Form Deformation	自由变形
FM	Flexible models	柔性模型
fMRI	funcntional Magnetic Resonance Imaging	功能性核磁共振成像
FPGA	Field Programmable Gate Array	现场可编程门阵列
FRUs	Face Recognition Units	面孔识别单元

GBN	General Bayesian Network	通用贝叶斯网络
GMDM	Gaussian Mixture Density Model	复合高斯模型
HMM	Hidden Markov Model	隐马尔可夫模型
IAPS	International Affective Picture System	国际情绪图片系统
LDA	Linear Discriminant Analysis	线性判别分析
LFA	Local Feature Analysis	局部特征技术
MAX	Maximally Discriminative Facial Movement Coding System	最大限度辨别面部肌肉运动编码系统
MCE	Minimum classified error	最小分类错误
MCU	Micro Controller Unit	多点控制单元
MLE	Maximum Likelihood Estimate	最大似然估计
NB	Naive Bayes	朴素贝叶斯
NRUs	Name Recognition Units	名字识别单元
OCR	Optical Character Recognition	光学字符识别
OSE	Object Superiority Effect	客体优势效应
PAC	Probably, Approximately, Correct	概率地，近似地，正确地
PCA	Principal Component Analysis	主成分分析
PDF	Probability Density Function	概率密度函数
PET	Positron Emission Tomography	正电子发射计算机断层扫描
PINs	Person Identity Nodes	个人身份识别
PNN	Probability Neural Network	概率型神经网络
PPM	Pulse Position Modulation	脉冲位置调制
PWM	Pulse Width Modulation	脉冲宽度调制
RBF	Radial Basis Function	径向基函数
RFFD	Rational Free Form Deformation	有理自由变形
ROI	Region of Interest	感兴趣区域
SECS	Self-evaluative Emotions' Coding System	自我评估情绪编码系统
SIUs	Semantic Information Units	语义信息单元
SRM	Structural Risk Minimization	结构风险最小化（有序风险最小化）
SSD	Sum of Squared Differences	误差二次方总和
SSS	Small Sample Size	小样本
SVD	Sigular Value Decomposition	奇异值分解
SVM	Support Vector Machine	支持向量机
TAN	Tree-Augmented Naive Bays	树型扩展朴素贝叶斯
TTS	Text-To-Speech	从文本到语音
WLS	Weighed Least-Squares	加权最小二乘法
WSE	Word Superiority Effect	字词优势效应